# 有机化学学习辅导

（第二版）

张宝申　庞美丽　编著

南开大学出版社
天津

图书在版编目(CIP)数据

有机化学学习辅导 / 张宝申，庞美丽编著. —2 版.
—天津：南开大学出版社，2010.10(2023.7 重印)

ISBN 978-7-310-03579-3

Ⅰ.①有… Ⅱ.①张… ②庞… Ⅲ.①有机化学－高等学校－教学参考资料 Ⅳ.①O62

中国版本图书馆 CIP 数据核字(2010)第 187956 号



有机化学学习辅导(第 2 版)
YOUJI HUAXUE XUEXI FUDAO (DI-ER BAN)

南开大学出版社出版发行
出版人：陈 敬
地址：天津市南开区卫津路 94 号 邮政编码：300071
营销部电话：(022)23508339 营销部传真：(022)23508542
https://nkup.nankai.edu.cn

河北文曲印刷有限公司印刷 全国各地新华书店经销
2010 年 10 月第 2 版 2023 年 7 月第 13 次印刷
260×185 毫米 16 开本 14.5 印张 365 千字
定价：45.00 元

如遇图书印装质量问题，请与本社营销部联系调换，电话：(022)23508339

# 第二版前言

我们编写的《有机化学学习辅导》经历了多次重印，受到了全国各地许多读者的关注和欢迎。该书作为“有机化学课程学习包”的一部分，被列为“十一五”国家级教材规划项目。为了适应有机化学的不断发展，以及教学工作不断改革和更新的要求，我们对原有的内容进行了必要的补充，对陈旧内容进行了精简。

本版新增了一些在有机合成上有较大意义的反应，包括烯烃的复分解反应、硅醚作为保护基的反应等，这些反应弥补了原有内容的不足。针对不同章节，我们还补充了一些具有代表性的例题及分析解答，补充了一些新的习题及答案，增加了 2005～2009 年南开大学考研试题及其参考答案。

原书的优点，如独特的编排和组合方式，理论讲解和题目分析解法相结合，对有机化学知识的科学条理和系统归纳等，在本版中继续保留。这样可使知识融会贯通，便于读者对知识全面、系统的掌握和深入理解。

由于编者水平有限，在书中章节编排和内容上难免存在不妥和错误之处，恳请同行专家及广大读者予以批评指正，我们的电子邮箱是：pangmeili@nankai.edu.cn。

对那些一直关心和支持我们工作的同事、同学和南开大学出版社的同志表示衷心感谢。

编者

2009 年 8 月

# 第一版前言

根据我们多年的教学经验，学好有机化学的一个重要环节是对所学知识的科学条理和系统归纳，并使所学理论与实际相结合，通过对实际问题思索、分析和解决的过程加深对知识的理解和灵活运用。若能认真完成该环节，则能使同学牢固掌握所学知识、开阔思路、提高分析和解决问题的能力。本书的主要目的是试图帮助读者较好地完成该环节。希望我们的工作能对正在学习有机化学的同学和备考研究生的读者有所启迪，有所帮助。

本书根据理科基础有机化学的重点内容，以与一般教材不同的编排和组合方式，从“静态”和“动态”两方面对有机化学的基本概念、基本理论、基本反应和它们的实际运用进行了比较系统的总结，同时结合相关题目的分析和解法加以论述。这样可使知识融会贯通，便于读者对知识的全面系统掌握和深入理解。全书分作三个部分：第一部分为基本概念、基本理论，包括命名、异构、共振论、芳香性、静态立体化学、酸碱概念、电子效应和体积效应、氢键、红外和核磁等；第二部分是重要有机反应的总结，包括反应历程、反应方向和立体化学、反应涉及的基本题型和解法、有机合成等；第三部分是近五年来南开大学考研试题及参考答案。在书中每一章之后配有相关习题和参考答案。

由于编者水平有限，在书中章节编排和内容上难免存在不妥和错误之处，恳请同行专家及广大读者予以批评指正，我们的电子邮箱是：pang xiao pang@eyou.com。

对那些一直关心和支持我们工作的同事、同学和南开大学出版社的同志表示衷心感谢。

编者

2004 年 3 月

# 目 录

## 第一部分 有机化学基本概念、基本理论



## 第二部分 有机反应

**第三部分　2000～2009 年南开大学研究生入学考试试题及其参考答案**

# 第一部分

# 有机化学基本概念、基本理论

# 第一章　命名和异构

## 一、命名

按教材掌握不同类型化合物的命名原则，本书不再赘述。在此，仅就学生易出现的错误和应引起注意的命名给予说明。

### 1．开链化合物命名

开链化合物的系统命名基本原则是（i）选尽可能多官能团的最长碳链为母体；（ii）以氧化态高的官能团称呼母体名称（其顺序为：羧酸＞醛、酮＞醇、酚＞烯、炔＞烷）；（iii）编号首先使母体官能团编号最小，其次使其他官能团编号最小，在此基础上照顾取代基。

**例 1**

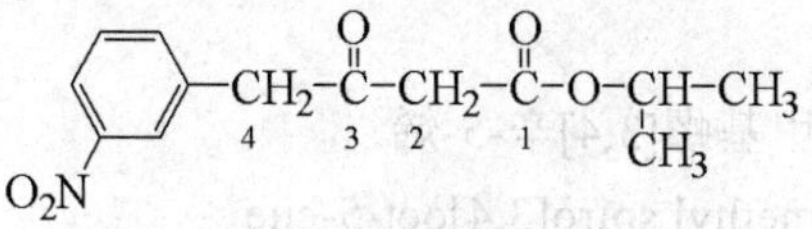

$m$-$O_2N$-$C_6H_4$-$\overset{4}{C}H_2$-$\overset{3}{C}(=O)$-$\overset{2}{C}H_2$-$\overset{1}{C}(=O)$-O-CH($CH_3$)-$CH_3$

4-(间硝基苯基)-3-丁酮酸异丙酯

Isopropyl 4-(*m*-nitrophenyl)-3-oxobutanate

例 1 化合物含有酮羰基和酯基两个官能团，应以氧化态高的酯作为主官能团。因此应使酯羰基碳编号最小，而不是从靠近酮羰基的一端开始编号。

**例 2**

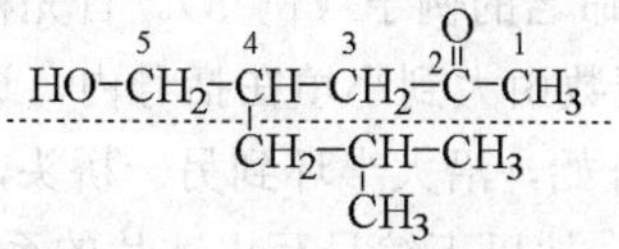

$\overset{5}{HO-CH_2}-\overset{4}{CH}(CH_2-CH(CH_3)-CH_3)-\overset{3}{CH_2}-\overset{2}{C}(=\overset{}{O})-\overset{1}{CH_3}$

4-异丁基-5-羟基-2-戊酮

5-hydroxy-4-isobutyl-2-pentanone

例 2 化合物选含有羰基和羟基的碳链为母体链，尽管它只含五个碳，比另一选择为八个碳的母体链要短，但它含有较多官能团。氧化态高的酮羰基为主官能团，因此编号首先使酮羰基碳编号最小，而不是首先照顾羟基。

### 2．环状化合物命名

（1）单环化合物

若环上所连支链较简单，一般以环为母体，如例 3、例 4；若环所连支链复杂或有重要官能团时，一般以环作为取代基，如例 5、例 6。

**例 3**

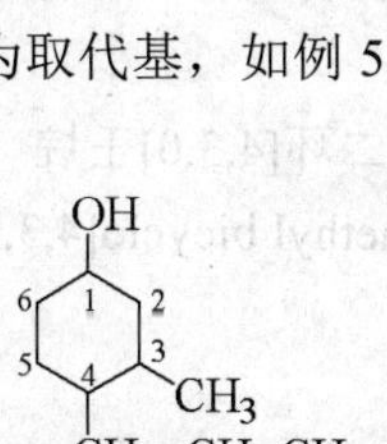

环己烷：C1-OH，C3-$CH_3$，C4-$CH_2-CH=CH_2$

3-甲基-4-烯丙基环己醇

4-allyl-3-methyl cyclohexanol

**例 4**

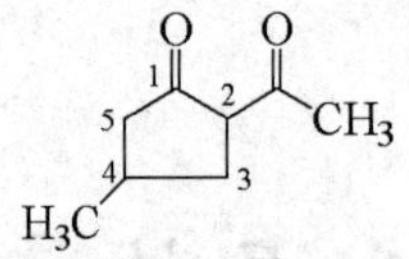

4-甲基-2-乙酰基环戊酮

2-acetyl-4-methyl cyclopentanone

**例 5**

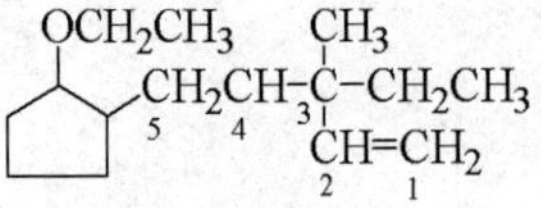

3-甲基-3-乙基-5-（2'-乙氧基环戊基）-1-戊烯

5-（2'-ethoxycyclopentyl）-3-ethyl-3-methyl-1-pentene

**例 6**

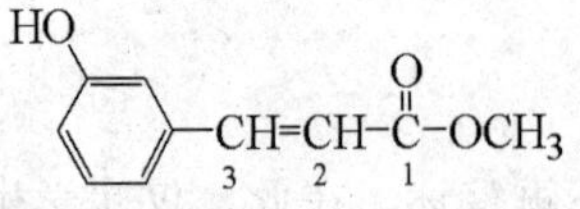

3-（间羟基苯基）-2-丙烯酸甲酯

Methyl 3-（*m*-hydroxyphenyl）-2-propenate

（2）螺环和桥环化合物

两环有一个公用碳的化合物为螺环化合物。有简单取代基的螺环化合物命名时以螺环为母体。首先根据环中的碳数称作螺[ ]某烃，依据公用碳分割的两半环所含碳数，由小到大填在括号内（如例 7，母体应为**螺[3,4]辛烯**）。编号从与公用碳相连的碳开始，沿小半环到公用碳，再编大半环，在此基础上尽可能使官能团编号最小，然后照顾取代基的编号最小（如例 7 的编号）。

**例 7**

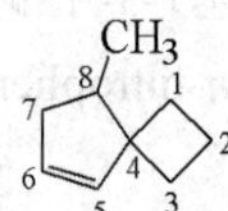

8-甲基螺[3,4]辛-5-烯

8-methyl spiro[3,4]oct-5-ene

两个环具有两个不相邻的公用碳，叫作二环化合物，是桥环中的一种。如天然存在的冰片即为桥环萜类，它的系统命名可作为二环化合物命名的例子（例 8）。首先根据环中碳数叫作二环[ ]庚醇，然后按公用碳分割的三个半环的碳数由大到小填在括号内，这就叫出了母体的名称——二环[2,2,1]庚醇。编号原则是从一桥头开始，沿大半环到另一桥头，然后至次大半环，再到小半环，在此基础上照顾官能团和取代基。按以下编号写出冰片的系统名称为 1,7,7-三甲基二环[2,2,1]庚-2-醇

**例 8**

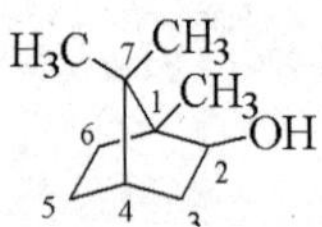

俗　名：冰片（borneol）

系统名：1,7,7-三甲基二环[2,2,1]庚-2-醇

1,7,7-trimethyl bicyclo[2,2,1]heptan-2-ol

脂稠环化合物也可采用桥环命名法，如例 9 中化合物叫作 3-甲基-9-氯二环[4,3,0]壬烷。

**例 9**

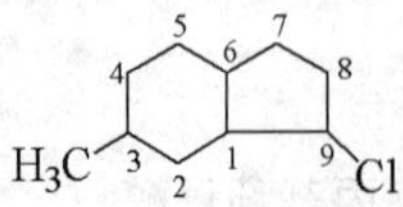

3-甲基-9-氯二环[4,3,0]壬烷

9-chloro-3-methyl bicyclo[4,3,0]nonand

（3）杂环化合物

芳香杂环化合物以环为母体时，有特定编号，一般从杂原子开始，在特定编号原则下使官能团和取代基编号尽可能小。有时杂环也可作为取代基。以下是两个实例（例 10、例 11）。

**例 10**

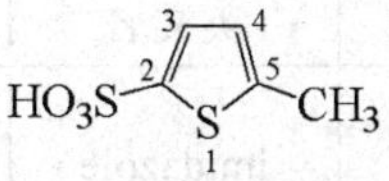

5-甲基-2-噻吩磺酸

5-methyl-2-thiophenesulfonic acid

**例 11**

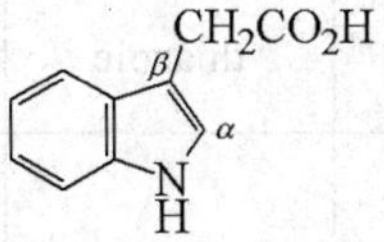

*β*-吲哚乙酸

*β*-indoleacetic acid

脂杂环常用命名有：(i) 环中杂原子的名称作为脂环烃的前缀，并根据环中原子数目叫出脂杂环的名称，如例 12 中化合物称作氮杂环丙烷，例 13 叫作 2-甲基-1,3-二氧杂环戊烷；(ii) 根据芳香杂环化合物名称，加上“二氢”、“四氢”等（例 14、例 15）。

**例 12**

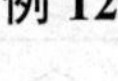

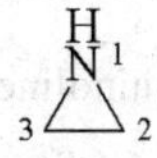

氮杂环丙烷

azridine

**例 13**

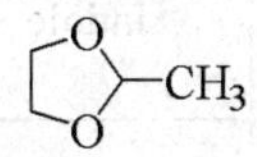

2-甲基-1,3-二氧杂环戊烷

1,3-dioxacyclopentane

**例 14**

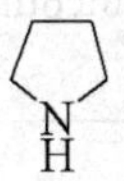

四氢吡咯（吡咯烷）

tetrahydropyrrole（pyrrolidine）

**例 15**

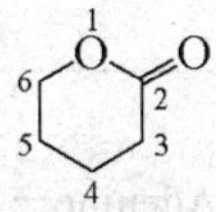

四氢-2-吡喃酮（5-戊酸内酯）

tetrahydro-2-pyrone（5-pentanolide）

（4）以俗名命名的常见重要化合物

在有机化学中很多化合物以俗名出现，它不像系统命名能直接反映其结构，所以学习有机化学必须记住一些重要的常见化合物的俗名及其结构。表 1-1 给出一些常见重要化合物的俗名及其结构。

**表 1-1　一些常见重要化合物的俗名及其结构**

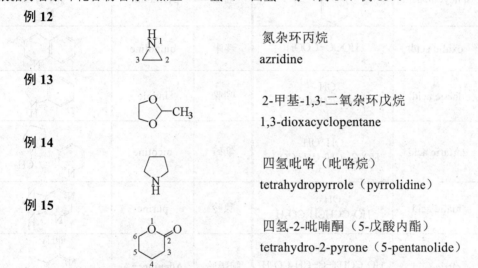

| 俗　名 | 英文名 | 结　构 | 俗　名 | 英文名 | 结　构 |
|---|---|---|---|---|---|
| 甘醇 | glycol | $HOCH_2CH_2OH$ | 茴香醚 | anisole | 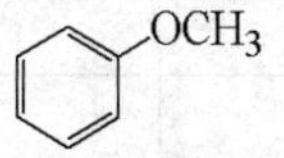 $C_6H_5OCH_3$ |
| 甘油 | glycerin | $HOCH_2CH(OH)CH_2OH$ | 安息香 | benzoin | 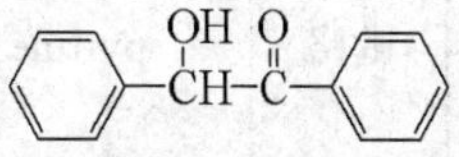 $C_6H_5CH(OH)C(=O)C_6H_5$ |
| 甘油醛 | glyceraldehyde | $HOCH_2CH(OH)CHO$ | 软脂酸 | plamitic acid | $CH_3(CH_2)_{14}COOH$ |
| 糠醛 | furfural | 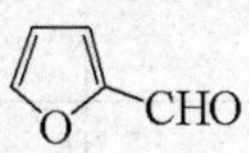 2-呋喃基-CHO | 硬脂酸 | stearic acid | $CH_3(CH_2)_{16}COOH$ |

续表

| 俗　名 | 英文名 | 结　构 | 俗　名 | 英文名 | 结　构 |
| --- | --- | --- | --- | --- | --- |
| 油酸 | oleic acid | $CH_3(CH_2)_7$ $(CH_2)_7CO_2H$ C=C H H | 咪唑 | imidazole | |
| 肉桂酸 | cinnamic acid | $CH=CH-CO_2H$ | 噻唑 | thiazole | |
| 马来酐 | maleic anhydride | | 吡啶 | pyridine | |
| 水杨酸 | salicylic acid | $CO_2H$ OH | 嘧啶 | pyrimidine | |
| 草酸 | oxalic acid | HOOC—COOH | 喹啉 | quinoline | |
| 乳酸 | lactic acid | OH<br>$CH_3-CH-CO_2H$ | 吲哚 | indole | |
| 酒石酸 | tartaric acid | OH OH<br>$HO_2C-CH-CH-CO_2H$ | 烟碱 | nicotine | $CH_3$ |
| 苹果酸 | malic acid | OH<br>$HO_2CCHCH_2CO_2H$ | 嘌呤 | purine | |
| 柠檬酸 | citric acid | OH<br>$HO_2CCH_2-C-CH_2CO_2H$<br>$CO_2H$ | 腺嘌呤 | Adenine—A | $NH_2$ |
| 薄荷醇 | menthol | HO | 鸟嘌呤 | Guanine—G | O<br>HN<br>$H_2N$ |
| *α*-蒎烯 | *α*-pinene | | 胞嘧啶 | Cytosine—C | $NH_2$ |
| 吡咯 | pyrrole | | 胸腺嘧啶 | Thymine—T | $H_3C$ |
| 呋喃 | furan | | 尿嘧啶 | Uracil—U | |
| 噻吩 | thiophene | | | | |

除此之外，很多重要的天然糖类，如*D*-葡萄糖、*D*-核糖、*D*-果糖等，以及重要的天然氨基酸，如甘氨酸、谷氨酸、赖氨酸、色氨酸等，都是以俗名命名的重要有机化合物，根据学习需要应尽可能多地掌握这些化合物的结构。

（5）构型式的标记与命名

构型式是描述化合物空间结构的式子，为表达清楚化合物立体结构，对构型式命名时必须予以标记。一般对于烯烃的几何异构，依据“顺序规则”采用*Z*、*E*标记法，或采用顺、反标记法。对旋光异构体，最常采用绝对构型标记，即*R*、*S*标记法（参阅本部分二、3）。在对特定立体异构的化合物命名时，先写出它的一般名称，如例 16 的一般名称为 3-甲基-4-氯-3-戊烯-2-醇，然后进行标记，把标记的符号写在名称的前面：(2*S*,3*E*)-3-甲基-4-氯-3-戊烯-2-醇。

**例 16**

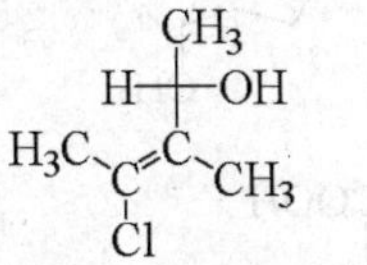

$CH_3$
H—┼—OH
$H_3C$—C=C—$CH_3$
Cl

(2*S*,3*E*)-3-甲基-4-氯-3-戊烯-2-醇
(2*S*,3*E*)-4-chloro-3-methyl-3-penten-2-ol

对于环状手性化合物，一般不用顺、反标记，而采用*R*、*S*标记法。因顺、反标记不能确定唯一构型。如例 17，应为(1*R*,2*R*)-2-乙氧基环己醇，若用反-2-乙氧基环己醇命名则不确切，因其可能为*R*,*R*或*S*,*S*两种构型。

**例 17**

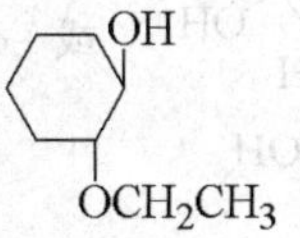

OH
$OCH_2CH_3$

(1*R*,2*R*)-2-乙氧基环己醇
(1*R*,2*R*)-2-ethoxycyclohexanol

## 二、同分异构

### 1. 同分异构体分类

有机化合物同分异构一般分为两大类：（i）**构造异构**。化学式相同分子中原子排列顺序不同引起的异构。根据分子中原子排列的不同特征又分为碳架异构、官能团位置异构和官能团异构。（ii）**立体异构**。构造式相同，由于空间排布不同产生的异构。它又分为**构型异构**（σ键旋转不能使其相互转化）和**构象异构**（靠σ键旋转能相互转化的立体异构）。构型异构包括**几何（顺、反）异构和旋光异构**。目前也可把构型异构分为**对映异构**（构造式相同，空间排布不同，互为镜影，不可重叠的异构体）和**非对映体**（构造式相同，空间排布不同，不互为镜影），其实几何异构就包括在非对映异构之中。（关于构型导构与构象异构可参阅本部分第二章。）

图 1-1 列出了同分异构的分类和相应实例，应引起注意的是，图中构象异构虽为一种立体异构，但在室温下它们可相互转化，不易分离。另外互变异构（如酮式结构和相应烯醇式结构），表面上是构造异构的一种，但由于它们易相互转化，因此不包括在其中。

### 2. 同分异构题例

**例 1** 化合物 X（$C_4H_8O$）在室温下能使溴褪色，也可与 Na 作用放出 $H_2$，写出 X 所有可能结构并命名。

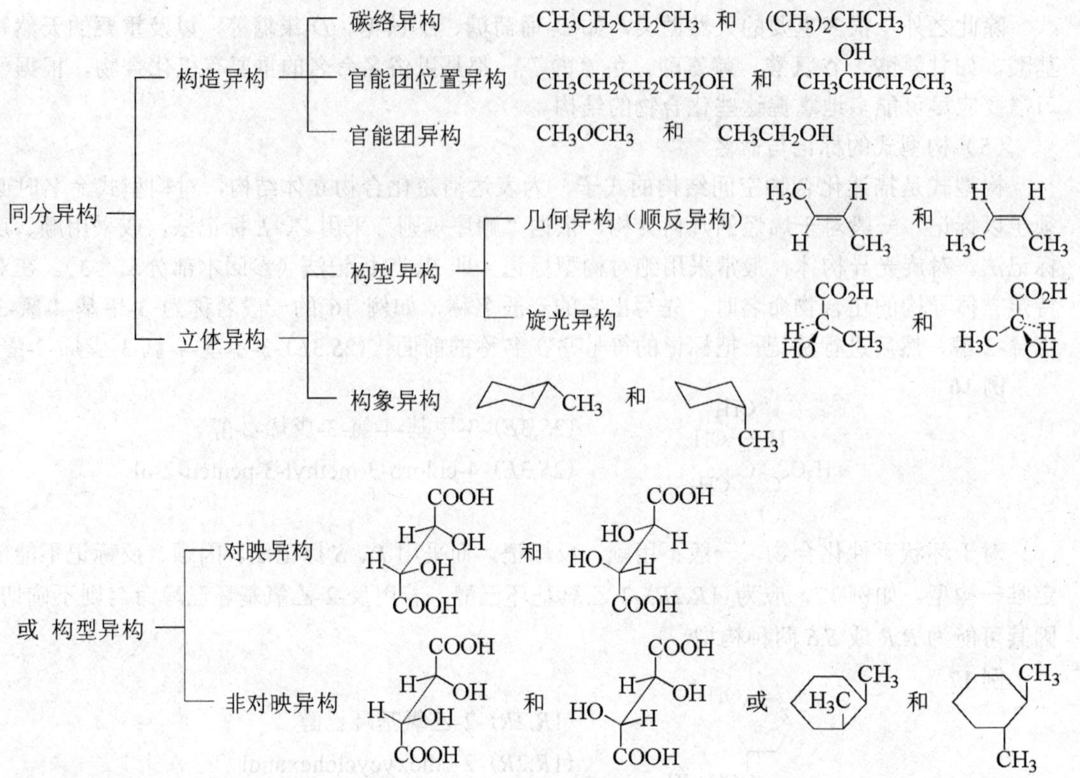

同分异构
- 构造异构
  - 碳络异构　$CH_3CH_2CH_2CH_3$ 和 $(CH_3)_2CHCH_3$
  - 官能团位置异构　$CH_3CH_2CH_2CH_2OH$ 和 $CH_3CH(OH)CH_2CH_3$
  - 官能团异构　$CH_3OCH_3$ 和 $CH_3CH_2OH$
- 立体异构
  - 构型异构
    - 几何异构（顺反异构）
    - 旋光异构
  - 构象异构

或 构型异构
- 对映异构
- 非对映异构

图 1-1　同分异构的分类和相应实例

**解**　化合物 X 不饱和度为 1，根据反应说明它不是醛、酮、醚和氧杂环化合物，而是不饱和醇。首先根据它的碳骨架排列和官能团位置写出可能的构造异构，然后考虑构造式中可能的空间排布写出立体异构（几何、旋光异构）。可能的结构有以下六种：

| 构造异构 | 立体异构 | 命名 |
|---|---|---|
| $CH_2{=}CH{-}CH_2CH_2OH$ | | 3-丁烯-1-醇<br>3-buten-1-ol |
| $CH_3CH{=}CH{-}CH_2OH$ | (Z) | (*Z*)-2-丁烯-1-醇<br>(*Z*)-2-buten-1-ol |
| | (E) | (*E*)-2-丁烯-1-醇<br>(*E*)-2-buten-1-ol |
| $CH_2{=}CH{-}CH(OH){-}CH_3$ | (S) | (*S*)-3-丁烯-2-醇<br>(*S*)-3-buten-2-ol |
| | (R) | (*R*)-3-丁烯-2-醇<br>(*R*)-3-buten-2-ol |
| $CH_2{=}C(CH_3){-}CH_2OH$ | | 2-甲基丙烯醇<br>2-methylpropenol |

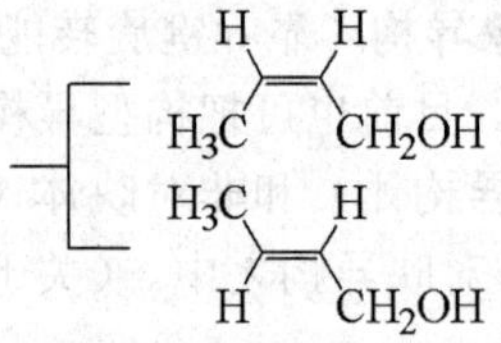

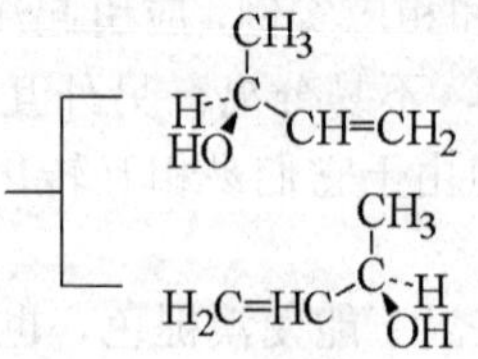

**例 2** 写出下列化合物的所有立体异构并标记。

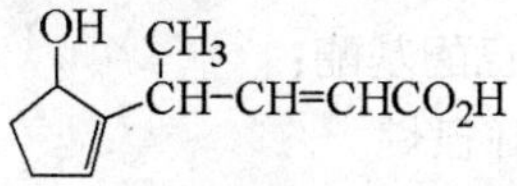

**解** 通过分析，以上化合物有两个手性碳和一个碳碳双键存在几何异构，因此具有三个立体变化的中心。首先固定一个立体中心使其构型不变，改变另两个立体中心，写出可能的立体结构（四种），然后分别写出其对映体。该化合物立体异构为八种。

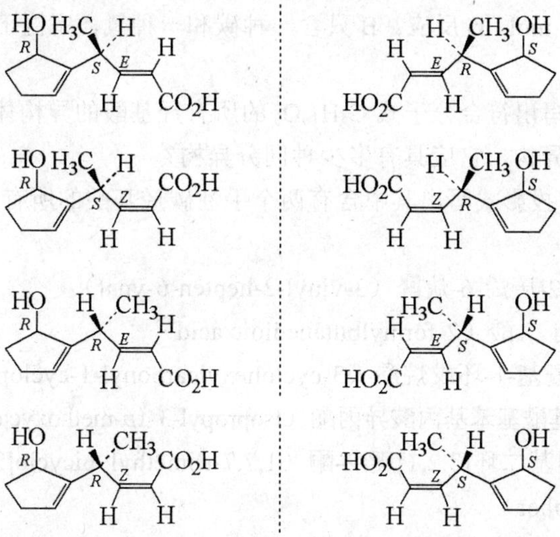

## 三、练习题及其参考答案

1．练习题

（1）命名下列化合物。

a. $HC\equiv C-CH_2CH_2-C(CH=CH_2)=CHCHO$

b. $HO_2CCH_2-CH(CHO)-CO_2H$

c.

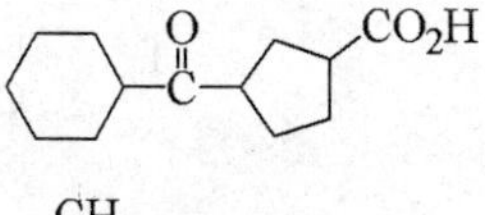

d.

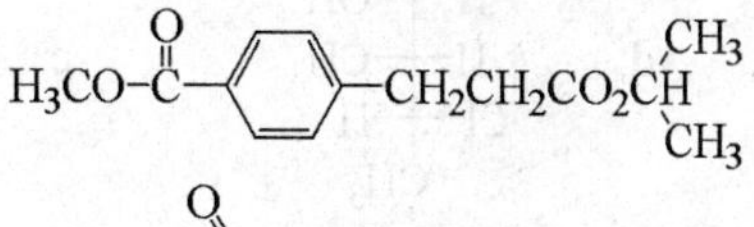

e.

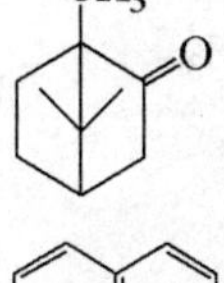

f.

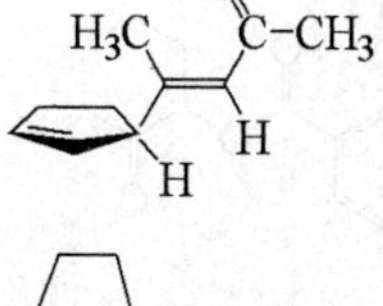

g.

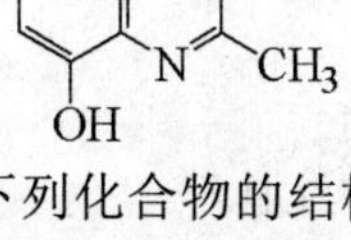

h.

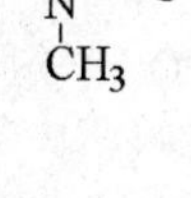

（2）写出下列化合物的结构。

a．5-甲基-7-甲氧基螺[2,5]辛烷；

b．季戊四醇四硝酸酯；

c．acetylsalicylic acid；

d．(2*R*,3*S*,4*S*)-4-chloro-2-hydroxy-3-methylpentanoic acid（Fischer 投影式）

e．甲基-*α*-*D*-吡喃半乳糖苷；

f. 5-氯-3-呋喃(N,N-二甲基)甲酰胺；

g. 8-甲基-2-萘甲酸-2-环己酮基酯；

h. 4-甲基-2-乙氧基氧杂环己烷

（3）写出符合分子式 $C_4H_8O$，且至少含一个手性碳的化合物的结构式，并用“*”标出手性碳。

（4）A、B 两个烃互为同分异构，它们的分子量为 104，含碳 92.3%。A 的所有原子同处一平面，室温下可与 1 mol $Br_2$ 反应。B 只含一种碳和一种氢，室温下不与 $Br_2$ 作用。写出 A、B 的结构。

（5）a．用构造式写出符合分子式 $C_5H_{10}O_3$ 的所有羟基酸的异构体。

b．包括立体异构，它应具有多少种同分异构？

c．用 Fischer 投影式写出其中含有两个手性碳羟基酸的所有立体异构并标记。

2．参考答案

（1）a．3-乙烯基-2-庚烯-6-炔醛（3-vinyl-2-hepten-6-ynal）

b．2-甲酰基丁二酸（2-formylbutanedioic acid）

c．3-环己基酰基-1-环戊烷酸（3-cyclohexylcarbonyl-1-cyclopentane carboxylic acid）

d．3-对甲氧基酰基苯基丙酸异丙酯（Isopropyl-3-(*p*-methoxycarbonyl) phenylpropanate）

e．1,7,7-三甲基二环[2,2,1]庚-2-酮（1,7,7-trimethyl bicyclo[2,2,1]heptan-2-one）或樟脑（Camphor）

f．(3*E*)-4-(1'*R*-2'-环戊烯基)-3-戊烯-2-酮（(3*E*)-4-(1'*R*-2'-cyclopentenyl)-3-penten-2-one）

g．2-甲基-8-羟基喹啉（8-hydroxy-2-methylquinoline）

h．N-甲基-4-丁内酰胺（N-methyl-4-butanelactin）

（2）

a. 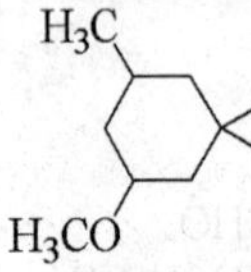 $H_3C$ ; $H_3CO$

b. $O_2NOH_2C-C(CH_2ONO_2)_3$（$CH_2ONO_2$，$CH_2ONO_2$，$CH_2ONO_2$）

c. $CO_2H$ ; O ; $CH_3$ ; O

d. $CO_2H$ ; H—OH ; H—$CH_3$ ; Cl—H ; $CH_3$

e. $CH_2OH$ ; HO ; O ; OH ; $OCH_3$ ; OH

f. O ; N ; $CH_3$ ; $CH_3$ ; Cl ; O

g. $CH_3$ ; O ; O ; O

h. O ; $OCH_2CH_3$ ; $CH_3$

（3）

OH * ; O * ; O * ; * O * ; * * OH

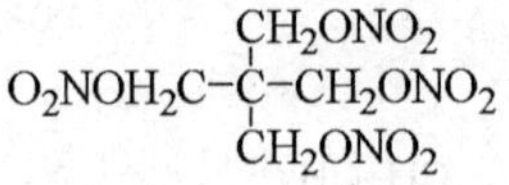

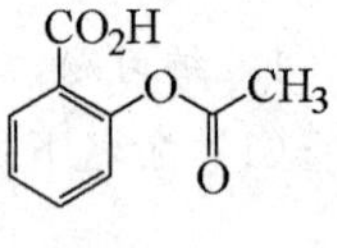

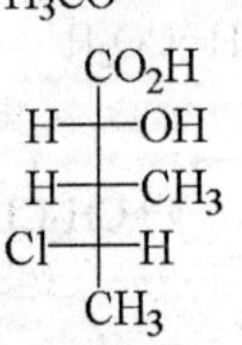

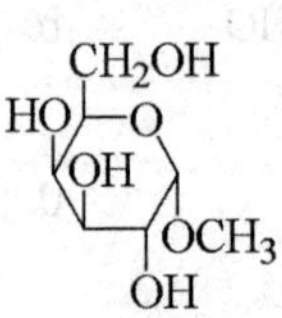

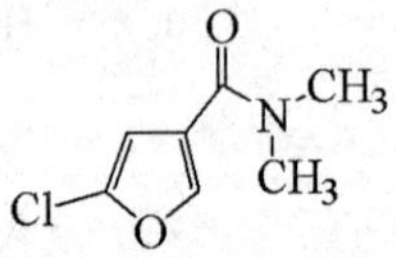

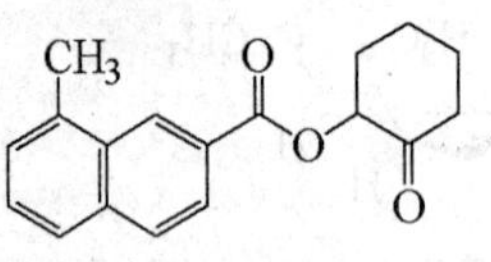

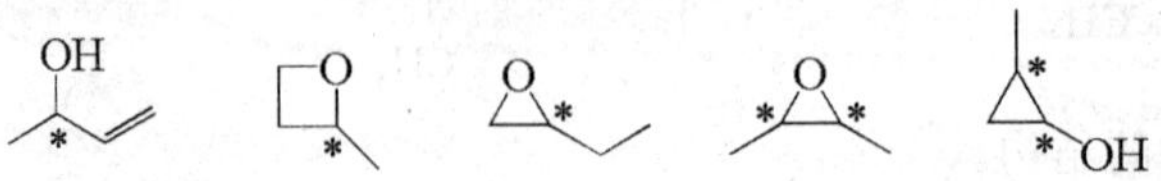

（4）

A. 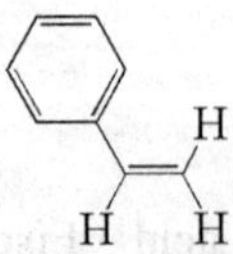 H ; H ; H　　B.

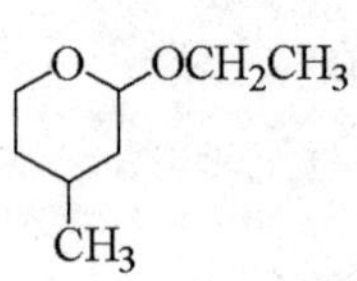

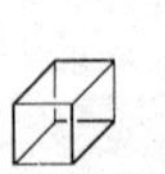

（5）a. $CH_3CH_2CH_2\overset{*}{C}H(OH)CO_2H$　　$CH_3CH_2\overset{*}{C}H(OH)CH_2CO_2H$　　$CH_3\overset{*}{C}H(OH)CH_2CH_2CO_2H$

$HOCH_2CH_2CH_2CH_2CO_2H$　　$CH_3CH_2\overset{*}{C}H(CO_2H)CH_2OH$　　$CH_3CH_2\overset{*}{C}(CO_2H)(OH)CH_3$

$CH_3\overset{*}{C}H(OH)\overset{*}{C}H(CO_2H)CH_3$　　$HOCH_2CH_2\overset{*}{C}H(CO_2H)CH_3$　　$H_3C-CH(CH_3)-\overset{*}{C}H(OH)-CO_2H$

$H_3C-C(OH)(CH_3)-CH_2CO_2H$　　$CH_3\overset{*}{C}H(CH_2OH)CH_2CO_2H$　　$H_3C-C(CO_2H)(CH_3)-CH_2OH$

b．共 23 种。

c．

| Fischer 投影式 | 构型 | Fischer 投影式 | 构型 | Fischer 投影式 | 构型 | Fischer 投影式 | 构型 |
|---|---|---|---|---|---|---|---|
| $CO_2H$（上） | | $CO_2H$（上） | | $CO_2H$（上） | | $CO_2H$（上） | |
| $H-C-CH_3$ | $R$ | $H_3C-C-H$ | $S$ | $H-C-CH_3$ | $R$ | $H_3C-C-H$ | $S$ |
| $H-C-OH$ | $R$ | $HO-C-H$ | $S$ | $HO-C-H$ | $S$ | $H-C-OH$ | $R$ |
| $CH_3$（下） | | $CH_3$（下） | | $CH_3$（下） | | $CH_3$（下） | |

# 第二章　构型异构和构象

只有掌握了分子的立体空间结构，才能更深入地了解它的性质和反应，因此这部分是有机化学极为重要的部分。主要内容包括：① 构型和构象；② 几何异构和旋光异构存在的必要条件；③ 构型式和构型标记；④ 旋光异构中的基本概念；⑤ 构象。

## 一、构型与构象

构型和构象都是用来描述分子的空间结构的，但构型是不可通过分子中 σ 键旋转而变化的，而构象则可通过 σ 键旋转而转化。一般**一个构型可具有多种构象，而一种构象只有一种构型**。如(*R*,*R*)-2,3-二氯丁烷构型式用(1A)表示，当随 $C_2$—$C_3$ σ 键旋转可产生很多构象，如(1B)、(1C)、(1D)等。但这些构象的构型不变，均为(*R*,*R*)构型。这说明 σ 键旋转不能改变构型，但可改变构象，也就是说一种构型可以有多种构象。反之，当我们任意写出(1A)~(1D)中的一个构象，就确定了这个分子的构型为(*R*,*R*)，所以确定的构象只能有一种构型。

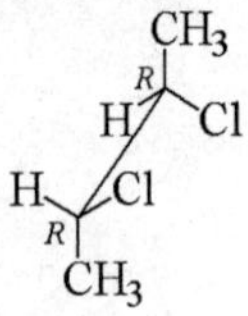

(1A) 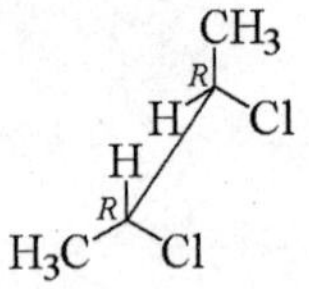　(1B) 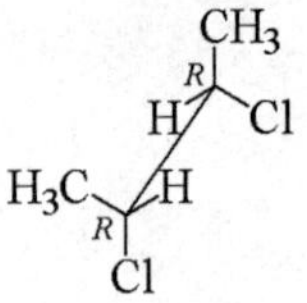　(1C) 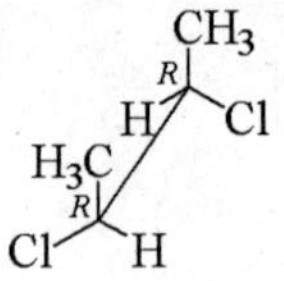　(1D)

## 二、几何异构和旋光异构存在的必要条件

### 1. 几何异构

**烯碳分别连有不同基团时存在几何异构**。一般用顺、反或 *Z*、*E* 标记。与此相似，C=N 不饱和键碳和氮上分别连有不同基团时，也存在几何异构（如肟、亚胺、腙等）。当然偶氮化合物也存在顺反异构。

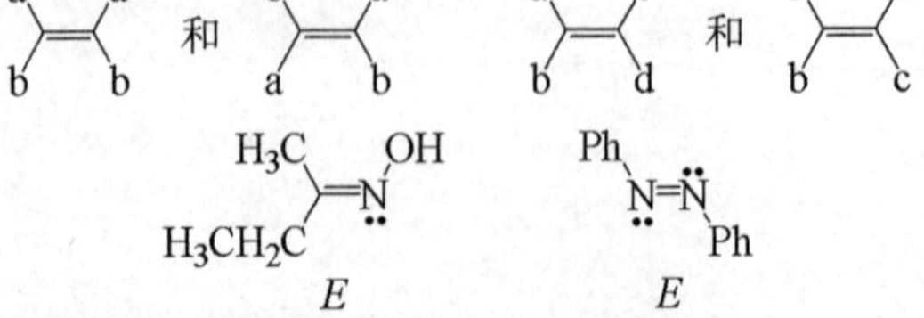

和　　和

*E*　　*E*

取代环己烷化合物几何异构只表示环上取代基的相对空间位置，而不能完全体现一个确定构型。如反-1,2-二甲基环己烷，只能代表两个甲基在环的两侧，不能确定分子是 *R*,*R* 构型还是 *S*,*S* 构型。一般环化合物几何异构写法是保持一个基团不动，写出其他基团相对与它的空

间位置。如写 3-甲基-5-氯环己醇的几何异构，可以—OH 作参照基，保持不动，变化甲基和氯的位置（例 1）。

**例 1** 写出 3-甲基-5-氯环己醇的几何异构。

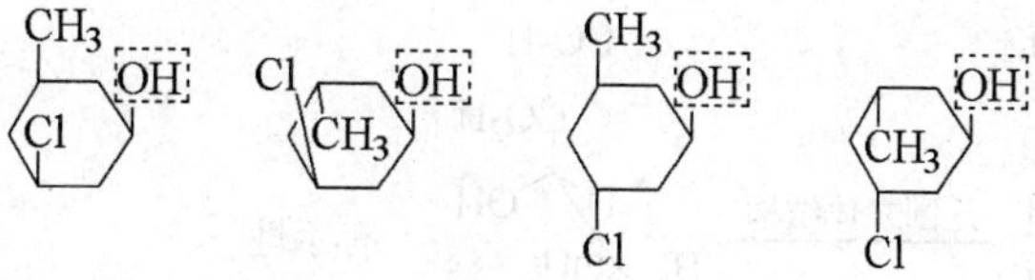

无论是烯还是环的几何异构均为非对映异构。

2. 旋光活性判定

**手性**是旋光活性存在的必要条件，而手性与分子的对称性有关。一般对称分子无手性，不对称分子有手性。分子的对称性可从对称面和对称中心判定，**如果一个分子能找到对称面或对称中心，分子为对称分子，无手性，无旋光性；若找不到对称面和对称中心，分子为不对称分子，有手性，有旋光性**。

对分子手性和旋光性判断是立体化学的一个重要内容，在进行判断时应注意以下几点：

（1）不可依据分子是否有手性碳来判定。因为具有手性碳的化合物不一定都具有手性和旋光性。

**例 2** 判断(2*R*,3*R*,4*S*)-2,4-二氯-3-戊醇是否具有手性和旋光性。

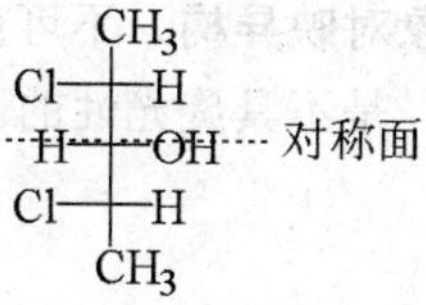

对称面

虽然(2*R*,3*R*,4*S*)-2,4-二氯-3-戊醇含三个手性碳（其中一个为假手性碳），但从它的立体结构看，具有对称面，是对称分子，无手性，无旋光性。

（2）对于丙二烯型、螺环、联苯等类型的化合物，首先搞清楚其空间结构，而后再去找对称面或对称中心，以判定其是否具有手性（例 3）。

**例 3**

A 写立体构型 有手性 或 有手性

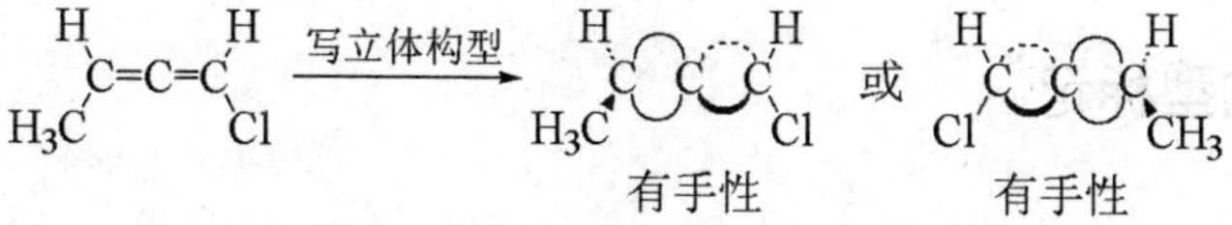

B 写立体构型 有手性 或 有手性

C 写立体构型 有对称面无手性

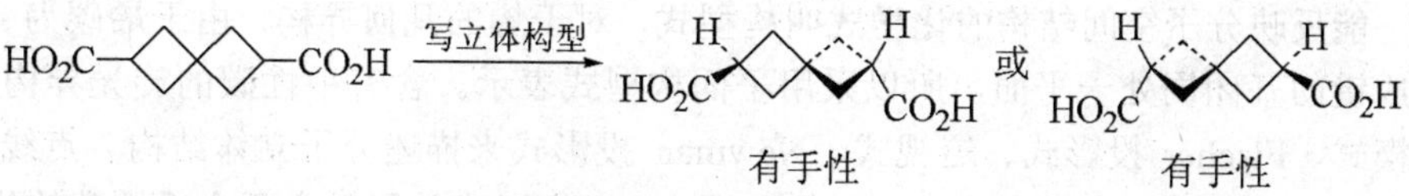

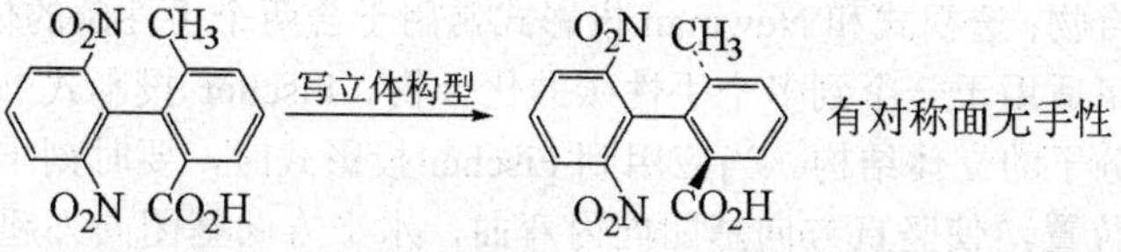

（3）Fischer 投影式和 Newman 投影式不能直观反映分子的立体结构，判定时千万不可把它们看为平面结构，应根据投影规则返回分子的立体结构后再进行判定，否则会判断失误。如例 4 中 A、B 是有旋光活性的酒石酸，若把它视为平面结构，会误判为 A 有对称中心，B 有对称面，结果得出 A、B 无手性，无旋光性的错误结论。

**例 4**

A Fischer 投影式 —返回立体结构→ 有手性

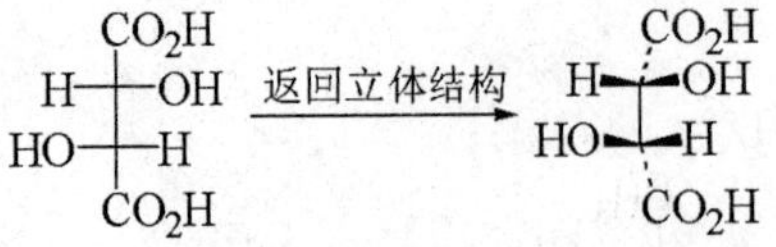

B Newman 投影式 —返回立体结构→ 有手性

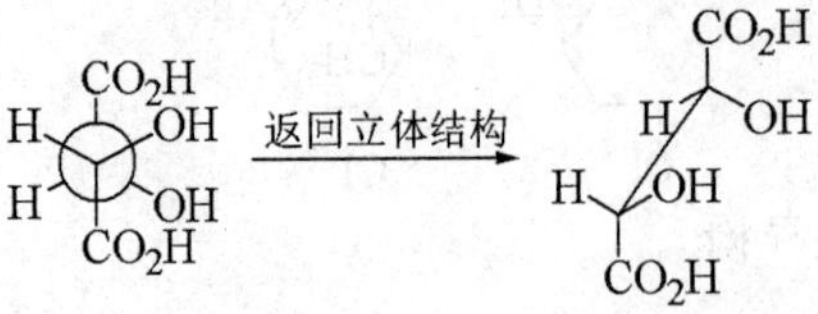

（4）对于氮原子采用 $sp^3$ 杂化的胺类，若连有不同基团时，看上去是手性分子，但由于它容易发生迅速翻转，所以一般不具有旋光活性（例 5）。但当某种因素阻止了这种翻转，才可能具有旋光活性。

**例 5**

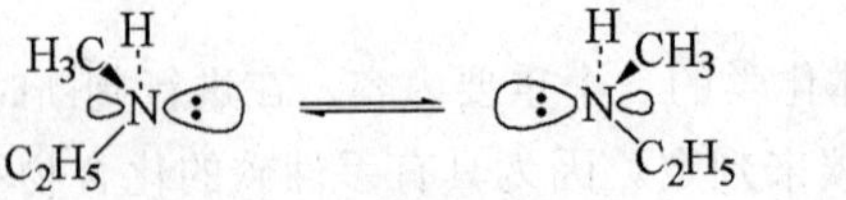

不可分离，无旋光性

（5）环化合物的手性判断一般不采用构象，而是通过平面构型式。如顺-1,2-二甲基环己烷，从平面构型式看具有对称面，所以无手性，无旋光性。若从其相应构象判定，它无对称面，是手性分子，它和对映体（**构象对映异构**）不可重叠，但通过环己烷稳定构象的翻转，它们可以相互转化，因此不可分离，是不具旋光性的。因此，通过平面构型式的判定即可得出正确结论（例 6）。

**例 6**

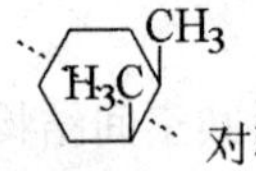

对称面

无手性，无旋光性

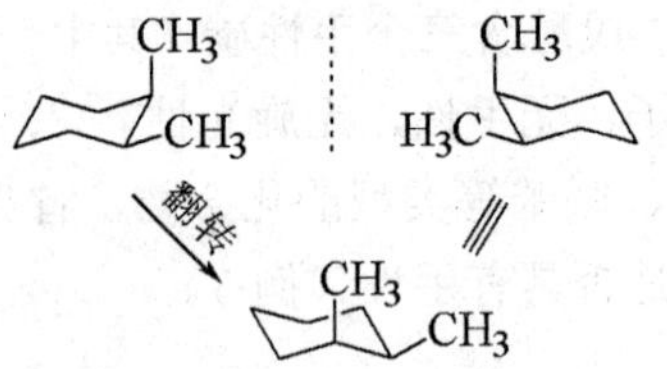

翻转

（构象对映异构可相互转化，无旋光性）

## 三、构型式和构型标记

1．构型式

能反映分子空间结构的化学式叫构型式。对于烯的几何异构，由于烯碳为 $sp^2$ 杂化，同与之成键的基团同处一平面，所以采用平面构型式表示。含有手性碳的旋光异构体，常采用点线楔式、Fischer 投影式、透视式、Newman 投影式来描述分子立体结构。点线楔式多用于含一个或两个手性碳的化合物；透视式和 Newman 投影式常用于含两个手性碳的化合物；Fischer 投影式应用范围较广，可适用于一个到多个手性碳的化合物。Fischer 投影式书写起来非常麻烦，但它不能直观反映分子的立体结构。当应用到 Fischer 投影式时，要时刻牢记它的投影规则，即将碳链放在竖直位置，使竖直方向基团向内弯曲，水平方向基团向外翘起，这样即可正确返回其立体结构。

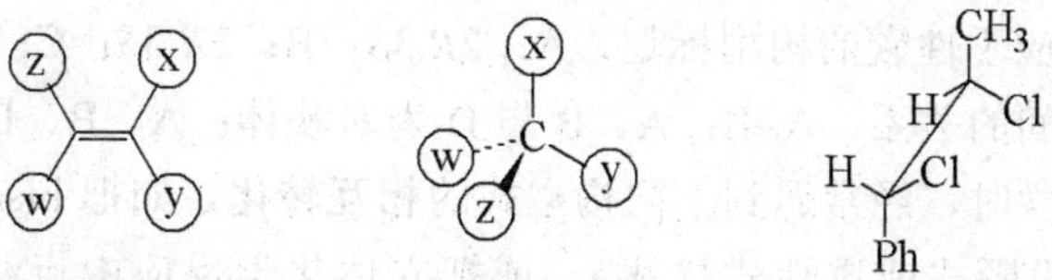

烯的平面构型式　　点线楔式　　透视式

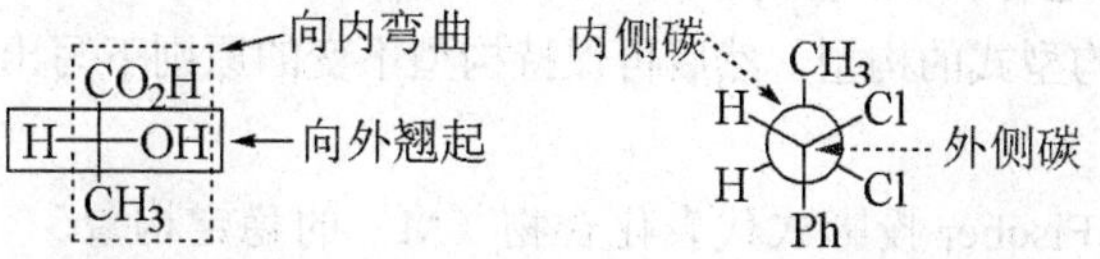

Fischer 投影式　　Newman 投影式

对于糖的开链结构常用 Fischer 投影式描述，环状结构常用 Haworth 式来描述。两种构型式的转化存在一定规律。例如 *D*-六碳醛糖的 Fischer 投影式转化为 *α*-*D*-吡喃糖或 *β*-*D*-吡喃糖的 Haworth 式可分如下几步：（i）先写出通用环的骨架，在这个骨架中环上的氧放在环的右上角，羟甲基（—$CH_2OH$）放在环上。（ii）根据要求在 $C_1$ 上填入体现端基差向异构的半缩醛羟基，若为 *α* 异构体，则把—OH 写在—$CH_2OH$ 的异侧；若为 *β*，则把—OH 写在—$CH_2OH$ 的同侧。（iii）对应填入 $C_2$、$C_3$、$C_4$ 上的羟基（$C_5$ 上的羟基与醛基反应生成了半缩醛）。一般在 Fischer 投影式左侧的羟基写在 Haworth 式环上，右侧羟基写在环下。下面是由 *D*-甘露糖 Fischer 投影式写出 *β*-*D*-吡喃甘露糖的 Haworth 式的一个例子。

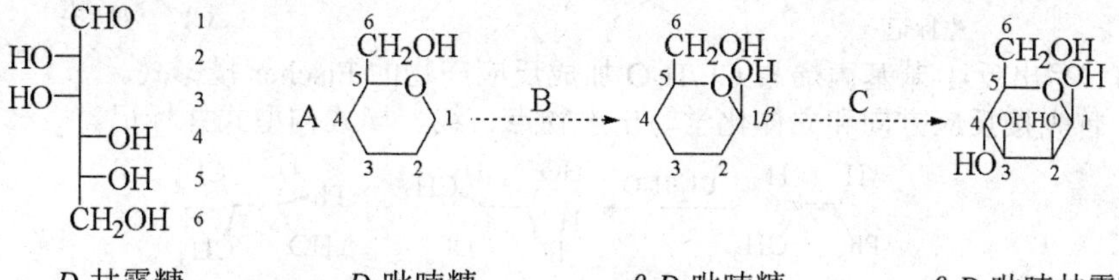

*D*-甘露糖 Fischer 投影式　　*D*-吡喃糖 框架结构　　*β*-*D*-吡喃糖 框架结构　　*β*-*D*-吡喃甘露糖

2．构型标记

烯烃的几何异构有**顺反标记法**：两个烯碳所连相同或相似的基团在同侧为“顺”，在异侧为“反”。***Z*、*E* 标记法**：按顺序规则分别比较两个烯碳所连基团的原子序优先顺序，若两个较优基团在同侧，标记为 *Z*；若两个较优基团在异侧，标记为 *E*。旋光异构具有手性中心化合物的 ***R*、*S*（绝对构型）标记法**：按“顺序规则”比较手性中心所连基团的原子序优先顺序，分出“优、良、中、差”。在“差”基团对面，以“优、良、中”顺序旋转，若方向为顺时针，则标记为 *R*，若方向为逆时针，标记为 *S*。

构型的标记可用于立体分子的命名，同时根据命名中的标记也可准确写出其立体结构。除此之外，还常用于鉴别不同的构型式立体关系。如例 1，给出了 2,3-二苯基-2-氯丁烷的几个立体构型式，要找出它们的立体关系（相同、对映体还是非对映体）。在解题时，首先用 *R*、*S* 标出相应手性碳构型，从这些相应手性碳的标记，不难说出它们的立体关系。

**例 1**　判定下列构型式所代表化合物之间的立体关系。

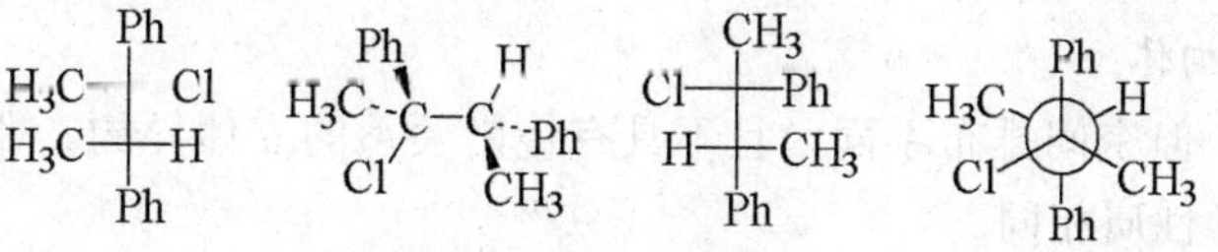

A　　B　　C　　D

**解**　先进行相应手性碳的构型标记。A：2*R*,3*S*；B：2*R*,3*S*；C：2*R*,3*R*；D：2*S*,3*R*。这样就不难判定它们之间的关系：A=B；A、B与D为对映体；A、B、D与C为非对映体。

在研究立体化学时，经常遇到不同构型式的**相互转化**，如把Fischer投影式转化为稳定构象（用 Newman 投影式或透视式描述），或把立体化学反应中点线楔式代表的产物转化为Fischer投影式等。在进行构型式转化时，为确保构型不变，较好的方法是用*R*、*S*标记帮助完成。首先标记被转化构型式的构型，然后再保持构型不变的原则下写出所需转化的构型式（例2、例3）。

**例2**　写出下列Fischer投影式代表化合物（M）的稳定构象。

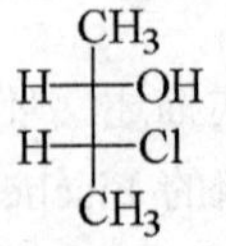

$CH_3$
H—OH　M
H—Cl
$CH_3$

**解**

$CH_3$ / H—OH *S* / H—Cl *R* / $CH_3$ （先标记）→ 写出稳定构象骨架 → Newman投影式骨架（$CH_3$、$CH_3$）及透视式骨架（$H_3C$、$CH_3$）→ 确保2*S*,3*R*构型不变，填入OH, Cl, H基团 → Newman投影式：$CH_3$、H、OH、*R*、*S*、Cl、H、$CH_3$；透视式：H、OH、*S*、$H_3C$、$CH_3$、Cl、H、*R*

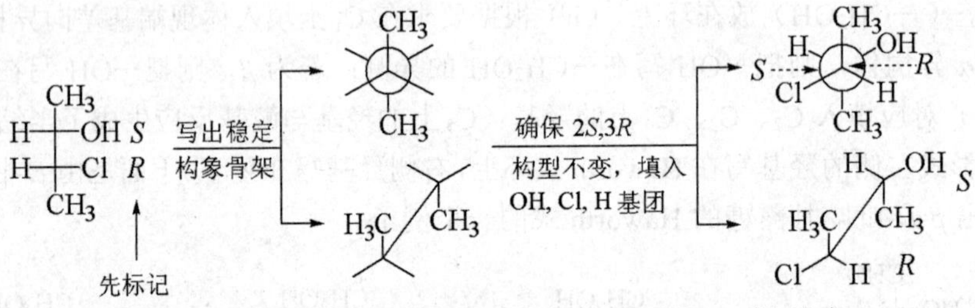

**例3**　写出反-1-苯基丙烯与$Cl_2/H_2O$加成反应产物的Fischer投影式。

**解**　首先按反应方向和立体化学写出产物点、线、楔式构型式并标记。

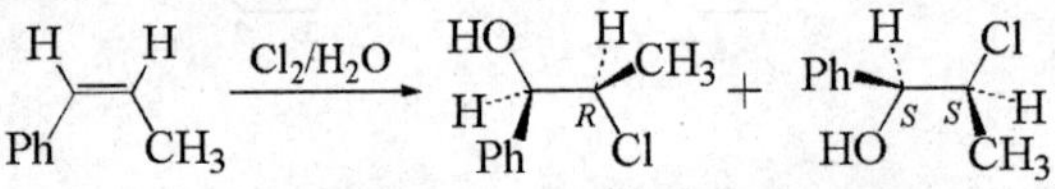

H、H、Ph、$CH_3$（反-1-苯基丙烯）$\xrightarrow{Cl_2/H_2O}$ HO、H、$CH_3$、H、Ph、Cl（*R*,*R*）+ H、Cl、Ph、H、HO、$CH_3$（*S*,*S*）

然后写出Fischer投影式骨架，再确保每个手性碳构型不变的情况下，分别填入OH、Cl和H。例如，转化*R*,*R*构型产物图示如下：

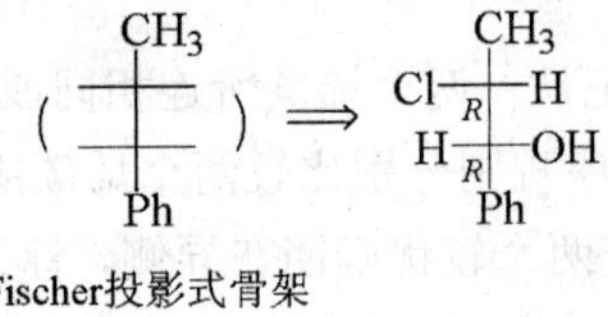

$CH_3$ / Ph（Fischer投影式骨架）$\Longrightarrow$ $CH_3$ / Cl—H (*R*) / H—OH (*R*) / Ph

## 四、旋光异构中的几个基本概念

1．旋光异构体

结构式相同，空间排布不同，对偏振光性质不同的异构体。

2．对映异构体

互为镜影但不可重叠的异构体。对映异构体除旋光不同外，其他物理性质相同，一般化学性质也相同，但在手性条件下反应可显示不同的反应性。

3．非对映异构体

构造式相同，但空间排布不同，且不具有镜影关系的立体异构。非对映异构体物理性质不同，但一般化学性质相同。

4．内消旋体

具有手性中心，但分子是具有对称面或对称中心的非手性分子。内消旋体无旋光活性，也不可拆分。

5．外消旋体

一对对映体 1:1 的混合物叫外消旋体。外消旋体无旋光活性，但可拆分为有旋光活性的物质。外消旋体与组成它的任意一个异构体物理性质都不同。

以上有关旋光异构的基本概念在立体化学研究中极为重要。例如在有机合成中常常得到外消旋混合物，对它如何进行拆分呢？从以上概念我们知道外消旋体是对映体 1:1 的混合物，而对映体物理性质相同，直接拆分很难。我们又知道非对映体的物理性质不同，因此我们可通过化学反应使之生成非对映体，进而达到拆分的目的。如例 1，外消旋体的 3-甲基-2-苯基丁酸利用与手性胺作用产生非对映体，然后利用其溶解度的不同达到分离的目的。

**例 1**　拆分(±)-3-甲基-2-苯基丁酸。

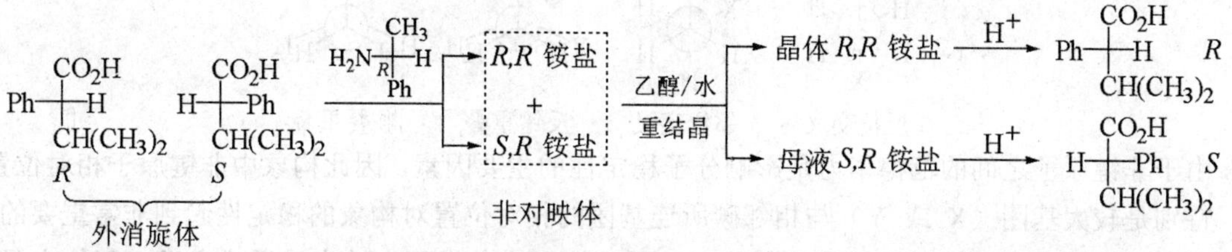

$CO_2H$ / Ph—H / $CH(CH_3)_2$ (*R*)　$CO_2H$ / H—Ph / $CH(CH_3)_2$ (*S*)　外消旋体

$\xrightarrow{H_2N-C(CH_3)(H)(Ph)\ (R)}$ *R,R* 铵盐 + *S,R* 铵盐（非对映体） $\xrightarrow[\text{重结晶}]{\text{乙醇/水}}$

晶体 *R,R* 铵盐 $\xrightarrow{H^+}$ $CO_2H$ / Ph—H / $CH(CH_3)_2$　*R*

母液 *S,R* 铵盐 $\xrightarrow{H^+}$ $CO_2H$ / H—Ph / $CH(CH_3)_2$　*S*

在化学的很多实际问题中包含着这些基本的概念，如例 2 中的问题，除涉及了异构体的写法之外，还涉及旋光活性、对映异构和非对映异构的基本概念，若不掌握这几方面的知识，将很难对问题作出准确回答。

**例 2**　（1）写出 *R*-2,3-二甲基戊烷所有一氯代物的异构体；（2）将这些一氯代物混合物蒸馏，将得到多少馏分？（3）有几种馏分无旋光活性？

**解**

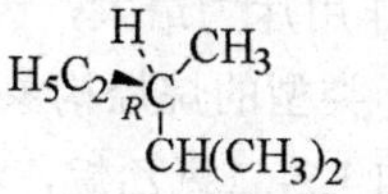

$H_5C_2$—C(H)($CH_3$)—$CH(CH_3)_2$　*R*-2,3-二甲基戊烷

（1）共 9 种异构体。

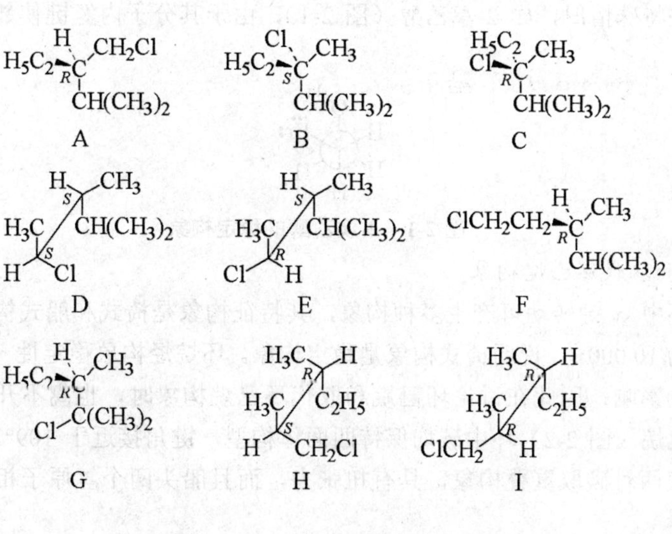

A　B　C

D　E　F

G　H　I

（2）以上 9 种异构体中，B 和 C 为对映异构体，D 和 E、H 和 I 为非对映异构体。因对映体物理性质相同，非对映体物理性质不同，因此蒸馏分出馏分为 8 种。

（3）8 种馏分中，只有一种无旋光活性（B 和 C 形成的外消旋混合物）。

## 五、构象

从定义上讲，构象是分子空间结构的瞬时肖像，它可随分子中 σ 键的旋转而发生变化。基础有机化学中主要涉及的构象是烷烃、环己烷和取代环己烷的构象，下面将分别进行讨论。

1．烷烃的构象

烷烃的构象主要以取代乙烷（$X-CH_2CH_2-X$，$X-CH_2CH_2-Y$）为代表。例如丁烷（$X=-CH_3$），其特征构象为反式交叉、邻位交叉、反错重叠（部分重叠）和顺叠重叠（完全重叠）。

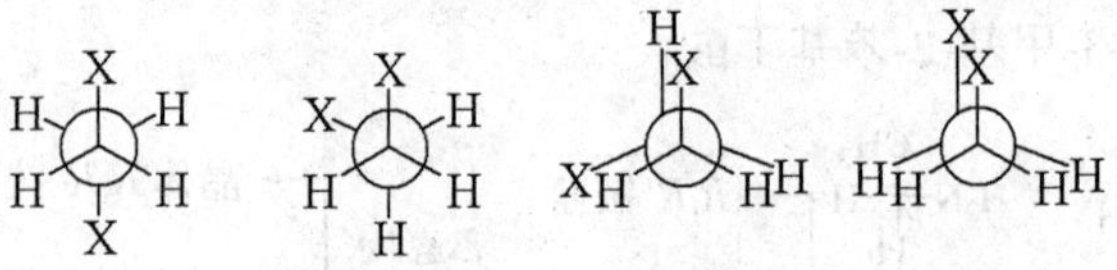

反位交叉　邻位交叉　反错重叠　顺叠重叠

由于非键原子之间的范德华力是影响分子稳定性的主要因素，因此构象中非键原子相对位置，特别是较大基团（X 或 Y）与相邻碳所连基团的相对位置对构象的稳定性起到非常重要的作用。一般情况交叉构象比重叠构象稳定。四种特征构象的稳定性为：反式交叉＞邻位交叉＞反错重叠＞顺叠重叠。对于丁烷来讲（$X-CH_2CH_2-X$，$X=-CH_3$），邻位交叉、反错重叠和顺叠重叠构象能量高出反位交叉能量分别为 3.8 kJ/mol、15.9 kJ/mol 和 18.8 kJ/mol。这个结果都是非键基团 $CH_3$ 和 H 相对位置不同造成的。交叉构象中非键基团 $CH_3$ 和 H 距离较远，相互作用小，能量较低，特别是对位交叉构象中，两个大的甲基距离最远，所以是能量最低的构象。而重叠式中非键基团因 $CH_3$ 和 H 距离较近，相互作用力大，能量高，特别是顺叠重叠，两个甲基同处顺位的一个平面内，距离最近，相互作用斥力最大，因此是能量最高的构象。

一般情况下 $X-CH_2CH_2-X$ 或 $X-CH_2CH_2-Y$ 类型的烷烃构象的特征与丁烷相同，大的基团（X 或 Y）处在反式交叉构象是最稳定构象。如 1,2-二氯乙烷，对它构象混合物测试结果发现，约 70%为反式交叉构象，约 30%为邻位交叉构象，这个结果也证实了以上推断。但实际中也存在一些特殊情况，如 2-溴乙醇（图 2-1），由于其分子内氢键使邻位交叉比对位交叉更稳定。

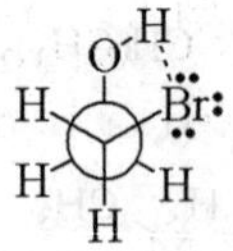

**图 2-1　2-溴乙醇的稳定构象**

2．环己烷和取代环己烷构象

环己烷随环中 σ 键转动可产生多种构象，其特征构象是椅式和船式构象。这两种构象在室温下的比例为 10 000:1，说明椅式构象是稳定构象。环烷烃构象稳定性一般受角张力、扭张力和范德华力的影响，因此在讨论环己烷和取代环己烷构象时，也离不开这几种力的分析。椅式和船式环己烷（图 2-2）环中碳均保持四面体构型，键角接近于 109°28′，无角张力，但船式构象中船底两对碳取重叠构象，具有扭张力，而且船头两个氢原子相距太近，有排斥力

（范德华力），这样使船式构象能量升高。相比之下，椅式构象不存在以上两种张力，因此它为稳定构象。以上两种构象能差为 29.7 kJ/mol。

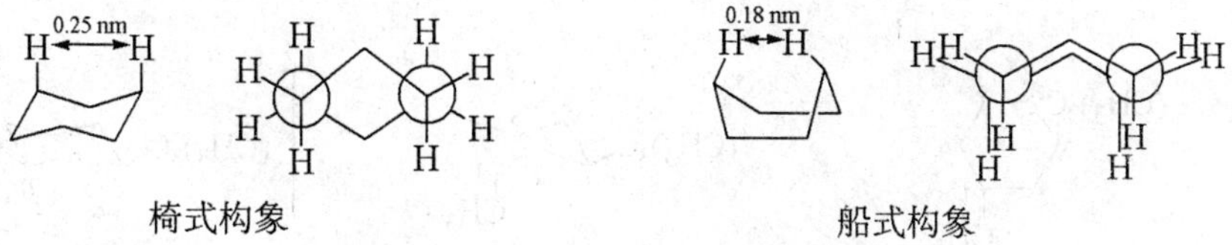

椅式构象　　　　　　船式构象

图 2-2　环己烷椅式构象和船式构象

从以上的讨论结果我们不难得出取代环己烷构象中六元环一定取稳定的椅式构象，但在取代环己烷构象中，取代基有 a 键（直立键）和 e 键（平伏键）之分。一般取代基在 a 键比在 e 键能量高出 7.5 kJ/mol（图 2-3），因此取代基处在 e 键的构象一般比较稳定。

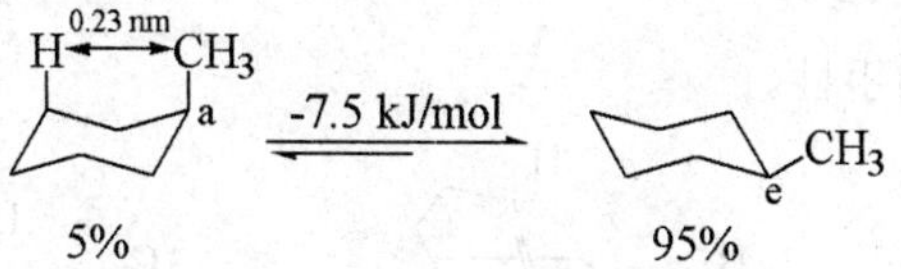

图 2-3　甲基环己烷构象

不同取代基处于 a 键和 e 键能差不同，表 2-1 列出了某些基团 a-e 键能差。从表 2-1 中的数据可以看出，取代基体积越大，它们的能差越大，因此多取代环己烷稳定构象是使**尽可能多的基团处于 e 键，较大的基团处于 e 键**。如 (1*R*,2*S*,4*S*)-2-甲基-4-异丙基-1-氯环己烷的稳定构象不是 N 而是 M。

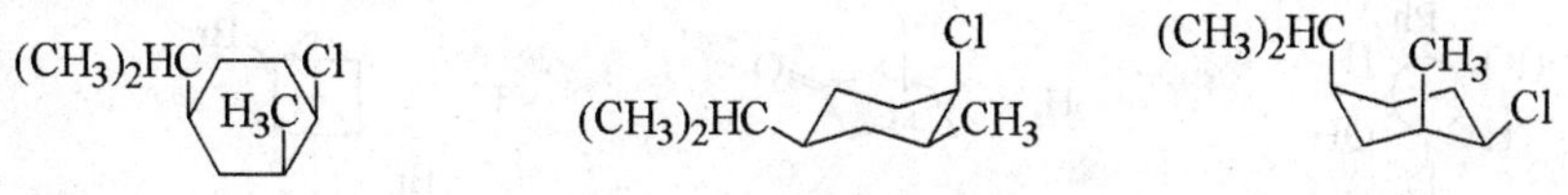

(1*R*,2*S*,4*S*)-2-甲基-4-异丙基-1-氯环己烷　　　稳定构象

表 2-1　取代环己烷 a-e 键能差

| 取代基 | a-e 键能差 / $kJ\cdot mol^{-1}$ | 取代基 | a-e 键能差 / $kJ\cdot mol^{-1}$ |
|---|---|---|---|
| X | 1~2 | $CH(CH_3)_2$ | 8.8 |
| OH | 4.2 | $C(CH_3)_3$ | 21 |
| $OCH_3$ | 2.3 | $C_6H_5$ | 13 |
| C≡CH | 1.7 | $CO_2H$ | 5.9 |
| $CH_3$ | 7.5 | C≡N | 0.8 |

在书写环己烷稳定构象时必须清楚认识到：（i）椅式环翻转后所有 a 键变为 e 键，但取代基在环上的相对位置不变，即构型不变。（ii）由平面构型式转化为相应稳定构象时，一定要使平面构型式和构象环中的碳相对应，使取代基的空间位置（环上或环下）相对应，不可随意改变其构型。如例 1，根据 (1*S*,3*S*)-1-甲基-3-叔丁基环己烷的平面构型式，写出其稳定构象。书写中首先保证环中碳序号相对应，然后保证取代基的序号和空间位置相对应，否则极易出现错误。如为追求稳定构象，书写中把 $C_3$ 上的甲基写在了 e 键上（环上），这就改变了化合物

的构型，这个稳定构象不是(1*S*,3*S*)-1-甲基-3-叔丁基环己烷的稳定构象。

**例 1** 写出(1*S*,3*S*)-1-甲基-3-叔丁基环己烷的稳定构象。

**解**

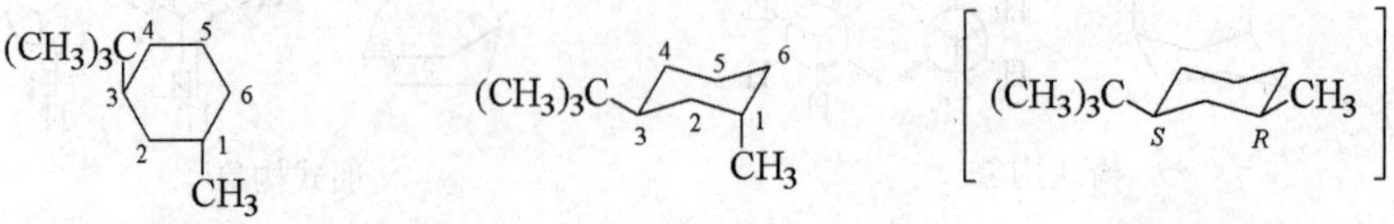

$(CH_3)_3C$　$CH_3$　　$(CH_3)_3C$　$CH_3$　　$(CH_3)_3C$　$CH_3$　*S*　*R*

(1*S*,3*S*)-1-甲基-3-叔丁基环己烷　　本题要求的稳定构象　　另一构型稳定构象

## 六、练习题及其参考答案

1．练习题

（1）判定下列分子的手性。

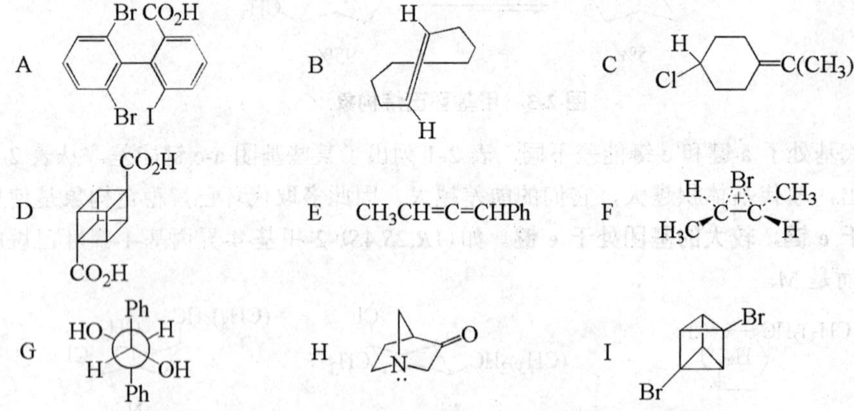


（2）以下是 K. B. Sharpless 等手性合成环氧化合物的一个实例：

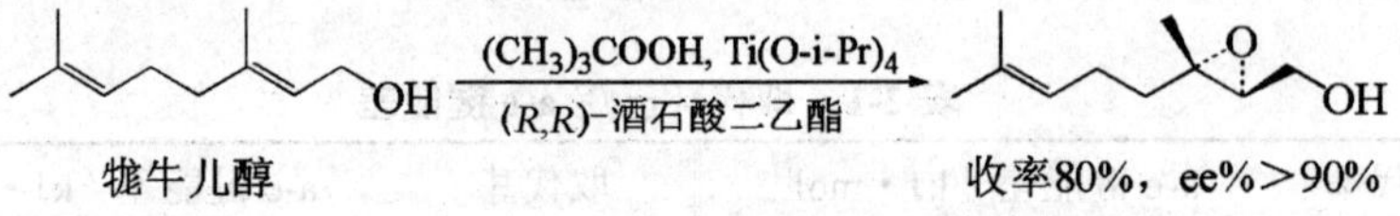

$$\text{OH} \xrightarrow[(R,R)\text{-酒石酸二乙酯}]{(CH_3)_3COOH,\ Ti(O\text{-}i\text{-}Pr)_4} \text{OH}$$

牻牛儿醇　　　　收率80%，ee%＞90%

① 对产物构型式进行标记；② 写出(*R*,*R*)-酒石酸的 Fischer 投影式。

（3）写出下列两个分子的所有立体异构并标记。其中哪些具有旋光活性？

A 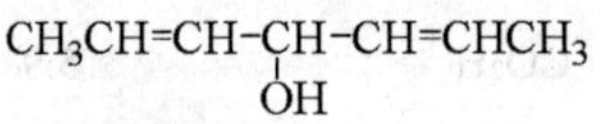 $CH_3CH=CH-\underset{OH}{CH}-CH=CHCH_3$　　B 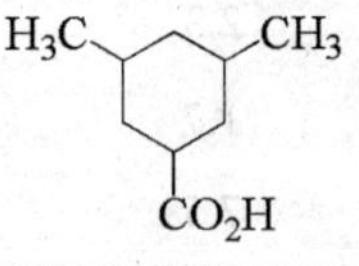 $H_3C$　$CH_3$　$CO_2H$　　C $CH_3$　P　$CH_3$

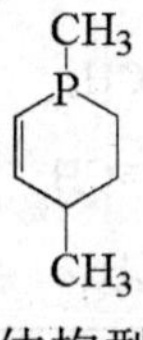

（4）3,6-二甲基-4-辛烯有多少种立体异构？写出其中无旋光的内消旋体构型式，并说明它所具有的对称因素。

（5）写出 1,2,4,5-四甲基环己烷内消旋体的平面构型式并标记，然后写出其相应的稳定构象，并说明这些构象中哪一个最稳定。

（6）分别写出下列两个醇的所有立体异构，并找出它们的立体关系，说明它们哪些具有旋光活性。

A 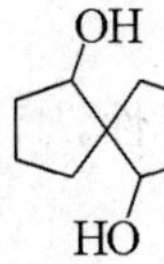　B

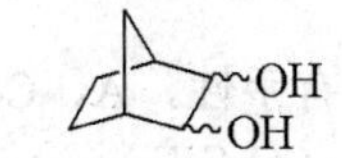

（7）写出下列化合物所有立体异构和相应的稳定构象，并说明哪一个构象最稳定。

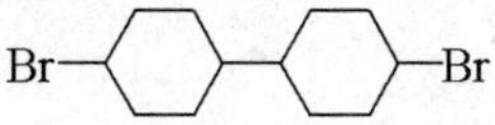

（8）把下列构型式转化为 Newman 投影式的稳定构象。

A 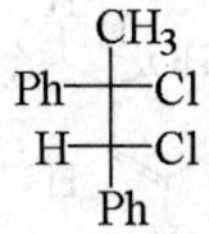　B

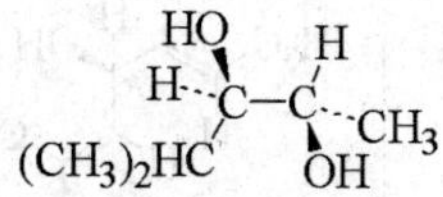

（9）写出 A 顺十氢化萘；B 石胆酸的稳定构象。

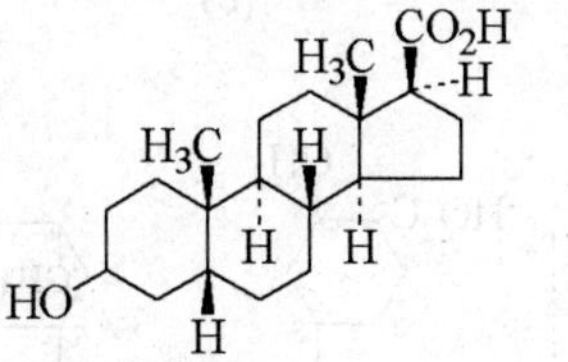

石胆酸（lithocholic acid）

（10）环丁烷一般为碟式构象，顺和反 1,2-二甲基环丁烷哪一个更稳定？为什么？

（11）把下列 *D*-戊醛糖用 Fischer 投影式表示，然后用 Haworth 式呋喃糖形式写出它的 $\alpha$ 和 $\beta$ 异构体。

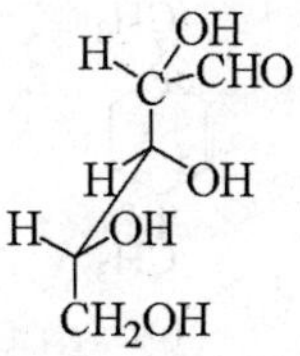

*D*- 戊醛糖

（12）化合物 A 和 B 分子式均为 $C_6H_{10}$，都有旋光活性。催化氢化 A 吸收 1mol 氢气生成 C，B 吸收 2mol 氢气生成 D。C 和 D 均无旋光活性。波谱测试 D 只含三种碳。写出 A、B、C、D 的结构。

（13）两个具有旋光活性的烃 A 和 B，相对分子质量都是 132，元素分析 A 和 B 均含碳 90.91%。室温下 A 可使溴褪色而 B 不能。A 催化氢化吸收 1mol 氢气生成 C。C 也具有旋光活性，而 B 不易催化加氢。写出 A、B 的可能结构。

（14）化合物 A 进行如下反应：

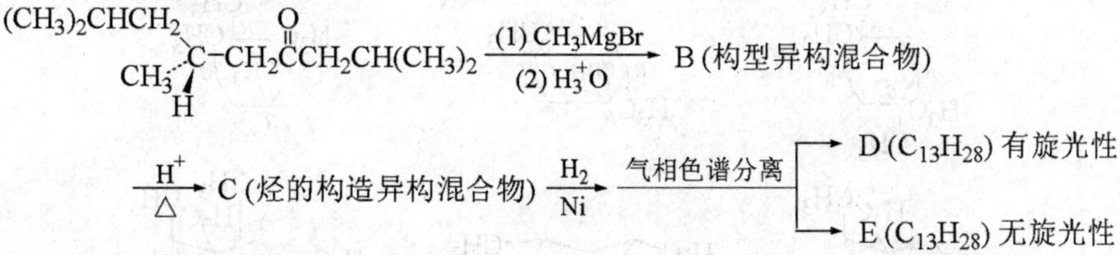

$(CH_3)_2CHCH_2C(CH_3)(H)-CH_2COCH_2CH_2CH(CH_3)_2 \xrightarrow[(2)\ H_3^+O]{(1)\ CH_3MgBr}$ B (构型异构混合物)

$\xrightarrow[\triangle]{H^+}$ C (烃的构造异构混合物) $\xrightarrow[Ni]{H_2}$ $\xrightarrow{\text{气相色谱分离}}$ D ($C_{13}H_{28}$) 有旋光性；E ($C_{13}H_{28}$) 无旋光性

① 用 Fischer 投影式写出 B 混合物中的化合物结构，并说明它们之间的关系。

② 写出 C 混合物中热力学稳定性较好的烃构型式。

③ 用 Fischer 投影式写出 D、E 结构，并对 D 命名。

2．参考答案

（1）B、E、F、H、I 有手性，A、C、D、G 无手性。

（2）① *S*,*S*；②

（3）A．(a)和(b)有旋光活性。

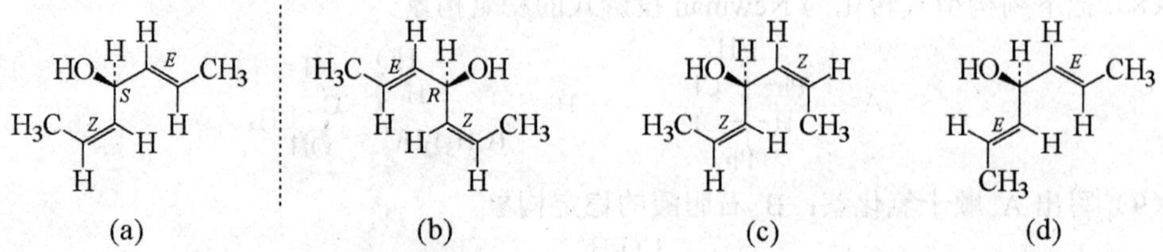


B．(b)和(c)有旋光活性。

(a) (b) (c) (d)

C．均有旋光性。

(a) (b) (c) (d)

（4）共有 6 种立体异构，其中两种内消旋体(a)和(b)。(a)有对称中心，(b)有对称面。

(a) (b)

（5）

最稳定构象

（6）A．(a)和(b)、(c)和(d)分别为对映体。(a)或(b)和(c)、(d)为非对映体，它们都有旋光性。

(a)　(b)　(c)　(d)

B．(c)和(d)为对映体，(c)或(d)与(a)、(b)为非对映体。(c)和(d)具有旋光性。

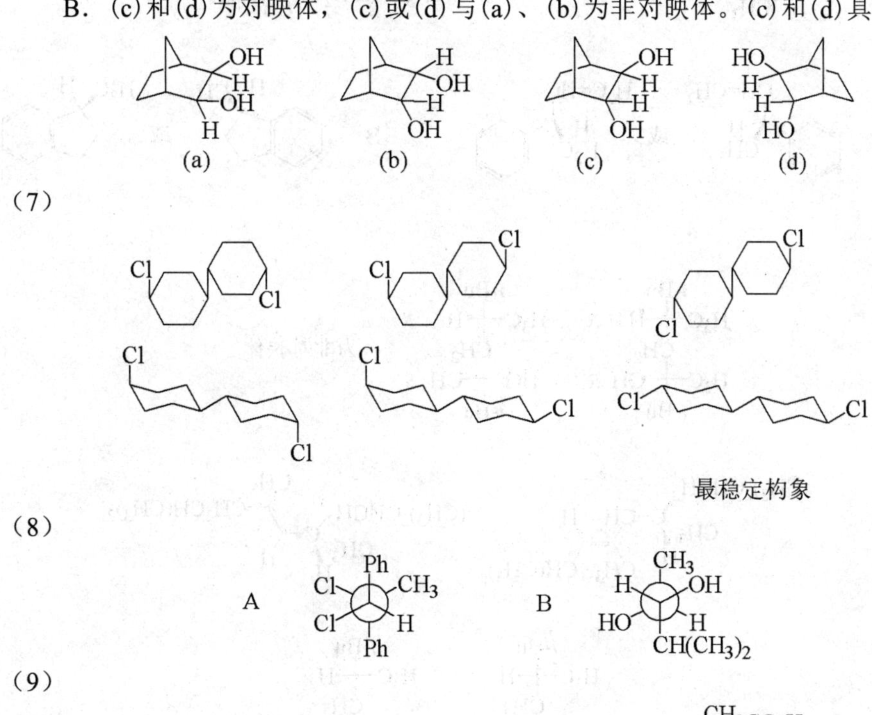


（9）

A　B

（10）顺式构象较稳定。反式构象中一个甲基处于类似环己烷 a 键的位置，和 3 位氢有排斥力；顺式两个甲基均可处在类似环己烷 e 键的位置，无以上排斥力，因此较稳定。

反式　顺式（较稳定构象）

（11）

*α-D*-呋喃糖　*β-D*-呋喃糖

（12）

A 或 B 或

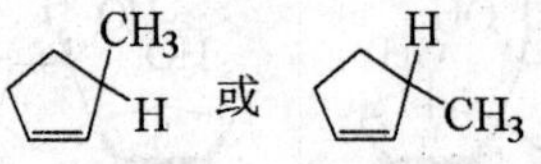

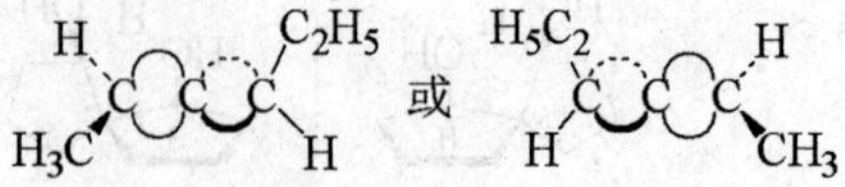

C 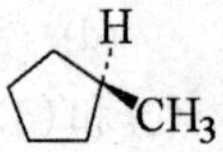 D $CH_3CH_2CH_2CH_2CH_2CH_3$

（13）

A 或 B 或

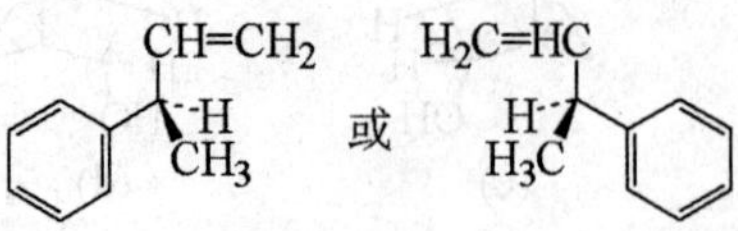

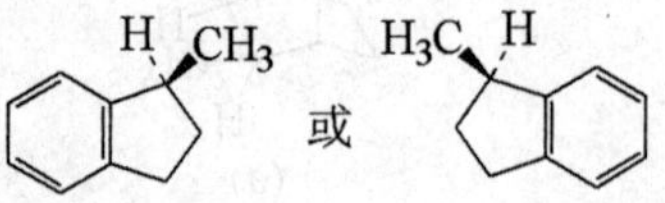

（14）

①

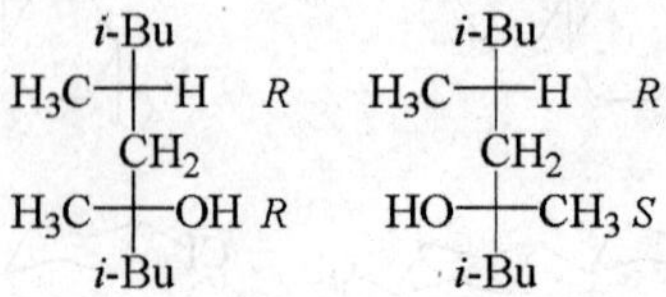

为非对映体

②

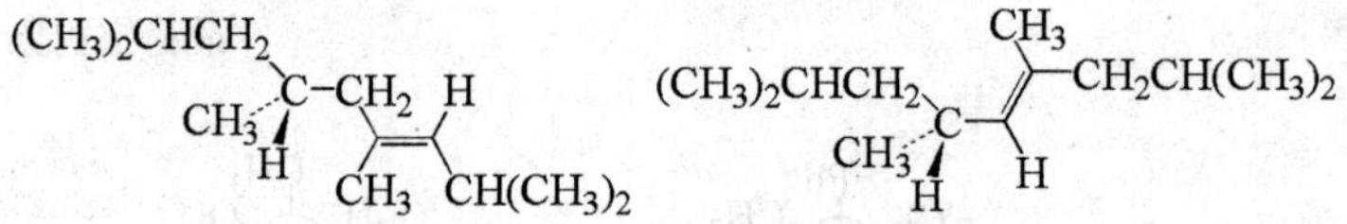

③

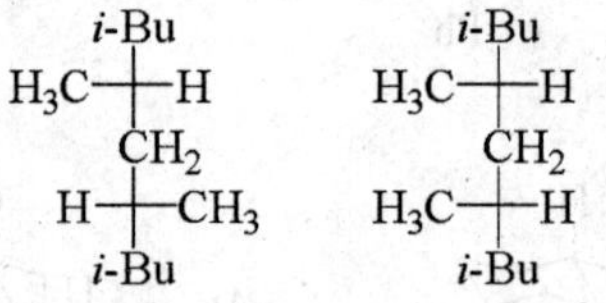

D E

D 的命名：(4*R*,6*R*)-2,4,6,8-四甲基壬烷

# 第三章　共振结构和芳香性

## 一、共振式的写法及共振式的稳定性

当用一个经典结构式不能反映分子的真实结构时，可采用含几个相关经典结构的共振杂化体来描述。共振杂化体中每一个经典结构式叫共振式（极限式）。对共振式的书写应注意以下几点：

（1）由于共振杂化体中相关共振式只是电子排布不同，因此在书写时不可改变其原子的排布。如下列酮和烯醇的互变异构并非共振杂化体。

$$H_3C-\overset{O}{\overset{\|}{C}}-CH_3 \rightleftharpoons H_2C=\overset{OH}{\overset{|}{C}}-CH_3$$　互变异构，非共振杂化体

（2）共振杂化体中共振式的写法靠电子的移动完成。一般用弯箭头"⌒"或"⌒"表示电子移动的方向。写出的共振式用双箭头"⟷"相关联。

$$CH_2=CH-CH=\ddot{O} \longleftrightarrow CH_2=CH-\overset{+}{C}H-\overset{\ddot{-}}{O}H \longleftrightarrow \overset{+}{C}H_2-CH=CH-\overset{\ddot{-}}{O}H$$

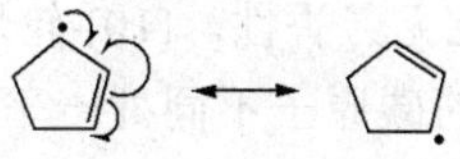

（3）书写时应注意价键规律。

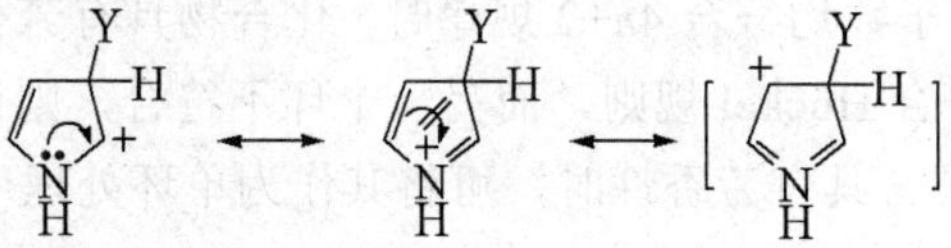

该共振式不存在，因氮周围为10个电子

（4）书写时应注意原子的电负性。

$$CH_2=CH-CH=O \longleftrightarrow \left[\ \overset{-}{\ddot{C}}H_2-\overset{+}{C}H-CH=O \longleftrightarrow \overset{-}{\ddot{C}}H_2-CH=CH-\overset{+}{O}\ \right]$$

由于氧电负性强，以上两个共振式极不稳定

一般共振杂化体中共振式（极限式）越多，说明电子离域越广，体系越稳定。各共振式在共振杂化体中贡献是不同的，通常较稳定的共振式贡献较大。什么样的共振体相对稳定呢？一般满足八隅体结构的共振式较稳定，有电荷分离的共振式稳定性较小。

$CH_3\overset{+}{C}H-\ddot{O}CH_3 \longleftrightarrow CH_3CH=\overset{+}{O}CH_3$

较不稳定　　　八隅结构，较稳定

$CH_2=CH-\ddot{Cl}: \longleftrightarrow \overset{-}{C}H_2-CH=\overset{+}{Cl}:$

八隅结构，较稳定　　　电荷分离，氯强电负性，极不稳定

$CH_2=CH-CH=CH_2 \longleftrightarrow CH_2=CH-\overset{+}{C}H-\overset{-}{C}H \longleftrightarrow \overset{+}{C}H_2-CH=CH-\overset{-}{C}H$

八隅结构，较稳定　　　电荷分离，较不稳定

## 二、芳香性和 Hückel 规则

早年人们把苯和含苯环的化合物称作芳香化合物；它的结构特点和性质被称为芳香性。随着有机合成化学、测试手段和量子化学的发展，又发现了很多非苯结构，但性质与苯相似的化合物，称为非苯芳香化合物，从而对芳香性有了新的认识。具有芳香性的化合物具有的共同特点是：（i）不易发生加成而易发生取代反应；（ii）结构为环状且具有平面性；（iii）芳环中的键趋于平均化（如苯中碳碳键长均为 0.139 nm）；（iv）具有环状闭合 π 体系并具有较大的共振能（苯为 150.5 kJ/mol）；（v）在磁场中可产生抗磁环流（苯在 $^1$H NMR 中在 $\delta$ 7.3ppm 处出峰，说明了抗磁环流的存在）；（vi）环中 π 体系电子数符合 Hückel 的 $4n$+2 规则。

**Hückel 规则：单环、平面、闭合 π 体系、具有 $4n$+2 个 π 电子的化合物具有芳香性**。这个规则是目前判定化合物芳香性的一个重要依据。在利用这个规则判定化合物芳香性时一定要注意被判定分子的结构必须是**单环、平面、闭合 π 体系**。如环庚三烯虽有 6 个 π 电子（符合 $4n$+2），但并非闭合 π 体系，因此无芳香性。[10]-轮烯虽含 10 个 π 电子（符合 $4n$+2），但由于环中氢的范德华斥力，使环中的碳原子不同处一平面，因此不具芳香性。还应引起注意的是，当两个环被一双键相连时，可试着把双键 π 电子移向其中一个环，使生成两个电荷分离的闭合 π 体系。若两个环中 π 电子数均符合 $4n$+2 规律时，化合物具有芳香性（例 1）。如果双键 π 电子移动后，只有一个环符合 Hückel 规则，而另一个环不符合，则该化合物不具有芳香性（例 2）。在判断稠环化合物是否具有芳香性时，可将其作为单环处理（例 3）。

**例 1**

有芳香性

2电子　6电子

**例 2**

无芳香性

4电子　6电子

**例 3**

6电子

具有芳香性

6电子

芳香性可影响到分子的偶极矩、酸性和某些化合物的反应性上。如例 4 中化合物 A 偶极矩比 B 大得多；例 5 中化合物 C 的酸性比 D 大得多；例 6 中化合物 E 极易反应生成较稳定的芳香化合物 F。这些均与芳香性有直接关系。

**例 4**　比较 A 和 B 的偶极矩。

A　　B

**解**　由于 A 生成较稳定的芳香环系，使发生电荷分离，具有较大的偶极矩；而 B 不是芳香化合物，不能发生电荷分离，因此偶极矩 A＞B。

2电子　6电子

**例 5**　比较 C 和 D 的酸性。

C　　D

**解**　由于 C 离解质子后生成环戊二烯负离子，环中具有 6 个 π 电子，是典型的芳香化合物，所以较稳定。而 D 离解后不可生成芳香负离子，稳定性差，因此酸性 C＞D。

**例 6**　写出下列反应产物 F 的结构。

$$\text{E} \xrightarrow{2\,\text{Li}} \text{F}(\text{C}_9\text{H}_9\text{Li}) + \text{LiCl}$$

稳定化合物

**解**

$$\xrightarrow[-\text{LiCl}]{2\,\text{Li}}\ \ \text{Li}^+ \longrightarrow\ \ \text{Li}^+$$

F（10电子，芳香化合物）

## 三、练习题及其参考答案

1．练习题

（1）写出下列结构式的主要共振式。

a. $\text{R}-\ddot{\underset{..}{\text{N}}}-\overset{+}{\text{N}}\equiv\text{N}:$　　b. $\overset{+}{\text{C}}\text{H}_2-\text{CH}=\underset{:\ddot{\text{S}}\text{CH}_3}{\text{C}}-\text{CH}=\text{CH}_2$　　c. $:\ddot{\text{O}}:^-$（苯环）$\text{CH}=\ddot{\text{O}}:$

（2）判断下列每对共振式在共振杂化体中哪一个贡献较大。

a. $CH_3-\overset{CH_3}{\overset{|}{C}}=CH-\overset{+}{C}H_2 \longleftrightarrow CH_3-\overset{CH_3}{\underset{+}{\overset{|}{C}}}-CH=CH_2$

b. (环戊基正离子)$-\ddot{N}(CH_3)_2 \longleftrightarrow$ (环戊亚基)$=\overset{+}{N}(CH_3)_2$

c. $H_2\ddot{N}-C\equiv N: \longleftrightarrow H_2\overset{+}{N}=C=\overset{-}{\ddot{N}}:$

（3）解释下列化合物负离子中氧为什么是等价的。

（4）判断下列化合物的芳香性。

$H_3C$　N

A　B　C　[12]-轮烯双负离子 D

（5）比较下列酮的偶极矩。

O　O　Cl　O　Cl

A　B　C

（6）完成下列反应。

a. Cl Cl / Cl Cl $\xrightarrow{SbCl_5}$ (?)　b. (?) $\xrightarrow{H^+}$

（7）薁（azulene）与 $CF_3CO_2D$ 作用可生成如下氘代芳香化合物 A。写出其氘代过程。

D D D

A

2．参考答案

（1）

a. $R-\overset{-}{\ddot{\underset{..}{N}}}-\overset{+}{N}\equiv N: \longleftrightarrow R-\underset{..}{\ddot{N}}=\overset{+}{N}=\overset{-}{\ddot{N}}: \longleftrightarrow R-\overset{-}{\ddot{\underset{..}{N}}}-\overset{-}{\ddot{N}}-\overset{+}{N}\equiv N:$

b. $\overset{+}{C}H_2-CH=\underset{:\ddot{S}CH_3}{\underset{|}{C}}-CH=CH_2 \longleftrightarrow CH_2=CH-\underset{:\ddot{S}CH_3}{\underset{|}{\overset{+}{C}}}-CH=CH_2 \longleftrightarrow CH_2=CH-\underset{:\ddot{S}CH_3}{\underset{|}{C}}=CH-\overset{+}{C}H_2$

$\longleftrightarrow CH_2=CH-\underset{\overset{+}{:S}CH_3}{\underset{\|}{C}}-CH=CH_2$

c. 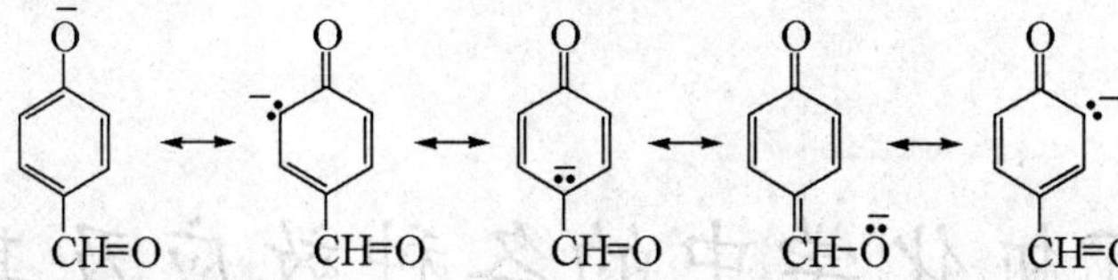

（2）贡献较大的共振式：

a. $CH_3-\underset{+}{\overset{CH_3}{C}}-CH=CH_2$　　b. 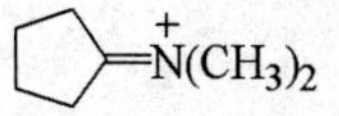　　c. $H_2\ddot{N}-C\equiv N:$

（3）

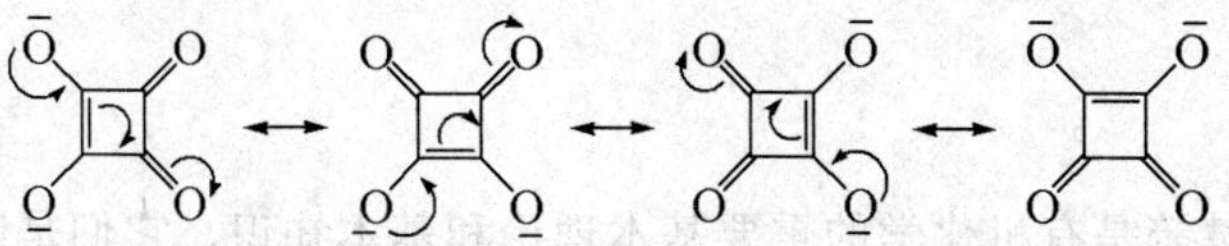

（4）B 和 D 具有芳香性。

（5）偶极矩 A＞B＞C。

（6）

a. 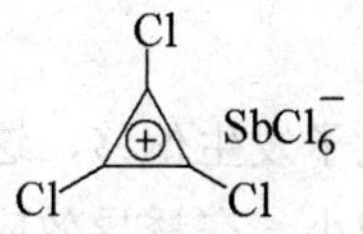　　b. 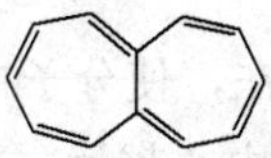

（7）

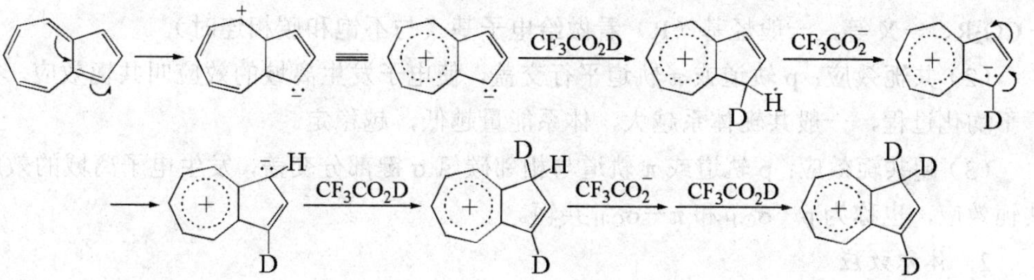

# 第四章 有机化学中的各种效应及其应用

## 一、概述

电子效应、体积效应、氢键等是有机化学的重要基本理论和基本知识，它们是影响化合物结构与性质的重要因素。掌握好各种效应及其应用，就能深入理解和正确分析、解决有机化学中的许多问题。

电子效应包括诱导效应、共轭效应和超共轭效应，它们的定义简述如下：

1．电子效应

（1）诱导效应：由于极性 σ 键存在，使分子中其他 σ 键电子发生偏移，这种效应称为诱导效应。该效应沿 σ 键传递，离作用中心越远，受到的影响越小。在诱导效应中，电负性强的原子或原子团称作拉电子基，如$-^{+}NR_3$、$-CX_3$、$-ONO_2$、$-CN$、$-CO_2H$、$-COR$、$-CO_2R$、$-X$ 等，一般烃基（R）看做给电子基（与不饱和碳相连时）。

（2）共轭效应：p 轨道或 π 轨道平行交盖，使电子发生离域的效应叫共轭效应。共轭是电子平均化过程，一般共轭体系越大，体系能量越低，越稳定。

（3）超共轭效应：p 轨道或 π 轨道与相邻碳氢 σ 键部分交盖，发生电子离域的效应称为超共轭效应，也称为 $p-\sigma_{C-H}$ 和 $\pi-\sigma_{C-H}$ 共轭。

2．体积效应

体积效应是指分子中基团相对空间位置对结构和性质的影响。

3．氢键

和电负性较强的原子（O、N 或 F）成键的氢原子与相邻的另一电负性较强原子上的孤对电子发生的偶极－偶极相互作用称为氢键（:Z—H⋯⋯:Z—H）。氢键不是真正的共价键，因此它的强度不如共价键，但比一般的偶极－偶极相互作用要强（氢键离解能 4~38 kJ/mol）。

以上各种效应可直接影响到化合物的结构和性质。如它可影响化合物的物理性质，影响有机分子、中间体和过渡态的稳定性，影响分子的酸碱性质，影响化学反应活性和反应方向，还可影响反应的立体化学等。下面我们将分别加以说明。

4．各种效应对化合物物理、化学性质影响举例

（1）对物理性质影响举例：乙醇沸点（b.p. 78.5℃）远远高于二甲醚（b.p. 24.9℃）。这是由于氢键使乙醇分子间产生较强作用力的原因。当然氢键还能加大醇、醚等对水的溶解度。反-1,2-二苯乙烯熔点（m.p. 124℃）比顺-1,2-二苯乙烯熔点（m.p. 5~6℃）高得多，这是由于反式异构体分子中原子共平面，晶体中的分子排列整齐紧密，熔点高；而顺式异构体由于体积效应，使两个苯环不同处一平面，因此晶格排列不整齐，熔点低。显然体积效应是两者熔

点差异的主要原因。电子效应和氢键还可改变化合物的波谱性质。如醇的氢键可使 O－H 伸缩振动吸收频率减小；拉电子基团的诱导效应使核磁共振波谱中氢质子的共振吸收向低场移动（F－$CH_3$，$\delta$ 4.26ppm；H－$CH_3$，$\delta$ 0.23ppm）；共轭效应可改变某些基团的红外特征吸收（如一般羰基伸缩振动吸收为~1 715 $cm^{-1}$，$\alpha,\beta$-不饱和醛酮为~1 675 $cm^{-1}$）；共轭效应还可使分子的紫外吸收红移（乙烯 $\lambda_{max}$ 185 nm；1,3-丁二烯 $\lambda_{max}$ 217 nm）。

（2）对分子结构稳定性影响举例：丁烷构象中顺叠重叠能量最高，而反式交叉能量最低，这是由于两个甲基在构象中的相对位置引起的，可由体积效应加以说明。顺-2-丁烯两个甲基处于同侧，因体积效应使甲基不易和碳碳双键同处一平面，也影响了甲基 C－H 键与 π 键的共轭（超共轭），因此能量较高。1,3-戊二烯比 1,4-戊二烯能量低 28 kJ/mol，说明 1,3-戊二烯更稳定，从结构上解释是由于 1,3-戊二烯的 π－π 共轭引起的。

（3）对中间体稳定性的影响：碳正离子的稳定性顺序为：叔＞仲＞伯＞甲基。可从电子效应的影响来解释该顺序。根据碳正离子所连烃基的给电子诱导效应和烃基 C－H 键与空 p 轨道的超共轭效应可圆满解释以上结果。苄基和烯丙基碳正离子较为稳定，主要是因为 p－π 共轭分散了正电荷。除碳正离子外，其他正离子、负离子、自由基等中间体的稳定性都与其结构和各种效应相关。

（4）对酸碱性影响举例：我们知道，某些含氧负离子基团的碱性强度顺序为：$RO^-$＞$C_6H_5O^-$＞$RCO_2^-$。该结果可作如下解释：酚氧基负离子和羧基负离子均可通过 p－π 共轭，

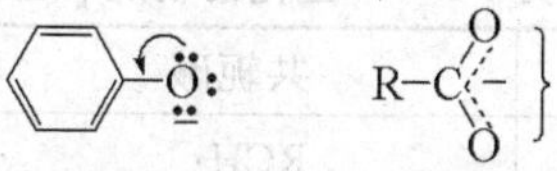

不同程度地稳定相应体系，而烷氧基负离子无此种效应，稳定性差，碱性强。也正因如此，它们相应的共轭酸酸性强度是：$RCO_2H$＞$C_6H_5OH$＞ROH（强共轭碱对应弱的共轭酸）。诱导效应、共轭效应、氢键和体积效应对化合物酸碱性的影响在随后部分将深入讨论。

（5）对反应活性和反应方向影响举例：对于羰基化合物亲核加成反应活性醛大于酮，这是由于酮比醛多一个给电子烃基，使羰基碳电正性减小，削弱了亲核试剂对它的进攻；同时多出的烃基增大了对羰基碳的屏蔽（体积效应），使亲核试剂进攻受到某些空间阻力，所以反应活性小于醛。这个例子说明，各种效应对于判断反应物的反应活性都必不可少。另外，很多有机反应中涉及反应的方向，而反应方向往往由动力学控制，即朝着形成速度快的产物的方向进行。不同反应方向的速度取决于决定步骤中间体的稳定性，而中间体的稳定性又直接关系到各种效应，所以说，各种效应可影响到反应的方向。如丙烯与 HX 加成，氢加在烯碳的两端产生两种不同的碳正离子，一个为仲碳正离子，另一个为伯碳正离子，这两个碳正离子的稳定性决定不同方向的反应速率。从诱导和超共轭效应判定，仲碳正离子较稳定，因此反应主要朝该方向进行，生成 2-卤丙烷。有关各种效应对反应活性和反应方向的影响随后部分将继续讨论。

（6）对反应中立体化学的影响举例：环氧化合物为什么反式开环？这主要是由于环中的氧对同侧进攻的试剂存在空间阻力。醛酮加成立体化学遵循 Crams 规则，其实该规则本质上还是一个体积效应的问题。该部分内容将在本书第二部分第一章中加以讨论。

## 二、各种效应对酸碱性的影响

1．酸碱概念和某些化合物的 p$K_a$ 值

目前有机化学中同时采用质子酸碱理论和 Lewis 酸碱理论。所谓质子酸碱：能离解出质子的为酸，能接受质子的为碱；所谓 Lewis 酸碱：能提供电子对的为碱，能接受电子对的为酸，后者为广义的酸碱理论。在讨论酸碱性时，一个重要的概念必须要强调，即共轭酸碱概念。一个酸给出质子后的部分视为该酸的共轭碱，一个碱接受质子后的生成物称为该碱的共轭酸。较强的酸对应较弱的共轭碱，较弱的碱对应较强的共轭酸。如羧酸与氢氧根反应生成的酸根

$$\underset{酸}{R\text{-}CO_2H} + \underset{碱}{{}^{-}OH} \longrightarrow \underset{共轭酸}{H_2O} + \underset{共轭碱}{R\text{-}CO_2^-}$$

负离子为酸的共轭碱，氢氧根接受质子后生成的水则是它的共轭酸。因酸性强度 $RCO_2H>H_2O$，所以对应的共轭碱强度 $OH^->RCO_2^-$。为讨论方便，表 4-1 列出了一些化合物的 p$K_a$ 值，利用它可判定共轭酸碱的强弱。

**表 4-1　一些化合物的 p$K_a$ 值**

| 酸 | 共轭碱 | p$K_a$（近似值） |
|---|---|---|
| $RCH_3$ | $RCH_2^-$ | 42~45 |
| Ph | $Ph^-$ | 37 |
| $RCH{=}CH_2$ | $RCH{=}CH^-$ | ~36 |
| $PhCH_3$ | $PhCH_2^-$ | 35 |
| $CH_2{=}CHCH_3$ | $CH_2{=}CHCH_2^-$ | 35.5 |
| $NH_3$ | $NH_2^-$ | 34 |
| $HC{\equiv}CH$ | $HC{\equiv}C^-$ | 25 |
| $Ph_2NH$ | $Ph_2N^-$ | 23 |
| $CH_3COCH_3$ | $CH_3COCH_2^-$ | 20 |
| ROH | $RO^-$ | 16~19 |
| $R\text{-}C(=O)\text{-}NH\text{-}R'$ | $R\text{-}C(=O)\text{-}\ddot{N}^{-}\text{-}R'$ | ~16 |
| $H_2O$ | $HO^-$ | 15.7 |
| 环戊二烯 | 环戊二烯负离子 | 15 |
| $CH_2(CO_2C_2H_5)_2$ | ${}^-CH(CO_2C_2H_5)_2$ | 13.5 |
| $CH_2(CN)_2$ | ${}^-CH(CN)_2$ | 11.2 |
| $CH_3\text{-}C(=O)\text{-}CH_2CO_2C_2H_5$ | $CH_3\text{-}C(=O)\text{-}\ddot{C}^{-}HCO_2C_2H_5$ | 10.2 |
| $R\text{-}\overset{+}{N}H_3$ | $R-NH_2$ | 10~11 |

续表

| 酸 | 共轭碱 | p$K_a$（近似值） |
|---|---|---|
| $CH_3NO_2$ | $^-CH_2NO_2$ | 10.2 |
| PhOH | $PhO^-$ | 10 |
| 丁二酰亚胺（NH） | 丁二酰亚胺负离子（$N^-$） | 9.6 |
| 3-$O_2N$-$C_6H_4$-OH | 3-$O_2N$-$C_6H_4$-$O^-$ | 9.3 |
| 4-$O_2N$-$C_6H_4$-OH | 4-$O_2N$-$C_6H_4$-$O^-$ | 7.2 |
| $H_2CO_3$ | $HCO_3^-$ | 6.4 |
| $O_2NCH_2CO_2C_2H_5$ | $O_2N\bar{C}HCO_2C_2H_5$ | 5.8 |
| $C_5H_5\overset{+}{N}H$ | $C_5H_5N$ | 5.2 |
| $Ph-\overset{+}{N}H_3$ | $Ph-NH_2$ | 4.6 |
| $RCO_2H$ | $RCO_2^-$ | 4.5~5 |
| 2,4-$(O_2N)_2C_6H_3$-OH | 2,4-$(O_2N)_2C_6H_3$-$O^-$ | 4.0 |
| $HCO_2H$ | $HCO_2^-$ | 3.7 |
| $CH_2(NO_2)_2$ | $^-CH(NO_2)_2$ | 3.6 |
| $ClCH_2CO_2H$ | $ClCH_2CO_2^-$ | 2.8 |
| $Cl_2CHCO_2H$ | $Cl_2CHCO_2^-$ | 1.3 |
| 4-$O_2N$-$C_6H_4$-$\overset{+}{N}H_3$ | 4-$O_2N$-$C_6H_4$-$NH_2$ | 1.0 |
| $Ph_2\overset{+}{N}H_2$ | $Ph_2NH$ | 1.0 |
| $Cl_3CCO_2H$ | $Cl_3CCO_2^-$ | 0.9 |
| 2,4,6-$(O_2N)_3C_6H_2$-OH | 2,4,6-$(O_2N)_3C_6H_2$-$O^-$ | 0.4 |
| $R\overset{+}{O}H_2$ | ROH | −2 |
| $R_2\overset{+}{O}H$ | $R_2O$ | −3.5 |
| $Ph\overset{+}{O}H_2$ | PhOH | −7 |

2．各种效应对酸碱强度的影响

从表 4-1 可以看出，化合物结构不同，酸碱性质也不同。结构是如何影响它们的酸碱性的呢？回答是不同结构通过不同的电子效应、体积效应、氢键等来影响化合物的酸碱性。判定化合物的酸性一般应考虑失去质子后生成物（负离子或中性分子）的稳定性；判定碱性需分析负离子或能提供电子对的中性分子的稳定性。在前文中已知各种效应可以影响中性分子或离子的稳定性，因此讨论结构与酸碱性的关系也必然涉及各种效应。下面我们分别讨论各种效应对酸碱性的影响。

（1）诱导效应影响：拉电子基团通过诱导效应可稳定负离子，使酸性增强。基团拉电子能力越强，使酸性越强。如硝基乙酸、氯代乙酸和羟基乙酸的酸性均比乙酸强，各拉电子基团拉电子能力大小顺序为：$-NO_2>-Cl>-OH$，因此取代乙酸的酸性强度顺序为：$O_2NCH_2CO_2H>ClCH_2CO_2H>HOCH_2CO_2H$。丁酸、3-丁烯酸和 3-丁炔酸的 p$K_a$ 值分别为 4.82、4.35、3.32，酸性顺序为：3-丁炔酸＞3-丁烯酸＞丁酸。对该结果的解释，应考虑诱导效应的影响（无共轭）。炔碳和烯碳分别为 sp 和 $sp^2$ 杂化，当它们与 $sp^3$ 杂化轨道成键时，由于 s 成分较大，σ 键电子靠近炔碳和烯碳，所以炔基和烯基从诱导效应看为拉电子基，它们的作用不同程度地稳定了酸根负离子，因而表现出以上的酸性顺序。

$$\underset{sp^2\ \ sp^3}{CH_2{=}CH{-}CH_2CO_2^-} \qquad \underset{sp\ \ sp^3}{CH{\equiv}C{-}CH_2CO_2^-}$$

（2）共轭效应影响：苯甲酸的酸性比一般脂肪酸要强，原因是由于苯甲酸中酸根负离子中的羧基可与苯环发生共轭，通过共轭分散负电荷，从而稳定了苯甲酸根负离子，使其酸性强于脂肪酸。苯胺碱性比一般脂肪胺弱，原因是由于苯胺中氮原子上的孤对电子占据的 p 轨道与苯环发生共轭，减弱了其给电子能力。另一个常见的例子是 2,4-戊二酮、三乙和丙酮酸性的比较。从表 4-1 中的数据可知，其酸性强度顺序为：2,4-戊二酮（p$K_a$ 9.0）＞三乙（p$K_a$ 10.2）＞丙酮（p$K_a$ 20）。这个结果从结构上看与共轭有关。2,4-戊二酮负离子具有两个拉电子的羰基，通过 p−π 共轭可很好地稳定该负离子。作为共轭碱 2,4-戊二酮负离子是相对最弱的，因此 2,4-戊二酮的酸性是相对最强的。同样三乙具有一个羰基和一个酯基，一般酯基分散负电荷能力较差，虽也有两个拉电子基团共轭，但负离子相对稳定性比 2,4-戊二酮负离子差。但它比只有一个羰基共轭的丙酮负离子稳定，因此三乙酸性强度在二者之间。

$$CH_3{-}\overset{O}{\overset{\|}{C}}{-}CH{=}\overset{O^-}{\overset{|}{C}}{-}CH_3 \longleftrightarrow CH_3{-}\overset{O}{\overset{\|}{C}}{-}\overset{\cdot\cdot}{\underset{-}{C}}H{-}\overset{O}{\overset{\|}{C}}{-}CH_3 \longleftrightarrow CH_3{-}\overset{O^-}{\overset{|}{C}}{=}CH{-}\overset{O}{\overset{\|}{C}}{-}CH_3$$

2,4-戊二酮负离子

$$CH_3{-}\overset{O}{\overset{\|}{C}}{-}CH{=}\overset{O^-}{\overset{|}{C}}{-}OC_2H_5 \longleftrightarrow CH_3{-}\overset{O}{\overset{\|}{C}}{-}\overset{\cdot\cdot}{\underset{-}{C}}H{-}\overset{O}{\overset{\|}{C}}{-}OC_2H_5 \longleftrightarrow CH_3{-}\overset{O^-}{\overset{|}{C}}{=}CH{-}\overset{O}{\overset{\|}{C}}{-}OC_2H_5$$

三乙负离子

（3）氢键影响：最典型的例子是邻羟基苯甲酸的酸性。由于它的酚氧负离子可与邻位羟基生成氢键（A），使负离子稳定性大大提高，因而酸性（p$K_a$ 2.98）比对羟基苯甲酸的酸性（p$K_a$ 4.57）强很多。顺丁烯二酸的 p$K_{a1}$ 值比反式异构体要小，而 p$K_{a_2}$ 值则比它大。这也是因为顺丁烯二酸第一个质子离解后生成的负离子可与同侧另一个羧基生成氢键（B），从而稳定了负离子，因此 p$K_{a_1}$ 值较小；由于该氢键的生成使第二质子离解难度加大，p$K_{a_2}$ 值增大。邻硝基苯酚酸性（p$K_a$ 7.22）比对硝基苯酚酸性（p$K_a$ 7.15）要弱些，这是由于它生成了分子内氢键，从而加大了氢质子离去的难度（C）。

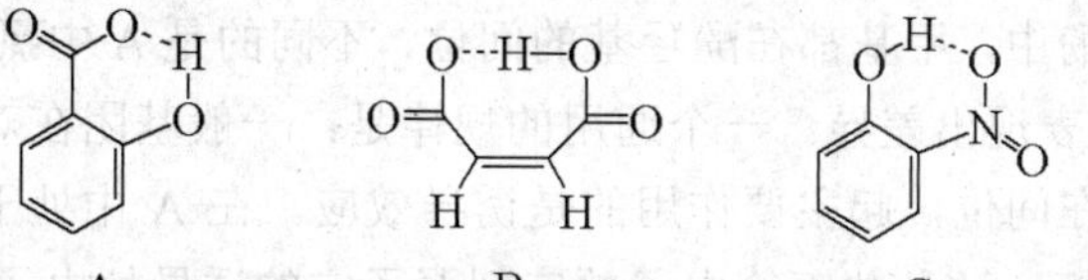

A　　　　　　B　　　　　　C

（4）体积效应影响：N,N-二甲基苯胺碱性比邻甲基N,N-二甲基苯胺碱性弱得多，这是因为N,N-二甲基苯胺氮上具有孤对电子的p轨道可与苯环发生共轭，使电荷分散，碱性减弱（D）。邻甲基N,N-二甲基苯胺由于邻位甲基的存在使N,N-二甲基氨基[$N(CH_3)_2$]不能与苯环处于同一平面（E），这样具有孤对电子的p轨道不能与苯环发生共轭，表现出较强碱性。这

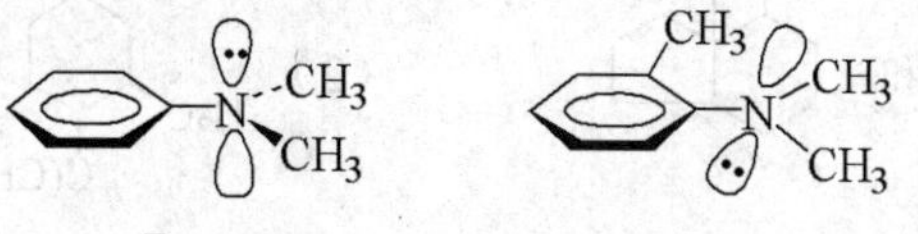

D　　　　　　E

是因体积效应影响到共轭，进而引起酸碱性变化的实例。在Lewis酸碱中，体积效应表现更为明显。如1-氮杂二环[2,2,2]辛烷和三乙胺同为叔胺，但对Lewis酸三甲基硼表现出不同的碱性或亲核性。前者可与三甲基硼生成较稳定的加成物，而后者则不能。另一类体积效应影响酸碱性的类型表现在溶剂化上，如甲醇比叔丁醇酸性强是因为它们的相应共轭碱$CH_3O^-$和$(CH_3)_3CO^-$在溶剂中的稳定性不同。甲氧基负离子能较好地被溶剂分子所稳定，而叔丁氧基负离子由于大的叔丁基对溶剂分子的屏蔽作用使其不容易溶剂化，因此它们的酸性强弱顺序为：$CH_3OH > (CH_3)_3COH$。

（5）杂化的影响：原子的杂化能影响到化合物的酸碱性。如乙烷、乙烯和乙炔，碳的杂化分别为$sp^3$、$sp^2$和sp，随杂化轨道中s成分的增加，与之成键的氢表现出的酸性逐渐增强。可解释为s成分越大，轨道离碳原子核越近，相应负离子越稳定，因此它们的酸性也越强（乙炔＞乙烯＞乙烷）。由此推论，其共轭碱的碱性强度刚好相反（$CH_3CH_2^- > CH_2{=}CH^- > HC{\equiv}C^-$）。又如，氮的杂化对碱性的影响，叔胺、吡啶和腈中氮的杂化不同，表现出不同的碱性，$R_3N > C_6H_5N$（吡啶）$> RC{\equiv}N$。该碱性顺序也是和不同化合物中氮原子杂化方式不同，即杂化轨道中s成分不同相关的。叔胺中氮为$sp^3$杂化，s成分最少；吡啶中氮为$sp^2$杂化，s成分居中；腈中氮为sp杂化，s成分最多。s成分越多，受原子核影响越大，给出电子的能力减小，碱性减弱。

3．涉及酸碱性的例题讨论

为更好地掌握各种效应对酸碱性的影响，下面我们以例题的形式把以上的知识用于实际，通过对题目的解析，达到对知识综合、深入理解和灵活应用的目的。

**例1**　比较下列酚的酸性。

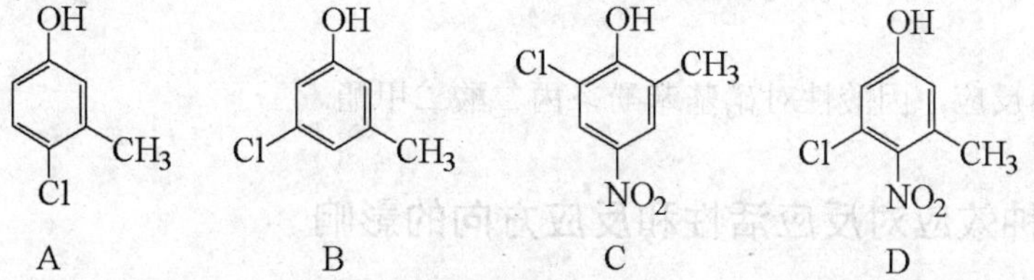

A　　　　B　　　　C　　　　D

**解**　酚的酸性强弱决定了相应酚氧负离子的稳定性。C和D均有强拉电子的硝基，因此相应酚氧负离子较稳定，酸性强于A和B。D中甲基和氯处在硝基邻位，体积效应使硝基不与苯同处一平面，不可通过共轭稳定负离子，此时硝基的拉电子作用只表现在诱导效应上；而C中的硝基既可通过诱导，又可通过共轭效应稳定酚氧负离子，因此C的酸性强于D。再

看 A 和 B，在这两个酚中，甲基都在酚羟基的间位，不同的是 A 中氯在对位，B 中氯在间位，这就使 A 和 B 的酸性表现出差异。一个通用的规律是：一般基团在对位，共轭效应和诱导效应同时起作用；基团在间位，起主要作用的是诱导效应。在 A 中处于对位的氯中孤对电子所处的 p 轨道与苯环共轭，这种共轭给电子效应削弱了它的诱导拉电子效应；在 B 中间位的氯只有拉电子诱导作用，无共轭削弱因素存在，因此 B 的酚氧负离子较稳定，B 酸性强于 A。综合以上分析得出结论：酸性 C＞D＞B＞A。

**例 2** 分别比较下列两对羧酸的酸性。

（1） A：含 $CO_2H$ 与 OH 的双环化合物　和　B：含 HO 与 $CO_2H$ 的双环化合物

（2） C：含 $CO_2H$、$H_3C$、$C(CH_3)_3$ 的环己烷　和　D：$H_3C$、$CO_2H$、$C(CH_3)_3$ 相邻取代的环己烷

（1）因 B 的羧基负离子可与羟基形成分子内氢键，而 A 不能，因此酸性强度 B＞A。

（2）D 的负离子中羧基受到相邻甲基和叔丁基屏蔽，不易被溶剂分子稳定，因此酸性强度 C＞D。

**例 3** 判断下列反应能否进行，可进行的写出产物。

（1） $C_2H_5OH$ + 吡啶 ⟶　　（2） 环戊二烯负离子 $Na^+$ + $CH_3NO_2$ ⟶

（3） 丁二酰亚胺（NH） + $NaHCO_3$ ⟶　　（4） $n\text{-}C_4H_9Li$ + $HC\equiv C-CH_3$ ⟶

（5） $C_2H_5MgBr + HOCH_2CH_2-\overset{O}{\overset{\|}{C}}-CH_3$ ⟶　　（6） $O_2N-C_6H_4-ONa + CH_2(CO_2CH_3)_2$ ⟶

**解**（1）不反应，因碱性乙氧基＞吡啶。

（2）⟶ 环戊二烯 + $NaCH_2NO_2$，因酸性硝基甲烷＞环戊二烯。

（3）不反应，因酸性碳酸＞丁二酰亚胺。

（4）⟶ $n\text{-}C_4H_{10}$ + $LiC\equiv CCH_3$，因酸性丙炔＞正丁烷。

（5）⟶ $BrMgOCH_2CH_2-\overset{O}{\overset{\|}{C}}-CH_3$，因酸性醇＞乙烷。

（6）不反应，因酸性对硝基苯酚＞丙二酸二甲酯。

## 三、各种效应对反应活性和反应方向的影响

### 1．对反应活性的影响

我们知道了电子效应和体积效应对醛酮亲核加成活性的影响，该问题的讨论焦点在反应物（醛和酮）的结构上。其实多数情况对反应活性的判断关注点应放在中间体或过渡态的稳

定性上。反应活化能决定反应速度，而活化能的高低决定于过渡态的稳定性。活化能越低，反应速度越快。在两步历程的反应中，涉及中间体。在很多反应中，中间体的结构特征类似于过渡态。一般中间体稳定则过渡态也稳定，因此反应活性也取决于中间体的稳定性。图 4-1 是烯烃亲电加成的反应进程图，它可作为两步历程反应的代表。

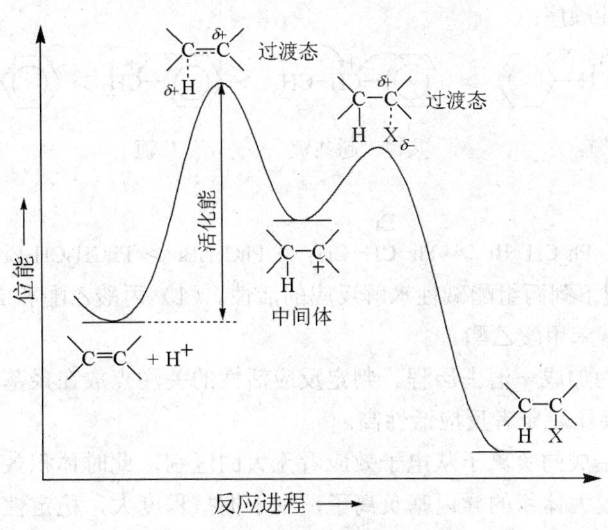


**图 4-1　烯烃亲电加成反应进程图**

从图 4-1 中可以清楚地看到：① 过渡态与活化能的关系；② 第一步反应为决定反应速率的步骤；③ 中间体碳正离子结构特征上像过渡态。因此烯烃的亲电加成反应活性取决于碳正离子稳定性。到目前为止，我们已介绍了反应活性判断的两种分析方法，一种是对反应物结构的分析，另一种是对反应中间体或过渡态的分析。表 4-2 列出了一些反应活性判断的关注点，供大家判断不同反应底物的反应活性时参考（不涉及反应试剂、溶剂等）。

**表 4-2　一些反应活性判断的关注点**

| 反　应 | | 反应活性关注点 |
|---|---|---|
| 烯烃亲电加成 | | 碳正离子中间体稳定性 |
| 芳烃亲电取代 | | 中间体 σ 络合物稳定性 |
| 亲核取代 | SN1 | 碳正离子中间体稳定性 |
| | SN2 | 过渡态稳定性 |
| *β*-消去 | E1 | 碳正离子中间体稳定性 |
| | E2 | 过渡态稳定性 |
| 醛酮亲核加成 | | ① 醛酮羰基碳的电正性和所连取代基体积大小；<br>② 中间体负离子的稳定性 |
| 羧酸衍生物的加成－消去 | | ① 不同种衍生物看离去基团活性和羰基碳电正性；<br>② 同种衍生物看中间体负离子的稳定性 |

了解了以上判断反应活性的关注点，下面我们以几个具体的实例进一步说明分析方法。

**例 1**　排列下列溴代烷烃与乙醇反应（醇解）的活性顺序。

$$PhCH_2Br \quad PhCH_2CH_2Br \quad Ph-\underset{}{\overset{Br}{\overset{|}{C}}}H-CH_3 \quad Ph_2CH-Br$$

**解** 以上醇解反应为 $S_N1$ 反应，其活性取决于溴离解后产生的碳正离子的稳定性。通过对碳正离子所连基团对其共轭、超共轭和诱导效应影响的分析，不难排出碳正离子的稳定性顺序，随即可排出相应溴代烃的反应活性顺序。

碳正离子稳定性顺序：

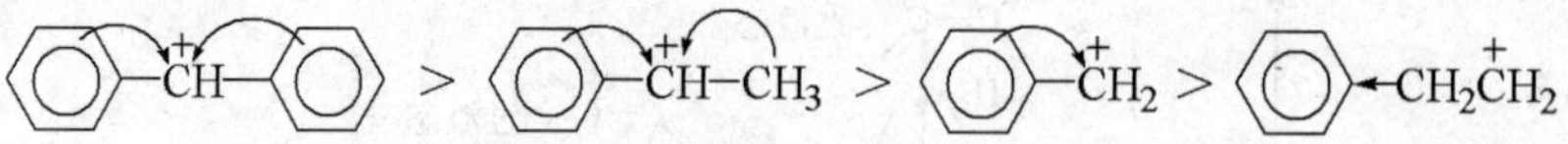

$$Ph-\overset{+}{C}H-Ph > Ph-\overset{+}{C}H-CH_3 > Ph-\overset{+}{C}H_2 > Ph\leftarrow CH_2\overset{+}{C}H_2$$

共轭 共轭、超共轭 共轭 诱导

反应活性顺序：

$$Ph_2CH-Br > Ph-\overset{Br}{\overset{|}{C}}H-CH_3 > PhCH_2Br > PhCH_2CH_2Br$$

**例 2** 分别比较下列两组酯碱性水解反应的活性。（1）丙酸乙酯和 2-甲基丙酸乙酯；（2）苯甲酸乙酯和对硝基苯甲酸乙酯。

**解** 酯的水解为加成－消去历程。判定反应活性的关注点放在羟基加成后产生负离子的稳定性上，一般负离子稳定者反应活性高。

（1）中两个酯生成的负离子从电子效应看无大的区别，此时体积效应对稳定性的影响就显得突出了。连有较大体积的异丙基负离子，由于拥挤程度大，稳定性差。因此反应活性丙酸乙酯＞2-甲基丙酸乙酯。

负离子稳定性顺序：

$$CH_3CH_2-\underset{OH}{\overset{O^-}{C}}-OC_2H_5 > (CH_3)_2CH-\underset{OH}{\overset{O^-}{C}}-OC_2H_5 \quad \text{体积效应}$$

反应活性顺序：

$$CH_3CH_2-\overset{O}{\overset{\|}{C}}-OC_2H_5 > (CH_3)_2CH-\overset{O}{\overset{\|}{C}}-OC_2H_5$$

（2）中两个酯生成的负离子从体积效应看差别不大，而电子效应对它们稳定性的影响是不同的。带有对硝基苯基的负离子由于硝基的拉电子作用使负电荷较稳定，因此反应活性对硝基苯甲酸乙酯＞苯甲酸乙酯。

负离子稳定性顺序：

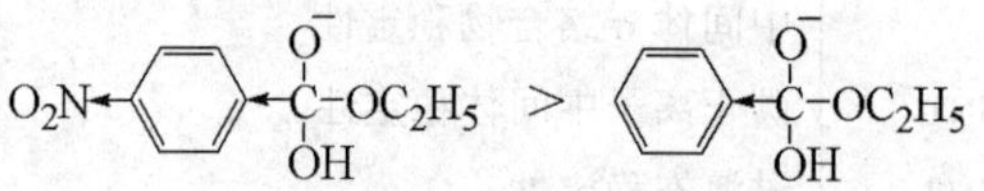

$$O_2N\leftarrow C_6H_4\leftarrow\underset{OH}{\overset{O^-}{C}}-OC_2H_5 > C_6H_5\leftarrow\underset{OH}{\overset{O^-}{C}}-OC_2H_5 \quad \text{电子效应}$$

反应活性顺序：

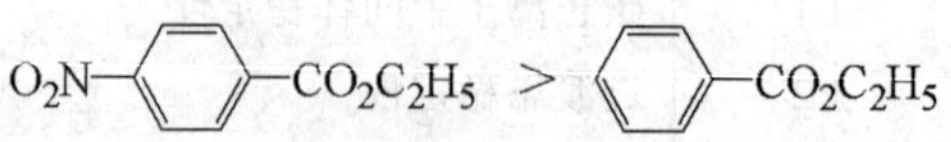

$$O_2N-C_6H_4-CO_2C_2H_5 > C_6H_5-CO_2C_2H_5$$

2．*对反应方向的影响*

很多有机反应都具有一定的方向性。例如：① 烯烃的加成。不对称烯烃和不对称试剂加成时具有方向性。当烯与 HX、$X_2/H_2O$、$H_2O/H_2SO_4$ 等加成时一般遵循马氏规则，而硼氢化氧化反应和过氧化物存在下与 HBr 的加成为反马氏规则。② 取代芳烃和杂环化合物的亲电取代反应的方向由定位规则决定。③ $\beta$-消去反应中，当有两种以上 $\beta$-氢可消去时存在方向问题。如卤代烃的消去一般遵循札依切夫规律，而季铵碱的消去则遵循霍夫曼规律。④ 环氧的开环反应。酸催化和碱催化开环方向不同。⑤ 很多重排反应也存在方向问题。例如：Pinacol 重排中有不对称二醇重排时脱去哪个羟基的问题，也有重排基团选择的问题。又如，碳正离子重排中重排基团的选择，Baeyer-Villiger 氧化反应中的重排方向等。在本章的概述中我们已知道，反应方向问题是个速度问题，而反应速度又取决于过渡态或中间体的稳定性，有时也取决于反应底物的结构。以上这些影响反应速度的因素，都直接关系到电子效应和体积效应。下面我们分别举例说明。

（1）烯烃的加成：烯烃加成方向无论是遵循马氏规则还是反马氏规则，从理论上看都是由中间体的稳定性决定的。如烯烃与 HBr 的自由基加成，自由基的稳定性决定其为反马氏规则方向（例 3）。在烯烃亲电加成中，碳正离子稳定性决定其为马氏规则方向（例 4）。因此我们可通过各种效应判断中间体的稳定性，进而决定加成的方向。

**例 3** 烯烃在过氧化物存在下与 HBr 进行自由基加成。

$$CH_3CH{=}CH_2 \xrightarrow{Br\cdot} \begin{cases} CH_3{-}\underset{}{\overset{Br}{CH}}{-}\dot{C}H_2 \\ CH_3{-}\dot{C}H{-}\overset{Br}{C}H_2 \xrightarrow{HBr} CH_3CH_2CH_2Br \end{cases}$$

较稳定（超共轭）　　主（反马氏规则）

**例 4** 烯烃的亲电加成。

$$CH_3CH{=}CH_2 \xrightarrow{H^+} \begin{cases} CH_3CH_2\overset{+}{C}H_2 \\ CH_3\overset{+}{C}HCH_3 \xrightarrow{Cl^-} CH_3\overset{Cl}{C}HCH_3 \end{cases}$$

较稳定（超共轭）　　主（马氏规则）

$$CH_3CH{=}CH_2 \xrightarrow{BH_3} \begin{cases} CH_3{-}CH{\cdots}\overset{\delta+}{C}H_2 \quad (H_2\overset{\delta-}{B}{\cdots}H) \\ CH_3{-}\overset{\delta+}{C}H{\cdots}CH_2 \quad (H{\cdots}\overset{\delta-}{B}H_2) \longrightarrow CH_3CH_2CH_2BH_2 \xrightarrow[^-OH]{H_2O_2} CH_3CH_2CH_2OH \end{cases}$$

较稳定（诱导、超共轭）　　主（反马氏规则）

$$CF_3CH{=}CH_2 \xrightarrow{HCl} \begin{cases} F_3C{\leftarrow}\overset{+}{C}H{-}CH_3 \\ F_3C{\leftarrow}CH_2{-}\overset{+}{C}H_2 \xrightarrow{Cl^-} F_3CCH_2CH_2Cl \end{cases}$$

$CF_3$ 直接连于碳正离子上，能量高

$CF_3$ 离碳正离子较远，相对稳定　　主（反马氏规则）

（2）芳环上的亲电取代反应：该反应方向一般由中间体 σ-络合物的稳定性决定。如 1,2,4-三甲苯进行磺化（例 5），可被试剂进攻的部位为 3 位、5 位和 6 位，由于体积效应进攻两个甲基之间的 3 位可能性较小，进攻 5 位和 6 位生成的 σ-络合物由于参与超共轭的甲基个数不同，使稳定性产生差异，进攻 5 位产生的 σ-络合物参与超共轭的甲基较多，稳定性好，因此主要产物为 2,4,5-三甲基磺酸。

**例 5**

$$\text{1,2,4-三甲苯} \xrightarrow{H_2SO_4} \text{(5位进攻的}\sigma\text{-络合物)} + \text{(6位进攻的}\sigma\text{-络合物，较稳定)} \xrightarrow{-H^+} \text{2,4,5-三甲基苯磺酸（主）}$$

较稳定　　主

（3）$\beta$-消去反应：卤代烃消去的方向一般遵循札依切夫规律，即消去含氢较少的 $\beta$-碳上的氢。对它的理解从动力学角度看是过渡态稳定性决定的，从热力学角度看札依切夫消去产物稳定性好（例 6）。季铵碱消去反应的方向遵循霍夫曼规律，这是由反应物体积效应决定的（例 7）。但当季铵碱 $\beta$-氢有明显酸性时，也可能不遵循霍夫曼规则（例 8）。

**例 6**

$$CH_3-\underset{Br}{CH}-CH_2CH_3 \xrightarrow[C_2H_5OH]{^-OH} CH_3-CH{=}CH-CH_3 + CH_3CH_2CH{=}CH_2$$

主（札依切夫规律）

$$CH_3-\underset{\underset{\delta-}{Br}}{CH}\cdots\overset{\overset{\delta-}{H\cdots OH}}{CH}-CH_3 \qquad \underset{HO^{\delta-}\cdots H}{CH_2}\cdots\overset{\overset{\delta-}{Br}}{CH}-CH_2CH_3$$

较稳定过渡态（超共轭）

**例 7**

$$\overset{(CH_3)_3\overset{+}{N}}{\underset{H}{CH_2}}-CH-\overset{H}{CH}-CH_3 \quad ^-OH \xrightarrow{\triangle} CH_2{=}CH-CH_2CH_3 + CH_3CH{=}CHCH_3$$

主（霍夫曼规律）

体积效应小

**例 8**

$$C_6H_5\underset{H}{CH}-CH_2-\overset{+}{N}(CH_3)_2-CH_2\overset{H}{CH_2} \quad ^-OH \xrightarrow{\triangle} C_6H_5CH{=}CH_2 + CH_3CH_2N(CH_3)_2$$

较明显酸性

（4）环氧开环反应：酸性条件下产生正离子中间体，其稳定性决定了开环方向。不对称环氧化合物质子化后生成的正离子正电荷主要分散在连有给电子基的碳上，这就决定了亲核试剂进攻的位置和开环的方向。在碱性条件下，无正离子生成，亲核试剂进攻体积效应小的位置，因此碱性开环方向是由体积效应决定的（例 9）。

**例 9**

酸性开环：$H_3C-\overset{O}{C}(CH_3)-CH_2$ $\xrightarrow{H^+}$ $H_3C-\overset{+}{C}(CH_3)\cdots\overset{H}{O}\cdots CH_2$ $\xrightarrow{HOCH_3}\xrightarrow{-H^+}$ $H_3C-C(CH_3)(OCH_3)-CH_2OH$

较稳定正离子

碱性开环：$H_3C-\overset{O}{C}(CH_3)-CH_2$ $\xrightarrow{^-OCH_3}$ $H_3C-C(O^-)(CH_3)-CH_2OCH_3$ $\xrightarrow{HOCH_3}$ $H_3C-C(OH)(CH_3)-CH_2OCH_3$

空间阻力小的方向进攻

（5）重排反应：很多重排反应具有方向性问题，下面仅举几例说明决定方向的要素和各种效应的影响（讨论中涉及重排历程，请参阅第三部分）。碳正离子重排是最常见的重排，在重排中涉及重排基团的选择，这可视为方向问题。一般在碳正离子重排中重排基团优先顺序为：（i）Ph－＞R－；（ii）给电子基－$C_6H_4$－＞$C_6H_5$－＞拉电子基－$C_6H_4$－。该顺序主要是由于芳基重排易生成类似 σ-络合物的中间体，比烷基重排生成的碳正离子更稳定，因此苯基优于烷基（例 10）。苯环上连有给电子基时增大了中间体的稳定性，连有拉电子基时降低了中间体的稳定性，因此产生（ii）中的重排优先顺序。

**例 10**

$C_6H_5-C(CH_3)_2-CH_2OH \xrightarrow{HBr} H_3C-CBr(CH_3)-CH_2-C_6H_5$ ［苯重排中间体］

不对称邻二醇进行 Pinacol 重排存在方向问题。首先是哪一个羟基脱去？其次是重排哪个基团？前一个问题是由脱去羟基后碳正离子的稳定性决定的，一般脱去能生成较稳定碳正离子的羟基（例 11）。后一个问题涉及基团优先顺序，一般是能稳定碳正离子的基团优先重排。在 Pinacol 重排中，基团优先顺序与碳正离子重排中的优先顺序相同（例 12）。

**例 11**

$Ph-C(CH_3)(OH)-CH_2OH \xrightarrow{H^+} Ph-CH(CH_3)-CH=O$ ［决定脱水方向的稳定碳正离子］

**例 12**

$Cl-C_6H_4-C(OH)(Ph)-C(OH)(Ph)-C_6H_4-Cl \xrightarrow{H^+} Cl-C_6H_4-CO-C(Ph)_2-C_6H_4-Cl$

［重排优先顺序　Ph— ＞ Cl—$C_6H_4$—］

Baeyer-Villiger 重排方向似乎与体积效应和电子效应都有关。不对称酮烃基重排优先顺序为：（i）$R_3C$－＞$R_2CH$－＞Ph－＞$RCH_2$－＞$H_3C$－；（ii）给电子基－$C_6H_4$－＞$C_6H_5$－＞拉电子基－$C_6H_4$－。如 2-甲基环戊酮重排主要生成 δ-己酸内酯（例 13）。

**例 13**

2-甲基环戊酮 $\xrightarrow{PhCO_3H}$ δ-己酸内酯　［体现重排方向的中间体］

## 四、练习题及其参考答案

1．练习题

（1）按下列化合物水溶性大小排序。

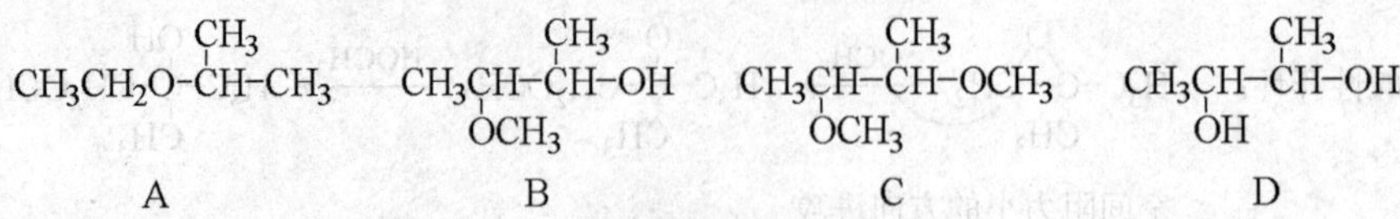


（2）按下列化合物碱性强弱排序，并说明理由。

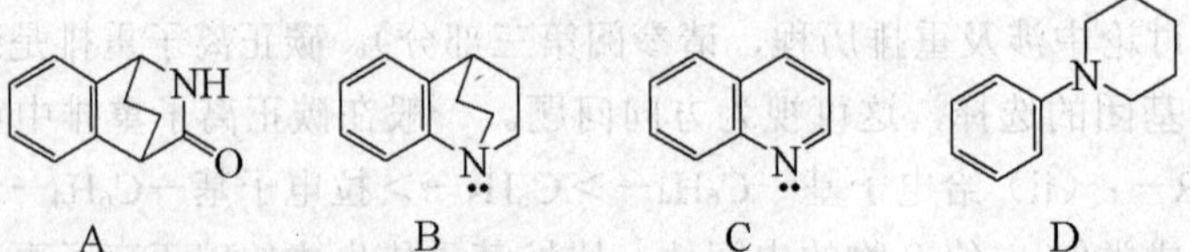


（3）下列类型的化合物中为什么 *n* 值越大，酸性越强？

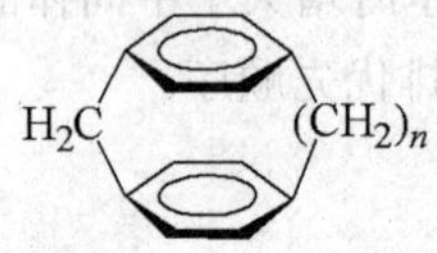


（4）下列两个化合物哪一个的酸性更强？为什么？

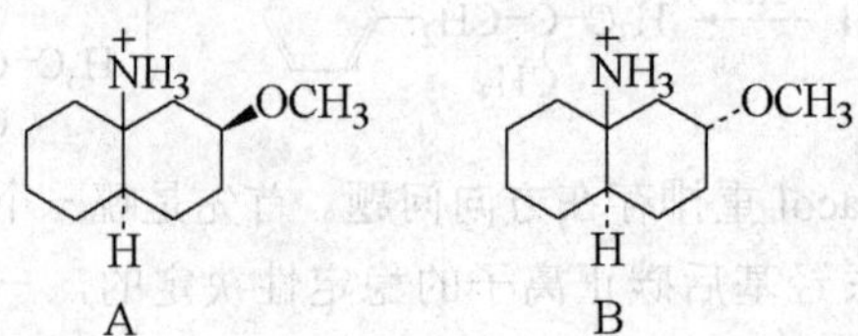


（5）下列各对化合物中哪一个酸性更强？

a. $NCCH_2CN$ 和 $NCCH_2CH_2CN$　　b. 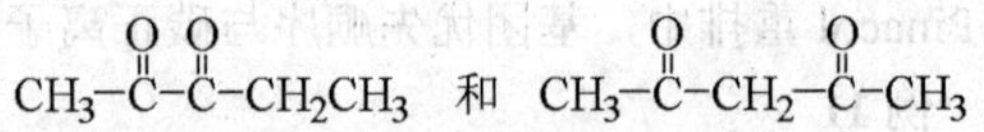 $CH_3-\overset{O}{\overset{\|}{C}}-\overset{O}{\overset{\|}{C}}-CH_2CH_3$ 和 $CH_3-\overset{O}{\overset{\|}{C}}-CH_2-\overset{O}{\overset{\|}{C}}-CH_3$

c. 环戊二烯 和 1,3-戊二烯　　d. 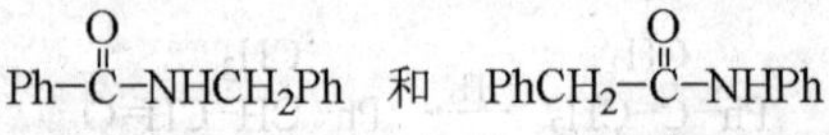 $Ph-\overset{O}{\overset{\|}{C}}-NHCH_2Ph$ 和 $PhCH_2-\overset{O}{\overset{\|}{C}}-NHPh$

（6）维生素 C（结构如下）呈明显酸性（p$K_a$ 4.71），哪个羟基上质子的酸性最强？写出其共轭碱的结构。

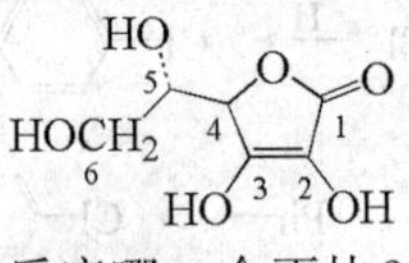

维生素C

（7）下列化合物进行 *β*-消去反应哪一个更快？

a. 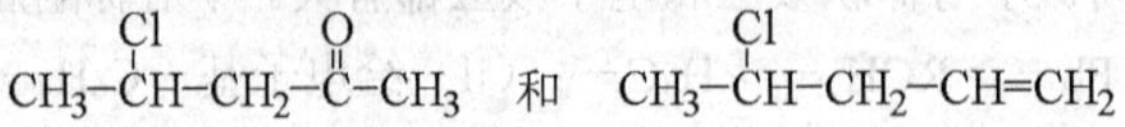 $CH_3-\overset{Cl}{\overset{|}{C}H}-CH_2-\overset{O}{\overset{\|}{C}}-CH_3$ 和 $CH_3-\overset{Cl}{\overset{|}{C}H}-CH_2-CH=CH_2$

b. 环己基—I 和 环己基—Cl

c. 环戊烯基—OH 和 环戊烯基—OH

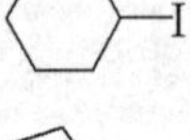

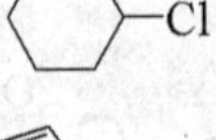

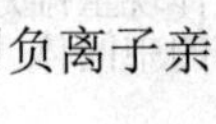

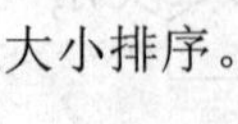

（8）按下列负离子亲核性大小排序。

A（phenoxide, $C_6H_5O^-$）　B（3-chlorophenoxide）　C（cyclopentyl-$CH_2O^-$）　D（cyclopentyl-$CH_2\ddot{C}H_2$）　E（cyclopentyl-$C\equiv C:^-$）

（9）写出下列反应中 A、B、C 的结构：

$$CH_3\overset{O}{\overset{\|}{C}}CH_2CO_2C_2H_5 \xrightarrow{C_4H_9Li(1mol)} A \xrightarrow{C_4H_9Li(1mol)} B \xrightarrow[(2)\ H_2O]{(1)\ CH_3CH_2Br(1mol)} C$$

（10）按下列氯代烃醋酸解活性大小排序。

A：Ph-$C_6H_4$-$CH_2Cl$（para）　B：$H_3C$-cyclohexyl-Cl（1,4）　C：cyclohexyl-$CH_2Cl$　D：$C_6H_5$-$CH_2Cl$

（11）按下列化合物在丙酮中与 KI 反应活性大小排序。

A：$CH_3CH_2OTs$　B：$CH_2{=}CH{-}CH_2OTs$　C：7,7-dimethylnorbornyl-1-OTs（bridgehead OTs）　D：$CH_3{-}\underset{}{CH}(CH_3){-}OTs$

（12）按下列酯的碱性水解速度快慢排序。

A：cyclohex-2-enyl-$CO_2C_2H_5$　B：cyclohexa-2,5-dienyl-$CO_2C_2H_5$　C：$CH_3CH_2$-CH($CH{=}CH_2$)-$CO_2C_2H_5$　D：2,2,6-trimethylcyclohexyl-$CO_2C_2H_5$

（13）按下列酯的甲醇解速度快慢排序。

$$Ph{-}\underset{CH_3}{\overset{CH_3}{C}}{-}O{-}\overset{O}{\overset{\|}{C}}{-}C_6H_4{-}X \qquad X = H, I, F, NO_2, OCH_3, CH_3$$

（14）下列醇脱水生成烯的混合物，写出产物并定性预测产物比例。

$$CH_3{-}\underset{Ph}{\overset{OH}{C}}{-}CH_2CH_3 \xrightarrow[\triangle]{H_2SO_4} \text{烯的混合物}$$

（15）水杨醛与 $H_2O_2$ 作用可看作 Baeyer-Villiger 反应，写出下列反应中的 A 和 B 的结构。

$$\text{o-HOC}_6H_4CHO \xrightarrow{H_2O_2} A \xrightarrow{H_3\overset{+}{O}} B(C_6H_6O_2)$$

（16）写出下列化合物与 1mol HCN 加成得到的产物。

A：3,3-dimethyl-5-acetylcyclohexanone（$H_3C$, $H_3C$, O, $CH_3$, O）　B：$(CH_3)_2N$-substituted 2,3-dihydronaphthalene-1,4-dione　C：o-$C_6H_4$(CHO)($CH_2CHO$)

（17）下列反应中，反应物与试剂比例为 1:1，分别写出主要产物。

a. (bicyclo[2.2.2]octane with $C_2H_5O_2C$ and $\overset{O}{\|}{C}$-O-$\overset{O}{\|}{C}$-$OC_2H_5$) + $NH_3$ ⟶ b. $(H_3C)_2C(OH)CH_2CH_2OH$ + HCl ⟶

c. (cyclohexane with $CH_2CH_2Br$ and Br) + NaCN ⟶ d. $CH_3CH{=}CH$–(cyclohexane-1,4-diyl)–$CH{=}CH{-}Ph$ + HCl ⟶

e. (cyclohexene with $CH{=}CH_2$) + $HB(\underset{CH_3}{\overset{CH_3}{CHCH}}CH_3)_2$ ⟶

（18）判定反应方向，并写出下列反应产物。

a. (3,4-dihydro-2H-pyran) + $C_2H_5OH$ $\xrightarrow{H^+}$ b. $CH_2{=}CH{-}CN + C_2H_5OH \xrightarrow{H_2SO_4}$

c. (7-isopropylisoquinoline, $(CH_3)_2HC$) $\xrightarrow{H_2SO_4}$ d. (thioxanthene) $\xrightarrow{H_2SO_4}$

e. $CH_3CH_2{-}\overset{Br}{CH}{-}\underset{CH_3}{CH}{-}CH_3 \xrightarrow[C_2H_5OH]{OH^-}$ f. (octahydro-cyclopenta[b]pyridinium, $H_3C$ on ring, $\overset{+}{N}(CH_3)_2$) $OH^-$ $\xrightarrow{\triangle}$

g. $H_3C{-}\overset{\overset{+}{N}(CH_3)_3}{CH}{-}\underset{CH_3}{CH}{-}\overset{O}{\|}{C}{-}CH_3$ $OH^-$ $\xrightarrow{\triangle}$ h. $PhCH_2{-}\overset{O}{\|}{C}{-}\underset{Br}{CH}{-}CH_3 \xrightarrow[(2)\ H^+]{(1)\ OH^-/H_2O}$（Favorskii 重排产物）

2．参考答案

（1）D＞B＞C＞A。

（2）B＞C＞D＞A。A 为酰胺，由于酰基拉电子作用使之无碱性。D 为芳香胺，氮上孤对电子占据轨道可与苯环共轭，使电荷发生分散，因此碱性相对 B 和 C 要弱。B 中孤对电子占据轨道为 $sp^3$ 杂化，而 C 中孤对电子占据轨道为 $sp^2$ 杂化，由于 s 成分不同，电子受核影响不同，因此 B 的碱性最强。

（3）由于 $n$ 值越大，环张力越小，使双重 $\alpha$-H 离解后产生的负离子与苯环共轭的可能性增大，稳定性增加。

（4）因 A 可形成分子内氢键，使酸性减小。

($\overset{+}{N}H_3$···$OCH_3$ decalin structure)

A

（5）

a. $CH_2(CN)_2$ b. $CH_3\overset{O}{\|}{C}CH_2\overset{O}{\|}{C}CH_3$ c. (cyclopentadiene) d. $PhCH_2{-}\overset{O}{\|}{C}{-}NHPh$

（6）第 3 个碳上产生基质子，其共轭碱结构为：

(HO, $HOCH_2$, furanone ring with $O^-$, O, OH)

（7）

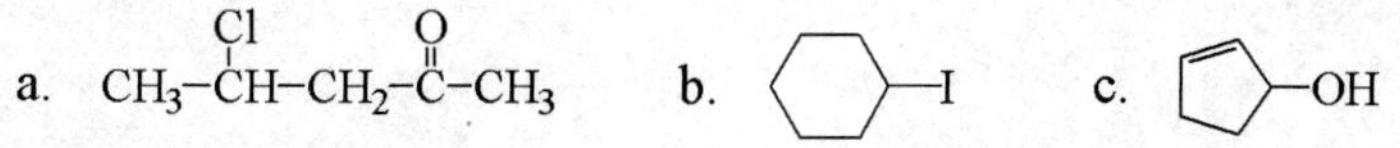

a. $CH_3-\overset{Cl}{CH}-CH_2-\overset{O}{\overset{\|}{C}}-CH_3$　　b. 环己基碘（$C_6H_{11}-I$）　　c. 环戊烯醇（$-OH$）

（8）D＞E＞C＞A＞B。

（9）

A. $CH_3-\overset{O}{\overset{\|}{C}}-\ddot{C}HCO_2C_2H_5$　　B. $\ddot{C}H_2-\overset{O}{\overset{\|}{C}}-\ddot{C}HCO_2C_2H_5$　　C. $CH_3CH_2-CH_2-\overset{O}{\overset{\|}{C}}-CH_2CO_2C_2H_5$

（10）为 SN1 反应，A＞D＞B＞C。

（11）为 SN2 反应，B＞A＞D＞C。

（12）B＞A＞C＞D。

（13）$NO_2$＞F＞I＞H＞$CH_3$＞$OCH_3$。

（14）产物和比例顺序：

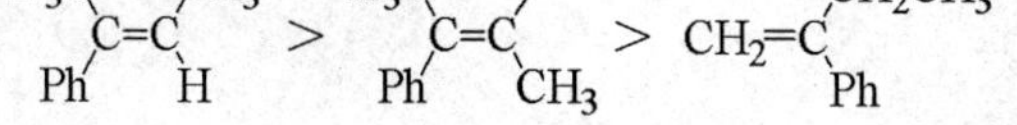

$(H_3C)(Ph)C=C(CH_3)(H)$ ＞ $(H_3C)(Ph)C=C(H)(CH_3)$ ＞ $CH_2=C(CH_2CH_3)(Ph)$

（15）

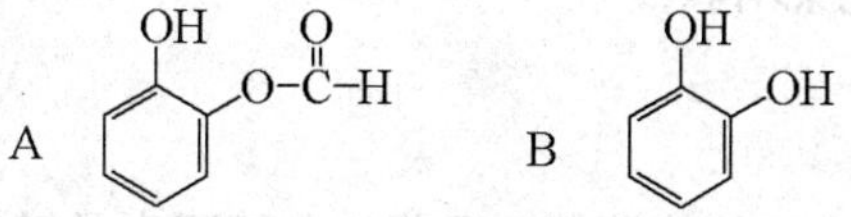

A　OH，O−C(=O)−H（邻位取代苯）　　B　OH，OH（邻苯二酚）

（16）

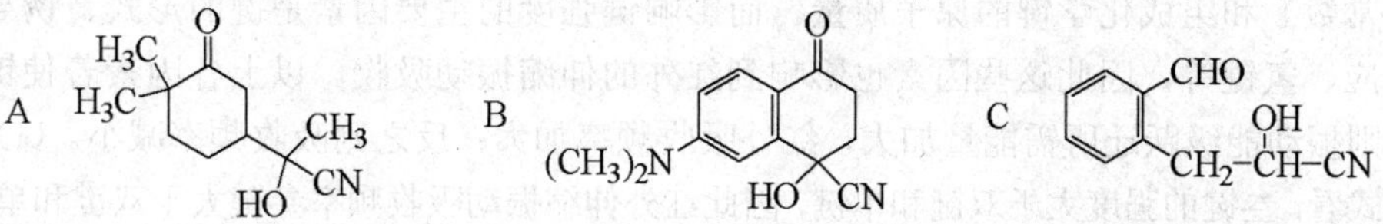

A　$H_3C$，$H_3C$，O，$CH_3$，CN，HO　　B　O，$(CH_3)_2N$，HO，CN　　C　CHO，OH，$CH_2-CH-CN$

（17）

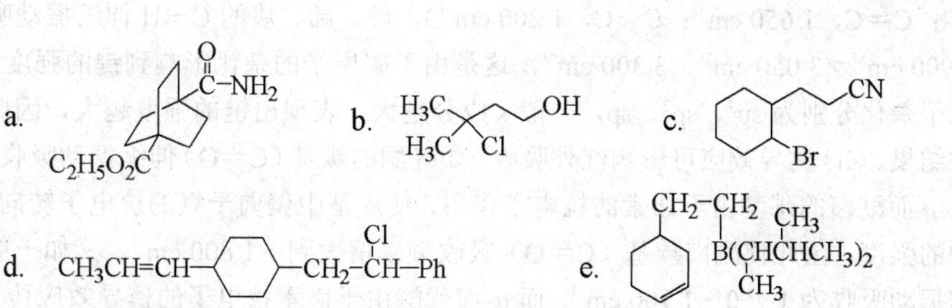

a. $C-NH_2$（O），$C_2H_5O_2C$　　b. $H_3C$，$H_3C$，Cl，OH　　c. CN，Br

d. $CH_3CH=CH-C_6H_{10}-CH_2-\overset{Cl}{CH}-Ph$　　e. $CH_2-CH_2$，$CH_3$，$B(\overset{}{CH}CHCH_3)_2$，$CH_3$

（18）

a. $OC_2H_5$（四氢吡喃基）　　b. $\underset{OC_2H_5}{CH_2}-CH_2CN$　　c. $SO_3H$，$(CH_3)_2HC$，N

d. S，$SO_3H$　　e. $CH_3CH_2-CH=C(CH_3)_2$　　f. $H_3C$，N，$H_3C$，$CH_3$

g. $H_3C-CH=\underset{CH_3}{C}-\overset{O}{\overset{\|}{C}}-CH_3$　　h. $PhCH_2-\overset{CH_3}{CH}-CO_2H$

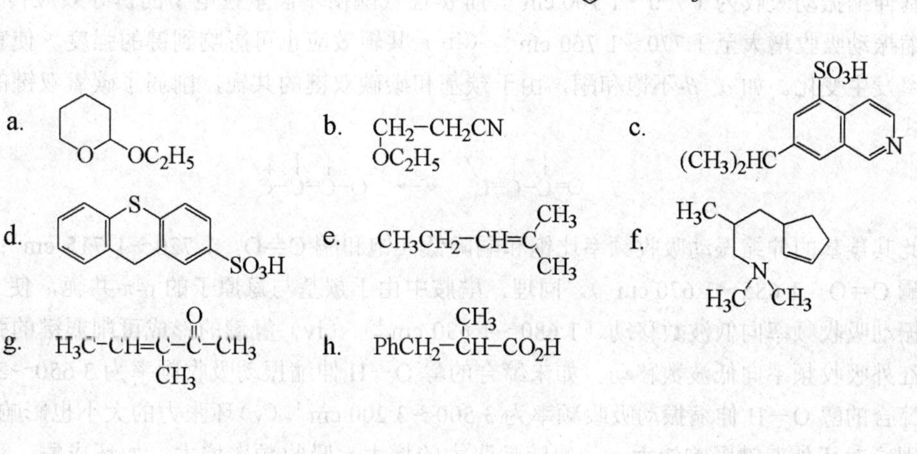

# 第五章　红外与核磁

有机化合物结构测定是有机化学的另一个重要内容。目前最常用的结构测定方法是仪器分析技术，如IR、NMR、UV、MS等，这些仪器测试中应用最多、范围最广的是IR和NMR。在此我们只针对这两种分析方法进行讨论。讨论的重点不是它们的基本原理，而是结构和红外、核磁共振吸收的关系，介绍谱图解析的要点和方法，力求对大家的识谱能力提高有所帮助。

## 一、结构对红外和核磁共振吸收的影响

### 1．结构影响红外吸收的主要因素

红外光谱又称为振动光谱。从结构上看影响红外伸缩振动吸收的主要因素是键的强度（键的力常数）和组成化学键的原子质量。而影响键强度的主要因素是键的形式、诱导效应、共轭效应、氢键等，因此这些因素也影响到红外的伸缩振动吸收。以上各因素若使键的强度加大，则振动能级跃迁所需能量加大，红外吸收频率加大；反之则吸收频率减小。(i) 从键的结构形式看，叁键的强度大于双键和单键，因此红外伸缩振动吸收频率叁键大于双键和单键（C≡C，2 150 $cm^{-1}$；C＝C，1 650 $cm^{-1}$；C－C，1 200 $cm^{-1}$）。烷、烯、炔的C－H伸缩振动吸收频率分别为～2 900 $cm^{-1}$、3 050 $cm^{-1}$、3 300 $cm^{-1}$，这是由于碳原子的杂化影响到键的强度。烷、烯、炔的碳原子杂化分别为$sp^3$、$sp^2$、sp，一般s成分越大，表现出键的强度越大，因此才有以上红外吸收结果。(ii) 诱导效应可影响红外吸收。如醛酮的羰基（C＝O）伸缩振动吸收为1 750～1 700 $cm^{-1}$，而酰卤的羰基由于卤素的拉电子作用，使羰基中偏向于氧的价电子转向羰氧之间，增大了键的强度，因此使酰卤羰基（C＝O）吸收频率增大到～1 800 $cm^{-1}$。又如一般条件下酯羰基伸缩振动吸收为1 750～1 700 $cm^{-1}$，而$\alpha$-卤代酯由于卤素拉电子的诱导效应传递，使羰基伸缩振动吸收增大至1 770～1 760 $cm^{-1}$。(iii) 共轭效应也可影响到键的强度，使官能团吸收频率发生变化。如$\alpha, \beta$-不饱和酮，由于羰基和碳碳双键的共轭，削弱了碳氧双键的强度，如下式：

$$\mathrm{O{=}\overset{|}{C}{-}\overset{|}{C}{=}C\!\!<} \;\longleftrightarrow\; \mathrm{{}^{-}O{-}\overset{|}{C}{=}\overset{|}{C}{-}\overset{+}{C}\!\!<}$$

因此其羰基的伸缩振动吸收频率比饱和酮降低（饱和酮C＝O，1 720～1 715 $cm^{-1}$；$\alpha, \beta$-不饱和酮C＝O，1 685～1 670 $cm^{-1}$）。同理，酰胺中由于羰基与氮原子的p-$\pi$共轭，使C＝O的伸缩振动吸收频率向低波数移动（1 680～1 630 $cm^{-1}$）。(iv) 氢键的形成可削弱键的强度，也能使红外吸收频率向低波数移动。如未缔合的醇O－H伸缩振动吸收频率为3 650～3 600 $cm^{-1}$，而缔合的醇O－H伸缩振动吸收频率为3 500～3 200 $cm^{-1}$。(v) 环张力的大小也影响吸收频率，特别是对环外双键影响较大，一般随环张力的增大，吸收频率增大。如环戊酮、环丁酮、环

丙酮中 C=O 的伸缩振动吸收频率分别为 1 745 $cm^{-1}$、1 780 $cm^{-1}$、1 815 $cm^{-1}$。（vi）成键原子的质量增加，红外吸收频率减小。如 C—H、C—C、C—O 吸收频率分别为～3 000 $cm^{-1}$、1 200 $cm^{-1}$、1 100 $cm^{-1}$。（vii）弯曲振动比伸缩振动能级跃迁所需能量小得多，因此弯曲振动吸收频率比伸缩振动吸收频率低得多。如 C—H 伸缩振动吸收为～3 000 $cm^{-1}$，而弯曲振动吸收为 1 340 $cm^{-1}$。掌握了这些红外吸收的影响因素，将对记忆不同官能团的特征吸收有极大帮助，同时能指导准确解析红外谱图。如一个分子式为 $C_4H_7OCl$ 的酮，红外在 1 740 $cm^{-1}$ 有一强吸收峰，该吸收峰吸收频率比一般酮羰基吸收（1 715 $cm^{-1}$）要高，说明氯的拉电子诱导效应起到了明显影响，因此，该酮为 $\alpha$-氯丁酮。

2. 结构影响核磁共振化学位移的主要因素

氢核磁共振谱图可提供三个有用信息，即化学位移（$\delta$ 值）、峰的裂分和峰面积比。这三个信息直接关系到化合物的结构。对峰的裂分和峰面积比我们不作重点讨论，在此重点说明结构对化学位移（$\delta$ 值）的影响。我们知道化学位移是因屏蔽效应引起的。氢核受到屏蔽越大，共振吸收越向高场移动，$\delta$ 值越小；反之则向低场移动，$\delta$ 值增大。氢核受屏蔽效应影响使 $\delta$ 值变化的主要因素有元素的电负性、各向异性、氢键等。（i）电负性强的元素由于其诱导拉电子作用，使与其相连的碳原子上的氢周围电子云密度减小，屏蔽作用减小，共振吸收向低场移动，$\delta$ 值增大。如 H—$CH_3$、Cl—$CH_3$、$Cl_3C$—H 的 $\delta$ 值分别为 0.23、3.05 和 7.27。（ii）芳环在外磁场存在下可产生抗磁环流，氢核受到这个环电流产生的磁场的影响，$\delta$ 值会发生较大变化。若氢核处在屏蔽区，$\delta$ 值变小；若氢核处在去屏蔽区，$\delta$ 值增大，该效应称作各向异性效应。如苯、吡啶、吡咯、呋喃、噻吩等环上的氢处于去屏蔽区，共振吸收出现在低场，$\delta$ 值较大，一般在 6.2～8.2 ppm 之间。18-轮烯环内氢核处在屏蔽区，$\delta$ 值为－1.8 ppm；环外氢处在去屏蔽区，$\delta$ 值为 8.9 ppm。同样烯碳氢和醛基氢也受到各向异性的影响，$\delta$ 值也较高，分别为 5～6.5 ppm 和 9～10 ppm。烯、炔、醛、酮、羧酸及衍生物等的 $\alpha$ 氢尽管不直接与不饱和碳相连，但不同程度地受到各向异性影响（当然也有诱导效应）使 $\delta$ 值增大，一般为 2～3 ppm。（iii）OH、$NH_2$ 易生成氢键，氢键的形成会减小电子云对氢核的屏蔽，使共振吸收向低场移动。如醇羟基氢无氢键生成时，$\delta$ 值约为 0.5 ppm；随氢键形成的可能性增大，逐渐使其共振吸收向低场移动，$\delta$ 值为 0.5～5 ppm。同理，在脂肪胺、芳香胺和酚中，氨基氢和羟基氢由于氢键的形成，在同一范围内出现共振吸收峰，分别为：脂肪胺 $\delta$ 0.5～5 ppm，芳香胺 $\delta$ 3～5 ppm，酚 $\delta$ 4～8 ppm。羧酸羧基上的氢受到氢键、电负性和各向异性综合影响，共振吸收大大向低场移动，$\delta$ 值为 10～13 ppm。以上这些因素的影响有助于记忆不同环境下氢核的化学位移值，辅助分析问题和准确识谱。如用核磁共振法区别异构体二苯甲烷和 4-甲基联苯，根据以上影响因素分析问题可知，二苯甲烷中亚甲基受到两个苯环影响，而 4-甲基联苯中甲基只受到一个芳环影响，因此前者 $\delta$ 值一定高于后者。这样，依据获得的核磁共振谱图即可区分两个化合物。

$^{13}C$ NMR 化学位移像氢谱一样受到多种因素的影响，如碳的杂化，所连取代基的电负性，共轭效应，体积效应等。如 $sp^3$ 杂化的碳 $\delta$ 0~100 ppm，$sp^2$ 杂化的碳 $\delta$ 100~210 ppm，sp 杂化的碳 $\delta$ 65~85 ppm。若 $sp^3$ 杂化的碳连有氧，$\delta$ 45~90 ppm；若 $sp^3$ 杂化的碳连有 Cl、Br、N 等，$\delta$ 30~80 ppm。$sp^2$ 杂化的碳中，羰基碳 $\delta$ 170~210 ppm。这些规律对于确定碳在分子中的环境和分子的结构有极大帮助。图 5-1 列出了不同环境碳的 $\delta$ 值范围。

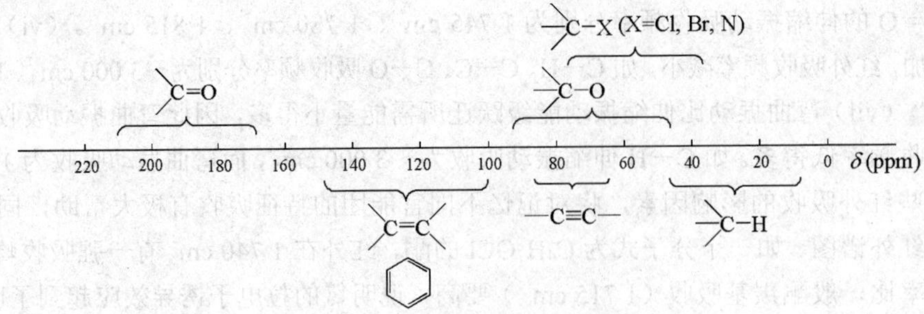


图 5-1　不同环境碳的化学位移

## 二、几种类型有机化合物 IR、NMR 谱图的特征

不同类型化合物由于结构不同，在红外和核磁谱图上表现出不同的特征。掌握了这些特征，就会提高识谱能力，有助于熟练、准确地解析谱图。表 5-1 列出了各类型化合物的红外特征吸收和核磁共振的特征氢核 $\delta$ 值。

表 5-1　各类型化合物的红外特征吸收和核磁共振的特征氢核 $\delta$ 值

| 化合物 | IR | $^1$H NMR（ppm） |
|---|---|---|
| 烷 | ~2 900 cm$^{-1}$（C—H 伸缩），1 370 cm$^{-1}$（C—H 弯曲） | $\delta$ 0.9~1.5 |
| 烯 | 3 050 cm$^{-1}$（C—H 伸缩），1 650 cm$^{-1}$（C=C 伸缩）， | $\delta$ 5~7（烯氢） |
| | 1 000~700 cm$^{-1}$（C—H 弯曲） | $\delta$ ~2（$\alpha$ 氢） |
| 炔 | 3 300 cm$^{-1}$（C—H 伸缩），2 120 cm$^{-1}$（C≡C 伸缩） | $\delta$ 2~3.3（炔氢） |
| 卤代烃 | 1 350~500 cm$^{-1}$（C—X 伸缩） | $\delta$ 2.5~4.5（X—C—H） |
| 醇和酚 | 3 640~3 600 cm$^{-1}$（游离 O—H 伸缩） | $\delta$ 0.5~5（醇羟基氢） |
| | 3 550~3 200 cm$^{-1}$（缔合 O—H 伸缩） | $\delta$ 4~8（酚羟基氢） |
| | 1 200~1 050 cm$^{-1}$（C—O 伸缩） | |
| 醛 | 1 725~1 685 cm$^{-1}$（C=O 伸缩） | $\delta$ 9~10（醛基氢） |
| | 2 820 cm$^{-1}$和 2 700 cm$^{-1}$（醛基 C—H 伸缩） | $\delta$ 2~3（$\alpha$ 氢） |
| 酮 | 1 780~1 665 cm$^{-1}$（C=O 伸缩） | $\delta$ 2~3（$\alpha$ 氢） |
| 羧酸 | 3 400~2 500 cm$^{-1}$（缔合 O—H 伸缩）， | $\delta$ 10~13（酸质子） |
| | 1 725~1 700 cm$^{-1}$（C=O 伸缩） | |
| 酯 | 1 760~1 735 cm$^{-1}$（C=O 伸缩） | $\delta$ 2~3（$\alpha$ 氢） |
| | 1 300~1 200 cm$^{-1}$（C—O 伸缩） | $\delta$ 3~5（O—C—H） |
| 酸酐 | 1 820~1 800 cm$^{-1}$，1 780~1 740 cm$^{-1}$（C=O 伸缩） | $\delta$ 2~3（$\alpha$ 氢） |
| | 1 300~1 200 cm$^{-1}$（C—O 伸缩） | |
| 酰卤 | 1 815~1 785 cm$^{-1}$（C=O 伸缩） | $\delta$ 2~3（$\alpha$ 氢） |
| 酰胺 | 1 690~1 630 cm$^{-1}$（C=O 伸缩）， | $\delta$ 5~8（氮上氢） |
| | 3 500~3 100 cm$^{-1}$（N—H 伸缩） | |
| 腈 | 2 260~2 210 cm$^{-1}$（C≡N 伸缩） | $\delta$ 2~3（$\alpha$ 氢） |
| 胺 | 3 500~3 300 cm$^{-1}$（伯、仲 N—H 伸缩） | $\delta$ 0.5~5（脂肪胺氮上氢） |
| | 1 640~1 500 cm$^{-1}$（伯、仲 N—H 弯曲） | $\delta$ 3~5（芳胺氮上氢） |
| | 1 150~1 000 cm$^{-1}$（C—N 伸缩） | |

## 三、谱图解析

红外谱图可提供官能团的信息，核磁共振谱图可提供分子骨架的信息。在有机化合物结构测定中，往往把两种测试技术结合使用。在解析红外谱图时，必须掌握不同官能团的特征吸收数据，同时要掌握影响红外吸收的重要因素，这样才能依据谱图中不同区域的吸收峰来确认官能团的存在。如谱图在 1 800~1 700 $cm^{-1}$ 有强的吸收，应马上反应到化合物必含有羰基（C=O），但不能确定是醛、酮羰基还是羧酸或酯的羰基。又如，谱图在 3 300~3 000 $cm^{-1}$、1 650 $cm^{-1}$ 两个频区有吸收，则可确定含 C=C；若在 3 300~3 000 $cm^{-1}$、1 600～1 400 $cm^{-1}$ 两个频区有吸收，则可确定含苯环。

对于核磁共振谱图（$^1$H NMR）的解析必须强调三个要素，即峰面积比、化学位移和峰的裂分，解析时要依据这三个要素进行协同推导。利用峰面积比计算出各组峰相应的氢数，用 $\delta$ 值和峰的裂分信息来推导分子的骨架。一般在结构写出后需再根据写出的分子中氢的环境与谱图对应核实峰面积比、$\delta$ 值和峰的裂分，若完全相符则可确定分子的结构。如一个分子式为 $C_4H_8O_2$ 的酯，$^1$H NMR 谱为：$\delta$ 3.8（单峰），$\delta$ 2.3（四重峰），$\delta$ 1.1（三重峰），峰面积比为 3:2:3。首先从峰面积比和这个酯的分子式计算出三组峰代表的氢原子个数分别为 3、2 和 3；然后从峰的裂分按 $n+1$ 规律反推，结构中应含有一个甲基（单峰）和一个乙基（四重峰和三重峰）；从 $\delta$ 值分析单峰出现在低场（$\delta$ 3.8），因此甲基一定与氧原子相连，由此推论，乙基一定与羰基相连。复核：乙基中的亚甲基处在羰基的 $\alpha$ 位，该碳上的氢 $\delta$ 值应在 2～3 ppm 范围内，同时应受甲基偶合裂分为四重峰。该分析结果与谱图实际结果相符，因此可确定化合物为丙酸甲酯。推导中若只考虑到峰的裂分信息，很可能得出乙酸乙酯的错误结论，因乙酸乙酯和丙酸甲酯的峰裂分情况相似。因此在 $^1$H NMR 谱图解析时，一定要强调三个要素的综合分析和协同推导。

$^{13}$C NMR 质子去偶谱图解析：首先根据谱图中的峰个数，判定有多少不同环境的碳，再根据不同环境下碳的 $\delta$ 值，推断其结构特征。如化合物 A（$C_9H_{10}$），其 $^{13}$C NMR 谱出现 5 个峰，说明它有 5 种碳，$\delta$ 125~145 ppm 之间有 3 个峰，说明为含苯环的化合物，且苯环中有 3 种碳；$\delta$ 20~35 ppm 之间有 2 个峰，说明为 $sp^3$ 杂化的 2 种碳。根据以上信息，不难推出 A 的结构为氢化茚。

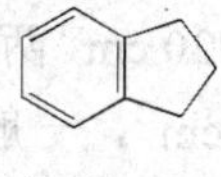

A

DEPT-$^{13}$C NMR 谱图还给出各峰相对的碳含氢的情况，这使我们判断化合物的结构更方便更准确。如化合物 B（$C_3H_7OCl$），DEPT-$^{13}$C NMR 谱指出 $\delta$ 67 (CH), $\delta$ 51 ($CH_2$), $\delta$ 20 ($CH_3$)。根据不同环境下碳的 $\delta$ 值和各峰相应碳的含氢数，不难推断 $\delta$ 67 的碳为—CH(OH)—，$\delta$ 51 的碳为 $ClCH_2$—，这样与 $\delta$ 20 的甲基碳组合可写出 B 的结构。它应为 1-氯-2-丙醇。

$$\underset{\textstyle\phantom{CH_2-}}{Cl-CH_2-}\underset{\textstyle OH}{\underset{|}{CH}}-CH_3$$

B

以上介绍了红外和核磁谱图解析中的注意点和解析方法，下面我们再举例作进一步的说明。

**例 1** 化合物 M（$C_9H_{10}O$），红外在 3 600～3 200 $cm^{-1}$、1 650 $cm^{-1}$、1 600～1 400 $cm^{-1}$（多峰）、1 150 $cm^{-1}$、750 $cm^{-1}$ 和 700 $cm^{-1}$ 有特征吸收，M 的 $^1H$ NMR 谱图如下，写出其结构。

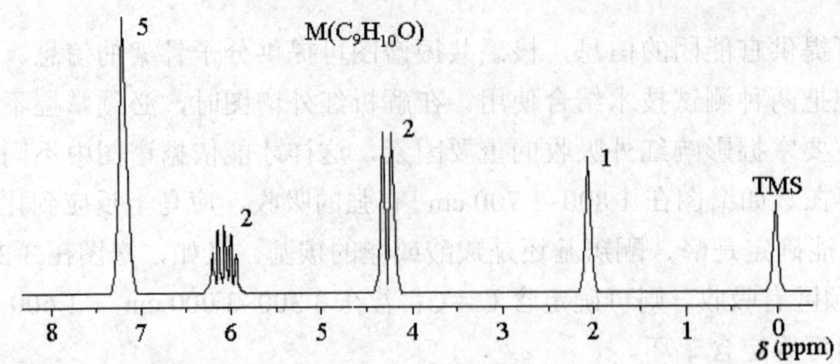


**解** 红外谱图解析：3 600～3 200 $cm^{-1}$……含 OH，1 650 $cm^{-1}$……含 C＝C，1 600～1 400 $cm^{-1}$……含苯环，1 150 $cm^{-1}$……含 C－O，750 $cm^{-1}$ 和 700 $cm^{-1}$……一取代苯。

核磁谱图解析：根据峰面积比和分子式计算出四组峰代表的氢原子个数分别为 5H、2H，2H、1H。再分析 $\delta$ 值和裂分情况，$\delta$ 7.4 为含 5 个氢的苯环，即一取代苯，这与红外信息相符；$\delta$ 6.3 为烯碳氢，$\delta$ 4.2 为与氧相连碳上的氢，它被裂分为双重峰，说明它和连一个氢的烯碳相连；从红外谱图中得知含有羟基，$\delta$ 2 处代表 1 个氢的单峰为羟基氢（一般不与相连碳上的氢偶合，因此未裂分）。

依据红外和核磁谱图解析，该化合物为 $C_6H_5CH＝CHCH_2OH$。

**例 2** 化合物 N（$C_6H_8O_3$），IR 在 1 820 $cm^{-1}$ 和 1 720 $cm^{-1}$ 有强的吸收峰，它的 $^1H$ NMR 谱图如下，写出 N 的结构。

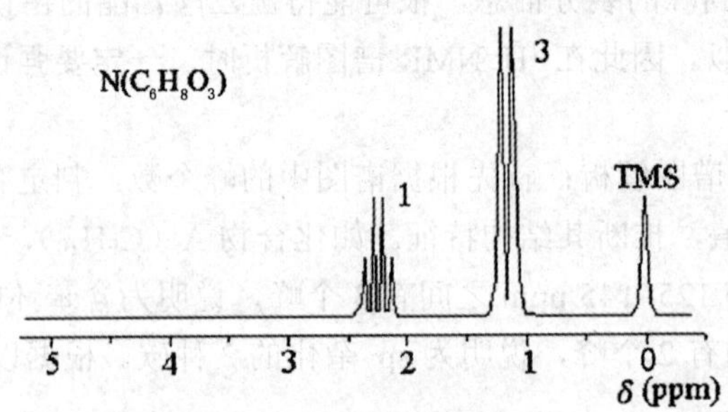


**解** 红外谱图解析：1 820 $cm^{-1}$ 和 1 720 $cm^{-1}$ 两个强吸收峰一定为 C＝O 的伸缩振动吸收，两峰中有一个较高频率的吸收峰为 1 820 $cm^{-1}$，一般醛、酮、酯的羰基不可能有如此高频率的吸收，因此可初步判定化合物为酸酐。

核磁谱图解析：按分子式和峰面积比求出两组峰相应的氢数为 2 和 6，这说明化合物有一定对称性；从 $\delta$ 值看氧原子不和含氢的碳原子相连（若有氧原子和含氢的碳原子相连，核磁谱图中 $\delta$ 3～5 的位置应有共振吸收峰），因此氧应与两个羰基相连，为酸酐；从 $\delta$ 值和裂分情况看 $\delta$ 2.2 为 $\alpha$ 氢，它被裂分为四重峰，说明连有甲基，因此 $\delta$ 1.1 为甲基峰，受 $\alpha$ 氢的偶合而裂分为双重峰。至此就可写出符合谱图的骨架：

$$CH_3-\overset{|}{C}H-\overset{O}{\overset{\|}{C}}-O-\overset{O}{\overset{\|}{C}}-$$

根据以上谱图解析获得的结构信息和分子式，不难写出 N 的结构为 2,3-二甲基环丁酸酐。

$H_3C$ O

O N

$H_3C$ O

**例 3** 化合物 L（$C_5H_8O_2$）的 DEPT-$^{13}$C NMR 谱图如下，写出其结构。

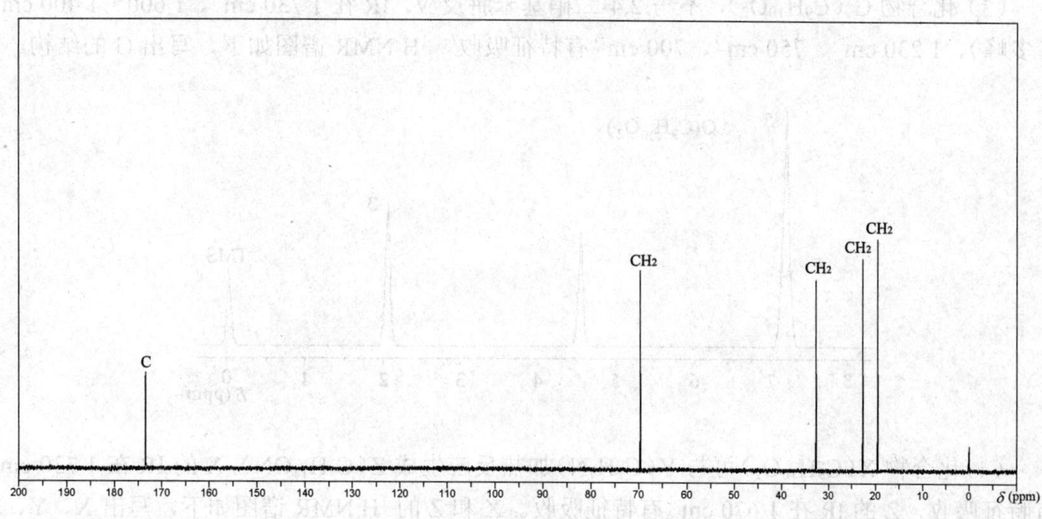


**解** 由于分子中含氧，根据不同碳的 $\delta$ 值范围可知，$\delta$ 170~180 ppm 的峰一定为羰基峰，$\delta$ ~70 ppm 的峰一定是和氧相连的碳。这可初步断定 L 不是酸，因羧酸中无直接和氧相连的碳，在 $\delta$ ~70 ppm 处不可能有峰。L 也不是烷氧基醛酮，因为若为烷氧基醛酮，一定有两个碳与氧相连，在 $\delta$ ~70 ppm 处应有两个峰。这样可以判断 L 可能为含 5 种不同碳的内酯。根据 $^{13}$C NMR 谱中不同环境下碳的含氢个数，很快写出其结构 $\delta$-戊酸内酯。

O

O L

## 四、练习题及其参考答案

1．练习题

（1）用光谱法分别鉴别下列两组化合物。

a. $CH_3CH_2CH(CH_3)-CN$ $CH_3NH-C(=O)-CH_2CH_3$ $(CH_3)_2NCH_2-C(=O)-CH_3$

A B C

b. O=O O O $H_3C$ O O

A B C

（2）根据波谱数据写出化合物的结构。

a．分子式为 $C_7H_0O$；$^1$H NMR：$\delta$ 2.43（单峰，1II），$\delta$ 4.58（单峰，2H），$\delta$ 7.28（多峰，5H）；IR：3 550～3 200 $cm^{-1}$。

b．分子式为 $C_4H_7BrO_2$；$^1$H NMR：$\delta$ 1.08（四重峰，3H），$\delta$ 2.07（多峰，2H），$\delta$ 4.23（三重峰，1H），$\delta$ 10.97（单峰，1H）；IR：3 300～2 500 $cm^{-1}$，1 715 $cm^{-1}$。

c．分子式为 $C_5H_{10}O_2$；$^1H$ NMR：$\delta$ 1.10（双峰，6H），$\delta$ 2.25（多峰，1H），$\delta$ 4.10（单峰，3H）；IR：1 725 $cm^{-1}$。

d．分子式为 $C_8H_9Br$；$^1H$ NMR：$\delta$ 2.0（双峰，3H），$\delta$ 5.15（四重峰，1H），$\delta$ 7.35（多峰，5H）。

（3）化合物 G（$C_9H_{10}O_2$），不与 2,4-二硝基苯肼反应，IR 在 1 730 $cm^{-1}$、1 600～1 400 $cm^{-1}$（多峰）、1 230 $cm^{-1}$、750 $cm^{-1}$、700 $cm^{-1}$ 有特征吸收，$^1H$ NMR 谱图如下，写出 G 的结构。

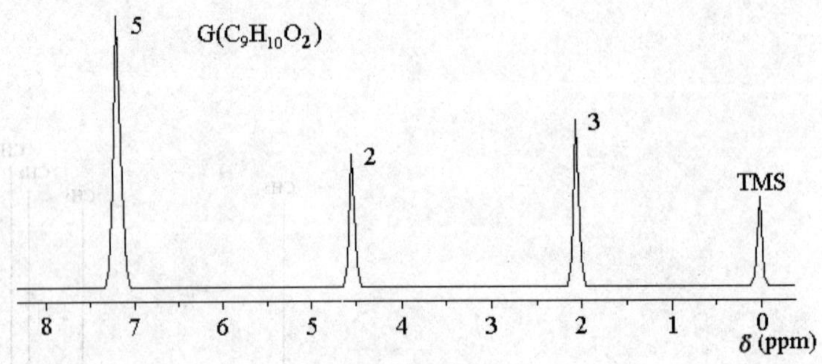


（4）化合物 X（$C_9H_{10}O_2$）可与 Y（$C_2H_7N$）加热反应生成 Z（$C_9H_{11}ON$），X 的 IR 在 1 730 $cm^{-1}$ 有特征吸收，Z 的 IR 在 1 670 $cm^{-1}$ 有特征吸收。X 和 Z 的 $^1H$ NMR 谱图如下，写出 X、Y、Z 的结构。

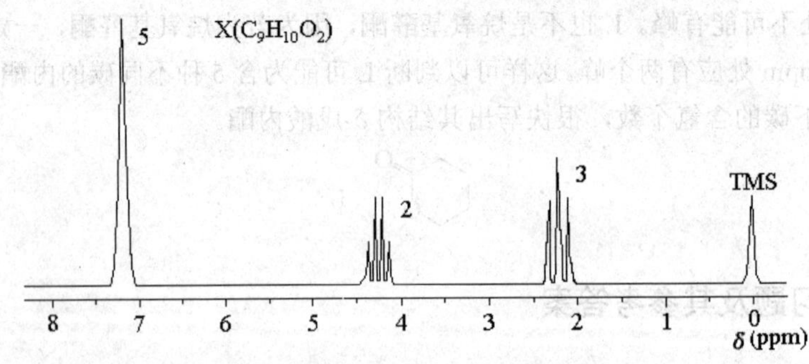


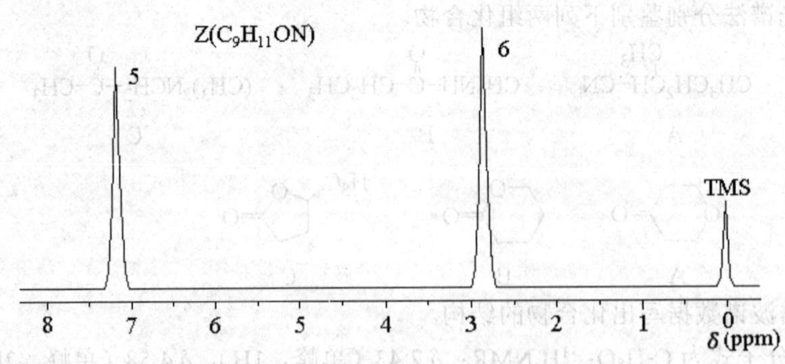


（5）化合物 Q（$C_6H_8O_3$），酸性条件下与 $KMnO_4$ 一起加热放出 $CO_2$，生成丙酮酸和乙酸。Q 的 IR 在 3 400～2 500 $cm^{-1}$、1 725 $cm^{-1}$、1 680 $cm^{-1}$ 有特征吸收峰。$^1H$ NMR：$\delta$ 11.4（单峰，

1H)，$\delta$ 5.3～5.6（多峰，2H），$\delta$ 2.9（双峰，2H），$\delta$ 2.1（单峰，3H）。写出 Q 的结构。

（6）天然香料 T（$C_{10}H_{14}O$），具有萜类的骨架。IR: 3 150~3 550 $cm^{-1}$（宽峰），1 400~1 600$cm^{-1}$（多峰），其 $^{13}C$ NMR 和 $^{1}H$ NMR 谱如下，写出其结构。

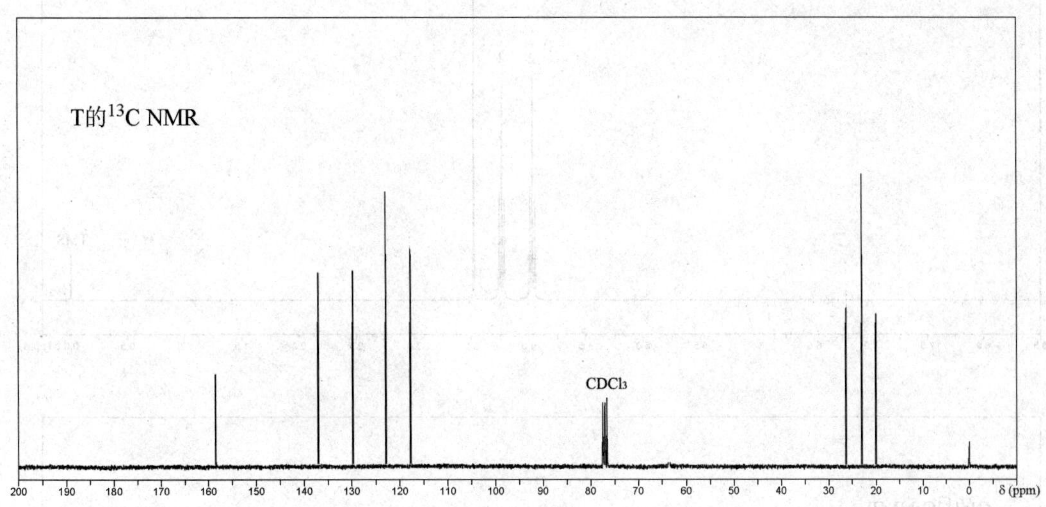


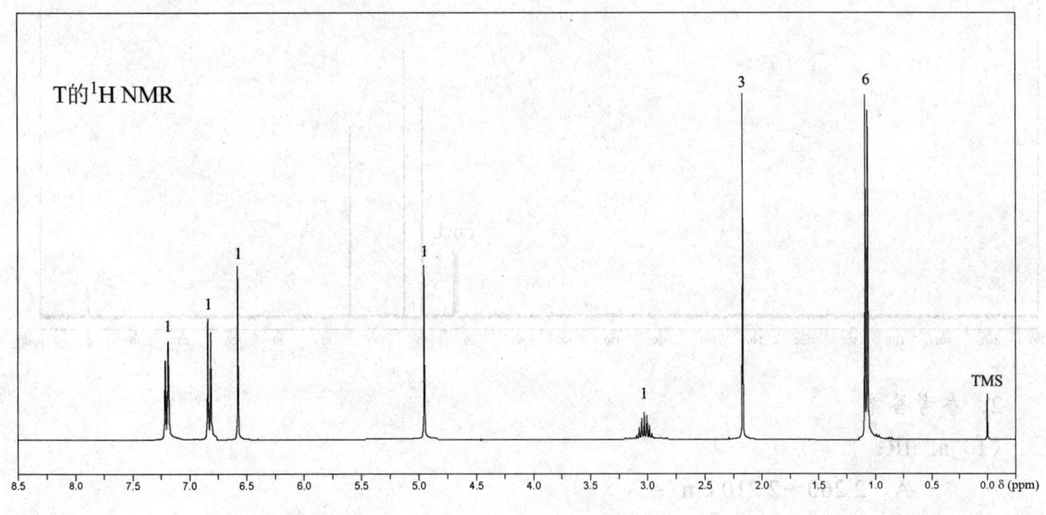


（7）

$$A \xrightarrow[H^+]{\text{环氧乙烷}} B \xrightarrow{H^+} C$$

化合物 B 只含 C、H、O，其相对分子质量 76，化合物 C 的质谱 $M^{+\cdot}$ 134（$m/z$），IR 在 3 600~3 200$cm^{-1}$ 无吸收峰，$^{1}H$ NMR 和 $^{13}C$ NMR 谱如下。① 写出 A、B、C 的结构；② 写出 B→C 的历程。

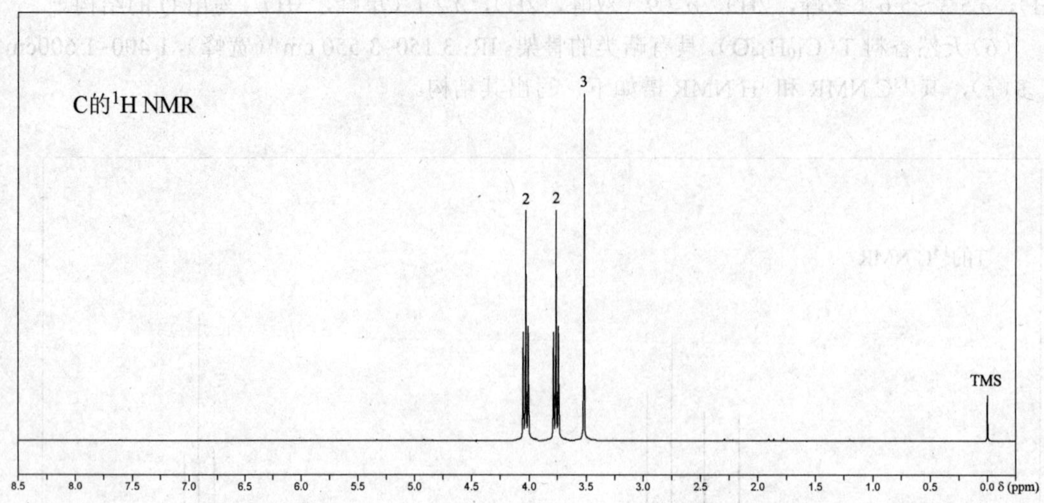


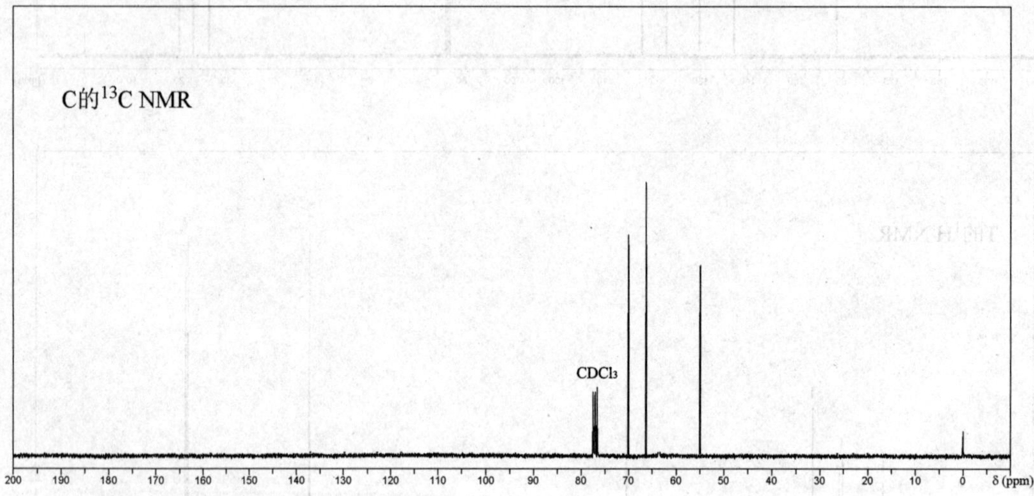


2. 参考答案

（1）a. IR:

A　2 260～2 210 $cm^{-1}$；

B　3 500～3 200 $cm^{-1}$，1690～1630 $cm^{-1}$；

C　1 780～1 700 $cm^{-1}$。

b. $^1H$ NMR:

A　$\delta$～2.9（三重峰，4H），$\delta$～4（三重峰，4H）；

B　$\delta$～1～1.5（多峰，4H），$\delta$～2（三重峰，2H），$\delta$～4（三重峰，2H）；

C　$\delta$ 1～1.5（多峰，5H），$\delta$～2（三重峰，2H），$\delta$～4（多重峰，1H）。

（2）

a. $C_6H_5$–$CH_2OH$　b. $CH_3CH_2$–CH(Br)–$CO_2H$　c. $CH_3$–CH($CH_3$)–$CO_2CH_3$　d. $C_6H_5$–CH(Br)–$CH_3$

（3）

G $C_6H_5-CH_2O-\overset{O}{\overset{\|}{C}}-CH_3$

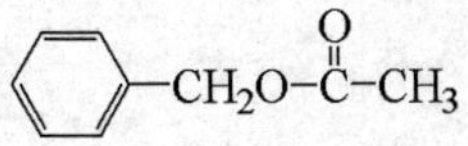

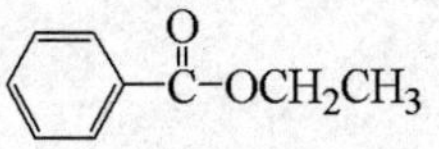

（4）

X $C_6H_5-\overset{O}{\overset{\|}{C}}-OCH_2CH_3$　　Y $(CH_3)_2NH$　　Z $C_6H_5-\overset{O}{\overset{\|}{C}}-N(CH_3)_2$

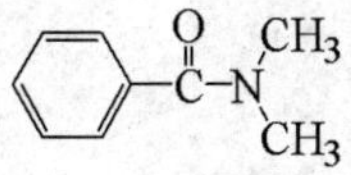

（5）

Q $HO_2C-CH_2CH{=}CH-\overset{O}{\overset{\|}{C}}-CH_3$

（6）

$H_3C\ \ CH_3$ / OH / $CH_3$ (2-isopropyl-5-methylphenol structure)

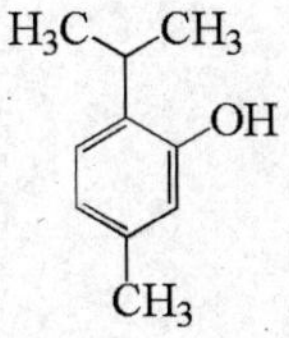

（7）

① A. $CH_3OH$　　B. $CH_3OCH_2CH_2OH$　　C. $CH_3OCH_2CH_2OCH_2CH_2OCH_3$

② $CH_3OCH_2CH_2OH \xrightarrow{H^+} CH_3OCH_2CH_2-\overset{+}{O}H_2 \xrightarrow[HOCH_2CH_2OCH_3]{-H_2O} CH_3OCH_2CH_2-\underset{+}{\overset{H}{O}}-CH_2CH_2OCH_3$

$\xrightarrow{-H^+} CH_3OCH_2CH_2OCH_2CH_2OCH_3$

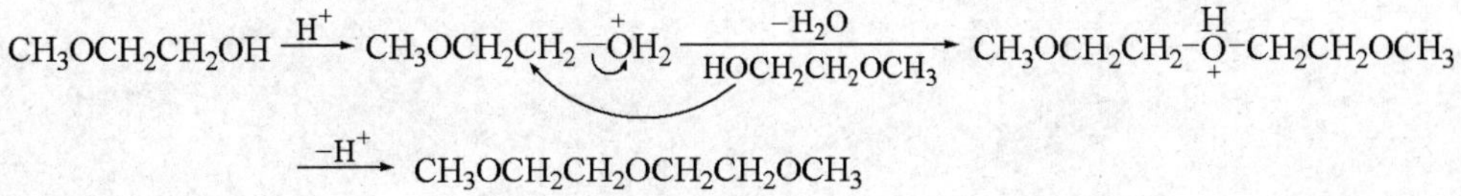

# 第二部分

# 有机反应

# 第一章　重要反应历程和反应中的立体化学

## 一、重要反应历程

有机反应若以键的断裂形式分类，一般可分为三类：一类为键的异裂，为极性反应；另一类是键的均裂，为自由基历程；还有一类是键的断裂和生成同时进行，称作协同反应。在极性反应中，反应试剂为提供电子的反应叫亲核反应；反应试剂为获取电子的反应叫亲电反应。基础有机化学中涉及的主要历程有：亲电加成反应历程、芳环上的亲电取代反应历程、饱和碳上的亲核取代反应历程、芳环上的亲核取代反应历程、$\beta$-消去反应历程、亲核加成反应历程、不饱和碳上的亲核取代反应历程、自由基反应历程、重排反应历程、氧化还原反应历程、综合反应历程和协同反应历程。本节将对以上历程进行复习总结。在复习总结时，要注意每一种历程的书写方式。在历程书写中，弯箭头（⌒）表示双电子转移方向，弯半箭头（⌒）表示单电子转移方向。同时要掌握每一种历程的中间体或过渡态的书写。这样才可保证在做历程题时规范、准确。

1．亲电加成反应

烯烃和炔烃的重要化学反应是亲电加成。烯与 $X_2$、HX、$H_2O/H^+$、$X_2/H_2O$、$Hg(OAc)_2/H_2O$ 的加成历程分作两步，反应的决速步为加成反应试剂的正性部分（亲电体）生成一个正离子中间体，而后与试剂的负性部分结合完成加成。硼氢化－氧化反应的第一步则是对硼烷加成，反应通过一个四元环过渡态，所以硼氢化反应过程为一步反应。

（1）与卤素加成

$$\mathrm{C{=}C} \xrightarrow[\text{慢}]{X^+} \mathrm{C\overset{\overset{X}{+}}{-}C} \xrightarrow{X^-} \mathrm{\overset{X}{C}-\underset{X}{C}}$$

（与 $X_2$ 和 $X_2/H_2O$ 加成均为此历程，反应立体化学为反式加成，反应方向为马氏规则）

（2）与 HX 加成

$$\mathrm{C{=}C} \xrightarrow[\text{慢}]{X^+} \mathrm{\overset{H}{C}-\overset{+}{C}} \xrightarrow{X^-} \mathrm{\overset{H}{C}-\underset{X}{C}}$$

（与 HX、$H_2O/H_2SO_4$ 加成为此历程，反应方向为马氏规则）

（3）羟汞化－脱汞反应

$$\mathrm{C{=}C} \xrightarrow{Hg(OAc)_2} \mathrm{C\overset{\overset{HgOAc}{+}}{-}C} \xrightarrow{H_2O} \mathrm{\overset{OH}{C}-\underset{HgOAc}{C}} \xrightarrow{NaBH_4} \mathrm{\overset{OH}{C}-\underset{H}{C}}$$

（反应无立体选择性，反应方向为马氏规则）

(4) 硼氢化－氧化

$$\gt C=C\lt \xrightarrow{BH_3} \overset{\delta+}{C}\text{=}C \cdots \underset{\delta-}{H-BH_2} \longrightarrow \longrightarrow \underset{H}{C}-\underset{BH_2}{C} \xrightarrow[OH^-]{H_2O_2} \underset{H}{C}-\underset{OH}{C}$$

（反应立体化学为顺式加成，反应方向为反马氏规则）

(5) 共轭烯烃 1,2、1,4 加成

$$CH_2=CH-CH=CH_2 \xrightarrow{\overset{\delta+}{X}-Y^{\delta-}} CH_2=CH-\overset{+}{C}H-\underset{X}{CH_2} \longleftrightarrow \overset{+}{C}H_2-CH=CH-\underset{X}{CH_2}$$

$$\xrightarrow{Y^-} CH_2=CH-\underset{Y}{CH}-\underset{X}{CH_2} + \underset{Y}{CH_2}-CH=CH-\underset{X}{CH_2}$$

(6) 烯的离子型聚合

$$CH_3-\overset{CH_3}{C}=CH_2 \xrightarrow{H_2\overset{+}{O}-\overset{-}{B}F_3} H_3C-\overset{CH_3}{\underset{CH_3}{C^+}} \xrightarrow{CH_2=C(CH_3)_2} H_3C-\overset{CH_3}{\underset{CH_3}{C}}-CH_2-\overset{CH_3}{\underset{CH_3}{C^+}} \xrightarrow{CH_2=C(CH_3)_2}$$

$$H_3C-\overset{CH_3}{\underset{CH_3}{C}}-CH_2-\overset{CH_3}{\underset{CH_3}{C}}-CH_2-\overset{CH_3}{\underset{CH_3}{C^+}} \xrightarrow{CH_2=C(CH_3)_2} \cdots\cdots \longrightarrow H_3C-\overset{CH_3}{\underset{CH_3}{C}}\left(CH_2-\overset{CH_3}{\underset{CH_3}{C}}\right)_n$$

（反应方向为马氏规则）

2. 芳环上的亲电取代反应

芳香化合物易发生亲电取代反应。在适当条件下芳环上的氢被 X、$NO_2$、$SO_3H$、R、RCO、$ArN_2$ 等基团取代。反应历程是在催化条件下生成亲电体，而后进攻芳环生成能量较高的 σ-络合物，随即脱去氢恢复芳香体系。生成 σ-络合物的步骤是决定反应速度的步骤，在该步是亲电试剂进攻，因而该类反应叫亲电加成。

(1) 卤代

$$X_2 + AlX_3 \longrightarrow X^+ + AlX_4^-$$

$$X^+ + C_6H_6 \xrightarrow{慢} [C_6H_6X]^+ \xrightarrow{AlX_4^-} C_6H_5X + HX + AlX_3$$

(2) 硝化

$$HNO_3 + H_2SO_4 \longrightarrow O_2N^+ + HSO_4^- + H_2O$$

$$O_2N^+ + C_6H_6 \xrightarrow{慢} [C_6H_6NO_2]^+ \xrightarrow{HSO_4^-} C_6H_5NO_2 + H_2SO_4$$

(3) 磺化

$$O=SO_2 + C_6H_6 \xrightarrow{慢} [C_6H_6SO_3^-]^+ \xrightarrow{HSO_4^-} C_6H_5SO_3^- \xrightarrow{H_2SO_4} C_6H_5SO_3H + HSO_4^-$$

(4) 付－克烷基化

$$(CH_3)_2CH{-}X + AlCl_3 \longrightarrow (CH_3)_2CH^+ + AlCl_4^-$$

$$(CH_3)_2CH^+ + C_6H_6 \xrightarrow{慢} [(CH_3)_2HC{-}C_6H_6^+{-}H] \xrightarrow{AlCl_4^-} C_6H_5CH(CH_3)_2 + HCl + AlCl_3$$

（5）付－克酰基化

$$R{-}\overset{O}{\overset{\|}{C}}{-}Cl + AlCl_3 \longrightarrow R{-}C{\equiv}O^+ + AlCl_4^-$$

$$R{-}C{\equiv}O^+ + C_6H_6 \xrightarrow{慢} [R\overset{O}{\overset{\|}{C}}{-}C_6H_6^+{-}H] \xrightarrow{AlCl_4^-} C_6H_5COR + HCl + AlCl_3$$

（6）重氮盐的偶合反应

$$C_6H_5NH_2 \xrightarrow[HX]{NaNO_2} C_6H_5N_2^+X^-$$

$$C_6H_5N_2^+ + C_6H_5{-}OH\,(NR_2) \xrightarrow{慢} C_6H_5{-}N{=}N{-}C_6H_5^+(H){-}OH\,(NR_2) \xrightarrow{X^-}$$

$$C_6H_5{-}N{=}N{-}C_6H_4{-}OH\,(NR_2) + HX$$

（酚偶联介质 pH～8，芳胺偶联介质 pH～6）

（7）芳香杂环亲电取代反应

$$E^+ + C_5H_5N \xrightarrow{慢} [C_5H_5N^+(E)(H)] \xrightarrow{-H^+} 3{-}E{-}C_5H_4N$$ （反应方向：在3位）

$$E^+ + C_4H_4X \xrightarrow{慢} [C_4H_4X^+(E)(H)] \xrightarrow{-H^+} 2{-}E{-}C_4H_3X$$ （反应方向：在2位）

（—X— ＝ —NH—，—O—，—S—）

3．饱和碳上的亲核取代

饱和碳上的亲核取代反应包括卤代烃中卤素被 OH、OR、$NH_2$、NHR、CN、$RCO_2^-$等基团取代，磺酸酯的磺酸基被取代，醇羟基被取代，环氧化合物的开环等反应。目前认为，最基本的历程是单分子亲核取代历程（SN1）和双分子亲核取代历程（SN2）。SN1 历程为两步历程，首先是离去基团离去生成碳正离子，这是反应的慢步骤，而后与负性基团结合。SN2 历程为一步历程，亲核试剂从离去基团所连碳的背后进攻，同时离去基团离去，通过一个过渡态完成反应，它是一个协同反应。

SN1 $$\rangle C{-}L \xrightarrow[慢]{-L^-} \rangle C^+ \xrightarrow{Nu:} \rangle C{-}Nu$$

（两步历程；立体化学：外消旋化）

SN2 $$Nu:^- + \rangle C{-}L \longrightarrow \left[\overset{\delta^-}{Nu}\cdots C\cdots\overset{\delta^-}{L}\right] \xrightarrow{-L^-} Nu{-}C\langle$$

（一步历程；立体化学：构型转化）

在亲核取代反应中究竟是按 $S_N1$ 还是 $S_N2$ 历程进行，与很多因素有关，如反应底物结构、亲核试剂亲核性、离去基团活性和溶剂性能等都可影响反应的历程。一般来讲，离去基团离去后能生成稳定碳正离子的反应物倾向于 $S_N1$ 历程。按 $S_N1$ 反应的倾向可按如下顺序排列反应物：$R_3C-L>R_2CH-L>RCH_2-L>CH_3-L$。如叔卤代烃、叔醇和仲醇的取代多为 $S_N1$ 历程。另外，反应物中离去基团容易离去、亲核试剂亲核性较弱、溶剂极性较强时也有利于 $S_N1$。当反应物中离去基团不易离去、亲核试剂亲核性较强或浓度较大时，往往按 $S_N2$ 历程进行，如新戊基溴在强亲核试剂 $C_2H_5O^-$ 存在下反应一般为 $S_N2$，而当它只与亲核性较弱的乙醇反应（醇解）时则为 $S_N1$。从结构上讲烯丙基卤和苄基卤 $S_N1$ 和 $S_N2$ 反应都是快的，它们进行反应的历程取决于反应的条件，如苄氯在水（$H_2O/OH^-$）中反应一般为 $S_N1$，而在丙酮中（丙酮/$OH^-$）则为 $S_N2$。

在研究亲核取代反应立体化学时，人们提出了离子对历程。该历程将反应物中离去基团的离去分为紧密离子对、溶剂割离的离子对、游离离子对三个阶段。若亲核试剂直接与反应底物或紧密离子对反应，其立体化学结果同 $S_N2$；若在溶剂割离的离子对阶段反应，立体化学结果同 $S_N1+S_N2$；当然，如果在游离离子对阶段反应，自然得到如 $S_N1$ 反应的立体化学（参阅本章二）。

离子对历程　$R{-}L \rightleftharpoons R^+L^- \rightleftharpoons R^+//L^- \rightleftharpoons R^+ + L^-$

紧密离子对　溶剂割离离子对　游离离子对

（各阶段与 $Nu^-$ 反应）

立体化学结果　$S_N2$　$S_N1 + S_N2$　$S_N1$

环氧开环可看作 $S_N2$ 历程，如酸或碱催化水解开环。

酸催化　（环氧化物 $\xrightarrow{H^+}$ 质子化环氧 $\xrightarrow[S_N2]{:OH_2}$ HO–C–C–$\overset{+}{O}H_2$ $\xrightarrow{-H^+}$ HO–C–C–OH）

碱催化　（环氧化物 $\xrightarrow[S_N2]{^-:OH}$ $^-$O–C–C–OH $\xrightarrow[-OH^-]{H_2O}$ HO–C–C–OH）　（反应的立体化学：反式开环）

4．芳环上的亲核取代

在基础有机化学中遇到的芳环上的亲核取代反应不是很多，较为常见的是芳香卤化物亲核取代、吡啶和喹啉环上的亲核取代。我们以芳香卤化物为例说明其历程。卤代苯很难进行亲核取代反应，但在苯环上连有强拉电子基团时（特别是邻、对位），亲核取代就变得较容易进行。这类反应的历程有两种，一种为加成－消去历程，另一种为消去－加成历程。

加成－消去历程　（对硝基卤苯 $\xrightarrow{Nu^-}$ 负离子中间体（X, Nu, $NO_2$） $\xrightarrow{-X^-}$ 对硝基Nu苯）

消去－加成历程　（$^{13}$C 标记溴苯 $\xrightarrow{^-NH_2}$ 苯炔 $\xrightarrow{NH_3}$ 苯胺（$NH_2$ 在标记碳上）+ 苯胺（$NH_2$ 在邻位碳上））

前一种历程是通过一个负离子中间体，因此强拉电子基团存在会稳定该中间体，使反应容易进行。苯环上无强拉电子基团的溴苯（同位素 $^{13}C$ 标记）在强碱性亲核试剂存在下，按消去一加成历程进行，反应中脱去 HBr 生成苯炔，而后与 $NH_3$ 加成，因此得到不同标记位置的苯胺。再如间氯甲苯用强碱性的 $NaNH_2$ 处理得到邻甲基苯胺、间甲基苯胺、对甲基苯胺三种产物，该实验事实也说明其按消去－加成历程进行。邻苯甲酸的重氮盐在分解时产生苯炔，也可看作消去－加成历程。

$$o\text{-}C_6H_4(COOH)N_2^+Cl^- \xrightarrow[-N_2,\ -HCl]{-CO_2} C_6H_4\ (\text{苯炔}) \xrightarrow{HCl} C_6H_5Cl$$

5．消去反应

最多发生的反应为 $\beta$-消去反应，如卤代烃脱卤化氢、醇脱水、季铵碱消去、酯和胺氧化物热消去等都为 $\beta$-消去。该类反应历程有 E1、E2 和协同反应历程。一般卤代烃在强碱条件下的消去和季铵碱的消去为 E2 历程，醇分子内脱水为 E1 历程，酯和胺氧化物的热消去为协同历程。

（1）E1 历程

$$\text{H}-\overset{|}{\underset{|}{C}}-\overset{|}{\underset{|}{C}}-L \xrightarrow[\text{慢}]{-L^-} \text{H}-\overset{|}{\underset{|}{C}}-\overset{|}{\underset{|}{C}}^+ \xrightarrow{-H^+} \gt C=C\lt \quad (\text{两步历程})$$

中间体

（2）E2 历程

A. $$\text{H}-\overset{|}{\underset{|}{C}}-\overset{|}{\underset{|}{C}}-X \xrightarrow{:OH^-} \left[\ {}^{\delta-}HO\cdots H\cdots C\overset{\cdots}{=}C\cdots X^{\delta-}\ \right] \longrightarrow \gt C=C\lt + X^- + H_2O \quad (\text{一步历程})$$

过渡态

B. $$\text{H}-\overset{|}{\underset{|}{C}}-\overset{|}{\underset{|}{C}}-\overset{+}{N}(CH_3)_3 \xrightarrow{:OH^-} \left[\ {}^{\delta-}HO\cdots H\cdots C\overset{\cdots}{=}C\cdots \overset{\delta+}{N}(CH_3)_3\ \right] \longrightarrow \gt C=C\lt + N(CH_3)_3 + H_2O \quad (\text{一步历程})$$

过渡态

（E2 消去反应立体化学：反式消去；反应方向：A 为札依切夫规律，B 为霍夫曼规律）

（3）热消去反应

A. $$\text{H}-C-C-O-C(=O)CH_3 \xrightarrow{\triangle} \left[\ \text{环状过渡态}\ \right] \longrightarrow \gt C=C\lt + CH_3CO_2H$$

过渡态

B. $$\text{H}-C-C-\overset{+}{N}(CH_3)_2-O^- \xrightarrow{\triangle} \left[\ \text{H}\cdots O^{\delta-}\cdots \overset{\delta+}{N}(CH_3)_2\ \right] \longrightarrow \gt C=C\lt + HO(CH_3)_2$$

过渡态

（热消去反应为协同历程，立体化学为顺式消去）

对于 E2 和热消去的立体化学特征在本章二中进行具体讨论。消去的方向卤代烃和醇的 $\beta$-消去一般遵守札依切夫规律，而季铵碱的消去、酯和胺氧化物的消去一般遵守霍夫曼规律（参阅第一部分第四章三）。

6．亲核加成反应

（1）简单加成

醛酮与许多亲核试剂进行简单的亲核加成反应，如醛酮与 HCN、$NaHSO_3$、RMgX、ROH/$H^+$ 等试剂加成。其加成历程分酸性条件下的加成和碱性条件下的加成两类。前一种历程是亲核试剂进攻羰基产生氧负离子中间体，而后与正离子结合；后一种历程是酸质子附着于羰基氧上以活化羰基，而后较弱的亲核试剂完成加成过程。

A．碱性条件下的历程

$$\gt C{=}O + Nu^- \xrightarrow{\text{慢}} \gt C(O^-){-}Nu \xrightarrow{H-Nu} \gt C(OH){-}Nu$$

B．酸性条件下的历程

$$\gt C{=}\ddot{O} \xrightarrow{H^+} \gt C{=}\overset{+}{O}H \xrightarrow[\text{慢}]{Nu-H} \gt C(OH){-}Nu$$

醛酮与 HCN、$NaHSO_3$、RMgX、RLi 等加成为 A 历程；酸催化下醛酮与醇的反应（生成缩醛酮）为 B 历程。

缩醛生成历程：

$$R{-}CH{=}O \underset{}{\overset{H^+}{\rightleftharpoons}} R{-}CH{=}\overset{+}{O}H \overset{H\ddot{O}CH_3}{\rightleftharpoons} R{-}CH(\overset{+}{H}O{-}CH_3){-}OH \overset{-H^+}{\rightleftharpoons} R{-}CH(O{-}CH_3){-}OH \overset{H^+}{\rightleftharpoons}$$

$$R{-}CH(\ddot{O}{-}CH_3){-}\overset{+}{O}H_2 \overset{-H_2O}{\rightleftharpoons} R{-}CH{=}\overset{+}{O}CH_3 \overset{H\ddot{O}CH_3}{\rightleftharpoons} R{-}CH(CH_3O){-}\overset{+}{O}H(CH_3) \overset{-H^+}{\rightleftharpoons} R{-}CH(OCH_3){-}OCH_3$$

腈与格氏试剂的加成也可归为简单亲核加成反应，其历程如下：

$$R{-}C{\equiv}N + R'MgX \longrightarrow R{-}C(R'){=}NMgX \xrightarrow{H_3\overset{+}{O}} R{-}\overset{O}{\overset{\|}{C}}{-}R'$$

（2）加成－消去

在醛酮与一些试剂的亲核加成反应中，加成产物不很稳定，进一步反应脱去一个简单小分子生成较稳定的产物，如与氨衍生物的缩合反应、羟醛缩合反应和 Wittig 反应。

A．与氨衍生物的反应

$$\gt C{=}O + H_2\ddot{N}{-}Z \longrightarrow \gt C(HO){-}N(H){-}Z \xrightarrow{-H_2O} \gt C{=}N{-}Z$$

（Z＝ R—，Ar—， HO—，—HN—$C_6H_3(O_2N)$—$NO_2$ 等）

B．羟醛缩合反应

$$\gt C{=}O + H_2\ddot{N}{-}Z \longrightarrow \gt C(HO){-}N(H){-}Z \xrightarrow{-H_2O} \gt C{=}N{-}Z$$

（Z＝ R—，Ar—， HO—，—HN—$C_6H_3(O_2N)$—$NO_2$ 等）

C．Wittig 反应

$$\gt C{=}O + R_2\ddot{C}^{-}-\overset{+}{P}Ph_3 \longrightarrow -\underset{|}{\overset{|}{C}}(\overset{-}{O})-\underset{R}{\overset{|}{C}}(\overset{+}{P}Ph_3)-R \longrightarrow -\underset{|}{C}(O)-\underset{R}{C}(PPh_3)-R \longrightarrow \gt C{=}C\lt^{R}_{R} + Ph_3P{=}O$$

（3）$\alpha, \beta$-不饱和醛酮的 1,2、1,4 加成

由于碳碳双键与羰基的共轭，使 $\alpha, \beta$-不饱和醛酮与亲核试剂的加成存在两个加成方向，即 1,2 和 1,4 加成。当羰基活泼、亲核试剂亲核性强时易进行 1,2 加成；反之发生共轭加成（1,4 加成）。决定 1,2、1,4 加成方向的另一重要因素是体积效应，$\beta$-碳和羰基所连基团大小能起到屏蔽作用，因此可影响 1,2 和 1,4 加成的比例。

A．1,2 加成

$$\gt C{=}C-C{=}O \xrightarrow{Nu^{-}} \gt C{=}C-\overset{O^{-}}{\underset{|}{C}}-Nu \xrightarrow{H^{+}} \gt C{=}C-\overset{OH}{\underset{|}{C}}-Nu$$

B．1,4 加成

$$\gt C{=}C-C{=}O \xrightarrow{Nu^{-}} -\underset{Nu}{C}-C{=}C-O^{-} \xrightarrow{H^{+}} -\underset{Nu}{C}-C{=}C-OH \longrightarrow -\underset{Nu}{C}-\underset{H}{C}-C{=}O$$

7．不饱和碳上的亲核取代

不饱和碳上的亲核取代主要涉及羧酸及衍生物相互转化的反应。该反应历程一般是亲核试剂对羧酸衍生物羰基加成，而后一个基团离去，恢复羰基完成取代，因此可称作加成－消去历程。

$$Nu^{-} + R-\overset{O}{\overset{\|}{C}}-L \xrightarrow[\text{加成}]{} R-\overset{O^{-}}{\underset{Nu}{C}}-L \xrightarrow[\text{消去}]{-L^{-}} R-\overset{O}{\overset{\|}{C}}-Nu$$

羧酸和衍生物反应活性不同，在进行亲核取代反应时可能需要酸或碱的催化，也可能不需要催化。无论何种情况，其历程都相似，都是加成－消去历程。下面分别举例说明。

（1）酸催化历程

$$R-CO_2H + R'OH \overset{H^{+}}{\rightleftharpoons} R-CO_2R' + H_2O$$

历程：$R-\overset{O}{\overset{\|}{C}}-OH \overset{H^{+}}{\rightleftharpoons} R-\overset{\overset{+}{O}H}{\overset{\|}{C}}-OH \underset{\text{加成}}{\overset{H\ddot{O}R'}{\rightleftharpoons}} R-\overset{HO}{\underset{OH}{C}}-\overset{H}{\underset{+}{O}}-R' \overset{-H^{+}}{\rightleftharpoons} R-\overset{OH}{\underset{OH}{C}}-OR'$

$$\overset{H^{+}}{\rightleftharpoons} R-\overset{\ddot{O}H}{\underset{\overset{+}{O}H_2}{C}}-OR' \underset{\text{消去}}{\overset{-H_2O}{\rightleftharpoons}} R-\overset{\overset{+}{O}H}{\overset{\|}{C}}-OR' \overset{-H^{+}}{\rightleftharpoons} R-\overset{O}{\overset{\|}{C}}-OR'$$

（2）碱催化历程

$$R-\overset{O}{\overset{\|}{C}}-OR' + H_2O \overset{OH^{-}}{\rightleftharpoons} R-\overset{O}{\overset{\|}{C}}-O^{-} + HOR'$$

历程：$R-\overset{O}{\overset{\|}{C}}-OR' + \ddot{O}H^{-} \underset{\text{加成}}{\rightleftharpoons} R-\overset{O^{-}}{\underset{OH}{C}}-OR' \xrightarrow[\text{消去}]{} R-\overset{O}{\overset{\|}{C}}-OH + {}^{-}OR' \longrightarrow R-CO_2^{-} + HOR'$

（3）无酸碱催化历程

A. $R-\overset{O}{\overset{\|}{C}}-OH + SOCl_2 \longrightarrow R-\overset{O}{\overset{\|}{C}}-Cl + SO_2 + HCl$

历程：$R-\overset{O}{\overset{\|}{C}}-OH + Cl-\overset{O}{\overset{\|}{S}}-Cl \longrightarrow R-\overset{O}{\overset{\|}{C}}-O-\overset{O}{\overset{\|}{S}}-Cl \xrightarrow[\text{加成}]{Cl^-} R-\overset{:O^-}{\underset{Cl}{C}}-O-\overset{O}{\overset{\|}{S}}-Cl$

$\xrightarrow{\text{消去}} R-\overset{O}{\overset{\|}{C}}-Cl + SO_2 + Cl^-$

B. $R-\overset{O}{\overset{\|}{C}}-Cl + H_2O \longrightarrow R-\overset{O}{\overset{\|}{C}}-OH + HCl$

历程：$R-\overset{O}{\overset{\|}{C}}-Cl + :OH_2 \xrightarrow{\text{加成}} R-\overset{O^-}{\underset{\overset{+}{O}H_2}{C}}-Cl \longrightarrow R-\overset{OH}{\underset{OH}{C}}-Cl \xrightarrow[\text{消去}]{-Cl^-} R-\overset{\overset{+}{O}H}{\overset{\|}{C}}-OH \xrightarrow{-H^+} R-\overset{O}{\overset{\|}{C}}-OH$

（4）酯缩合历程

$2\,RCH_2CO_2C_2H_5 \xrightarrow{NaOC_2H_5} RCH_2-\overset{O}{\overset{\|}{C}}-\underset{R}{CH}-CO_2C_2H_5$

历程：$RCH_2CO_2C_2H_5 \underset{}{\overset{^-OC_2H_5}{\rightleftharpoons}} R-\overset{..}{\overset{-}{C}}H-CO_2C_2H_5 \underset{\text{加成}}{\overset{RCH_2-\overset{O}{\overset{\|}{C}}-OC_2H_5}{\rightleftharpoons}} RCH_2-\overset{:O^-}{\underset{C_2H_5O}{C}}-\underset{R}{CH}-CO_2C_2H_5$

$\underset{\text{消去}}{\overset{-^-OC_2H_5}{\rightleftharpoons}} RCH_2-\overset{O}{\overset{\|}{C}}-\underset{R}{CH}-CO_2C_2H_5$

（5）非正常历程

以上各例为正常历程。但当某些羧酸及衍生物反应时，由于空间阻碍等影响使之按非正常历程进行。如下两例反应历程非加成—消去历程，而可看作是 SN1 历程。

**例 1** $CH_3CO_2H + H\overset{18}{O}C(CH_3)_3 \overset{H^+}{\rightleftharpoons} CH_3-CO_2C(CH_3)_3 + H_2\overset{18}{O}$

历程：$(CH_3)_3C-\overset{18}{O}H \overset{H^+}{\rightleftharpoons} (CH_3)_3C-\overset{18}{\overset{+}{O}}H_2 \overset{-H_2\overset{18}{O}}{\rightleftharpoons} (CH_3)_3C^+$

$\overset{CH_3CO_2H}{\rightleftharpoons} (CH_3)_3C-\overset{H}{\underset{+}{O}}-\overset{O}{\overset{\|}{C}}-CH_3 \overset{-H^+}{\rightleftharpoons} (CH_3)_3C-O-\overset{O}{\overset{\|}{C}}-CH_3$

**例 2**

2,4,6-三甲基苯甲酸：$H_3C-C_6H_2(CH_3)_2-CO_2H + HOC_2H_5 \overset{H^+}{\rightleftharpoons} H_3C-C_6H_2(CH_3)_2-CO_2C_2H_5 + H_2O$

历程：$H_3C-C_6H_2(CH_3)_2-\overset{O}{\overset{\|}{C}}-OH \overset{H^+}{\rightleftharpoons} H_3C-C_6H_2(CH_3)_2-\overset{O}{\overset{\|}{C}}-\overset{+}{O}H_2 \overset{-H_2O}{\rightleftharpoons} H_3C-C_6H_2(CH_3)_2-C\equiv\overset{+}{O} \overset{H\ddot{O}C_2H_5}{\rightleftharpoons}$

$H_3C-C_6H_2(CH_3)_2-\overset{O}{\overset{\|}{C}}-\overset{+}{O}H-C_2H_5 \overset{-H^+}{\rightleftharpoons} H_3C-C_6H_2(CH_3)_2-\overset{O}{\overset{\|}{C}}-OC_2H_5$

8. 自由基反应

一般化学键发生均裂的反应为自由基历程。在有机化学中常见的有自由基卤代、加成、聚合和自由基氧化还原等反应，下面举例总结如下：

（1）自由基卤代

在光或热条件下卤素有选择性取代烯丙位或苄位的氢是常见的自由基卤代反应，其历程由以下两例说明。

A. $$CH_3CH{=}CHCH_3 \xrightarrow[h\nu\text{或}\triangle]{Cl_2} CH_3CH{=}CHCH_2Cl + CH_3{-}\underset{}{\overset{Cl}{\overset{|}{C}}}H{-}CH{=}CH_2$$

历程：$$Cl{-}Cl \xrightarrow{h\nu\text{或}\triangle} 2\,Cl\cdot \quad \text{引发}$$

$$Cl\cdot + CH_3CH{=}CHCH_3 \xrightarrow{-HCl} CH_3CH{=}CH\dot{C}H_2 \longleftrightarrow CH_3{-}\dot{C}H{-}CH{=}CH_2$$

$$\xrightarrow{Cl_2} CH_3CH{=}CHCH_2Cl + CH_3{-}\overset{Cl}{\overset{|}{C}}H{-}CH{=}CH_2 + Cl\cdot \quad \text{链锁}$$

B. $$PhCH_2CH_3 \xrightarrow[CCl_4/(PhCOO)_2]{NBS} Ph{-}\overset{Br}{\overset{|}{C}}H{-}CH_3$$

历程：N-溴代丁二酰亚胺（NBS）$+ HBr \longrightarrow$ 丁二酰亚胺 $+ Br_2$ （反应中的溴源）

$$Br_2 \xrightarrow[\text{或}h\nu]{(PhCOO)_2} 2\,Br\cdot$$

$$Br\cdot + PhCH_2CH_3 \xrightarrow{-HBr} Ph\dot{C}HCH_3 \xrightarrow{Br_2} Ph\overset{Br}{\overset{|}{C}}HCH_3 + Br\cdot \quad \text{链锁}$$

（2）自由基加成

A. $$CH_3CH{=}CH_2 + HBr \xrightarrow{ROOR} CH_3CH_2CH_2Br$$

历程：$$ROOR \longrightarrow 2\,RO\cdot$$

$$RO\cdot + HBr \longrightarrow ROH + Br\cdot \quad \text{引发}$$

$$Br\cdot + CH_3CH{=}CH_2 \longrightarrow CH_3\dot{C}H{-}CH_2Br \xrightarrow{HBr} CH_3CH_2CH_2Br + Br\cdot \quad \text{链锁}$$

B. $$Cl_3C{-}Br + CH_2{=}CH{-}CH{=}CH_2 \xrightarrow{ROOR} \underset{CCl_3}{\underset{|}{C}H_2}{-}\underset{Br}{\underset{|}{C}H}{-}CH{=}CH_2 + \underset{CCl_3}{\underset{|}{C}H_2}{-}CH{=}CH{-}\underset{Br}{\underset{|}{C}H_2}$$

历程：$$ROOR \longrightarrow 2\,RO\cdot$$

$$RO\cdot + BrCCl_3 \longrightarrow ROBr + \cdot CCl_3 \quad \text{引发}$$

$$\cdot CCl_3 + CH_2{=}CH{-}CH{=}CH_2 \longrightarrow \underset{CCl_3}{\underset{|}{C}H_2}{-}\dot{C}H{-}CH{=}CH_2 \longleftrightarrow \underset{CCl_3}{\underset{|}{C}H_2}{-}CH{=}CH{-}\dot{C}H_2$$

$$\xrightarrow{BrCCl_3} \underset{CCl_3}{\underset{|}{C}H_2}{-}\underset{Br}{\underset{|}{C}H}{-}CH{=}CH_2 + \underset{CCl_3}{\underset{|}{C}H_2}{-}CH{=}CH{-}\underset{Br}{\underset{|}{C}H_2} + \cdot CCl_3 \quad \text{链锁}$$

（3）自由基聚合

$$n\,CH_2{=}CH_2 \xrightarrow{(RCO)_2\ (\overset{O}{\|})} {-\!\!\!(}CH_2{-}CH_2{)\!\!\!-}_n$$

历程：$R{-}\overset{O}{\overset{\|}{C}}{-}O{-}O{-}\overset{O}{\overset{\|}{C}}{-}R \longrightarrow 2\,R{-}\overset{O}{\overset{\|}{C}}{-}O\cdot \xrightarrow{-CO_2} 2\,R\cdot$ 引发

$$R\cdot \xrightarrow{CH_2{=}CH_2} R{-}CH_2CH_2\cdot \xrightarrow{CH_2{=}CH_2} R{-}CH_2CH_2CH_2CH_2\cdot$$

$\xrightarrow{CH_2{=}CH_2}\cdots\cdots\rightarrow$ 产物　链增长

（4）自由基氧化

A. $PhCH(CH_3)_2 \xrightarrow[\triangle]{O_2} Ph{-}C(CH_3)_2{-}O{-}OH$

历程：$Ph{-}CH(CH_3)_2 + \cdot O{-}O\cdot \longrightarrow Ph{-}\dot{C}(CH_3)_2 + \cdot O{-}OH$

$Ph{-}\dot{C}(CH_3)_2 + \cdot O{-}O\cdot \longrightarrow Ph{-}C(CH_3)_2{-}O{-}O\cdot \xrightarrow{PhCH(CH_3)_2} Ph{-}C(CH_3)_2{-}O{-}OH + Ph{-}\dot{C}(CH_3)_2$　链锁

B. $RCHO \xrightarrow[\text{自氧化}]{O_2} RCO_2H$

历程：$R{-}\overset{O}{\overset{\|}{C}}{-}H + O_2 \longrightarrow R{-}\overset{O}{\overset{\|}{C}}\cdot + \cdot O{-}OH$

$R{-}\overset{O}{\overset{\|}{C}}\cdot + O_2 \longrightarrow R{-}\overset{O}{\overset{\|}{C}}{-}O{-}O\cdot \xrightarrow{RCHO} R{-}\overset{O}{\overset{\|}{C}}{-}O{-}OH + R{-}\overset{O}{\overset{\|}{C}}\cdot$　链锁

$$R{-}CO_3H + RCHO \longrightarrow 2\,RCO_2H$$

（5）自由基还原

A. 苯 $\xrightarrow[NH_3]{Na\,/\,C_2H_5OH}$ 1,4-环己二烯

历程：苯 $\xrightarrow{Na}$ 自由基负离子 $\longrightarrow$ 碳负离子 $\xrightarrow{C_2H_5OH}$ 环己二烯自由基 $\xrightarrow{Na}$ 碳负离子 $\xrightarrow{C_2H_5OH}$ 1,4-环己二烯

B. $2\,R_2C{=}O \xrightarrow[(2)\ H_3^+O]{(1)\ Mg\text{-}Hg} R{-}\underset{R}{C}(OH){-}\underset{R}{C}(OH){-}R$

历程：$2\,R_2C{=}O \xrightarrow{Mg} 2\,R_2\dot{C}{-}O^{\ominus} \longrightarrow R{-}\underset{R}{C}(O){-}\underset{R}{C}(O){-}R\ (\text{O—Mg—O}) \xrightarrow{H_3^+O} R{-}\underset{R}{C}(OH){-}\underset{R}{C}(OH){-}R$

C. $2\ R{-}CO_2C_2H_5 \xrightarrow[(2)\ H_2O]{(1)\ Na} R{-}\overset{OH}{CH}{-}\overset{O}{\overset{\|}{C}}{-}R$ （acyloin缩合）

$$\text{历程：} 2\ R{-}CO_2C_2H_5 \xrightarrow{2\ Na} 2\ R{-}\overset{O^{\ominus}}{C}(\cdot){-}OC_2H_5 \longrightarrow R{-}\underset{C_2H_5O}{\overset{O^{\ominus}}{C}}{-}\underset{OC_2H_5}{\overset{O^{\ominus}}{C}}{-}R$$

$$R{-}\overset{O}{\overset{\|}{C}}{-}\overset{O}{\overset{\|}{C}}{-}R \xrightarrow{2\ Na} R{-}\overset{O^{\ominus}}{C}{=}\overset{O^{\ominus}}{C}{-}R \xrightarrow{H_2O} R{-}\overset{OH}{CH}{-}\overset{O}{\overset{\|}{C}}{-}R$$

（6）羧酸盐脱羧（Hansdiecker 反应）

$$R{-}CO_2Ag + Br_2 \xrightarrow{CCl_4} R{-}Br + CO_2 + AgBr$$

$$\text{历程：} R{-}CO_2Ag \xrightarrow[-AgBr]{Br_2} R{-}\overset{O}{\overset{\|}{C}}{-}O{-}Br \xrightarrow{-Br\cdot} R{-}\overset{O}{\overset{\|}{C}}{-}O\cdot$$

$$R{-}\overset{O}{\overset{\|}{C}}{-}O\cdot \xrightarrow{-CO_2} R\cdot \xrightarrow{R-\overset{O}{\overset{\|}{C}}-O-Br} R{-}Br + R{-}\overset{O}{\overset{\|}{C}}{-}O\cdot \quad \text{链锁}$$

（7）重氮盐被芳基取代

$$H_3C{-}C_6H_4{-}N_2^+X^- + C_6H_6 \xrightarrow{NaOH} H_3C{-}C_6H_4{-}C_6H_5 + N_2 + H_2O$$

$$\text{历程：} H_3C{-}C_6H_4{-}N_2^+ \xrightarrow{OH^-} H_3C{-}C_6H_4{-}N{=}N{-}OH \xrightarrow[-HO\cdot]{-N_2} H_3C{-}C_6H_4\cdot$$

$$\xrightarrow{C_6H_6} H_3C{-}C_6H_4{-}\dot{C}_6H_5(H) \xrightarrow{HO\cdot} H_3C{-}C_6H_4{-}C_6H_5 + H_2O$$

9. 重排反应

若反应中分子的骨架发生变化则称为重排反应。最多遇到的重排反应为1,2-重排（迁移），即一个基团从1位移向相邻的2位。在1,2-重排中如果产生正离子中间体或分子中某原子周围只有6个价电子（不满足八隅体稳定结构），此时的重排称为缺电子重排；若重排反应中产生负离子中间体，此时的重排称为富电子重排。一般常见的重排是缺电子重排。除1,2-重排外，有机化学中常见的重排有烯丙重排、芳环上的重排、协同反应中的重排等。本节将分类进行归纳总结。

（1）1,2-重排

此类重排是最容易发生的重排，其中包括从碳到碳的重排、从碳到氧的重排和从碳到氮的重排。

A．从碳到碳的重排

（a）碳正离子重排：重排必要条件是反应中产生碳正离子，碳正离子相邻碳上有拥挤基团，重排后碳正离子比重排前碳正离子更稳定。重排基团优先顺序为：Ph－＞R－，给电子基$-C_6H_4-$＞$C_6H_5-$＞拉电子基$-C_6H_4-$。

**例 3**　取代中的重排：

$$H_3C-\underset{CH_3}{\overset{CH_3}{C}}-CH_2OH \xrightarrow{HBr} H_3C-\underset{CH_3}{\overset{Br}{C}}-CH_2CH_3$$

$$\downarrow H^+ \qquad\qquad \uparrow Br^-$$

$$H_3C-\underset{CH_3}{\overset{CH_3}{C}}-CH_2-\overset{+}{O}H_2 \xrightarrow{-H_2O} H_3C-\underset{CH_3}{\overset{H_3C}{C}}-\overset{+}{C}H_2 \longrightarrow H_3C-\underset{CH_3}{\overset{+}{C}}-CH_2CH_3$$

**例 4**　消去中的重排：

$$H_3C-\underset{Ph}{\overset{CH_3}{C}}-CH_2OH \xrightarrow{H_2SO_4} H_3C-\overset{CH_3}{C}=CHPh$$

$$\downarrow H^+ \qquad\qquad \uparrow -H^+$$

$$H_3C-\underset{Ph}{\overset{CH_3}{C}}-CH_2-\overset{+}{O}H_2 \xrightarrow{-H_2O} H_3C-\underset{Ph}{\overset{H_3C}{C}}-\overset{+}{C}H_2 \longrightarrow H_3C-\underset{CH_3}{\overset{+}{C}}-\overset{H}{C}H-Ph$$

**例 5**　亲电加成中的重排：

$$\text{(α-蒎烯)} \xrightarrow{HCl} \text{Cl-(重排产物)}$$

$$\downarrow H^+ \qquad\qquad \uparrow Cl^-$$

$$\text{(碳正离子)} \longrightarrow \text{(重排碳正离子)}^+$$

（b）Pinacol 重排：该重排为邻二醇在酸条件下的重排。重排特点是反应中生成的碳正离子相邻碳上具有羟基，羟基氧上的孤对电子帮助该碳上的一个基团重排生成较稳定的羰基化合物。除邻二醇外，只要反应中能生成相邻碳上具有羟基的碳正离子中间体，就可发生类似的反应，如环氧化合物酸性条件下的重排，邻氨基醇与 $HNO_2$ 反应中的重排等。Pinacol 重排方向可参阅第一部分第四章三。

**例 6**

$$H_3C-\underset{OH}{\overset{H_3C}{C}}-\underset{OH}{\overset{CH_3}{C}}-CH_3 \xrightarrow{H^+} H_3C-\underset{CH_3}{\overset{H_3C}{C}}-\overset{O}{\overset{\|}{C}}-CH_3$$

$$\downarrow H^+ \qquad\qquad \uparrow -H^+$$

$$H_3C-\underset{HO}{\overset{H_3C}{C}}-\underset{\overset{+}{O}H_2}{\overset{CH_3}{C}}-CH_3 \xrightarrow{-H_2O} H_3C-\underset{HO}{\overset{H_3C}{C}}-\underset{+}{\overset{CH_3}{C}}-CH_3 \longrightarrow H_3C-\underset{\overset{+}{HO}}{\overset{\|}{C}}-\underset{CH_3}{\overset{CH_3}{C}}-CH_3$$

**例 7**

$$\text{(1-aminocyclopentyl)cyclopentanol} \xrightarrow{NaNO_2 / HCl} \text{spiro[4.5]decan-6-one}$$

$$\xrightarrow{HNO_2} \text{R}-N_2^+ \xrightarrow{-N_2} \text{carbocation} \longrightarrow \text{protonated ketone (}\overset{+}{O}H\text{)} \xrightarrow{-H^+}$$

（c）醛酮与重氮甲烷反应：重氮甲烷对醛酮羰基进行亲核加成，其产物不稳定，放出 $N_2$，发生类似 Pinacol 重排的反应，生成多一个碳的酮。该反应的另一途径是分子内亲核取代，得到环氧化合物。

$$R-\overset{O}{\overset{\|}{C}}-R \xrightarrow[-N_2]{CH_2N_2} R-\overset{O}{\overset{\|}{C}}-CH_2R + R-\underset{R}{C}(-O-)CH_2$$

历程：

$$R_2C=O + \bar{C}H_2-\overset{+}{N}\equiv N \longrightarrow R-\underset{R}{\overset{O^-}{C}}-CH_2-\overset{+}{N}\equiv N \longrightarrow R-\overset{O}{\overset{\|}{C}}-CH_2R \quad \text{（重排产物）}$$

$$\longrightarrow R-\underset{R}{\overset{O^-}{C}}-CH_2-\overset{+}{N}\equiv N \longrightarrow R-\underset{R}{C}(-O-)CH_2 \quad \text{（亲核取代）}$$

（d）Wolff 重排和 Arndt-Eistert 反应：$\alpha$-重氮酮在 $Ag_2O$ 存在下发生重排生成烯酮化合物的反应叫 Wolff 重排。$\alpha$-重氮酮是 Arndt-Eistert 反应中酰氯与过量重氮甲烷作用产生的，在潮湿 $Ag_2O$ 存在下重排并加水生成多一个碳的羧酸。Arndt-Eistert 反应可视为综合历程，它包括不饱和碳上的亲核取代和重排等历程。

Wolff 重排 $\quad R-\overset{O}{\overset{\|}{C}}-\bar{C}H-\overset{+}{N}\equiv N \longrightarrow R-CH=C=O + N_2$

Arndt-Eistert反应 $\quad R-\overset{O}{\overset{\|}{C}}-Cl \xrightarrow[\text{excess}]{CH_2N_2} R-\overset{O}{\overset{\|}{C}}-CHN_2 \xrightarrow[H_2O]{Ag_2O} RCH_2CO_2H$

历程：

$$R(Cl)C=O + \bar{C}H_2-\overset{+}{N}\equiv N \longrightarrow R-\underset{Cl}{\overset{O^-}{C}}-CH_2-\overset{+}{N}\equiv N \longrightarrow R-\overset{O}{\overset{\|}{C}}-CH_2\overset{+}{N_2} \xrightarrow{CH_2N_2}$$

$$R-\overset{O}{\overset{\|}{C}}-\bar{C}H-\overset{+}{N}\equiv N \xrightarrow{-N_2} R-CH=C=O \xrightarrow{H_2O} RCH_2CO_2H$$

（e）Favorskii 重排：$\alpha$-卤代酮在碱作用下重排生成羧酸及衍生物的反应叫 Favorskii 重排。从反应过程看是一个综合历程，其中包括一个富电子重排。

**例 8**

$$\text{2-chlorocyclohexanone} \xrightarrow{RO^-} \text{enolate carbanion} \xrightarrow{-Cl^-} \text{bicyclic cyclopropanone} \xrightarrow{\bar{O}R} \text{alkoxide adduct (}^-O, OR\text{)}$$

$$\longrightarrow \text{cyclopentyl carbanion}-C(=O)OR \xrightarrow{ROH} \text{cyclopentane}-CO_2R$$

（f）邻二酮的重排：邻二酮在碱作用下发生富电子重排，生成 α-羟基酸。若反应物为 α-酮醛，也可看作分子内 Cannizzaro 反应。

**例 9**

$$\mathrm{Ph{-}\overset{O}{\overset{\|}{C}}{-}\overset{O}{\overset{\|}{C}}{-}Ph \xrightarrow{:\overset{-}{O}H} Ph{-}\overset{O}{\overset{\|}{C}}{-}\underset{Ph}{\overset{O^-}{\overset{|}{\underset{|}{C}}}}{-}OH \longrightarrow Ph{-}\underset{Ph}{\overset{O^-}{\overset{|}{\underset{|}{C}}}}{-}\overset{O}{\overset{\|}{C}}{-}OH \longrightarrow Ph{-}\underset{Ph}{\overset{OH}{\overset{|}{\underset{|}{C}}}}{-}\overset{O}{\overset{\|}{C}}{-}O^-}$$

**例 10**

$$\mathrm{Ph{-}\overset{O}{\overset{\|}{C}}{-}\overset{O}{\overset{\|}{C}}{-}H \xrightarrow{:\overset{-}{O}H} Ph{-}\overset{O}{\overset{\|}{C}}{-}\underset{H}{\overset{O^-}{\overset{|}{\underset{|}{C}}}}{-}OH \longrightarrow Ph{-}\underset{H}{\overset{O^-}{\overset{|}{\underset{|}{C}}}}{-}\overset{O}{\overset{\|}{C}}{-}OH \longrightarrow Ph{-}\underset{H}{\overset{HO}{\overset{|}{\underset{|}{C}}}}{-}\overset{O}{\overset{\|}{C}}{-}O^-}$$

B．由碳到氧的重排

（a）过氧化异丙苯酸性水解：过氧化异丙苯水解生成丙酮和苯酚。反应历程是综合历程。其中包括重排、酮的亲核加成和缩酮的水解。

$$\mathrm{H_3C{-}\underset{Ph}{\overset{CH_3}{\overset{|}{\underset{|}{C}}}}{-}O{-}OH \xrightarrow{H_3\overset{+}{O}} Ph{-}OH + H_3C{-}\overset{O}{\overset{\|}{C}}{-}CH_3}$$

历程：
$$\mathrm{H_3C{-}\underset{Ph}{\overset{CH_3}{\overset{|}{\underset{|}{C}}}}{-}O{-}OH \xrightarrow{H^+} H_3C{-}\underset{Ph}{\overset{CH_3}{\overset{|}{\underset{|}{C}}}}{-}O{-}\overset{+}{O}H_2 \xrightarrow{-H_2O} H_3C{-}\underset{Ph}{\overset{CH_3}{\overset{|}{\underset{|}{C}}}}{-}\ddot{O}^+ \longrightarrow H_3C{-}\overset{CH_3}{\overset{|}{\underset{+}{C}}}{-}\ddot{O}{-}Ph}$$

$$\mathrm{\longrightarrow H_3C{-}\overset{H_3C}{\overset{|}{C}}{=}\overset{+}{O}{-}Ph \xrightarrow{:OH_2} H_3C{-}\underset{\overset{+}{O}H_2}{\overset{H_3C}{\overset{|}{\underset{|}{C}}}}{-}O{-}Ph \xrightarrow{-H^+} H_3C{-}\underset{OH}{\overset{H_3C}{\overset{|}{\underset{|}{C}}}}{-}\ddot{O}{-}Ph}$$

$$\mathrm{\xrightarrow{H^+} H_3C{-}\underset{:OH}{\overset{H_3C}{\overset{|}{\underset{|}{C}}}}{-}\overset{H}{\overset{|}{\overset{+}{O}}}{-}Ph \xrightarrow{-PhOH} H_3C{-}\overset{\overset{+}{O}H}{\overset{\|}{C}}{-}CH_3 \xrightarrow{-H^+} H_3C{-}\overset{O}{\overset{\|}{C}}{-}CH_3}$$

（b）Baeyer-Villiger 氧化：酮被过氧酸氧化生成酯。该反应过程涉及由碳到氧的重排。该重排与 Pinacol 重排相似。若为不对称的酮，重排基团选择优先顺序为：$R_3C > R_2CH > C_6H_5 > RCH_2 > CH_3$。

$$\mathrm{Ph{-}\overset{O}{\overset{\|}{C}}{-}CH_3 \overset{H^+}{\rightleftharpoons} Ph{-}\overset{\overset{+}{O}H}{\overset{\|}{C}}{-}CH_3 \xrightarrow[-H^+]{H\ddot{O}O{-}\overset{O}{\overset{\|}{C}}{-}R} H_3C{-}\underset{Ph}{\overset{:OH}{\overset{|}{\underset{|}{C}}}}{-}O{-}O{-}\overset{O}{\overset{\|}{C}}{-}R \overset{H^+}{\rightleftharpoons}}$$

$$\mathrm{H_3C{-}\underset{Ph}{\overset{\ddot{O}H}{\overset{|}{\underset{|}{C}}}}{-}O{-}O{-}\overset{\overset{+}{O}H}{\overset{\|}{C}}{-}R \xrightarrow{-RCO_2H} H_3C{-}\overset{\overset{+}{O}H}{\overset{\|}{C}}{-}OPh \xrightarrow{-H^+} H_3C{-}\overset{O}{\overset{\|}{C}}{-}OPh}$$

C．由碳到氮的重排

（a）Hofmann 重排：酰胺用 $Br_2$/NaOH 处理发生重排得到异氰酸酯，在反应条件下与水作用脱羧，生成少一个碳的胺，该反应称为 Hofmann 降解，也称为 Hofmann 重排。

$$\mathrm{R{-}\overset{O}{\overset{\|}{C}}{-}\ddot{N}H_2 \xrightarrow{OH^-} R{-}\overset{O}{\overset{\|}{C}}{-}\ddot{\underset{\cdot\cdot}{N}}H \xrightarrow{Br{-}Br} R{-}\overset{O}{\overset{\|}{C}}{-}\underset{H}{\underset{|}{N}}{-}Br \xrightarrow{OH^-} R{-}\overset{O}{\overset{\|}{C}}{-}\ddot{\underset{\cdot\cdot}{N}}{-}Br}$$

$$\mathrm{\xrightarrow{-Br^-} R{-}N{=}C{=}O \xrightarrow{H_2O} R{-}NH{-}\overset{O}{\overset{\|}{C}}{-}O{-}H \xrightarrow{-CO_2} R{-}NH_2}$$

该重排反应步骤 Br 的离去和基团的重排是协同进行的，因此立体化学特征是重排基团保持构型。如 *R*-2-甲基丁酰胺重排产物为 *R*-构型仲胺。

$$\underset{R}{H_3C\text{–}CH(C_2H_5)\text{–}C(=O)NH_2} \xrightarrow[\text{NaOH}]{Br_2} \underset{R}{H_3C\text{–}CH(C_2H_5)\text{–}NH_2}$$

（b）Curtius 和 Schmidt 重排：这两个人名反应是由羧酸或衍生物在不同条件下反应生成酰叠氮化合物，然后发生类似 Hofmann 重排的反应得到异氰酸酯。这两个反应可直接得到异氰酸酯，该酯可进行水解、醇解、胺解反应并分别得到胺、碳酰胺酯和碳酸二酰胺，在合成上应用较广泛。

Curtius：$R\text{–}C(=O)\text{–}Cl \xrightarrow{NaN_3}$；$R\text{–}C(=O)\text{–}NHNH_2 \xrightarrow{HNO_2}$

Schmidt：$R\text{–}C(=O)\text{–}OH \xrightarrow[H_2SO_4]{HN_3}$

$$\rightarrow R\text{–}C(=O)\text{–}\ddot{N}^{-}\text{–}\overset{+}{N}{\equiv}N \ (\text{重排}) \rightarrow R\text{–}N{=}C{=}O \begin{cases} \xrightarrow{H_2O} RNH_2 \\ \xrightarrow{R'OH} RNH\text{–}C(=O)\text{–}OR' \\ \xrightarrow{R'NH_2} RNH\text{–}C(=O)\text{–}NHR' \end{cases}$$

（c）Beckmann 重排：酮肟在酸催化下重排生成酰胺的反应叫 Beckmann 重排。反应的特点是肟羟基反位的基团移动。

$$R'(R)C{=}N\text{–}OH \xrightarrow{H^+} R'(R)C{=}N\text{–}\overset{+}{O}H_2 \longrightarrow R'\text{–}\overset{+}{C}{=}N\text{–}R \xrightarrow{H_2O}$$

$$R'(H_2\overset{+}{O})C{=}N\text{–}R \xrightarrow{-H^+} R'(HO)C{=}N\text{–}R \longrightarrow R'\text{–}C(=O)\text{–}NHR$$

（2）芳环上的重排

A．Fries 重排：酚酯在 Lewis 酸催化下重排得到邻、对酰基酚的反应称为 Fries 重排，反应历程为付－克酰基化过程。

$$C_6H_5\text{–}O\text{–}C(=O)\text{–}R \xrightarrow{AlCl_3} Cl_3\overset{-}{Al}\text{–}\overset{+}{O}(C_6H_5)\text{–}C(=O)\text{–}R \longrightarrow \left[ C_6H_5\text{–}O\overset{-}{Al}Cl_3 \quad {}^{+}C(=O)\text{–}R \right]_{\text{离子对}} \longrightarrow$$

$$\text{(}Cl_3\overset{-}{Al}O\text{, }C(=O)R\text{, H σ-络合物)} \xrightarrow{-H^+} o\text{-}(O\overset{-}{Al}Cl_3)C_6H_4\text{–}C(=O)\text{–}R \xrightarrow{H_2O} o\text{-}HO\text{–}C_6H_4\text{–}C(=O)\text{–}R$$

B．Claisen 和 Cope 重排：芳基烯丙基醚或烯基烯丙基醚在加热条件下的重排称为 Claisen 重排。1,5-二烯型化合物在加热条件下重排生成异构的 1,5-二烯化合物的反应称为 Cope 重排。以上两种重排历程是协同反应，均归为[3,3]-σ 迁移，反应中键的断裂和生成同时进行。

Claisen 重排：

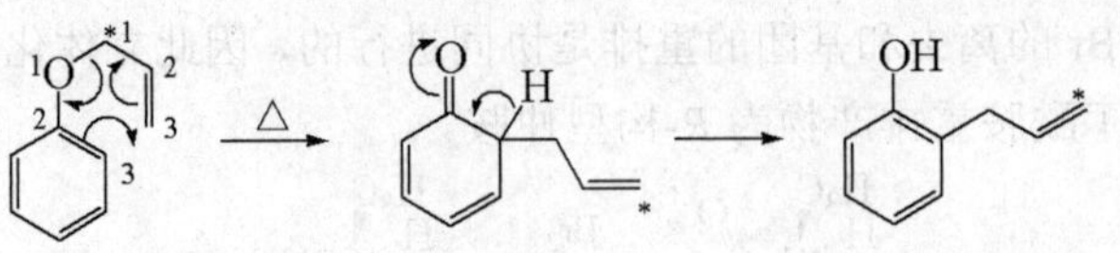

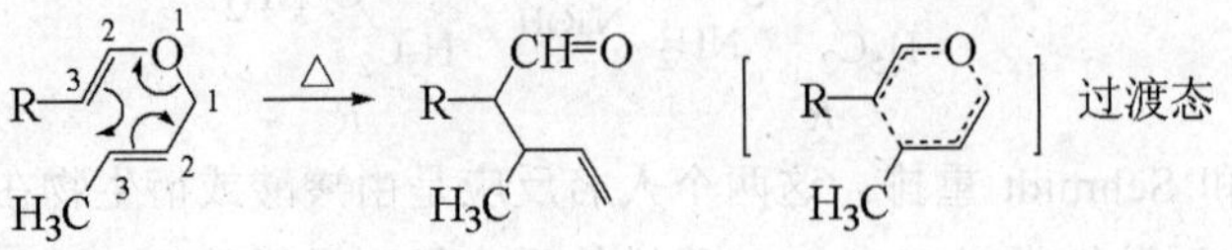

Cope 重排：

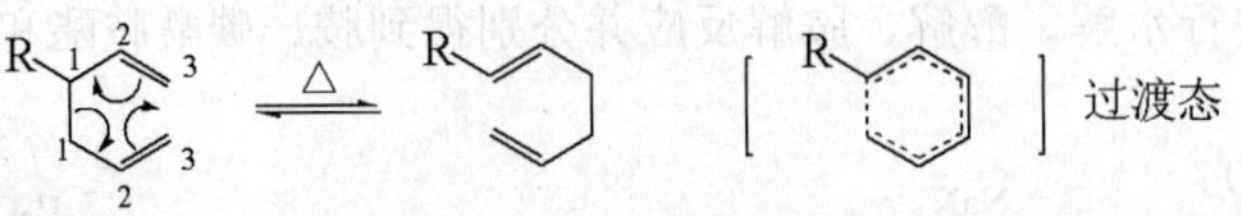

在芳香烯丙基醚重排时，一般得到邻位烃基酚；若邻位被占据，则得到对位产物。反应通过 Claisen 重排和 Cope 重排。

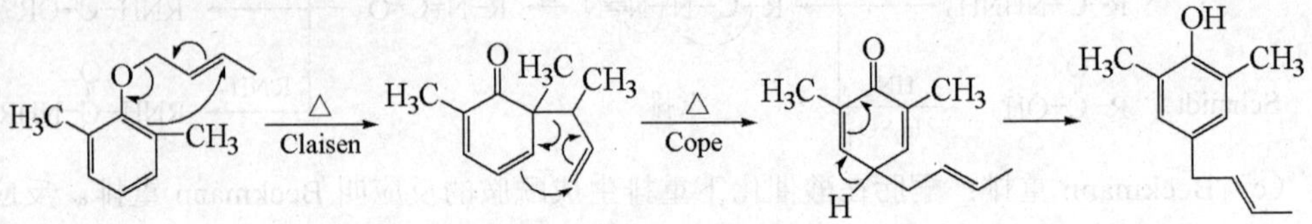

C．联苯胺重排：氢化偶氮苯在酸性条件下重排生成联苯胺，反应为离子型重排，但过程也属协同反应。

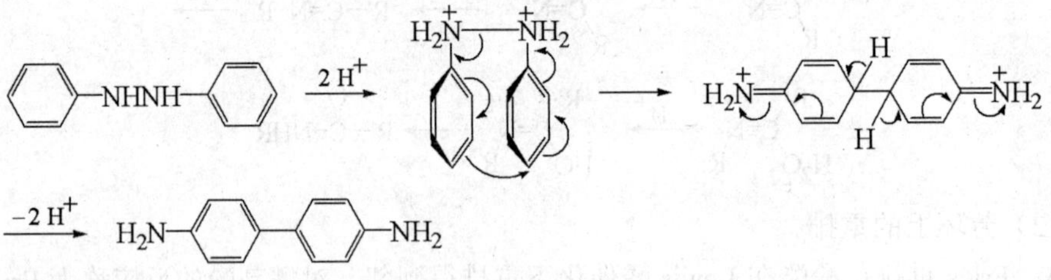

（3）烯丙重排

在有机反应中若产生烯丙基自由基、正离子和负离子，最容易发生烯丙重排。重排特点是通过 p-π 共轭完成 π 键的位移。

A．自由基烯丙重排：

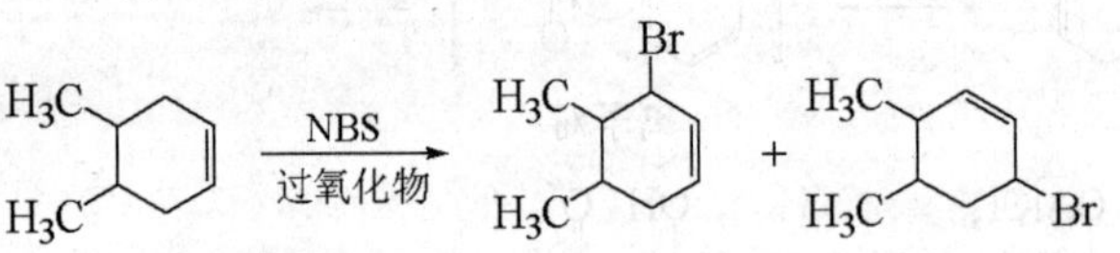

历程：

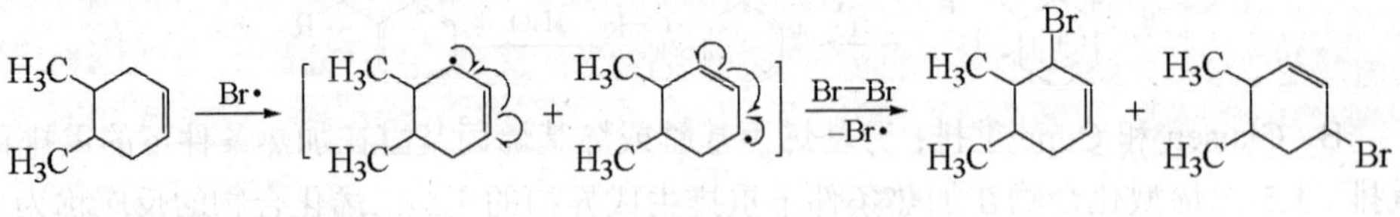

B．碳正离子烯丙重排：

$$CH_3CH{=}CH{-}CH_2OH \xrightarrow{HBr} CH_3CH{=}CH{-}CH_2Br + CH_3{-}\underset{}{\overset{Br}{C}}H{-}CH{=}CH_2$$

历程：$CH_3CH{=}CH{-}CH_2OH \xrightarrow{H^+} CH_3CH{=}CH{-}CH_2{-}\overset{+}{O}H_2 \xrightarrow{-H_2O} [\,CH_3{-}CH{=}CH{-}\overset{+}{C}H_2$

$\longleftrightarrow CH_3{-}\overset{+}{C}H{-}CH{=}CH_2\,] \xrightarrow{Br^-} CH_3CH{=}CH{-}CH_2Br + CH_3{-}\overset{Br}{C}H{-}CH{=}CH_2$

C．碳负离子烯丙重排：

$$PhCH_2CH{=}CH_2 \xrightleftharpoons{NaNH_2/NH_3} Ph{-}CH{=}CH{-}CH_3$$

历程：$PhCH_2CH{=}CH_2 \xrightleftharpoons{NaNH_2} Ph{-}\ddot{C}H{-}CH{=}CH_2 + Ph{-}CH{=}CH{-}\ddot{C}H_2$

$\xrightleftharpoons{NH_3} Ph{-}CH{=}CH{-}CH_3$

D．SN2 中的烯丙重排：

$$(C_2H_5)_2\ddot{N}H + CH_2{=}CH{-}\overset{Cl}{C}H{-}CH_3 \xrightarrow{苯} (C_2H_5)_2N{-}CH_2CH{=}CHCH_3$$

10．氧化还原反应

在自由基反应历程中，我们已讨论了异丙苯、醛的氧化历程、苯被金属钠还原的历程、酮和酯还原偶联历程、在重排反应中的Baeyer-Villiger氧化历程等。除以上历程外，我们再对一些典型氧化－还原历程作一简单介绍。

（1）烯烃的氧化

A. 环己烯 $\xrightarrow{冷\ KMnO_4,\ OH^-}$ 顺-1,2-环己二醇（OH OH）

环己烯 $\xrightarrow{KMnO_4}$ 环状锰酸酯（O–Mn(=O)(O⁻)–O） $\xrightarrow{H_2O/OH^-}$ 顺-1,2-环己二醇

（反应立体化学：顺式）

B. $>C{=}C< \xrightarrow{O_3}$ 臭氧化物（$>C(O{-}O)(O)C<$）

$>C{=}C< \xrightarrow{\overset{+}{O}{-}O{-}\overset{-}{O}}$ 分子臭氧化物（五元环 O–O–O） $\longrightarrow$ $>C{=}O$ + $\overset{+}{C}{-}O{-}\ddot{O}^-$（羰基氧化物） $\longrightarrow$ 臭氧化物

（2）邻二醇氧化

$$\underset{\text{HO}\ \ \text{OH}}{-\overset{|}{\text{C}}-\overset{|}{\text{C}}-} \xrightarrow{\text{HIO}_4} \gt\text{C=O} + \text{O=C}\lt + \text{HIO}_3$$

（经环状高碘酸酯中间体，$HIO_4$）

（3）羰基化合物还原

A. $$\gt\text{C=O} \xrightarrow[(2)\ \text{H}_3\overset{+}{\text{O}}]{(1)\ \text{LiAlH}_4} \gt\text{CHOH}$$

历程：$$\gt\text{C=O} \xrightarrow{\text{LiAlH}_4} \longrightarrow \text{H}-\overset{|}{\text{C}}-\text{O}-\overset{-}{\text{Al}}\text{H}_3 \xrightarrow{\text{H}_3\overset{+}{\text{O}}} \gt\text{CHOH}$$

B. $$\gt\text{C=O} \xrightarrow[(2)\ \text{HOCH}_2\text{CH}_2\text{NH}_2]{(1)\ \text{9-B.B.N}} \gt\text{CHOH}$$

历程：$$\gt\text{C=O} \xrightarrow{\text{9-B.B.N}} \overset{\delta+}{\text{O}}\cdots\overset{\delta-}{\text{B}} \longrightarrow -\overset{|}{\text{C}}\text{H}-\text{O}-\text{B}$$

$$\xrightarrow{\text{HOCH}_2\text{CH}_2\text{NH}_2} \gt\text{CHOH} + \text{H}_2\text{NCH}_2\text{CH}_2\text{O}-\text{B}$$

C. $$\text{R}-\overset{\text{O}}{\overset{\|}{\text{C}}}-\text{R} + \text{H}_3\text{C}-\overset{\text{OH}}{\overset{|}{\text{CH}}}-\text{CH}_3 \xrightleftharpoons{\text{Al[OCH(CH}_3)_2]_3} \text{R}-\overset{\text{OH}}{\overset{|}{\text{CH}}}-\text{R} + \text{H}_3\text{C}-\overset{\text{O}}{\overset{\|}{\text{C}}}-\text{CH}_3$$

（Meerwein-Ponndorf 还原）

历程：$$\begin{matrix}\text{R}\\ \gt\text{C=O}\\ \text{R}\end{matrix} + \text{Al[OCH(CH}_3)_2]_3 \rightleftharpoons \text{R}_2\text{C}=\overset{+}{\text{O}}-\overset{-}{\text{Al}}(\text{OCHCH}_3)_2(\text{O}-\text{C(H)(CH}_3)_2) \rightleftharpoons$$

$$\text{R}-\underset{\text{R}}{\overset{|}{\text{CH}}}-\text{OAl}(\overset{\text{CH}_3}{\overset{|}{\text{O}}}\text{CHCH}_3)_2 \xrightleftharpoons{(\text{CH}_3)_2\text{CHOH}} \text{R}-\overset{\text{OH}}{\overset{|}{\text{CH}}}-\text{R} + \text{Al[OCH(CH}_3)_2]_3$$

D. $$\gt\text{C=O} \xrightarrow[\text{HOCH}_2\text{CH}_2\text{OCH}_2\text{CH}_2\text{OH}]{\text{NH}_2\text{NH}_2,\ \text{KOH}} \gt\text{CH}_2$$ （Wolff-Kishner-黄鸣龙还原）

历程：$$\gt\text{C=O} + \text{NH}_2\text{NH}_2 \longrightarrow \gt\overset{\text{OH}}{\overset{|}{\text{C}}}-\overset{\text{H}}{\overset{|}{\text{N}}}\text{NH}_2 \xrightarrow{-\text{H}_2\text{O}} \gt\text{C=NNH}_2 \xrightarrow{\text{OH}^-}$$

$$\gt\text{C=N}-\ddot{\text{N}}\text{H} \longleftrightarrow \gt\ddot{\text{C}}-\text{N=NH} \xrightarrow{\text{H}_2\text{O}} \gt\overset{\text{H}}{\overset{|}{\text{C}}}-\text{N=NH} \xrightarrow{\text{OH}^-} \gt\overset{\text{H}}{\overset{|}{\text{C}}}-\text{N=}\ddot{\text{N}}\text{:}$$

$$\xrightarrow{-\text{N}_2} \gt\overset{\text{H}}{\overset{|}{\text{C}}}\text{:}^- \xrightarrow{\text{H}_2\text{O}} \gt\text{CH}_2$$

（4）酯的还原

A. $R-\overset{O}{\overset{\|}{C}}-OC_2H_5 \xrightarrow[(2)\ H_3^+O]{(1)\ LiAlH_4} R-CH_2OH$

历程：$R-\overset{O}{\overset{\|}{C}}(OC_2H_5) + H-\overset{-}{Al}H_3 \longrightarrow R-\underset{OC_2H_5}{\overset{O-AlH_3}{CH}} \longrightarrow R-\overset{O}{\overset{\|}{C}}-H + H-\overset{-}{Al}H_2(OC_2H_5)$

$\longrightarrow R-CH_2O-\overset{-}{Al}H_2(OC_2H_5) \xrightarrow{H_3^+O} R-CH_2OH$

B. $R-\overset{O}{\overset{\|}{C}}-OC_2H_5 \xrightarrow[(2)\ H_3^+O]{(1)\ HAl[CH_2CH(CH_3)_2]_2} R-CHO$

历程：$R-\overset{O}{\overset{\|}{C}}-OC_2H_5 + HAl[CH_2CH(CH_3)_2]_2 \longrightarrow R-\underset{OC_2H_5}{C}(H)=\overset{+}{O}-\overset{-}{Al}[CH_2CH(CH_3)_2]$

$\longrightarrow R-\underset{OC_2H_5}{\overset{\ddot{O}-Al[CH_2CH(CH_3)_2]}{CH}} \xrightarrow{-\,^-OC_2H_5} R-CH=\overset{+}{O}-Al[CH_2CH(CH_3)_2] \xrightarrow{H_3^+O} R-CHO$

（5）Cannizzaro 反应

$PhCHO + CH_2O \xrightarrow{^-OH} PhCH_2OH + HCO_2^-$

历程：$H_2C=O + {}^-OH \longrightarrow H-\underset{OH}{\overset{O^-}{C}}-H \xrightarrow{Ph-CH=O} H-\overset{O}{\overset{\|}{C}}-OH + PhCH_2O^-$

$\longrightarrow HCO_2^- + PhCH_2OH$

11．综合历程

在很多有机反应中不是按某一种历程进行，而是涉及几种类型的反应历程。如前面遇到的过氧化异丙苯重排生成苯酚和丙酮的反应，既涉及重排，又涉及酮在酸性条件下的亲核加成和半缩酮的水解过程。前面讨论的涉及综合历程的还有 Hofmann 重排、醛酮与重氮甲烷的反应等。所谓综合历程是几类典型反应历程的组合，在了解此类反应历程时应理解哪一步属于哪一种历程，为此再举几例加以说明。

（1）氯甲基化反应

$C_6H_6 + H_2CO + HCl \xrightarrow{AlCl_3} C_6H_5CH_2Cl$

历程：$H_2C=O + HCl + AlCl_3 \longrightarrow H_2C=\overset{+}{O}H\ AlCl_4^-$

$H_2C=\overset{+}{O}H\ AlCl_4^- + C_6H_6 \longrightarrow [C_6H_6(H)(CH_2OH)]^{\oplus} \xrightarrow{-H^+} C_6H_5CH_2OH$ （付一克反应）

$C_6H_5CH_2OH \xrightarrow{H^+} C_6H_5CH_2\overset{+}{O}H_2 \xrightarrow{-H_2O} C_6H_5\overset{+}{C}H_2 \xrightarrow{Cl^-} C_6H_5CH_2Cl$ （SN1 亲核取代）

（2）Reimer-Tiemann 反应

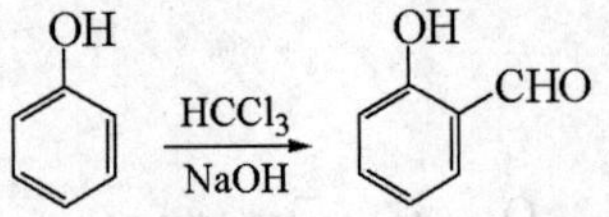

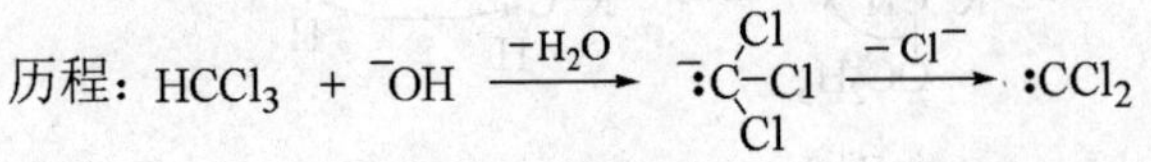

$$\text{C}_6\text{H}_5\text{OH} \xrightarrow[\text{NaOH}]{\text{HCCl}_3} o\text{-HOC}_6\text{H}_4\text{CHO}$$

历程：$HCCl_3 + {}^-OH \xrightarrow{-H_2O} {}^-\!:CCl_3 \xrightarrow{-Cl^-} :CCl_2$ （二氯卡宾）

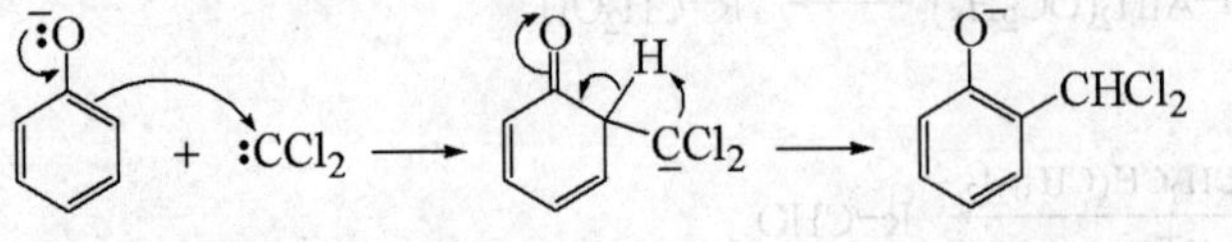

（亲电取代）

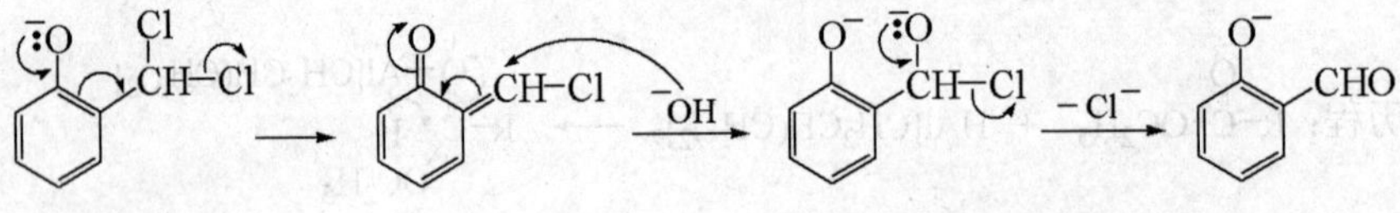

（分子内亲核取代，$\alpha,\beta$-不饱和酮的1,4－加成）

（3）卤仿反应

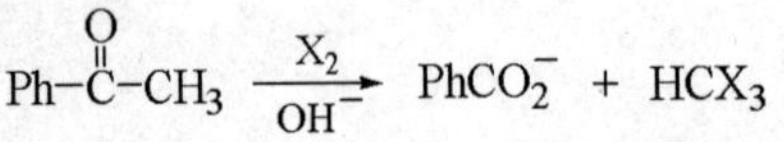

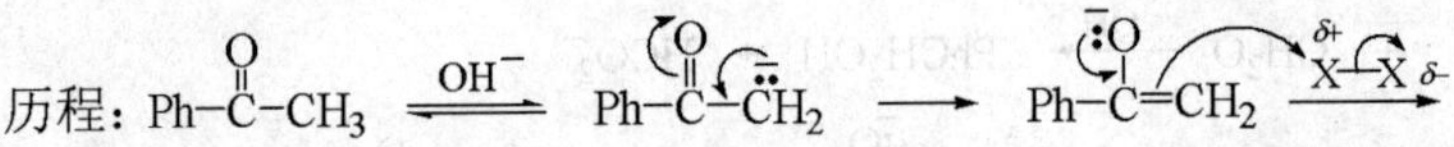

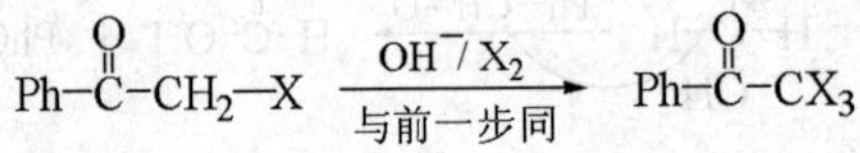

$$Ph-\overset{O}{\overset{\|}{C}}-CH_3 \xrightarrow[OH^-]{X_2} PhCO_2^- + HCX_3$$

历程：$Ph-\overset{O}{\overset{\|}{C}}-CH_3 \overset{OH^-}{\rightleftharpoons} Ph-\overset{O}{\overset{\|}{C}}-\ddot{C}H_2^- \longrightarrow Ph-\overset{O^-}{C}=CH_2 \xrightarrow{\overset{\delta+}{X}-\overset{\delta-}{X}}$

$$Ph-\overset{O}{\overset{\|}{C}}-CH_2-X \xrightarrow[\text{与前一步同}]{OH^-/X_2} Ph-\overset{O}{\overset{\|}{C}}-CX_3$$ （酸碱反应和亲核取代）

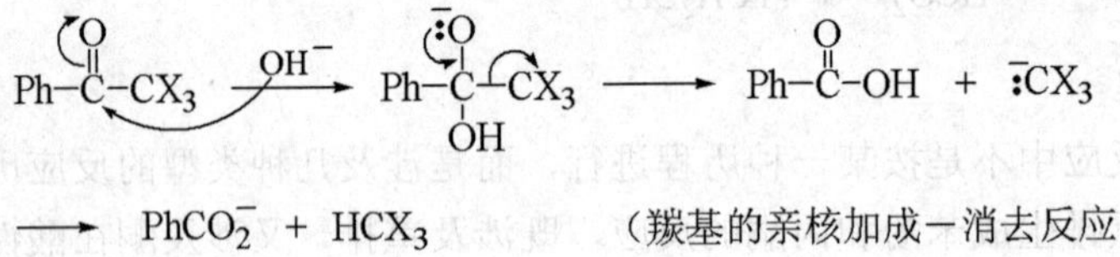

$$Ph-\overset{O}{\overset{\|}{C}}-CX_3 \xrightarrow{OH^-} Ph-\underset{OH}{\overset{O^-}{C}}-CX_3 \longrightarrow Ph-\overset{O}{\overset{\|}{C}}-OH + {}^-\!:CX_3$$

$$\longrightarrow PhCO_2^- + HCX_3$$ （羰基的亲核加成－消去反应）

（4）Gabriel 胺的合成

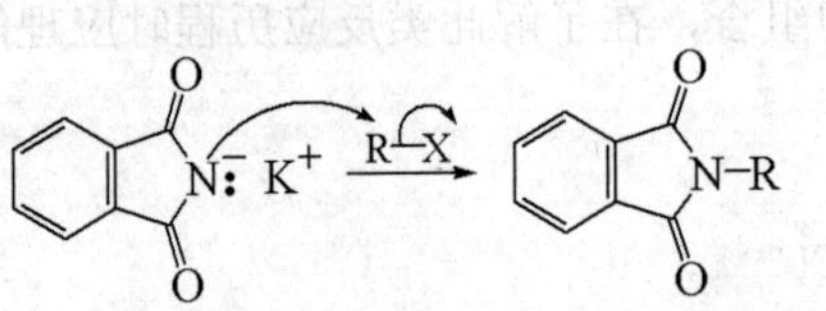

（亲核取代）

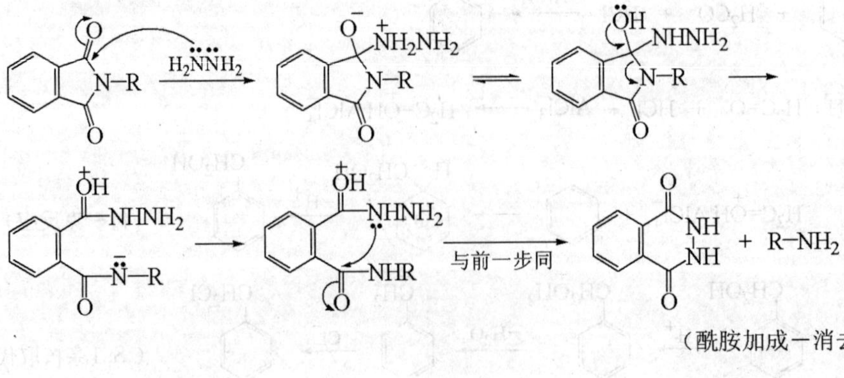

与前一步同

$+ R-NH_2$

（酰胺加成－消去反应）

## 二、反应中的立体化学

在有机化学中有很多反应具有立体专一性和立体选择性。下面将对常见反应中的立体化学加以总结。为深入理解和掌握该类反应，我们以例题和问题解析的方式进行讨论。

1．不饱和烃加成反应的立体化学

（1）反式加成

烯与许多亲电试剂加成为反式加成，如与 $X_2$，$X_2/H_2O$ 反应。从反应历程看，第一步加成卤素正离子形成三元环正离子，由于体积效应影响，反应试剂的亲核部分只能从三元环正离子的卤素原子背面进攻，这就造成了反式加成的立体化学。如例 1，顺-2-戊烯与 $Br_2/H_2O$ 的反应，溴从烯平面的两侧进攻，生成不同构型的中间体；水分子作为亲核部分，从三元环正离子中溴的背面进攻两个分散正电荷的碳原子，得到两对对映体（4 种产物）。

**例 1**

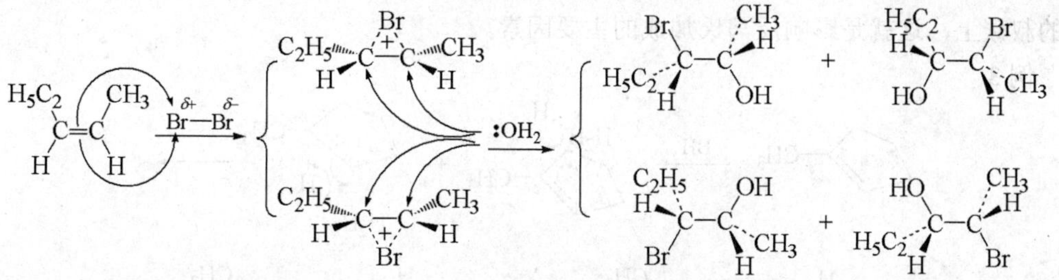

在不对称烯烃与不对称试剂加成时，不但要注意反应的立体化学，还要注意到反应的方向。如例 2 中，(*Z*)-3-甲基-2-戊烯与 $Br_2/H_2O$ 加成主要得到一对对映体。

**例 2**

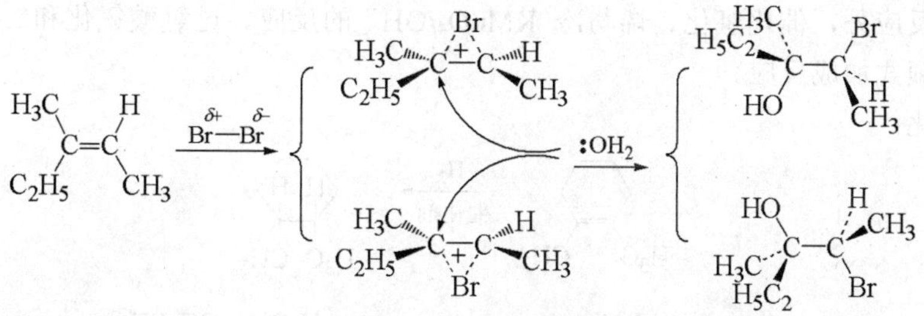

为深入理解和熟练掌握反应的立体化学特征，同学应作一些逆反应的练习。也就是给出一个烯烃加成产物的特定构型，再去判断原来烯烃分子的构型。例如内消旋 2,3-二溴丁烷是由什么构型的烯烃与溴加成得到的？烯烃的构型判定依据反式加成构象。若题目给出的是内消旋的 2,3-二溴丁烷的 Fischer 投影式，应该首先将其转化为直观的点线楔式或 Newman 投影式，这样才能直接判断反应烯烃的构型。

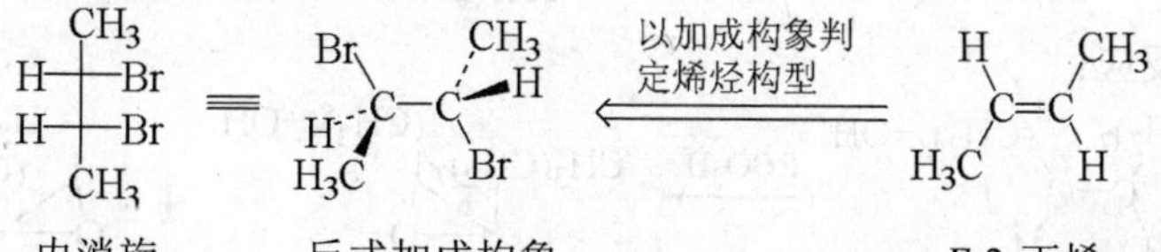

内消旋　　反式加成构象　　以加成构象判定烯烃构型　　*E*-2-丁烯

炔烃用 $Na/NH_3$(液)还原可得到反式烯烃，可理解为反式加氢的反应。该反式加氢的立体化学结果是由溶解金属还原反应中产生的中间体自由基负离子的稳定性决定的。金属钠给出电子生成两个较稳定的烃基在反位的自由基负离子，该中间体以其较稳定的构型最终完成反式加成的反应。

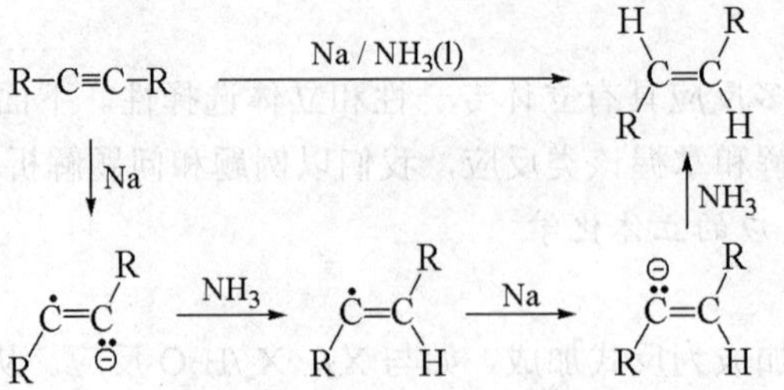

$$R-C\equiv C-R \xrightarrow{Na/NH_3(l)} \text{(E)-}RHC=CHR$$

（2）顺式加成

有些不饱和烃加成反应表现出顺式加成的立体化学特征，最典型的例子是硼氢化－氧化反应。由于烯与硼烷加成中生成一个四元环过渡态，由该四元环的稳定性要求确定其加成为顺式时最为有利。如例 3 中，1-甲基环戊烯进行硼氢化－氧化得到顺式的加成结果，但反应方向是反马氏规则的。在硼氢化反应第一步产生的四元环过渡态中，正电荷主要分散于使其稳定的叔碳上，这就是影响反马氏加成的主要因素。

**例 3**

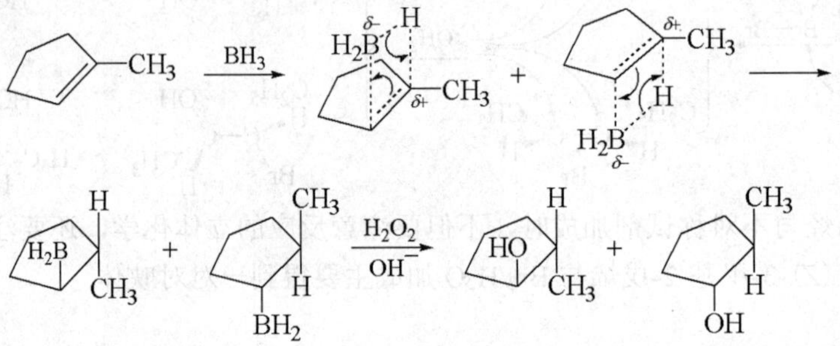

除以上反应外，催化氢化、烯与冷 $KMnO_4/OH^-$ 的反应、过氧酸氧化和二氯卡宾对烯的反应也都是顺式加成反应。

催化氢化：

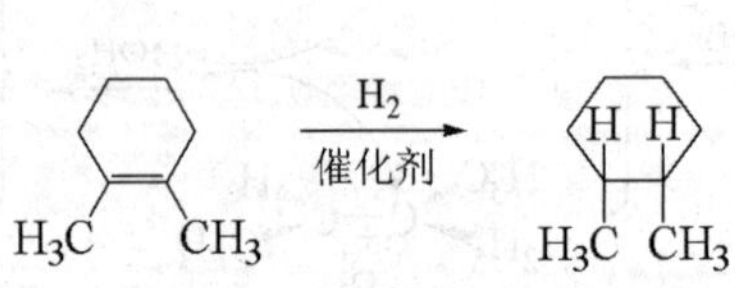

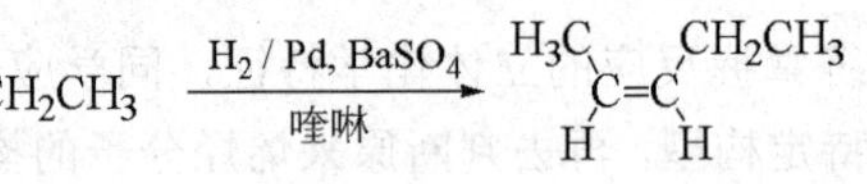

$$CH_3-C\equiv C-CH_2CH_3 \xrightarrow[\text{喹啉}]{H_2/Pd,\ BaSO_4} \text{(Z)-}H_3C(H)C=C(H)CH_2CH_3$$

与冷 $KMnO_4/OH^-$ 的反应：

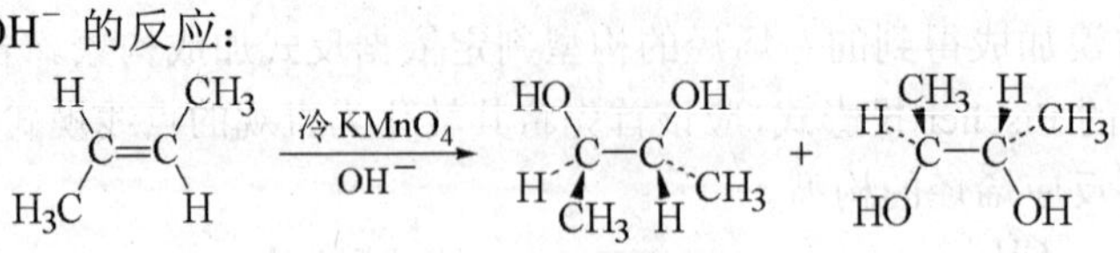

与过氧酸的反应：

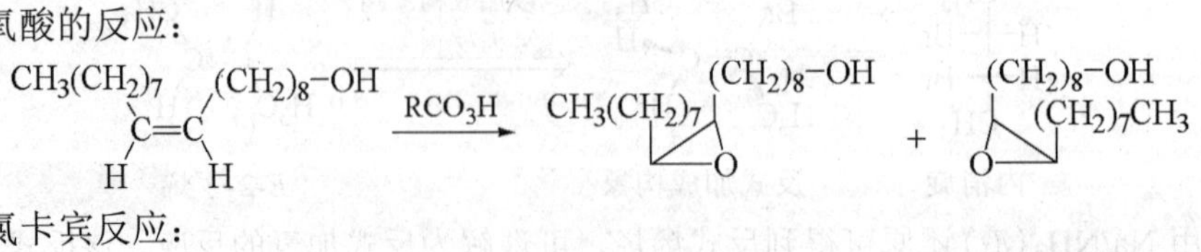

$$CH_3(CH_2)_7CH=CH(CH_2)_8-OH \xrightarrow{RCO_3H} \text{环氧化物（两种对映体）}$$

与二氯卡宾反应：

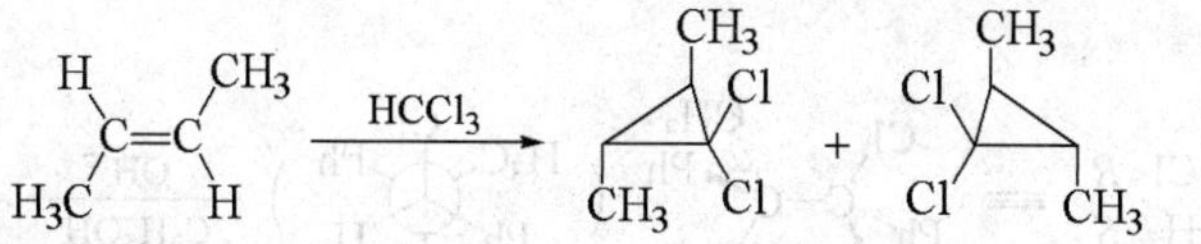

2．消去反应中的立体化学

（1）反式消去

E2 消去反应的立体化学一般为反式共平面消去。这是由于 E2 消去为一步历程，反应是协同的，只有被消去的 $\beta$-基团（一般为氢）和离去基团在反式共平面，才有利于使从 $sp^3$ 杂化碳到 $sp^2$ 杂化碳转变过程中新生成的 p 轨道平行交盖生成 $\pi$ 键。

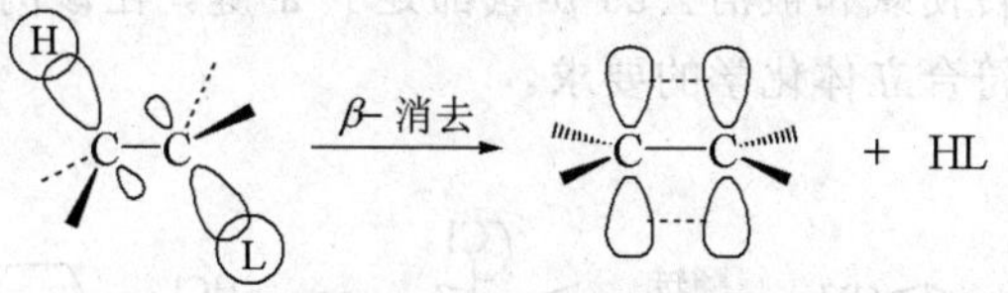

有机化学中最常见的 E2 消去反应是强碱条件下卤代烃的消去、对甲苯磺酸酯的消去（例 4、例 5）和季铵碱的消去（例 6）反应。前两个消去反应方向一般遵循札依切夫规律，而季铵碱的消去遵循霍夫曼规律。

**例 4**

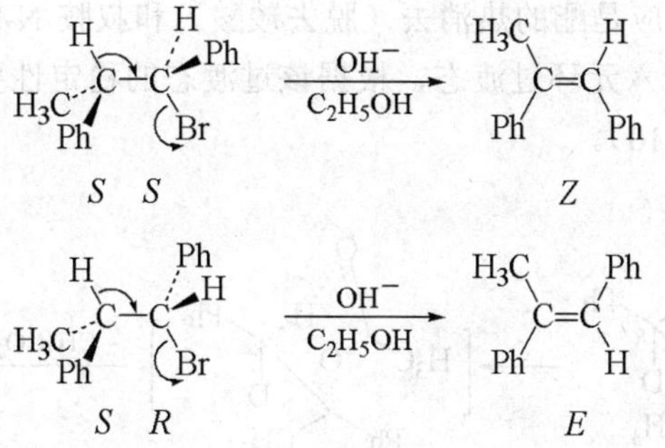

**例 5**

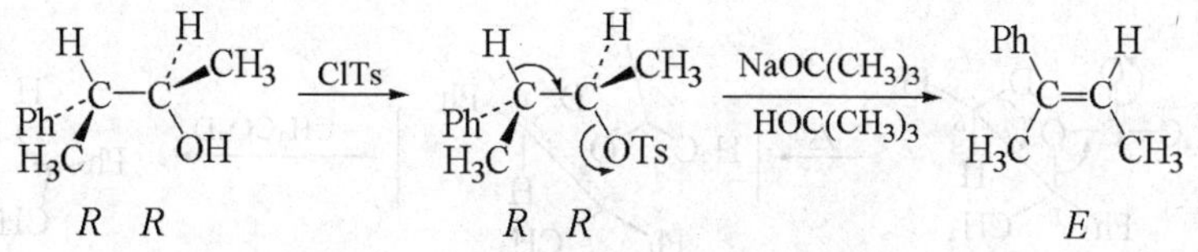

**例 6**

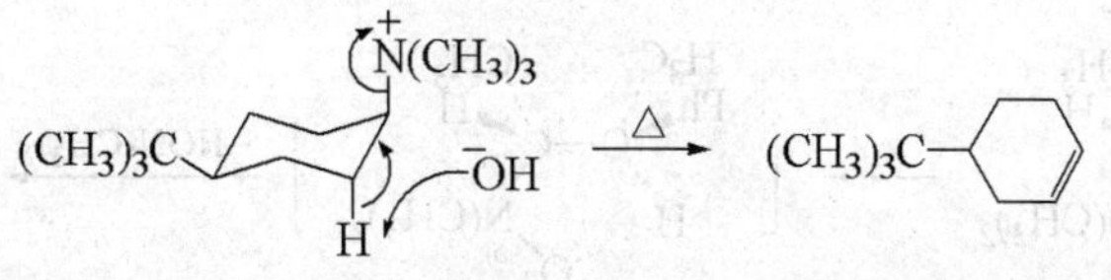

以上消去反应实例中，反应物构象均为消去构象，即被消去的 $\beta$-基团和离去基团同处于一平面的构象。从该构象可清楚看出消去反应生成烯烃的构型。若题目给出反应物的构型，而非消去构象，应首先在保持构型的原则下转化为消去构象。如例 7 中给出的反应物构型式为 Fischer 投影式，则应首先按照相应的构型转化为点线楔式，或 Newman 投影式的消去构象，然后再判定产物烯烃的构型。

**例 7**

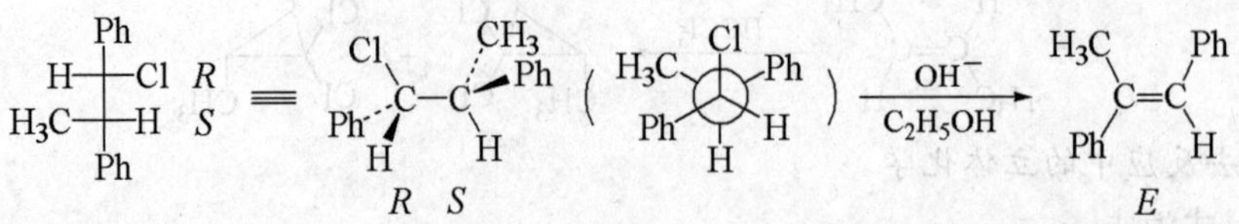

若反应物为环己烷衍生物，消去基团必须都处于 a 键才能满足反式共平面的消去条件。假如反应物稳定构象不满足这个条件，反应中会首先发生六元环的翻转，使消去基团均处于 a 键。例 8 给出的是反-1-甲基-2-氯环己烷的稳定构象，甲基和氯都处于 e 键，若要进行 $\beta$-消去反应，必须进行环的翻转使氯和被消去的 $\beta$-氢都处于 a 键。在该例中，尽管消去方向是反札依切夫规律的，但完全符合立体化学的要求。

**例 8**

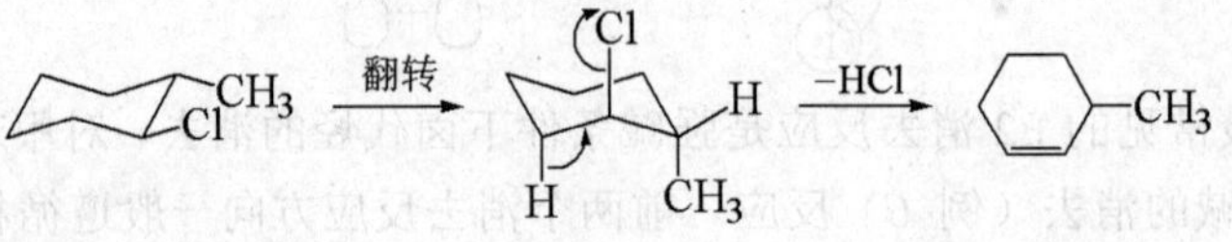

稳定构象　　消去构象

（2）顺式消去

最常见的顺式消去反应是酯的热消去（脱去羧酸）和叔胺 N-氧化物的热消去。由于反应历程是协同的，通过五、六元环过渡态，根据该过渡态的稳定性要求，使反应按顺式消去的立体化学进行（例 9、例 10）。

**例 9**

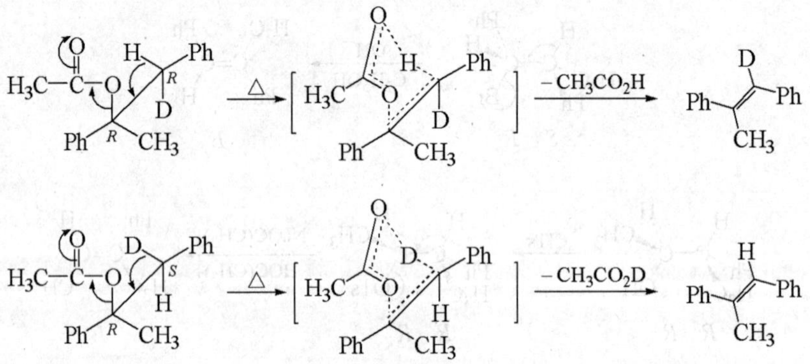

**例 10**

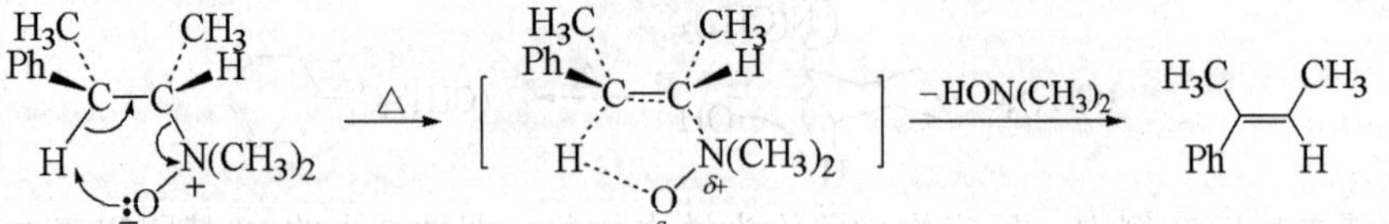

3．饱和碳上的亲核取代立体化学

（1）SN1 和 SN2 反应立体化学

SN1 为两步历程，决定步骤中离去基团离去生成平面构型的碳正离子，随后亲核基团从平面两侧进攻，得到外消旋产物（例 11）；SN2 为一步历程，亲核试剂从离去基团背面进攻，离去基团逐渐离去，同时亲核基团逐渐成键，使构型发生转化（例 12）。

**例 11**

SN1 　$H_3C$—C(H)(Ph)—OH $\xrightarrow{H^+}$ $H_3C$—C(H)(Ph)—$\overset{+}{O}H_2$ ⟶ Ph—$\overset{+}{C}$(H)($CH_3$) $\xrightarrow{:\bar{Br}}$ Ph—C(Br)(H)($CH_3$) + Ph—C(H)($CH_3$)(Br)

外消旋

**例 12**

SN2 　TsO—C(H)($CH_3$)($(CH_2)_5CH_3$) $\xrightarrow{:\bar{O}Ac}$ [ $\overset{\delta-}{TsO}$···C(H)($CH_3$)($(CH_2)_5CH_3$)···$\overset{\delta-}{OAc}$ ] ⟶ $H_3C$—C(H)($CH_3(CH_2)_5$)—OAc

构型转化

在有机合成中常利用 SN2 反应满足实验立体化学的需求。如由 *R*-1-苯基-2-丙醇合成 *S*-乙基(2-苯基丙基)醚，合成中设计一个能进行 SN2 反应的路线完成构型的转化。

$H_3C$—C(H)($PhCH_2$)—OH (*R*) $\xrightarrow{ClTs}$ $H_3C$—C(H)($PhCH_2$)—OTs $\xrightarrow[S_N2]{C_2H_5OH\,/\,K_2CO_3}$ $C_2H_5O$—C(H)($CH_3$)($CH_2Ph$) (*S*)

（2）邻基参与的立体化学

在研究亲核取代反应立体化学时发现有些反应得不到 SN1 或 SN2 的立体化学结果，如例 13，(2*S*,3*R*)-3-溴-2-丁醇与 HBr 反应只得到(2*S*,3*R*)-2,3-二溴丁烷内消旋体，该结果既非 SN1，也非 SN2 反应能够得到。为此人们提出了邻基溴的参与历程，该历程能对实验事实给出很好的解释。邻基参与反应的特点是：（i）经过两次 SN2 反应并增大了反应速度；（ii）参与基团是分子内的亲核基团，如$-CO_2^-$、$-OH$、$-NR_2$、$-SH$、$-SR$、$-OR$、$-X$、$-C_6H_5$、$-CH{=}CH_2$ 等；（iii）参与基团所处位置应能从离去基团背后进攻且可生成三、五、六元环中间体。若生成三元环中间体，一般参与基团和离去基团处于反式。除例 13 外我们再举两例（例 14、例 15）以说明邻基参与反应的特点。

**例 13**

(2*S*,3*R*)-3-溴-2-丁醇 $\xrightarrow{H^+}$ 质子化 ($\overset{+}{O}H_2$) $\xrightarrow[S_N2]{-H_2O}$ 溴鎓离子 $\xrightarrow[S_N2]{:\bar{Br}}$ 2,3-二溴丁烷 ≡ 内消旋体

参与构象　　　　　　内消旋

**例 14**

$\xrightarrow[S_N2]{^-OBs}$ 　（$-OBs = -OSO_2-C_6H_4-Br$）

$\downarrow$ $H\ddot{O}Ac$

…—OAc + AcO—…

**例 15**

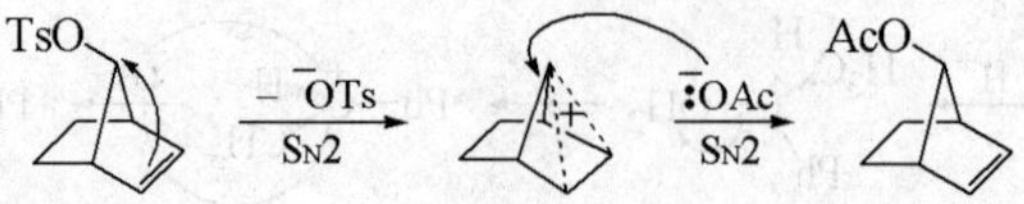

**（3）环氧开环立体化学**

从本节的历程总结中可知无论酸还是碱催化的立体化学均为反式开环。不过在讨论反应时应注意不对称环氧化合物在酸和碱催化下的开环方向不同。例 16 和例 17 说明了环氧开环反应的立体化学特征。

**例 16**

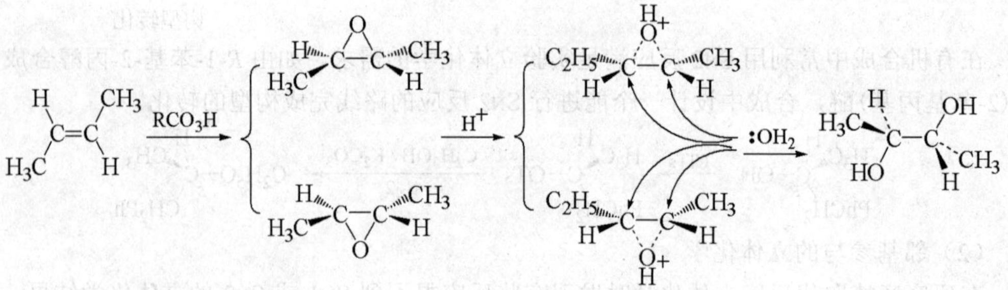

**例 17**

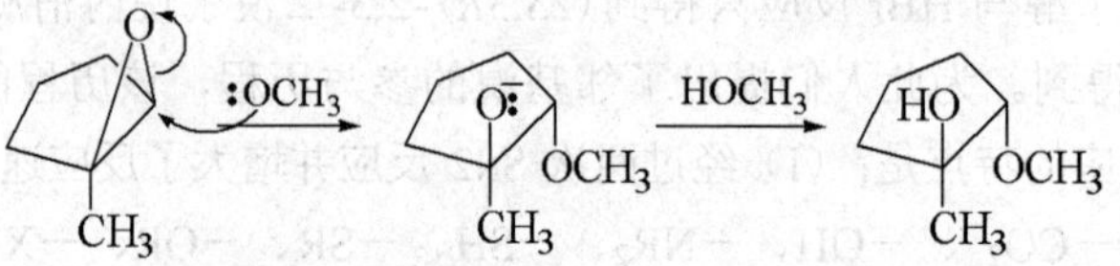

**4．亲核加成中的立体化学**

醛酮羰基为平面构型，一般情况下亲核试剂从平面两侧进攻的几率相同，因此反应的立体化学为外消旋化，但当 $\alpha$ 位具有手性碳时，亲核试剂进攻方向即具有选择性。Cram 总结了这种加成的规律，提出了 Cram 规则。他首先确定了加成的构象，即手性碳上大的基团与羰基氧处于反位的构象，然后确定亲核试剂选择进攻的方向，即从手性碳上较小体积的基团一侧进攻为主，完成立体选择性的。

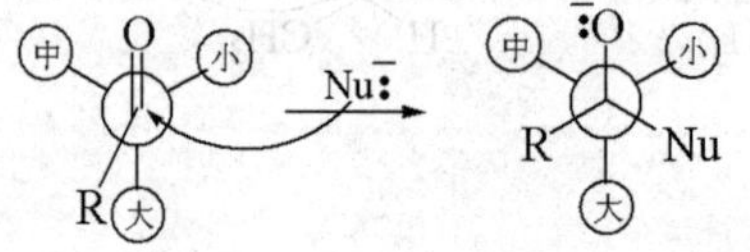

加成构象　　主要产物

**例 18**

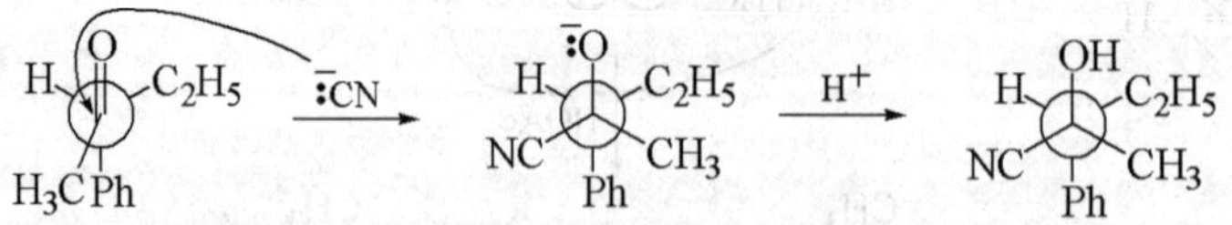

Cram 规则描述的立体选择性主要是因为体积效应影响所致。醛酮与许多亲核试剂的加成，包括与 $NaBH_4$ 和 $LiAlH_4$ 的反应均遵循这一规则。实际上反应中体积效应影响立体化学反应的选择性不仅限于醛酮的加成，在很多反应中也体现了类似的规律。例 19 中给出了几个立体选择性反应的实例，利用该反应可进行手性合成。

**例 19**

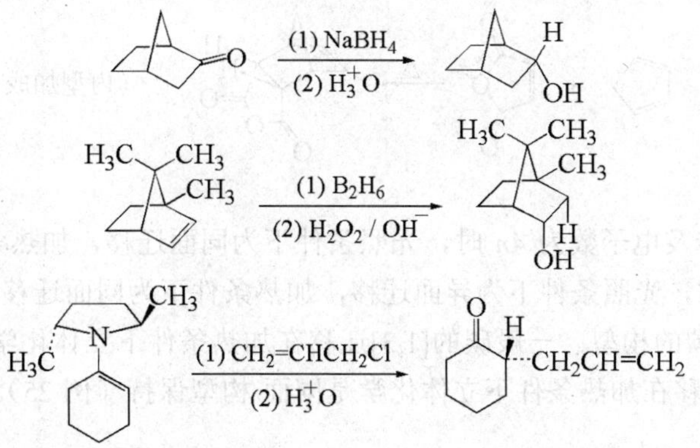

(1) $NaBH_4$ (2) $H_3^+O$

(1) $B_2H_6$ (2) $H_2O_2$ / $OH^-$

(1) $CH_2$=$CHCH_2Cl$ (2) $H_3^+O$

5．协同反应中的立体化学

协同反应的特点之一是立体专一性。电环化、环加成、σ-迁移反应对不同结构的化合物在光照或加热的条件下具有不同的立体选择性。

（1）电环化反应

反应中涉及电子数为 4*n* 时，光照为对旋，加热为顺旋；反应中涉及电子数符合 4*n*+2 时，光照为顺旋，加热为对旋（例 20）。

**例 20**

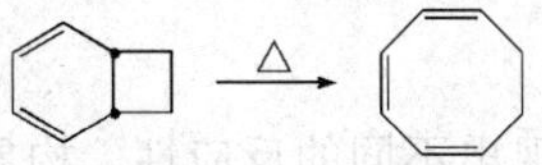

△ （6电子，对旋）

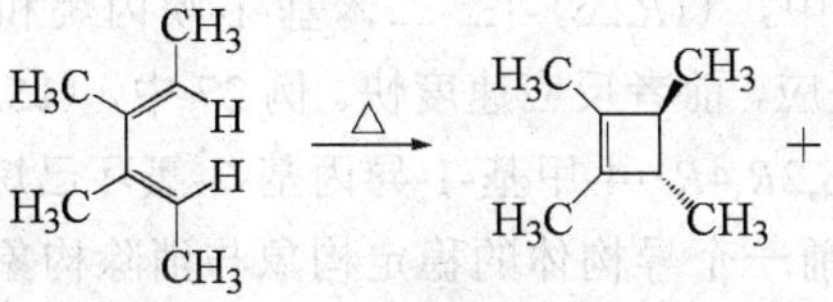

△ ＋ 对映体 （4电子，顺旋）

（2）环加成

[2+2]环加成在光照条件下为同面/同面加成，而[4+2]环加成在加热条件下为同面/同面加成（例 21 和例 22)。对[4+2]环加成而言，除加热条件下同面/同面加成的立体化学特征外，还存在一个内型加成立体选择性规律，即加成主要产物为内型（例 23)。

**例 21**

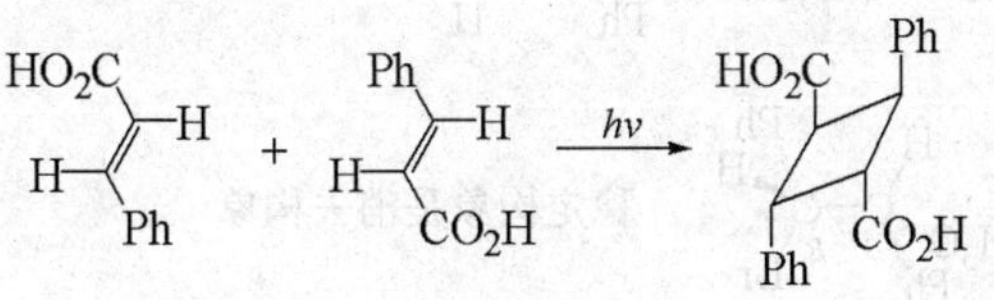

*hv* （[2+2] 环加成，同面/同面）

**例 22**

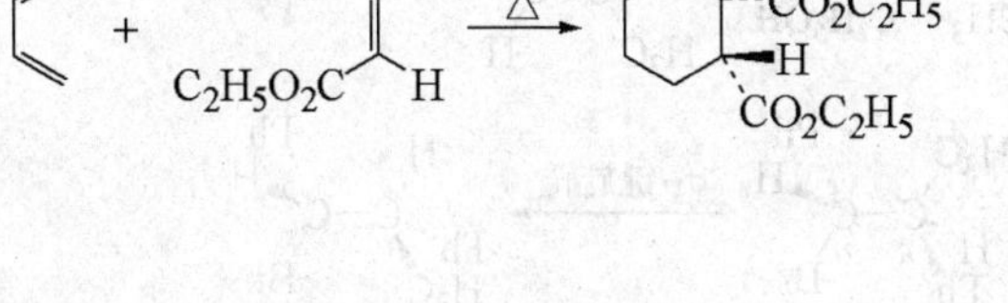

△ （[4+2] 环加成，同面/同面）

**例 23**

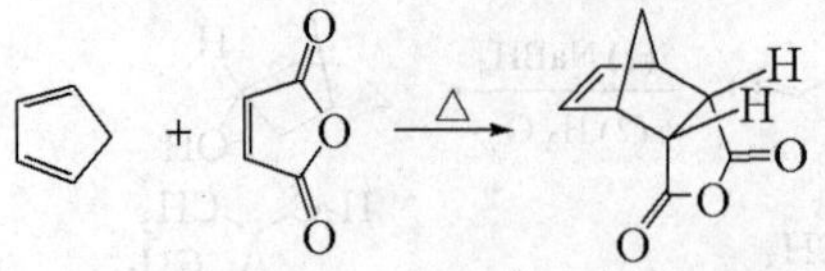

（内型加成）

（3）σ-迁移

氢的[1,*j*]迁移涉及电子数为 4*n* 时，光照条件下为同面迁移，加热条件下为异面迁移；涉及电子数为 4*n*+2 时，光照条件下为异面迁移，加热条件下为同面迁移。碳的[1,*j*]迁移既涉及同面异面，也涉及碳的构型。一般碳的[1,3]迁移在加热条件下立体化学是同面/构型翻转（例 24），而碳的[1,5]迁移在加热条件下立体化学是同面/构型保持（例 25）。

**例 24**

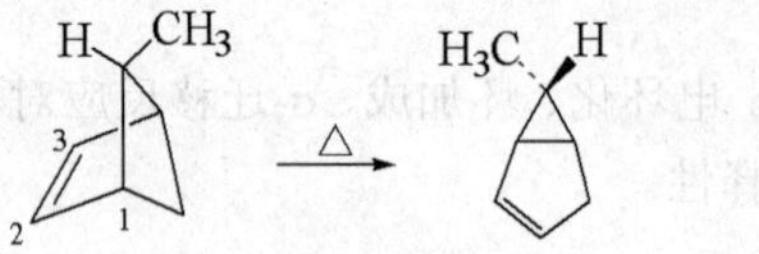

（1,3- 碳，同面/翻转）

**例 25**

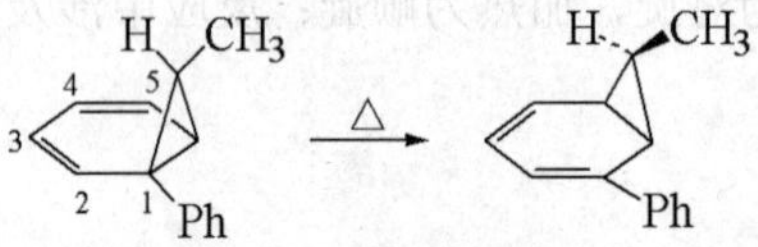

（1,5- 碳，同面/保持）

6．构象分析

不同构型的立体异构体，由于其构象不同，表现出不同的反应性。构象的不同可影响到反应速度和反应进行的途径。如例 26 中，(1*R*,2*S*)-1,2-二苯基-1-溴丙烷和它的立体异构体(1*R*,2*R*)-1,2-二苯基-1-溴丙烷进行消去反应，前者反应速度快。例 27 中，(1*S*,2*S*,4*R*)-4-甲基-1-异丙基-2-氯环己烷和它的立体异构体(1*S*,2*R*,4*R*)-4-甲基-1-异丙基-2-氯环己烷进行消去反应，前者反应速度快。这是由于以上两例中前一个异构体的稳定构象与消除构象相同，很易发生消去反应；而后者的稳定构象并非消去构象，反应中需要变为能量较高的消去构象，反应速度相对较慢。

**例 26**

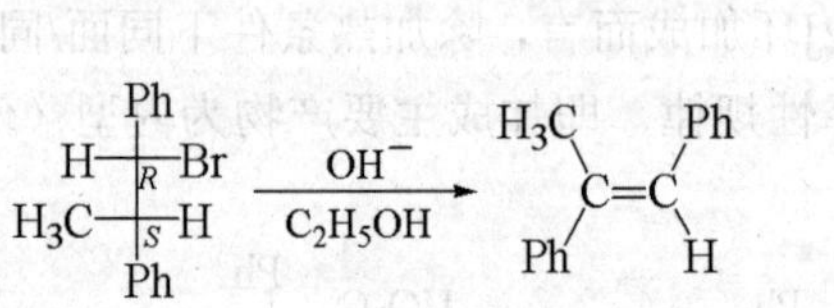

$\xrightarrow[C_2H_5OH]{OH^-}$ 快

构象分析：　稳定构象是消去构象

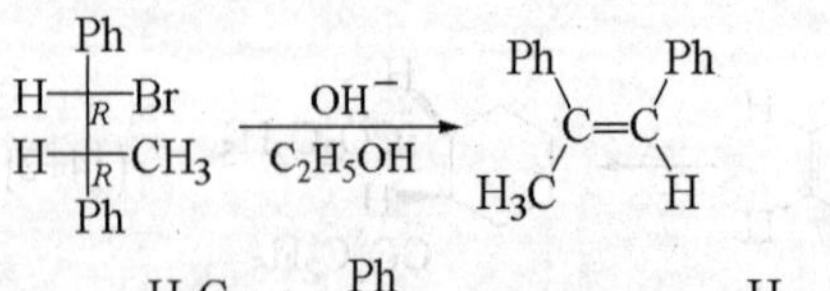

$\xrightarrow[C_2H_5OH]{OH^-}$ 慢

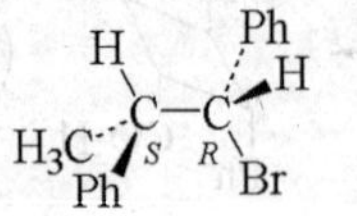

构象分析：　$\xrightarrow{\sigma-键旋转}$

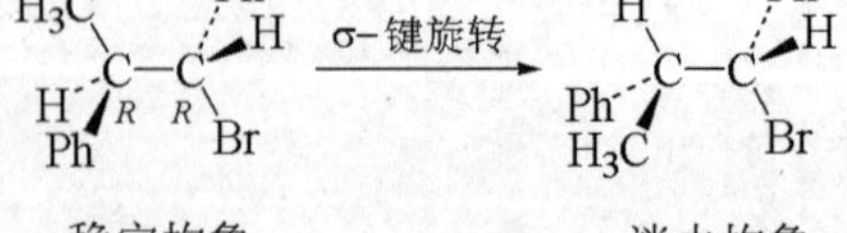

稳定构象　　消去构象

**例 27**

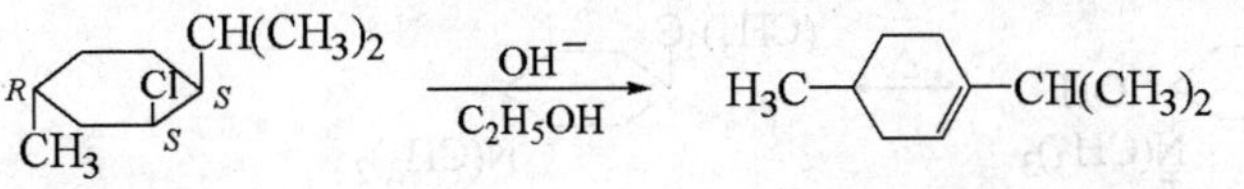

$\xrightarrow[C_2H_5OH]{OH^-}$ $H_3C$—(环己烯)—$CH(CH_3)_2$ 快

构象分析： 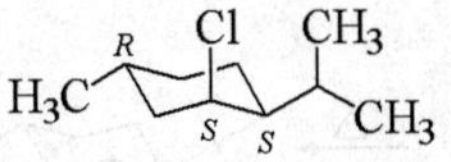 稳定构象是消去构象

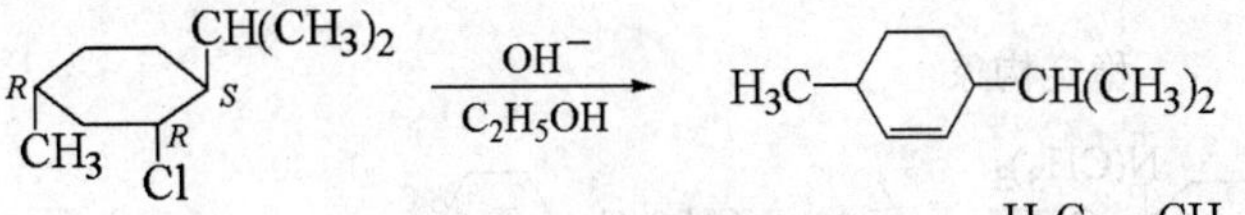

$\xrightarrow[C_2H_5OH]{OH^-}$ $H_3C$—(环己烯)—$CH(CH_3)_2$ 慢

构象分析： 翻转

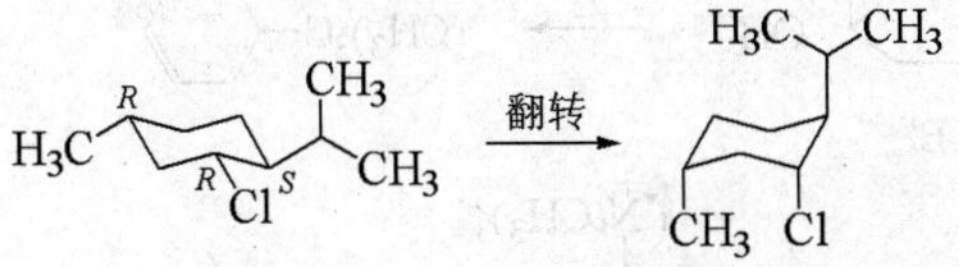

稳定构象 消去构象

在某些反应中由于立体异构体构象不同会改变反应的途径。例 28 和例 29 中，含六元环的反应物均含有较大体积的叔丁基，因此它们的稳定构象为叔丁基处于 e 键。这种条件限制了环己烷的翻转，在相同反应条件下异构体会发生不同的反应。

**例 28**

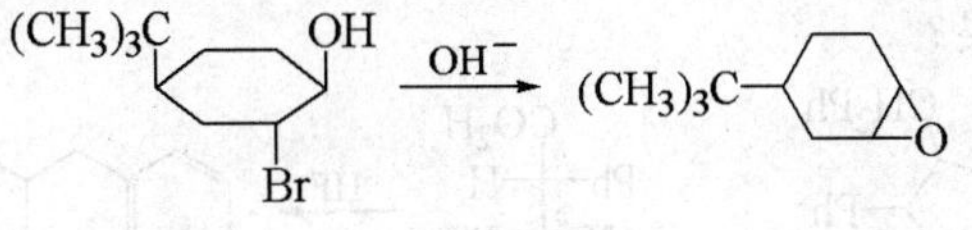

A $\xrightarrow{OH^-}$ $(CH_3)_3C$—(环氧化物)

构象分析： $\xrightarrow{OH^-}$ →

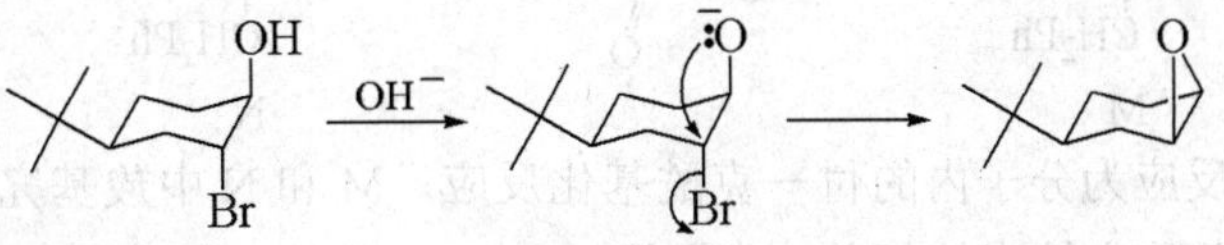

稳定构象

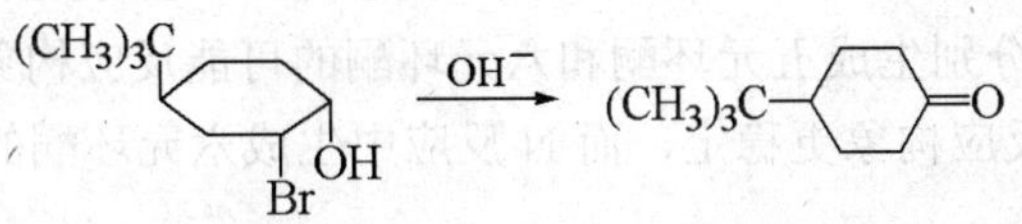

A' $\xrightarrow{OH^-}$ $(CH_3)_3C$—(环己酮)

构象分析： $\xrightarrow{OH^-}$ $\xrightarrow{-H_2O}$

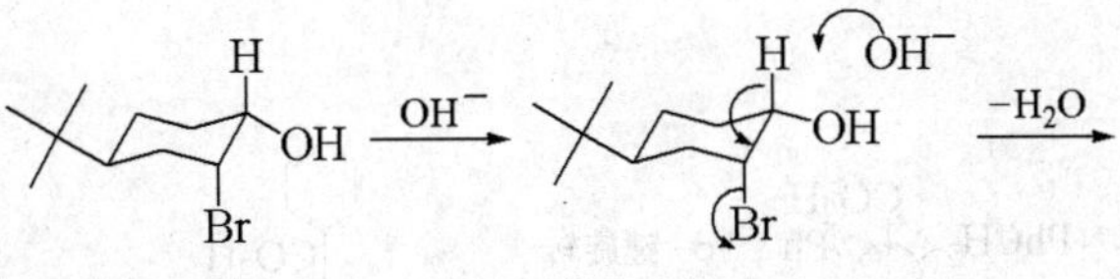

稳定构象

→

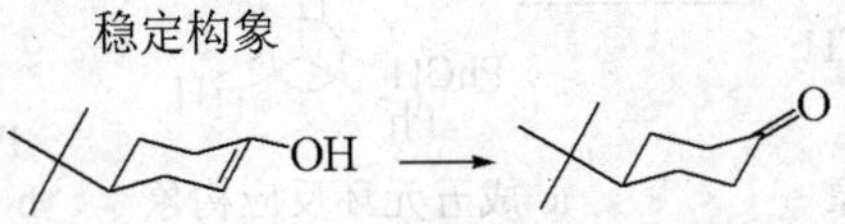

**例 29**

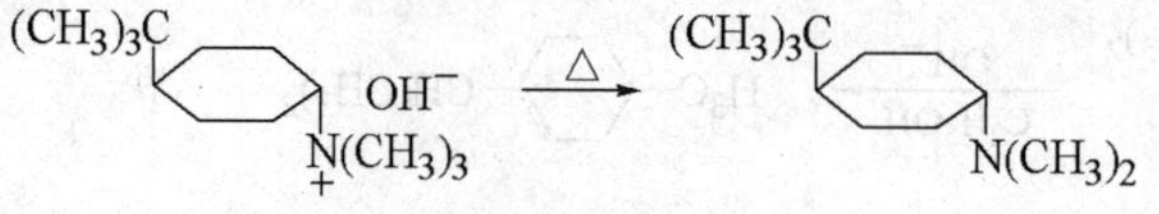

$(CH_3)_3C$ … $\overset{+}{N}(CH_3)_3$ $OH^-$ $\xrightarrow{\triangle}$ $(CH_3)_3C$ … $N(CH_3)_2$

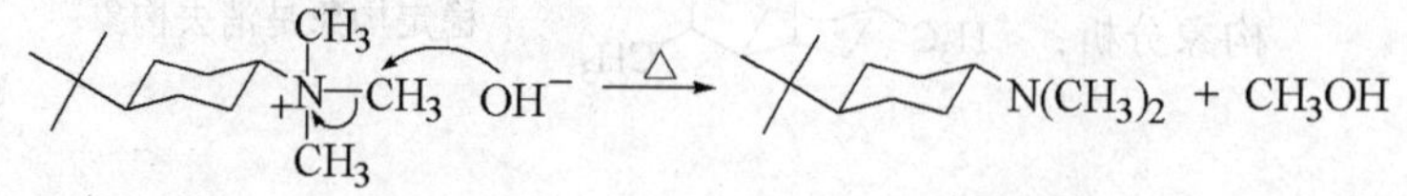

B

构象分析： $\overset{+}{N}(CH_3)_3$ $OH^-$ $\xrightarrow{\triangle}$ $N(CH_3)_2$ + $CH_3OH$ 取代

稳定构象

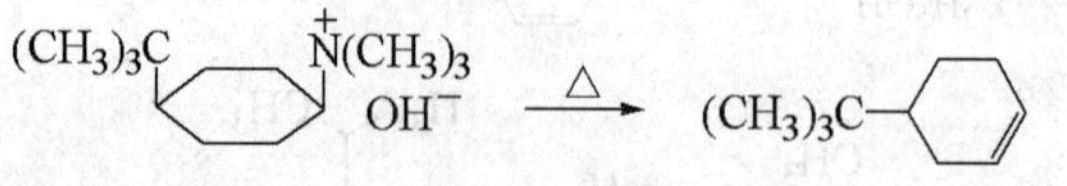

$(CH_3)_3C$ … $\overset{+}{N}(CH_3)_3$ $OH^-$ $\xrightarrow{\triangle}$ $(CH_3)_3C$—(环己烯)

B'

构象分析： $\overset{+}{N}(CH_3)_3$ H $OH^-$ $\xrightarrow{\triangle}$ + $N(CH_3)_3$ 消去

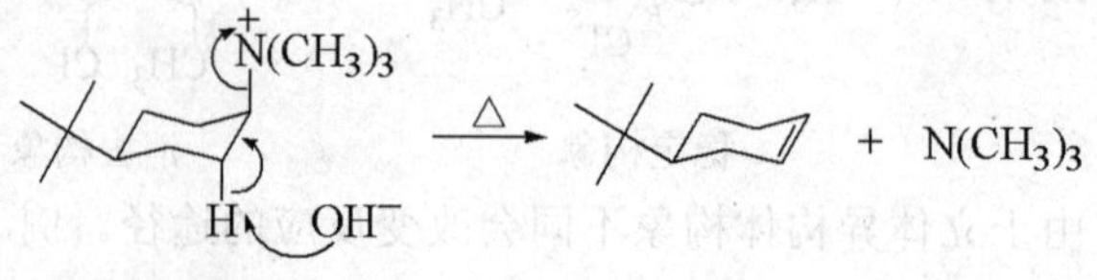

稳定构象

下面我们再以一个例题来说明构象分析的重要性和解题思路。

**例 30** 立体异构体 M 和 N 用 HF 处理时，M 主要得到五元环的产物，而 N 则主要得到六元环产物，如何解释这一实验结果？

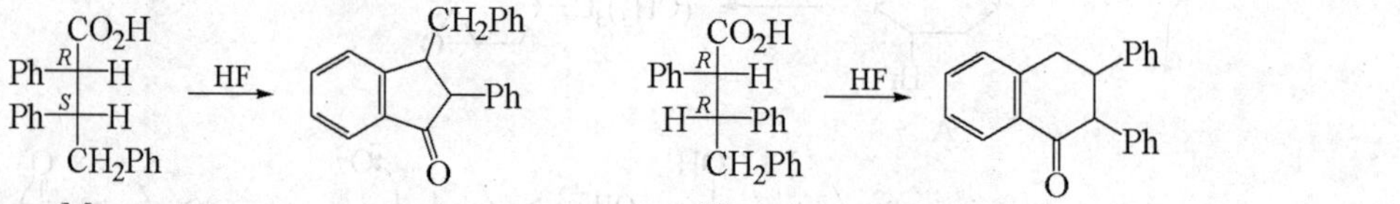

M：$CO_2H$, Ph(R)H, Ph(S)H, $CH_2Ph$ $\xrightarrow{HF}$ 3-$CH_2Ph$-2-Ph-茚酮

N：$CO_2H$, Ph(R)H, H(R)Ph, $CH_2Ph$ $\xrightarrow{HF}$ 2,3-二苯基四氢萘酮

**解** 该反应为分子内的付－克酰基化反应。M 和 N 中羧基究竟与分子中哪一个苯环反应和反应中构象稳定性直接相关。我们用 Newman 投影式分别写出 M 和 N 的稳定构象，以及生成五元环酮和六元环酮的可能反应构象，可以认为反应构象是羧基和参与反应的苯环同处一平面上的构象。然后分析 M 和 N 分别生成五元环酮和六元环酮的可能反应构象的稳定性。不难看出，M 反应中成五元环酮的反应构象更稳定，而 N 反应中生成六元环酮的反应构象更稳定，因此得到上述实验结果。

构象分析：

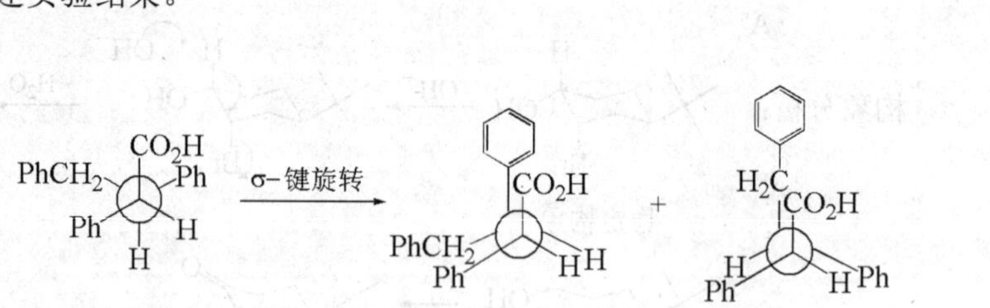

$\xrightarrow{\sigma-键旋转}$ +

N 稳定构象　　a 成五元环反应构象　　b 成六元环反应构象

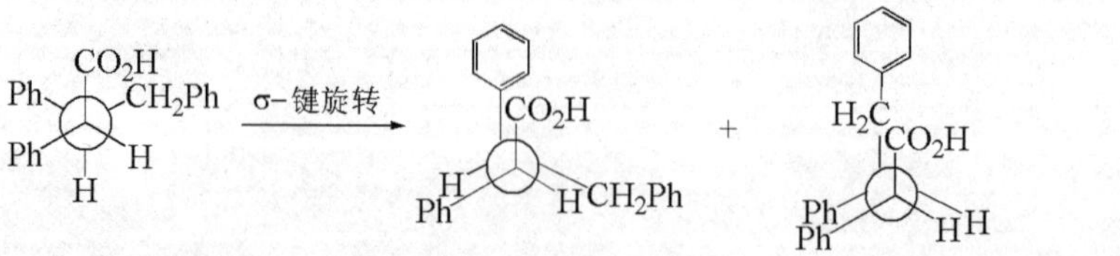

$\xrightarrow{\sigma-键旋转}$ +

M 稳定构象　　c 成五元环反应构象　　d 成六元环反应构象

## 三、练习题及其参考答案

1. 练习题

（1）写出下列合成中每一步的反应历程。

a.

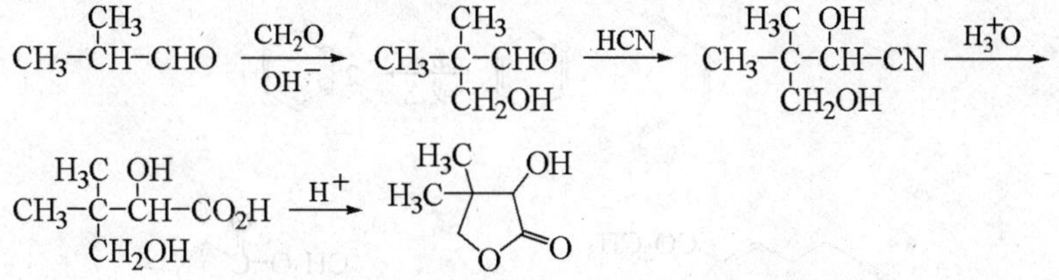

b.

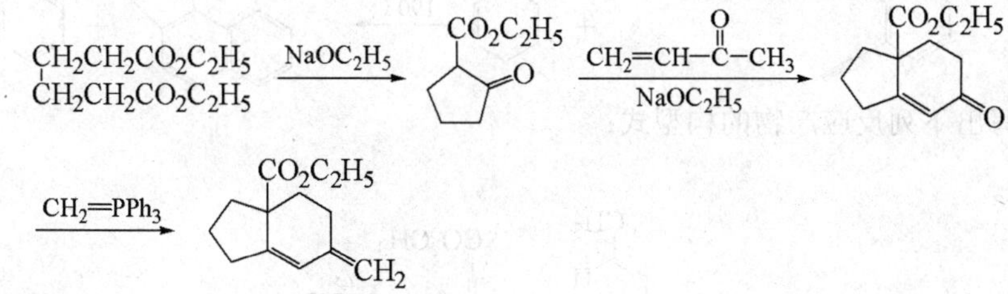

（2）写出下列苯中氢被氘取代的历程：

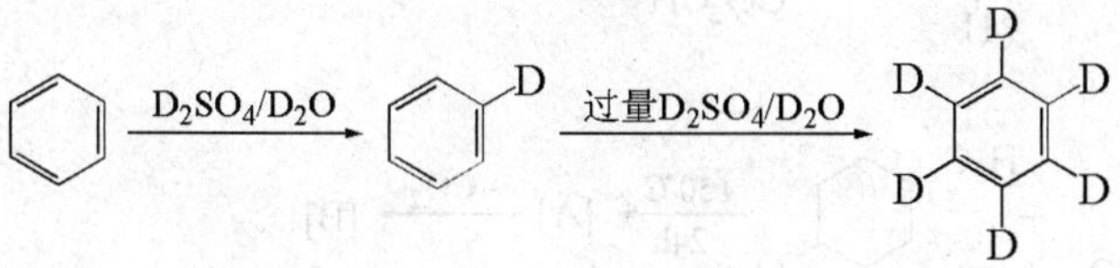

（3）写出下列反应历程。

a. $CH_3CH_3 + (CH_3)_3C{-}O{-}Cl \xrightarrow{\triangle} CH_3CH_2Cl + (CH_3)_3C{-}OH$

b.

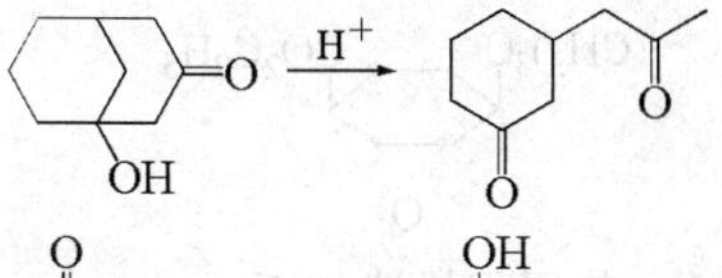

c.

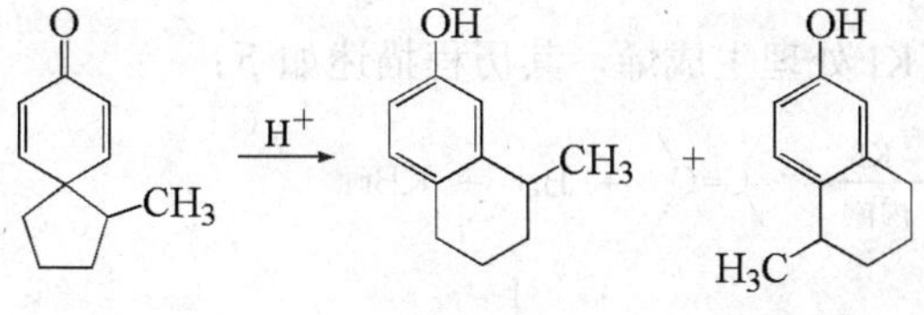

d.

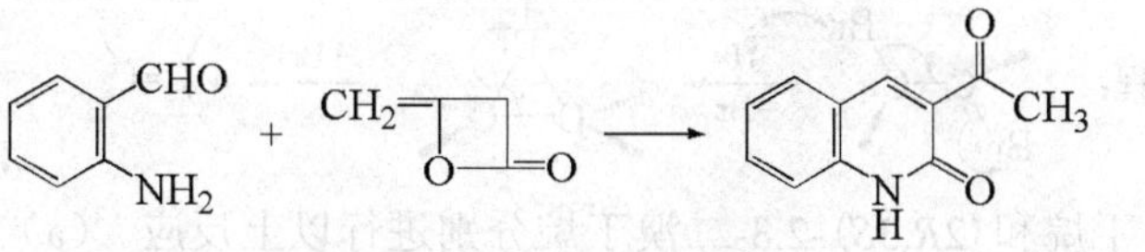

e.

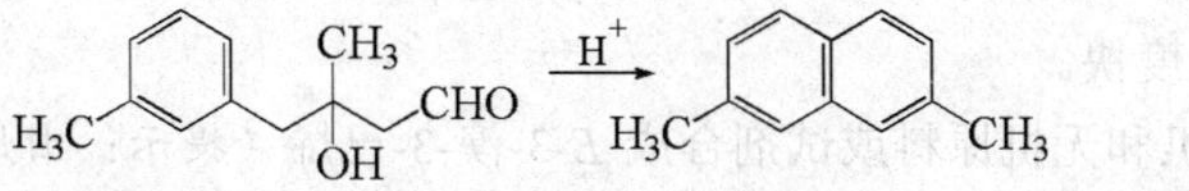

（4）下列化合物 A 用 $NaOCH_3/HOCH_3$ 处理得 B，B 经酸性水解得 C。写出 B 的结构并写出整个反应历程。

A

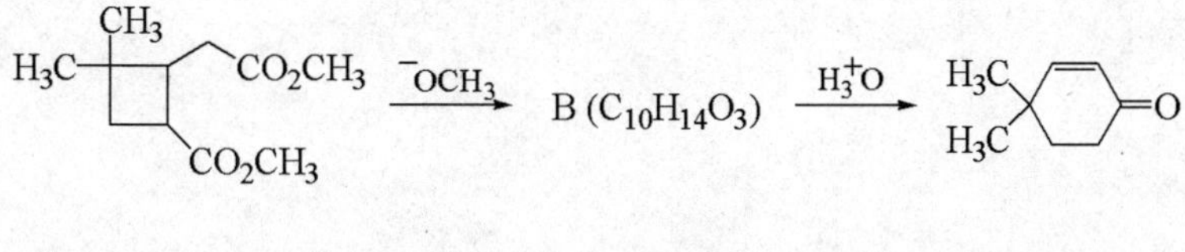

C

（5）$\beta$-$D$-吡喃葡萄糖在干 HCl 存在下与 $HOCH_3$ 反应生成的甲基糖苷是 $\beta$ 构型，还是 $\alpha$ 和 $\beta$ 异构体的混合物？请用历程加以说明。

（6）下列两个反应是与 Bergman 环化相关的反应，反应中发生化学键的均裂，写出其历程：

①

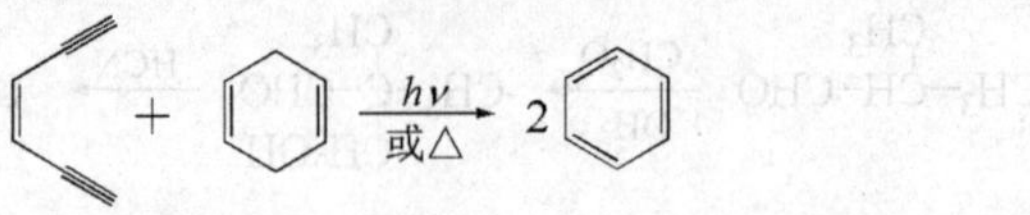

②

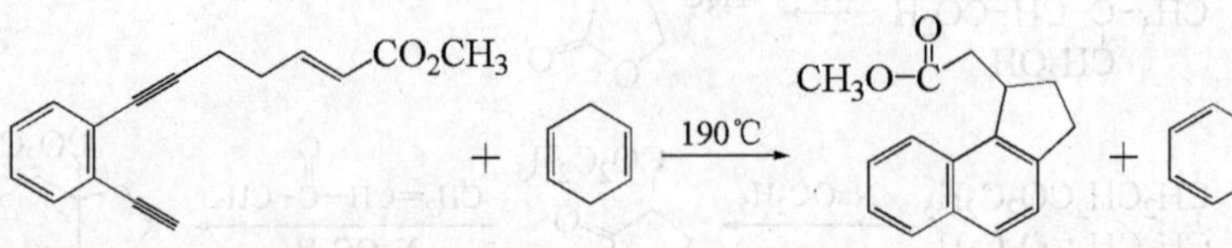

（7）写出下列反应产物的构型式：

①

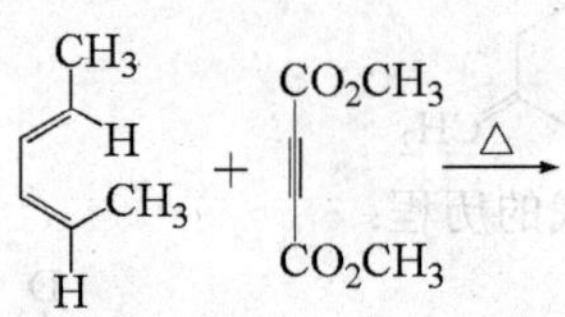

②

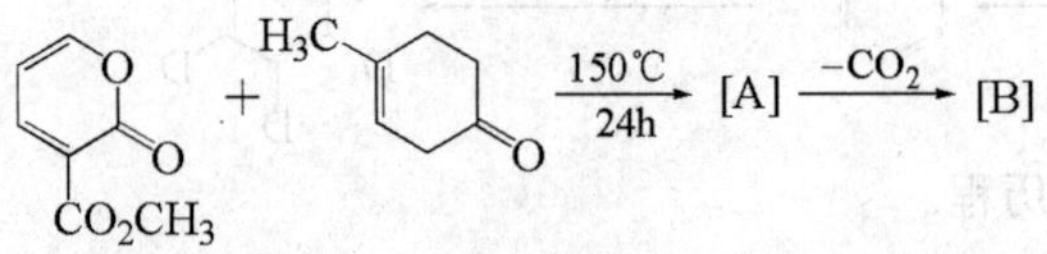

（8）如下两个立体异构体 P 和 Q 进行碱性水解，P 比 Q 的反应速度快 20 倍，为什么？

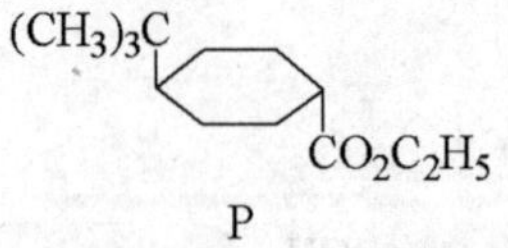

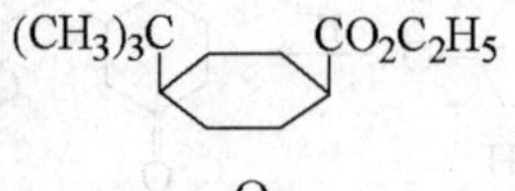

（9）邻二卤代烃在丙酮中用 KI 处理生成烯，其历程描述如下：

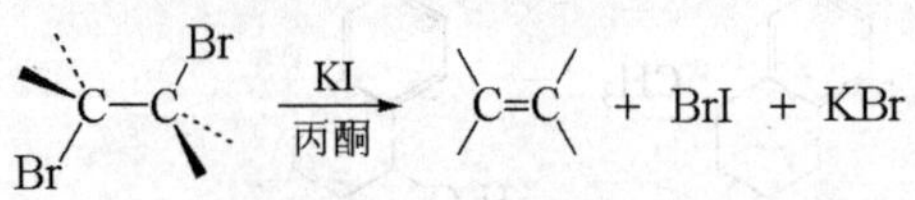

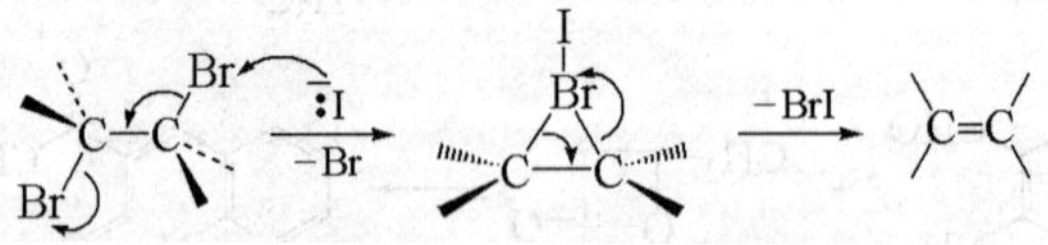

用 (2$S$,3$S$)-2,3-二溴丁烷和 (2$R$,3$S$)-2,3-二溴丁烷分别进行以上反应。（a）写出产物的构型式；（b）说明哪一个反应速度快。

（10）由乙炔和必要有机和无机原料或试剂合成 $E$-3-溴-3-己烯（提示：由炔加 HBr 得不到所需构型产物）。

（11）化合物 W 具有旋光活性，当加热后发现生成了无旋光活性的物质，请给出合理的解释。

W

（12）具有 *R*-构型的旋光化合物 A（$C_5H_{10}O_2$）与 $NH_3$ 作用生成白色固体，加热这个白色固体得到 B（$C_5H_{11}NO$），B 用 $Br_2/OH^-$ 处理得 C（$C_4H_{11}N$），C 与 $NaNO_2/HCl$ 作用放出 $N_2$ 得到醇 D（$C_4H_{10}O$）。(a) 反应产物 B、C、D 是否具有旋光性？(b) 写出 A、B、C、D 的构型式。

（13）旋光化合物 A（$C_7H_{11}Br$），在过氧化物存在下与 HBr 反应生成 B 和 C，B、C 分子式均为 $C_7H_{12}Br_2$，B 有旋光性而 C 无旋光性。分别用 1mol KOH 处理 B 和 C，B 得到 A，而 C 得到 A 的外消旋体。用 $NaOH/C_2H_5OH$ 处理 A 得到 D，D 用 $KMnO_4$ 氧化放出 2mol $CO_2$ 得到 1,3-环戊二酮，写出 A、B、C、D 的构型式。

2．参考答案

（1）

a. CHO $\xrightarrow{OH^-}$ CHO $\xrightarrow{CH_2=O}$ CHO $O^-$ $\xrightarrow{H_2O}$ CH=O OH $\xrightarrow{:CN^-}$

$O^-$ C CN OH $\xrightarrow{H^+}$ OH C C≡N OH $\xrightleftharpoons{H^+}$ OH C C≡NH OH + $\xrightarrow{H_2\ddot{O}}$ OH C C=NH OH $\overset{+}{O}H_2$

⇌ OH C C=$\overset{+}{N}H_2$ OH OH $\xrightarrow{H_2\ddot{O}}$ OH C $\overset{+}{O}H_2$ $NH_2$ OH OH ⇌ OH C OH $\overset{+}{N}H_3$ OH OH $\xrightarrow{-NH_4^+}$

OH C C=O OH OH $\xrightleftharpoons{H^+}$ OH C C=$\overset{+}{O}H$ OH OH ⟶ OH OH $\overset{+}{O}$ H OH ⇌ OH OH O $\overset{+}{O}H_2$

⟶ OH O $\overset{+}{O}H$ $\xrightarrow{-H^+}$ OH O O

b. $CO_2C_2H_5$ $CO_2C_2H_5$ $\xrightarrow{^-OC_2H_5}$ $C_2H_5O_2C$ $OC_2H_5$ C=O ⟶ $C_2H_5O_2C$ $\ddot{O}^-$ $OC_2H_5$ $\xrightarrow{^-OC_2H_5}$

$CO_2C_2H_5$ O $\xrightarrow{^-OC_2H_5}$ $CO_2C_2H_5$ O O ⟶ $CO_2C_2H_5$ O $O^-$ $CH_3$ $\xrightarrow{HOC_2H_5}$

$CO_2C_2H_5$ O O $CH_3$ $\xrightarrow{^-OC_2H_5}$ $CO_2C_2H_5$ O O $:CH_2$ ⟶ $CO_2C_2H_5$ O $:O$ $\xrightarrow{HOC_2H_5}$

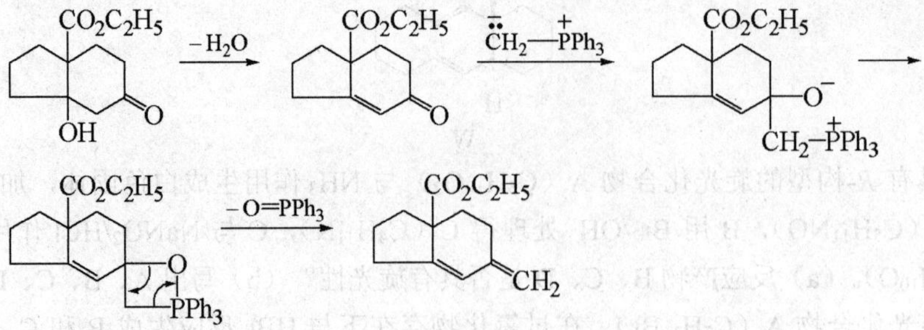

(2)

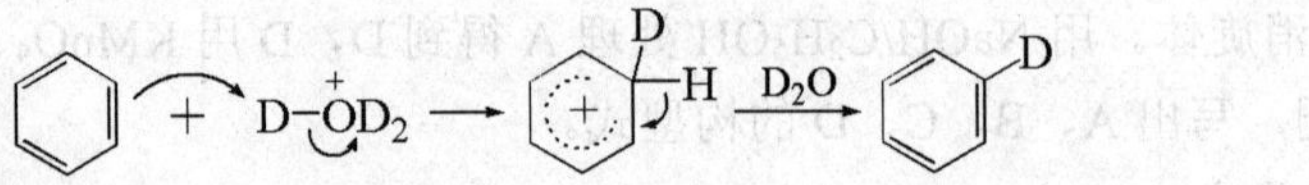

$$C_6H_6 + D-\overset{+}{O}D_2 \longrightarrow [C_6H_6D]^+ \xrightarrow{D_2O} C_6H_5D$$

(3)

a.

$$(CH_3)_3C-O-Cl \xrightarrow{\triangle} (CH_3)_3C-O\cdot + Cl\cdot$$ 引发

$$(CH_3)_3C-O\cdot + CH_3CH_3 \longrightarrow (CH_3)_3C-OH + CH_3CH_2\cdot$$

$$CH_3CH_2\cdot + (CH_3)_3C-O-Cl \longrightarrow CH_3CH_2Cl + (CH_3)_3C-O\cdot$$ 链锁

b. 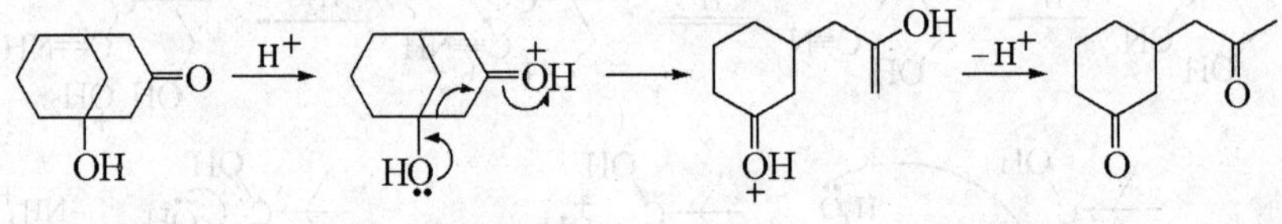 $\xrightarrow{H^+}$ $\longrightarrow$ $\xrightarrow{-H^+}$

c. 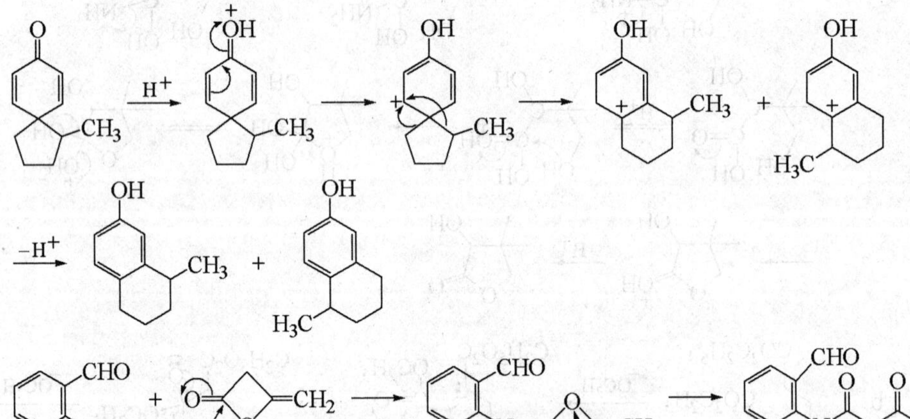 $\xrightarrow{H^+}$ $\longrightarrow$ $\longrightarrow$ + $\xrightarrow{-H^+}$ +

d. 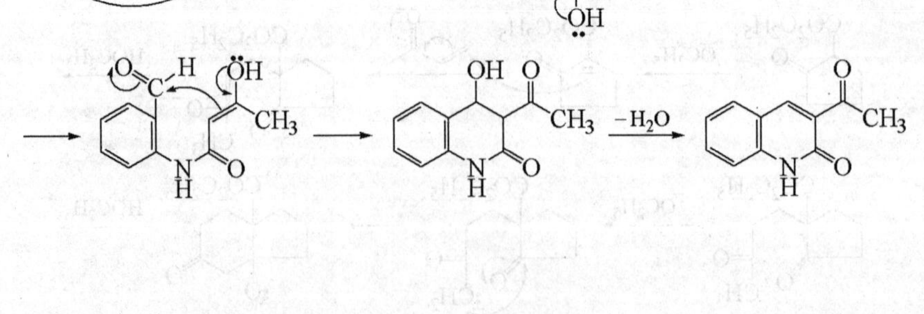 + $\longrightarrow$ $\longrightarrow$ $\longrightarrow$ $\longrightarrow$ $\xrightarrow{-H_2O}$

e.

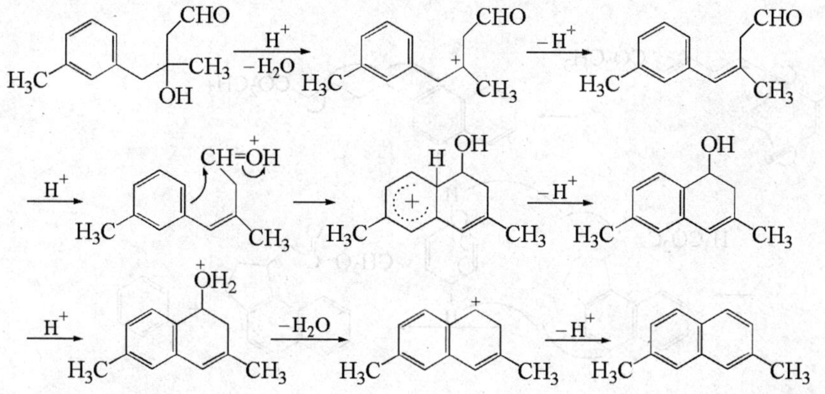

(4)

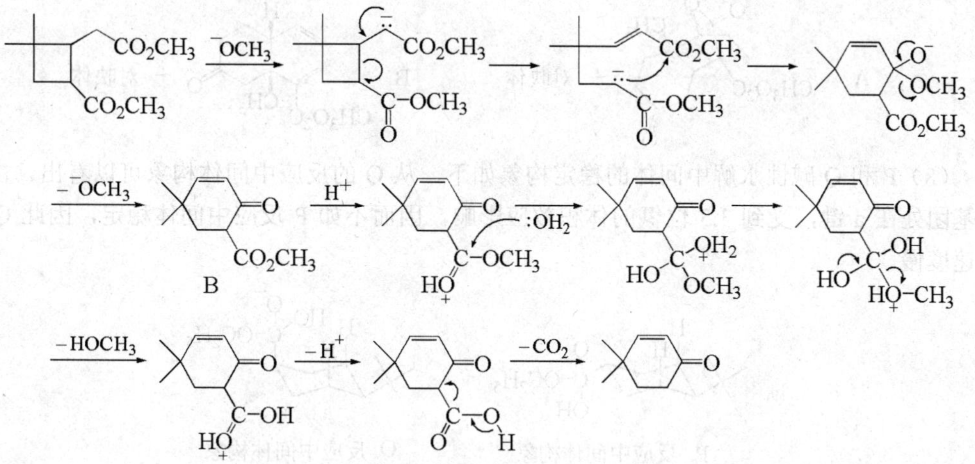

(5)

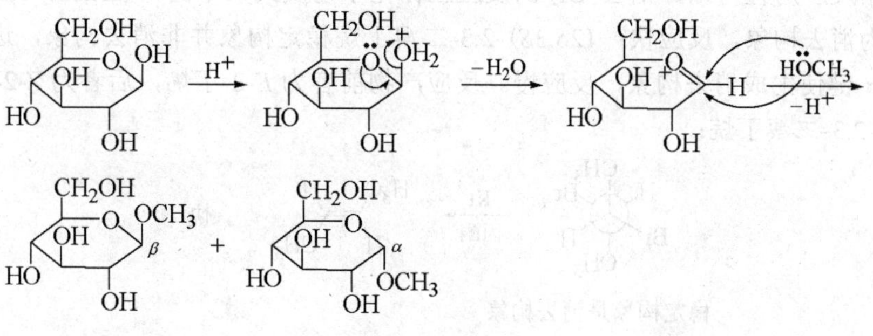

(6)

①

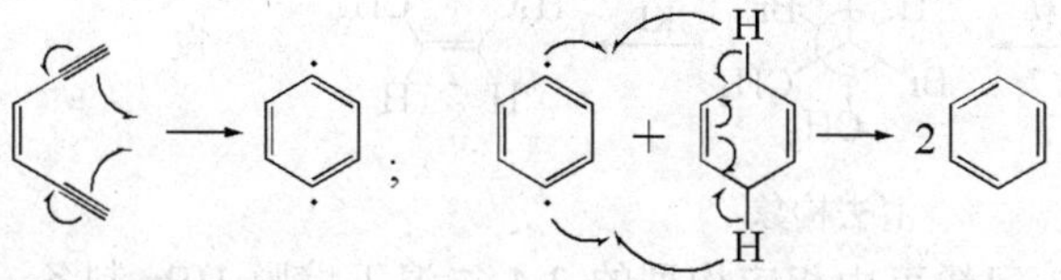

②

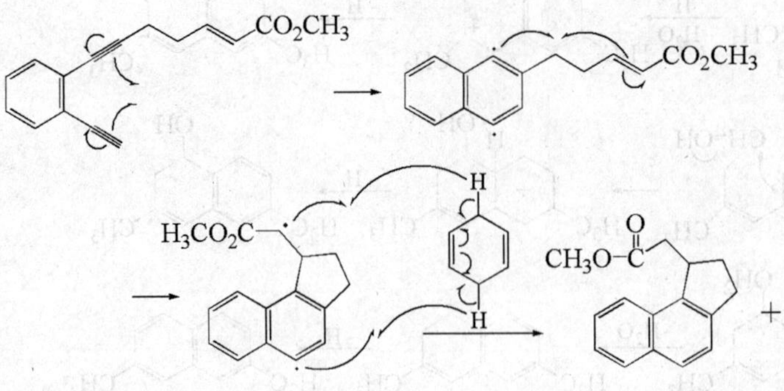

$$\ce{->}$$

$$\ce{->}$$

（7）

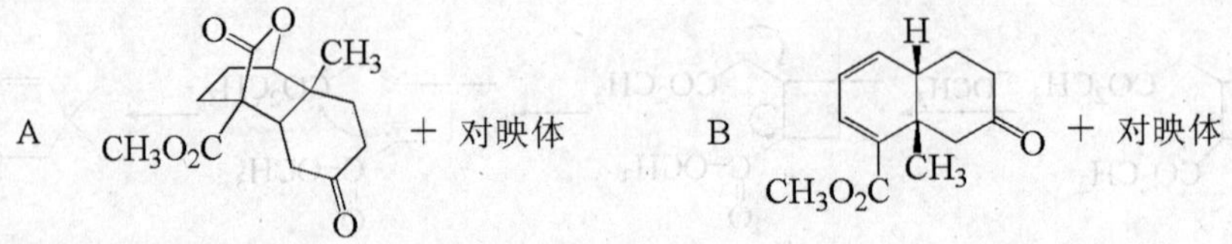

A $CH_3O_2C$ ... $CH_3$ + 对映体　　B ... $CH_3O_2C$ ... $CH_3$ + 对映体

（8）P 和 Q 碱性水解中间体的稳定构象如下，从 Q 的反应中间体构象可以看出，由于反应基团处在 a 键，受到 3,5 位氢的体积效应影响，因而不如 P 反应中间体稳定，因此 Q 的反应速度慢。

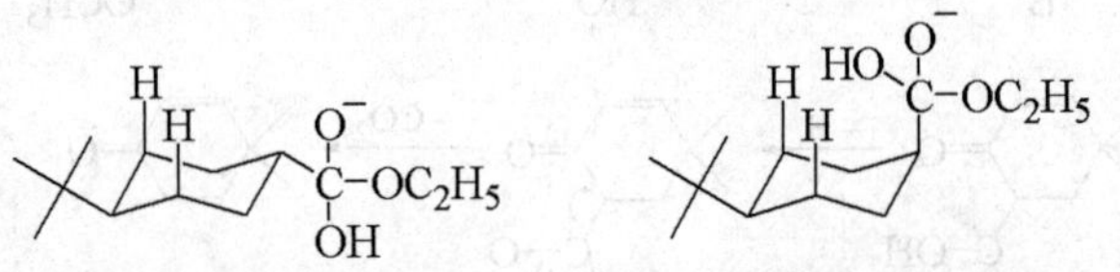

P 反应中间体构象　　Q 反应中间体构象

（9）根据反应历程可知，消去 $Br_2$ 的反应立体化学为反式共平面。(2*R*,3*S*)-2,3-二溴丁烷稳定构象即为消去构象，反应快；(2*S*,3*S*)-2,3-二溴丁烷稳定构象并非消去构象，进行消去反应必须旋转 σ-键使生成消去构象，反应慢。反应产物前者为 *E*-2-丁烯，后者为 *Z*-2-丁烯。

(2*R*,3*S*)-2,3-二溴丁烷：

$\xrightarrow[\text{丙酮}]{KI}$　快

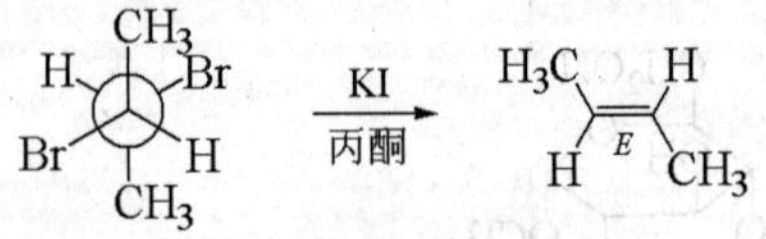

稳定构象是消去构象

(2*S*,3*S*)-2,3-二溴丁烷：

$\xrightarrow{\sigma-\text{键旋转}}$　$\xrightarrow{KI}$　慢

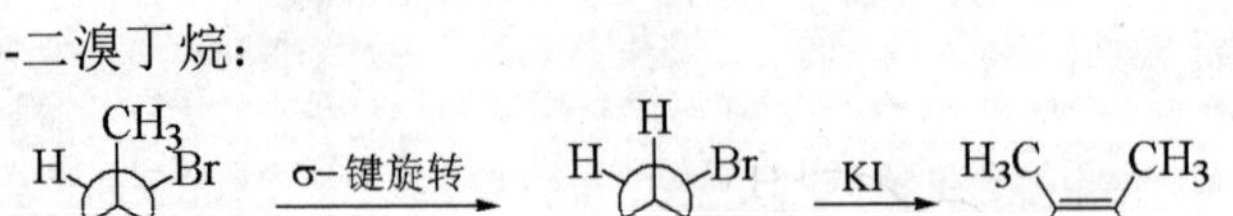

稳定构象　　消去构象

（10）用倒推法合成。*E*-3-溴-3-己烯可由相应构型的 3,4-二溴丁烷脱 HBr 制备。3,4-二溴丁烷的构型可由产物构型和 HBr 反式消去的立体化学决定，即由产物的 *E* 构型和反式消去 HBr 的立体化学找出 3,4-二溴丁烷的消去构象。3,4-二溴丁烷构型确定之后，将其转化为相应烯烃加 $Br_2$ 的构象，也就是使两个溴同处于反式共平面的位置，这样可找出参与加 $Br_2$ 的烯烃的构型。烯可由炔制备，根据所需烯的构型，采用特定立体化学还原制得。

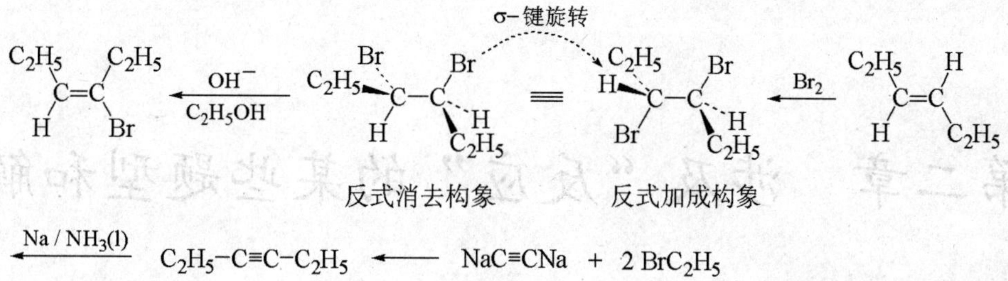

σ−键旋转

$C_2H_5(H)C{=}C(C_2H_5)Br \xleftarrow[C_2H_5OH]{OH^-}$ 反式消去构象 $\equiv$ 反式加成构象 $\xleftarrow{Br_2}$ $C_2H_5(H)C{=}C(H)C_2H_5$

反式消去构象　　反式加成构象

$\xleftarrow{Na/NH_3(l)}$ $C_2H_5-C\equiv C-C_2H_5 \longleftarrow NaC\equiv CNa + 2\,BrC_2H_5$

（11）

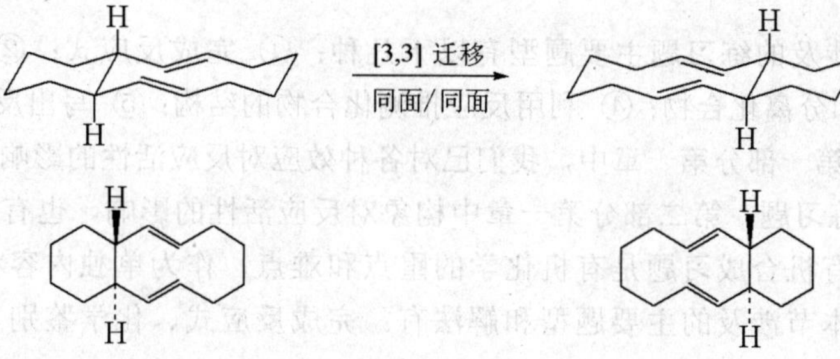

[3,3] 迁移

同面/同面

W　　　　W 的对映体

（12）（a）B、C 有旋光性，D 无旋光性。

（b）

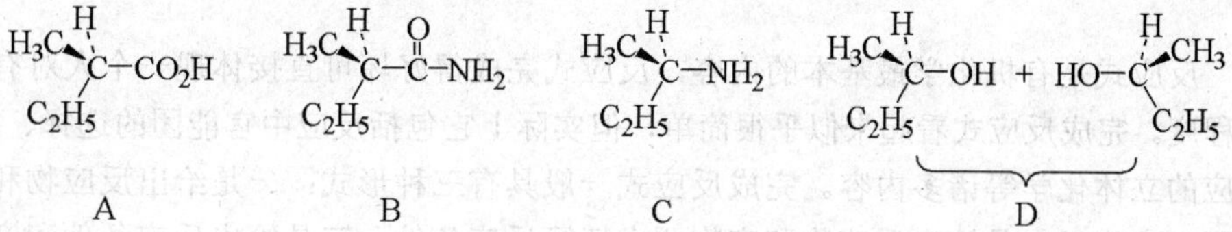

A　B　C　D

（13）

A　或

B　或

C　D

# 第二章　涉及“反应”的某些题型和解法

有机化学中涉及的练习题主要题型有以下几种：① 完成反应式；② 判定反应活性；③利用反应鉴别和分离化合物；④ 利用反应推测化合物的结构；⑤ 写出反应的机理（历程）；⑥ 有机合成。在第一部分第一章中，我们已对各种效应对反应活性的影响进行了讨论，并配有相应的例题和练习题；第二部分第一章中构象对反应活性的影响，也有相应的实例，在本章中不再重复。有机合成习题是有机化学的重点和难点，作为单独内容将在本部分的第三章中详细讨论。本节涉及的主要题型和解法有：完成反应式、化学鉴别、结构推测和反应机理。

## 一、完成反应式

反应式是有机化学最基本的内容，反应式完成得好坏可直接体现一个人对有机化学掌握的程度。完成反应式看起来似乎很简单，但实际上它包括反应中官能团的选择、反应的方向、反应的立体化学等诸多内容。完成反应式一般具有三种形式：一是给出反应物和反应条件要求写出产物；二是给出反应物和产物要求填写反应条件；三是给出反应条件和产物要求导出反应物结构。无论何种形式，在完成反应时一定要注意反应条件下官能团的选择和位置选择、反应方向和立体化学等。

1．*完成反应式注意官能团和位置选择*

完成反应式首先要注意的是反应条件下官能团的选择和位置选择。在不同条件下，反应试剂对反应物中不同官能团的反应性能不同，反应的位置也不同。如例 1 中反应物有多个可被还原的基团，采用不同的还原方法将得到不同的产物。要准确完成该反应必须了解不同还原法反应的适用范围。

**例 1**

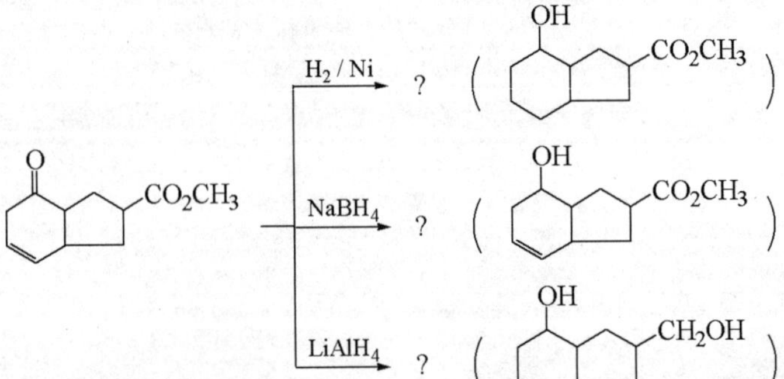

$CO_2CH_3$，O

$H_2$ / Ni → ?（OH，$CO_2CH_3$）

$NaBH_4$ → ?（OH，$CO_2CH_3$）

$LiAlH_4$ → ?（OH，$CH_2OH$）

催化氢化可还原烯、炔、$NO_2$、C≡N、C=N 等，当用 Pd, $BaSO_4$/S-喹啉催化氢化时，可还原酰氯到醛。$NaBH_4$ 主要对醛酮羰基有选择性，而 $LiAlH_4$ 是强还原剂，除不还原游离碳碳双键外，可还原很多不饱和基团，如$-CO_2H$、$-CO_2R$、C＝O、C≡N、$NO_2$、N＝O、C＝N 和 R$-CH_2X$ 等。

**例 2**

$$\mathrm{Ph{-}CH{=}CH{-}\overset{O}{\overset{\|}{C}}{-}CH_3 \xrightarrow{?} Ph{-}CH{=}CH{-}\overset{OH}{\overset{|}{C}H}{-}CH_3}$$

（ $Al[OCH(CH_3)_2]_3$ / $HOCH(CH_3)_2$　或　(1) 9-B.B.N; (2) $H_2NCH_2CH_2OH$ ）

例 2 是一个选择反应试剂的题目，要求 *α*, *β*-不饱和醛酮只还原羰基而不影响碳碳双键，若掌握了还原方法的特征及适用范围，就会准确写出两种最好的还原法：一是异丙醇铝存在下用异丙醇还原；另一个是利用 9-B.B.N 的还原方法。除还原外还有很多氧化剂也具有不同的反应特点。如 $Na_2Cr_2O_7/H_2SO_4$ 可将伯醇氧化为酸；要想得到醛酮则需用沙瑞特试剂 $[(C_5H_5N)_2CrO_3]$；一价银可氧化醛到酸而不影响其他易被氧化的官能团，希望读者在学习的过程中随时加以总结归纳。

除氧化还原反应外，很多反应存在官能团保护和反应位置选择性的问题。一般此种选择取决于反应底物和进攻试剂的反应性，若了解了其反应性能就能正确判定反应的主要产物。如 *α*, *β*-不饱和酮与强亲核试剂的加成主要是 1,2-加成，和较弱亲核试剂的加成则主要为 1,4-加成（例 3）。反应位置选择由例 4 来说明。1,3-二甲基异喹啉与 $NaNH_2$ 作用是酸碱反应，从结构分析可知 1 位甲基有较强酸性，因此反应第一步是生成 1,3-二甲基异喹啉 1 位甲基负离子，而后与苯甲醛进行类似羟醛缩合的反应，得到产物。再如例 5 中反应物为糖苷，反应条件是稀酸水溶液，尽管反应物中有多个醚键，在该条件下反应位置选择只能是胞二醚（缩醛），即水解糖苷键。

**例 3**

环己-2-烯酮 $\xrightarrow[(2)\ H_3^+O]{(1)\ LiR}$ ?（1-R-环己-2-烯-1-醇，HO、R）；　环己-2-烯酮 $\xrightarrow{R_2CuLi}$ ?（3-R-环己酮）

**例 4**

1,3-二甲基异喹啉（$CH_3$，N，$CH_3$）$\xrightarrow[(2)\ PhCHO]{(1)\ NaNH_2}$ ?（3-甲基-1-(CH＝CHPh)异喹啉）

**例 5**

甲基化二糖甲苷（$CH_2OCH_3$、$OCH_3$、$CH_3O$、O、$OCH_3$ …… $OCH_3$）$\xrightarrow{H_3^+O}$ ?（$CH_2OCH_3$、$OCH_3$、$CH_3O$、OH、$OCH_3$ 单糖 + $CH_2OCH_3$、$OCH_3$、HO、OH、$OCH_3$ 单糖）

2．完成反应注意反应方向

本书第一部分第四章中已较详细地讨论了各种效应对反应方向的影响，并对烯的加成、芳环上的亲电取代、*β*-消去反应、环氧开环和重排等反应的方向进行了实例说明。读者可认真阅读、埋解和掌握。总体上讲，反应方向一般与反应物的结构特征和反应中间体或过渡态的稳定性直接相关。如例 6 中的几个反应方向都是由相应反应过程中产生的中间体或过渡态的稳定性决定的，反应朝生成较稳定的中间体或过渡态的方向发展。例 7 中的几个反应方向是和反应底物的结构特征相关，一般试剂进攻的有利方向是体积效应小的位置。

**例 6**

$$CH_2{=}CH{-}\overset{O}{\overset{\|}{C}}{-}Ph \xrightarrow{HBr} ?\ (BrCH_2CH_2{-}\overset{O}{\overset{\|}{C}}{-}Ph)$$

$$\text{2-苯基噻吩} \xrightarrow[0℃]{Br_2} ?\ (\text{5-溴-2-苯基噻吩})$$

$$Ph{-}\underset{\backslash O /}{CH{-}CH}{-}CH_3 \xrightarrow{H^+/HOCH_3} ?\ (Ph{-}\underset{CH_3O}{CH}{-}\underset{OH}{CH}{-}CH_3)$$

$$O_2N{-}C_6H_4{-}\overset{O}{\overset{\|}{C}}{-}C_6H_4{-}CH_3 \xrightarrow{F_3CCO_3H} ?\ (O_2N{-}C_6H_4{-}\overset{O}{\overset{\|}{C}}{-}O{-}C_6H_4{-}CH_3)$$

**例 7**

$$(CH_3)_2CHCH_2{-}\overset{+}{N}(CH_3)_2{-}CH_2CH_2CH_3\ \overset{-}{O}H \xrightarrow{\triangle} ?\ ((CH_3)_2CHCH_2N(CH_3)_2 + CH_3CH{=}CH_2)$$

$$\text{2-甲基环己酮} \xrightarrow[(2)\ CH_3CHO]{(1)\ LDA} ?\ (\text{2-甲基-6-(1-羟乙基)环己酮})$$

$$Ph{-}\underset{\backslash O /}{CH{-}CH_2} \xrightarrow{\overset{-}{O}CH_3/HOCH_3} ?\ (Ph{-}\underset{OH}{CH}{-}CH_2OCH_3)$$

3．完成反应式注意反应的立体化学

本书第二部分第一章已对有机化学常见的立体化学反应作了详细的总结和讨论，并分别对烯烃反式和顺式加成、$\beta$-反式消去反应、$\beta$-顺式消去反应、饱和碳上的 SN1 和 SN2 反应、邻基参与、环氧开环、羰基化合物的亲核加成和协同反应中的立体化学进行了实例分析。这些内容是完成立体化学反应的基础，读者要完全理解和熟练掌握，这样才可准确无误地完成立体化学反应式。

其实，反应的立体化学是和相应的反应历程相关联的。在完成一个反应式时，首先应判定是什么类型的反应，根据反应机理和反应立体化学特征写出反映空间结构变化的构型式或构象式。如例 8 中为 E2 历程的 $\beta$-消去反应，该反映的立体化学是反式消去，因此应首先写出反应底物直观的反式消去构象，这样才可判定消去 HBr 后生成的烯烃构型。

**例 8**

$$\text{Fischer: }CH_3;\ H{-}C{-}Br;\ C_2H_5{-}C{-}H;\ CH_3 \xrightarrow[C_2H_5OH]{OH^-} ?\ \left(\begin{matrix}C_2H_5 & & CH_3\\ & C{=}C & \\ H_3C & & H\end{matrix}\right)$$

$\Updownarrow$ 反式消去构象：$(C_2H_5)(H_3C)(H)C{-}C(CH_3)(H)(Br)$ → 产物

同例 8 中的 $\beta$-消去反应类似，很多立体化学反应都具有特征的反应构象。如邻基参与反应构象是参与基团与离去基团处于反式共平面；醛酮亲核加成构象是手性碳中大基团与羰基处于反位；酯的热消去构象一般为稳定构象等。写出了这些反应构象，根据不同的反应历程，即可准确写出产物的构型。

在一些立体选择性反应中需对反应物进行构象分析。如例 9 为硼氢化－氧化反应，反应方向是反马氏加成，反应历程是通过一个四元环过渡态，因此反应的立体化学为顺式加成。但该题目还有一个在烯烃平面哪一侧进行加成的立体选择性问题，通过构象分析，不难得出从体积效应小的一侧加成的立体化学产物。

**例 9**

=CH₂, CH₃, CH₃ $\xrightarrow[(2)\ H_2O_2 / OH^-]{(1)\ B_2H_6}$ ? （H, CH₂OH, CH₃, CH₃）

## 二、利用化学反应鉴别化合物

用简单化学反应鉴别有机化合物实际就是有机化学实验中的官能团鉴定，利用不同官能团的特征化学性质判定化合物的结构类型。一般用于区别化合物的反应要求反应速度快，反应现象明显，通常反应中会产生沉淀、气体、颜色变化、溶解度变化等。以下结合有机化学学习，从了解鉴别题及解析方法的目的出发，对常见的鉴别方法进行了总结讨论。

1．不同类型化合物的常见鉴别方法（表 2-1）

**表 2-1　不同类型化合物的常见鉴别方法**

| 化合物类型 | 鉴别方法 | 现象和结果 |
| --- | --- | --- |
| 烯、炔 | $Br_2/CCl_4$ | 褪色 |
| | $KMnO_4/H_2O$ | 褪色 |
| | $Ag^+(NH_3)_2$ | $RC\equiv CAg\downarrow$（端基炔） |
| 环丙烷 | $Br_2/CCl_4$ | 褪色 |
| | $KMnO_4/H_2O$ | 不反应（区别于烯烃） |
| 卤代烃 | $AgNO_3$ | $AgX\downarrow$（活泼卤代烃） |
| 醇 | Na | $H_2\uparrow$ |
| | $CrO_3/H_2SO_4$（Jones 试剂） | 橙到绿色（伯、仲醇） |
| | $ZnCl_2$/浓 HCl（Lucas 试剂） | 叔醇立刻混浊；仲醇 5 分钟后反应；伯醇室温不反应 |
| | $I_2/OH^-$ | $HCI_3\downarrow$（甲基醇） |
| | （1）$HIO_4$；（2）$AgNO_3$ | $AgIO_3\downarrow$（邻二醇、$\alpha$-羟基醛酮） |
| 酚 | $NaOH/H_2O$ | 溶解 |
| | $FeCl_3$ | 显色（除酚外，易生成烯醇式的化合物也为正性结果） |
| | $Br_2/H_2O$ | 沉淀 |
| 醚 | HCl（酸） | 溶解 |
| 醛、酮 | 2,4-二硝基苯肼 | 沉淀（醛和酮） |
| | $Ag^+(NH_3)_2$ | $Ag\downarrow$（醛） |
| | $Cu^{2+}$络合物 | $Cu_2O\downarrow$ |
| | $NaHSO_3$ | $-\overset{OH}{\underset{/}{C}}-SO_3Na\downarrow$（醛、脂肪甲基酮、环酮） |
| | $I_2/OH^-$ | $HCI_3\downarrow$（甲基酮） |
| | （1）$HIO_4$；（2）$AgNO_3$ | $AgIO_3\downarrow$（邻二醇、$\alpha$-羟基醛酮） |
| 羧酸 | $NaHCO_3/H_2O$ | $CO_2\uparrow$ |

续表

| 化合物类型 | 鉴别方法 | 现象和结果 |
|---|---|---|
| 胺 | HCl（酸） | 溶解 |
| | 对甲苯磺酰氯和 NaOH（Hinsberg 实验） | 伯胺反应产物溶于碱；仲胺反应产物不溶于碱也不溶于酸；叔胺不反应，但叔胺本身可溶于酸 |
| | $NaNO_2/HCl$（亚硝酸实验） | 脂肪伯胺放出 $N_2\uparrow$；仲胺生成不溶于酸的黄色物质；叔胺不反应，但叔胺本身可溶于酸；芳香伯胺反应后加 $\beta$-萘酚呈红色 |
| 糖 | $Ag^{+}(NH_3)_2$ | $Ag\downarrow$（还原性糖） |
| | $Br_2/H_2O$ | 褪色（醛糖） |
| 氨基酸 | 水合茚三酮 | 紫色物质（$\alpha$-氨基酸） |

2．鉴别题的解法

在利用简单化学方法鉴别化合物时，有时会发生干扰，因此在鉴别时最好首先采用明显无干扰的试剂把被鉴别的化合物分类，然后进行分组鉴别。一般方法是先把酸性化合物或碱性化合物区别开；第二步用羰基试剂（2,4-二硝基苯肼）把醛酮分为一组，因醛酮是干扰试验结果最多的化合物；然后分别对各组化合物进行鉴别。特别需要引起注意的是，采用 Lucas 试剂区别醇时，一定要将醇分为一组后才能使用，因该试验结果的判定依据反应物和产物在酸中溶解性能不同，若有其他类型化合物存在，容易引起干扰。

鉴别题的解法最常用的是图示法，该方法简单明了，最容易被读者接受。在鉴别时应写明每一步的鉴别条件、反应现象和对应化合物的试验结果，阶梯式的描述每一种化合物的鉴别过程。以下我们举两个实例加以说明。

**例 1** 用简单化学方法鉴别以下含氧化合物。

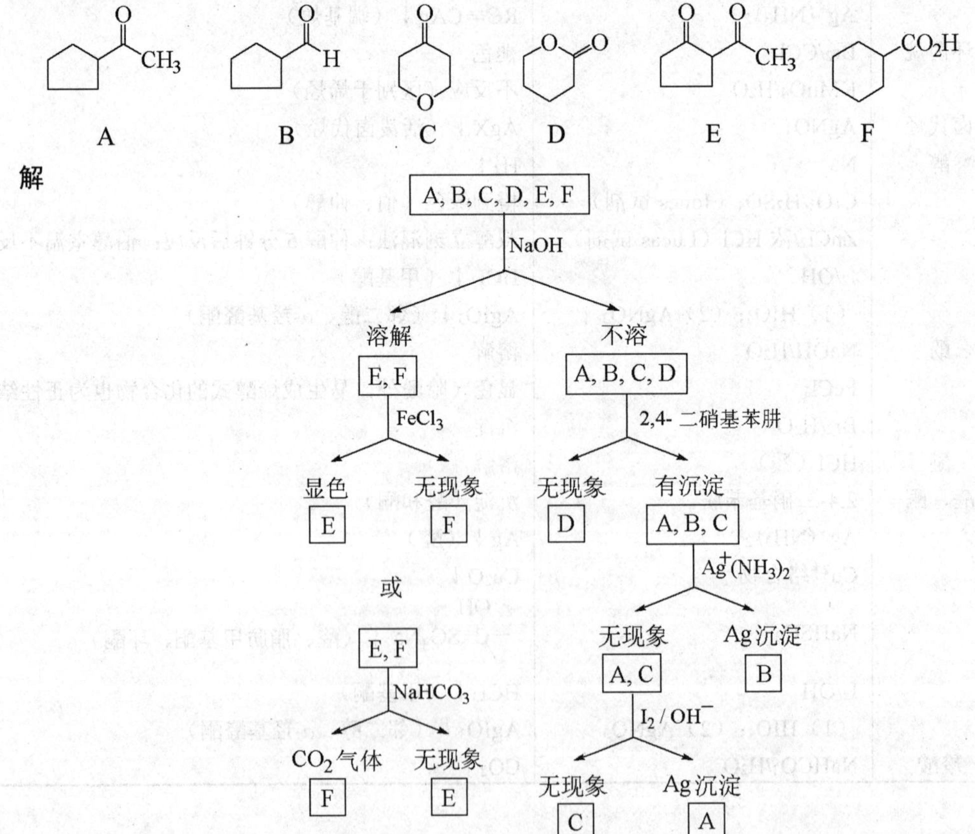


**解**

**例 2**　用简单化学方法鉴别下列化合物。

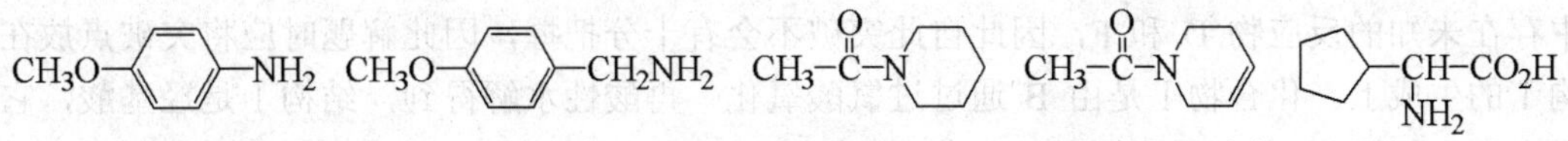

CH3O–C6H4–NH2
CH3O–C6H4–CH2NH2
CH3–C(=O)–N
CH3–C(=O)–N
CH–CO2H
NH2


A　B　C　D　E

**解**

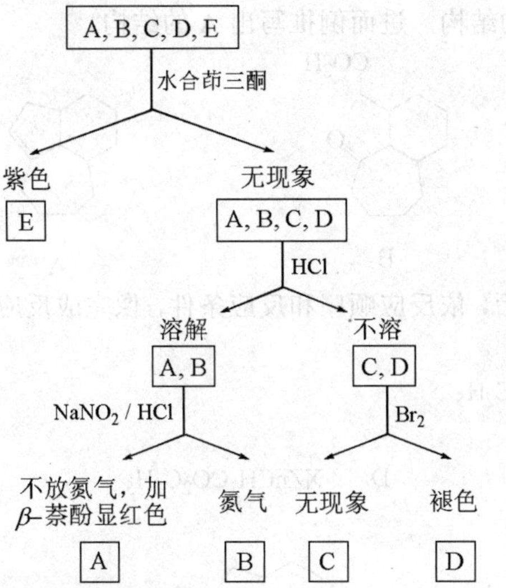

A, B, C, D, E
水合茚三酮
紫色
E
无现象
A, B, C, D
HCl
溶解
A, B
不溶
C, D
NaNO2 / HCl
Br2
不放氮气，加
β–萘酚显红色
氮气
无现象
褪色
A
B
C
D


## 三、利用化学反应推结构

目前化合物结构推测手段主要采用仪器分析（参阅第一部分第五章）。但利用化学反应推导结构也是在实验中经常采用的方法，因此在有机化学中这类习题也是很常见的一种。这类题型一般分为两大种，一种是系列反应中的填空形式；另一种是依据文字描述的反应过程和结果推断结构。无论是哪种形式，解析此类题目的基础都是熟悉各类反应，解题技巧是找出突破点，然后自该点出发，依据题目中的反应及结果逐渐延伸，直至导出目标化合物的结构。一般突破点是题目中给出的较容易判定结构，且能给出准确结果的位置。若题目中无明显突破点，解题时要仔细审视全题，根据题目的连贯反应找出解题的关键，或从读者最熟知的反应着手，依题意完成局部的推导，再依次完成全部的题解。下面举三个实例说明不同的题型及解题方法。

**例 1**　写出下列合成反应中英文字母代表的化合物结构。

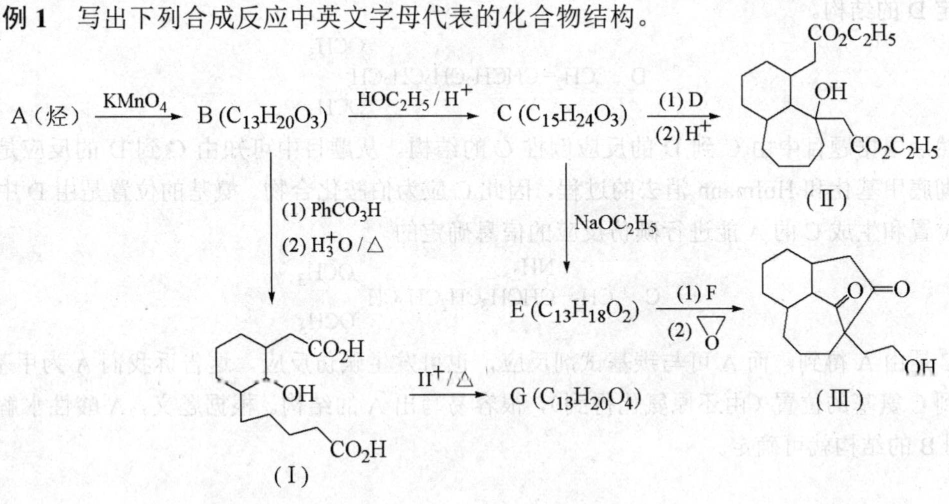

A（烃）
KMnO4
B (C13H20O3)
HOC2H5 / H+
C (C15H24O3)
(1) D
(2) H+
CO2C2H5
OH
CO2C2H5
(Ⅱ)
(1) PhCO3H
(2) H3+O / △
NaOC2H5
E (C13H18O2)
(1) F
(2)
O
O
OH
(Ⅲ)
CO2H
OH
CO2H
(Ⅰ)
H+ / △
G (C13H20O4)

**解** 题目中给出三个构造式（Ⅰ、Ⅱ、Ⅲ），它们可作为观察点。题中生成Ⅱ和Ⅲ的反应中存在未知的反应物 D 和 F，因此自此突破不会有十分把握，因此解题时应将突破点放在结构Ⅰ的生成上。化合物Ⅰ是由 B 通过过氧酸氧化，再酸性水解得到，结构Ⅰ是羟基酸，它可由内酯水解得到，而过氧酸与酮反应则可生成酯，通过分析可知 B 一定是个环酮。根据Ⅰ的骨架结构，不难导出 B 的结构，进而倒推写出 A 的结构。

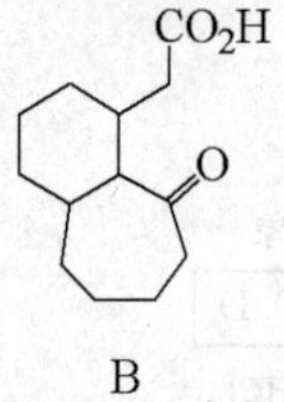

B 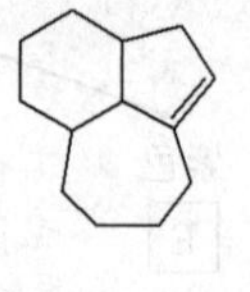　　A

导出 A 和 B 的结构后，依反应顺序和反应条件，像完成反应式一样很快可写出 C、D、E、F 和 G 的结构。

C　$CO_2C_2H_5$　　D　$XZnCH_2CO_2C_2H_5$　　E

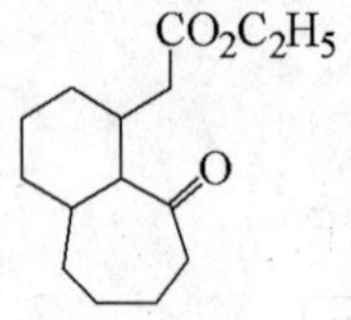

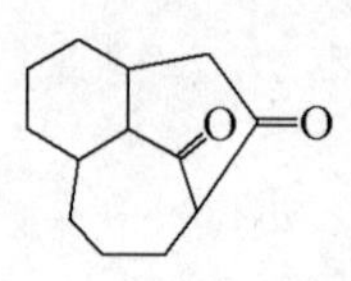

F　$NaOC_2H_5$　　G　$CO_2H$

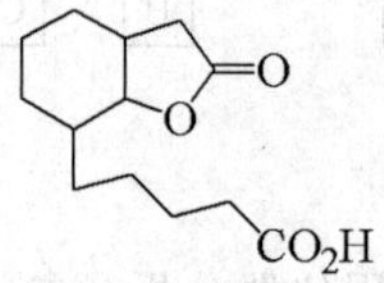

**例 2** 化合物 A（$C_8H_{16}O_3$）不溶于碱，也不与$[Ag(NH_3)_2]^+$作用，但可对羰基试剂和碘仿试验呈正性结果。A 用稀酸处理得 B（$C_6H_{10}O_2$），B 能发生银镜反应。A 在 $NH_3$ 存在下催化氢化得 C（$C_8H_{19}NO_2$），C 与 3mol $CH_3I$ 作用后用 AgOH 加热处理生成 D（$C_8H_{16}O_2$），D 经稀酸水解得到 5-己烯醛。写出 A、B、C、D 的结构。

**解** 题目中给出 D 酸性水解产物 5-己烯醛，这就明确了 D 的碳骨架，因此突破点应为 D 的结构。D 是从 A 经系列反应到 C，C 与 3mol $CH_3I$ 作用后经 AgOH 加热处理得到，这说明 C 到 D 的反应为季铵碱消去，所以 D 中一定含有碳碳双键。联系到题目中，A 酸性水解产物为 B，D 水解产物为 5-己烯醛的信息，不难判断 D 应为缩醛。根据以上分析和 D 的分子式，则可确定 D 的结构。

D　$CH_2{=}CHCH_2CH_2CH_2CH(OCH_3)_2$

然后根据题目中由 C 到 D 的反应倒推 C 的结构。从题目中可知由 C 到 D 的反应是一个伯胺彻底甲基化和 Hofmann 消去的过程，因此 C 应为伯胺化合物。氨基的位置是由 D 中碳碳键的位置和生成 C 的 A 能进行碘仿反应的信息确定的。

C　$CH_3{-}CH(NH_2)CH_2CH_2CH_2CH(OCH_3)_2$

C 是由 A 得到，而 A 可与羰基试剂反应，也可发生碘仿反应。这告诉我们 A 为甲基酮，连系到 C 氨基的位置（由还原氨化得到），很容易写出 A 的结构。根据题义，A 酸性水解生成 B，则 B 的结构就可确定。

A $CH_3-\overset{O}{\overset{\|}{C}}-CH_2CH_2CH_2CH(OCH_3)_2$　　B $CH_3-\overset{O}{\overset{\|}{C}}-CH_2CH_2CH_2CHO$

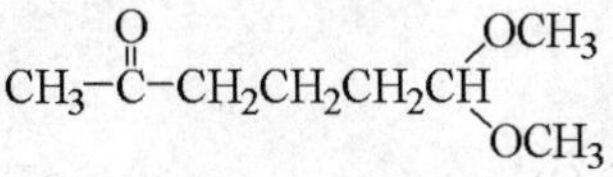

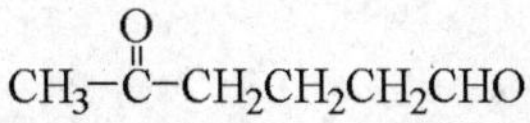

**例 3**　某旋光化合物 A（$C_5H_6O_3$）与乙醇作用得到 B 和 C。B、C 分子式均为 $C_7H_{12}O_4$，它们互为构造异构，且都具有旋光性，B 和 C 与 $NaHCO_3$ 反应都放出 $CO_2$。当用 $SOCl_2$ 分别处理 B 和 C 后，再与乙醇反应，得到同一个具有旋光性的化合物 D。写出 A、B、C、D 的构型式。

**解**　从题意看无明显突破点，此时要仔细分析题目中的每一个反应和反应结果，将它们彼此相联系，找出有价值的信息，以便从一点突破。B 和 C 都与 $NaHCO_3$ 作用放出 $CO_2$，说明含有羧基；而 B 和 C 又是 A 与乙醇反应得到的，因此 A 可能为酸酐；B 和 C 为构造异构的条件限制说明 A 为不对称酸酐，因只有不对称酸酐与乙醇作用才可生成互为构造异构的二元酸单酯。题目中 B 和 C 生成 D 的反应是二元酸单酯中的羧基再酯化的过程，B 和 C 生成的双酯结构应该是相同的。题目中 A、B、C、D 都是旋光化合物，说明反应中不影响手性中心。依据以上分析，可写出它们的构型式。

A（甲基丁二酸酐，$CH_3$ 取代）或对映体　　B 或 C：H、$CH_3$、$CO_2C_2H_5$、$CH_2CO_2H$ 或对映体

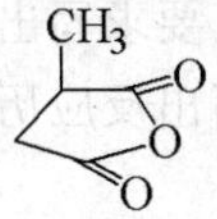

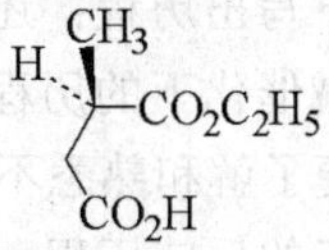

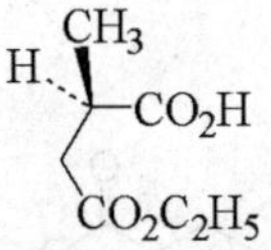

B 或 C：H、$CH_3$、$CO_2H$、$CH_2CO_2C_2H_5$ 或对映体　　D：H、$CH_3$、$CO_2C_2H_5$、$CH_2CO_2C_2H_5$ 或对映体

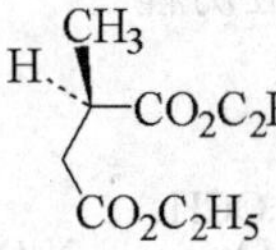

## 四、反应历程题及其解法

在本书第二部分第一章中对重要反应历程作了较系统的总结，这些基本历程都是我们解析历程题目的基础，因此在解析历程题之前对该部分内容要很好的掌握。本节主要讨论内容是历程题的作法和要求，我们将以实例说明不同类型历程题的解析和写法。

1．*历程题的作法和要求*

历程（机理）是从反应物到产物整个过程的描述，因此写历程的基本要求有：①必须写出各步反应的中间体；②书写时用弯箭头清楚表明电子转移的方向。解题的思路和方法有：①对照反应物和产物的结构特征，判定可能的反应过程；②从试剂对特定官能团的反应找出合理的反应途径和反应中间体；③完成后复核所写历程的每一步是否符合学过的基本历程和基本理论知识。如例 1，反应物是一个内酯，而产物是一个七元环的醚，从两者结构对比可知，酯必须首先开环，开环后酚氧基只有和与溴相连的碳结合才可生成七元环醚。依据反应试剂和反应物的反应可知，开环是一个酯的碱性水解过程，合环过程是酚氧基对卤代烃的亲核取代反应。通过以上分析，就可写出合理的历程。

**例 1**

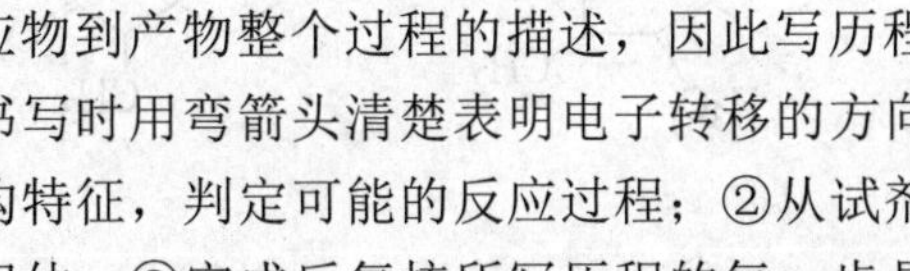

（内酯：Ph，$CH_2CH_2CH_2Br$）$\xrightarrow{OH^-}$（七元环醚：Ph，$CO_2^-$）

历程：

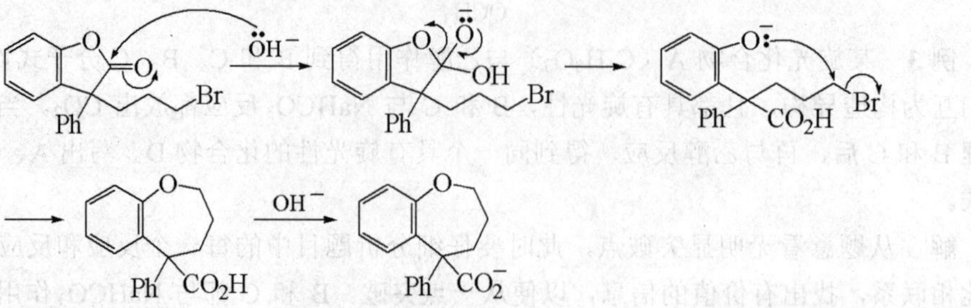

$\longrightarrow$ （反应历程结构式）$\xrightarrow{OH^-}$ Ph $CO_2^-$

2. 不同类型反应历程题例

多数情况下历程题涉及离子型反应和自由基反应，在离子型反应中有碱性条件下的反应和酸性条件下的反应。在书写历程时应注意的是在碱性条件下反应中间体一般为负离子，不会出现正离子中间体；在酸性条件下反应中间体一般为正离子，不会出现负离子中间体。写自由基反应历程，必须要写出引发和链锁阶段的历程。最常见的历程题是给出反应物和产物结构，在反应条件下写出历程；还可能只给出反应物和反应试剂，要求写出产物和历程。下面我们分别对酸、碱催化下的历程，自由基历程以及推测产物并写出反应历程的不同题型举实例加以说明，以便了解和熟悉不同历程题的写法。

（1）碱性条件下的反应历程

**例 2**

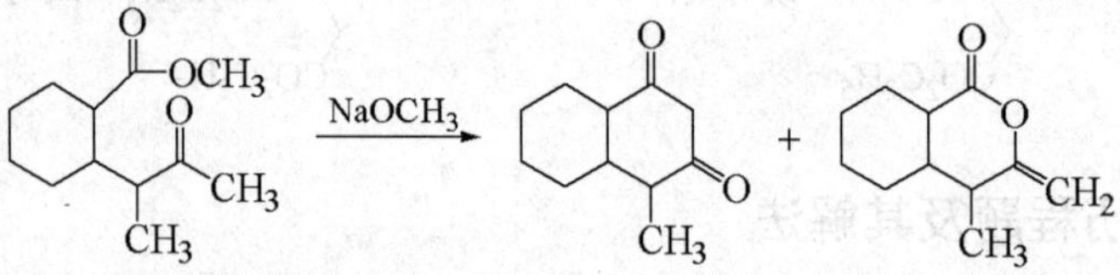

$\xrightarrow{NaOCH_3}$ +

**解** 从反应物和产物结构对比可以看出，在反应条件下该反应是酯缩合反应和酯交换反应。

历程：

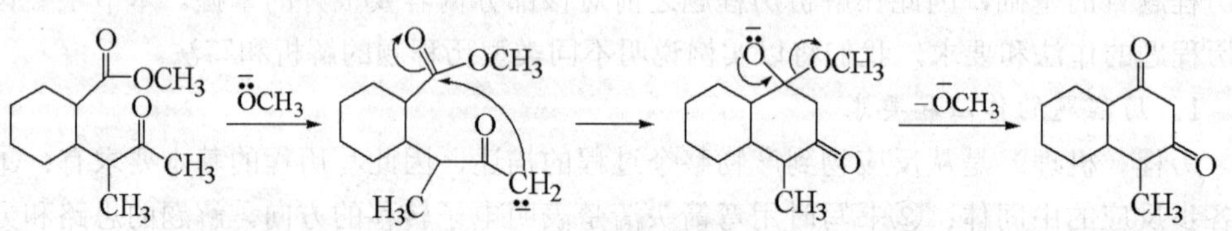

$\xrightarrow{\bar{O}CH_3}$ $\longrightarrow$ $\xrightarrow{-\bar{O}CH_3}$

酯缩合反应

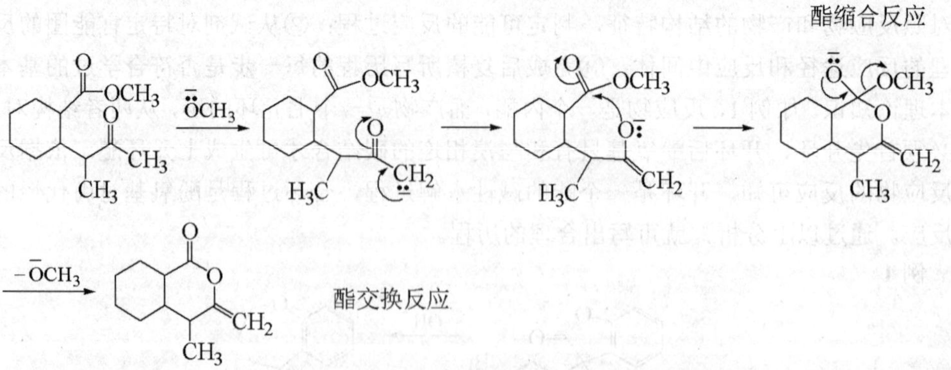

$\xrightarrow{\bar{O}CH_3}$ $\longrightarrow$ $\longrightarrow$

$\xrightarrow{-\bar{O}CH_3}$ 酯交换反应

**例 3**

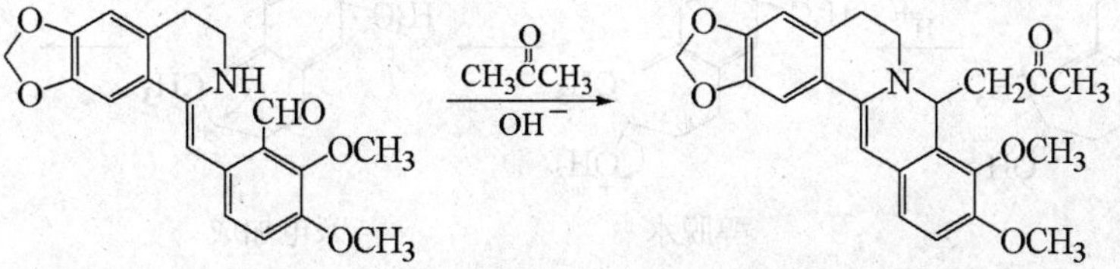

$$\xrightarrow[\text{OH}^-]{\text{CH}_3\overset{\text{O}}{\overset{\|}{\text{C}}}\text{CH}_3}$$

**解** 从反应物和产物的结构分析，首先可以看到产物中具有丙酮和反应物的醛基生成碳碳键的部分，该碳碳键的生成一定是在碱性条件下通过羟醛缩合反应而生成的。羟醛缩合反应一般得到 $\alpha,\beta$-不饱和酮，此时很容易意识到反应物中含氮部分（胺）可与之进行 1,4-加成反应完成合环。

历程：

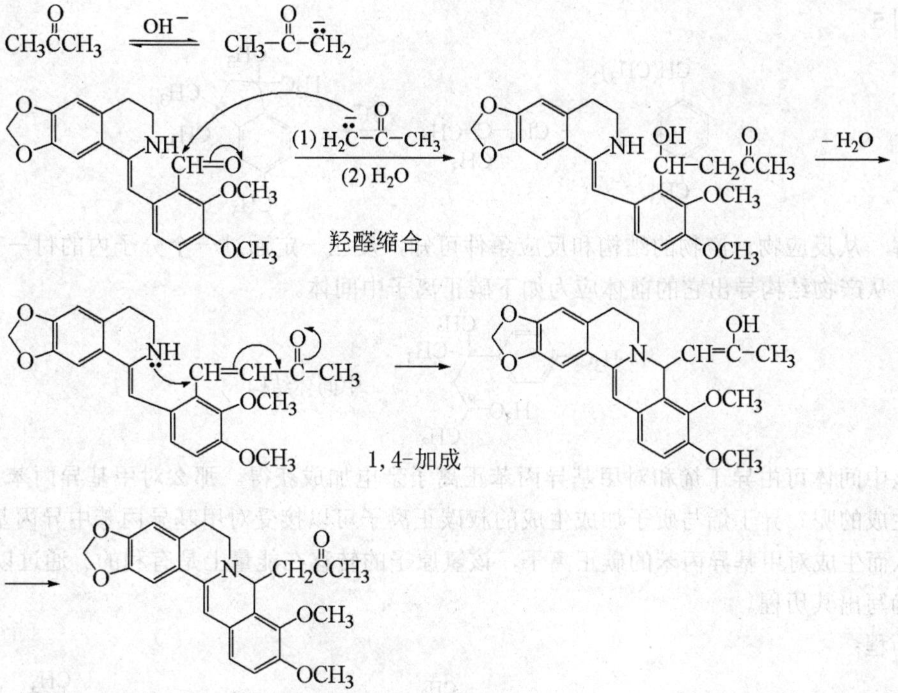

$$\text{CH}_3\overset{\text{O}}{\overset{\|}{\text{C}}}\text{CH}_3 \overset{\text{OH}^-}{\rightleftharpoons} \text{CH}_3-\overset{\text{O}}{\overset{\|}{\text{C}}}-\ddot{\text{C}}\text{H}_2$$

(1) $H_2\ddot{C}-\overset{O}{\overset{\|}{C}}-CH_3$ (2) $H_2O$

羟醛缩合

$-H_2O$

1,4-加成

（2）酸性条件下的反应历程

**例 4**

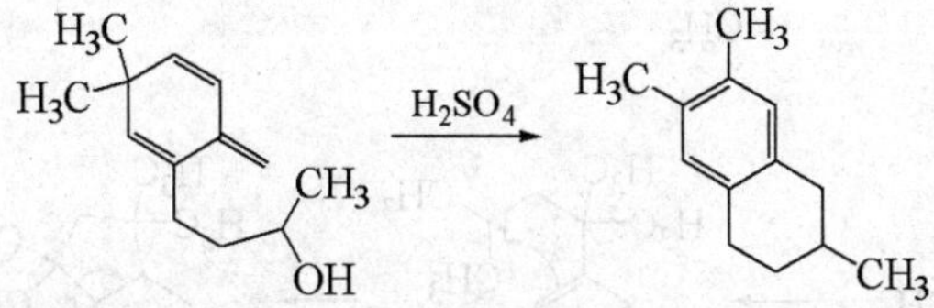

$H_2SO_4$

**解** 从反应物和产物结构分析可知，新的六元环生成是反应物中羟基所连碳和环外双键碳连接生成的。很容易联想到酸条件下醇脱水生成碳正离子，而后对烯烃进行亲电加成。反应物为两个甲基处于同一碳，而产物中则变为相邻，说明一定有重排发生。究竟如何重排，需要对合环后生成的碳正离子中间体进行分析。按以上设想的反应合环后，发现碳正离子是一个烯丙型碳正离子，通过烯丙重排可使碳正离子移位到两个甲基连接碳的邻位，致使甲基发生重排，消去质子后即可得到目标产物。

历程：

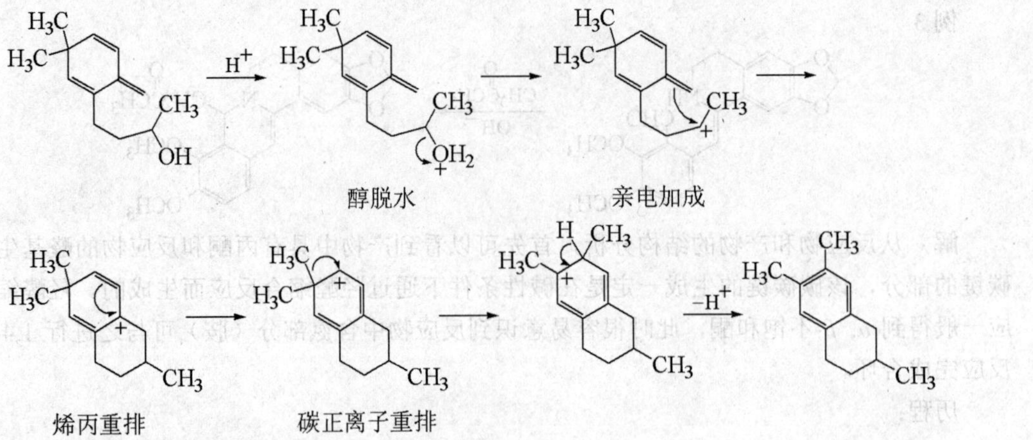

醇脱水　　亲电加成

烯丙重排　　碳正离子重排

**例 5**

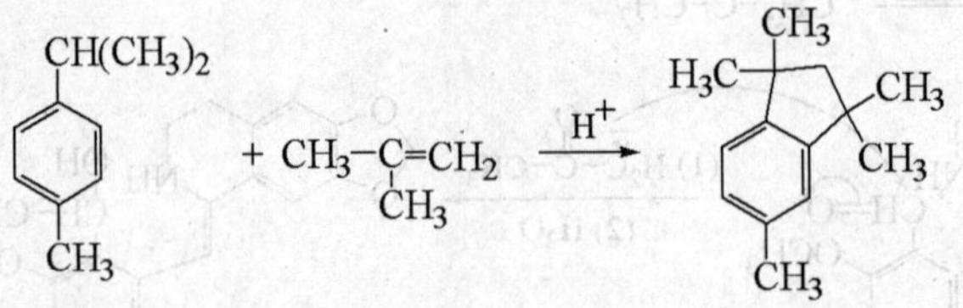

解　从反应物、产物的结构和反应条件可知，反应一定通过一个分子内的付－克烷基化反应，从产物结构导出它的前体应为如下碳正离子中间体。

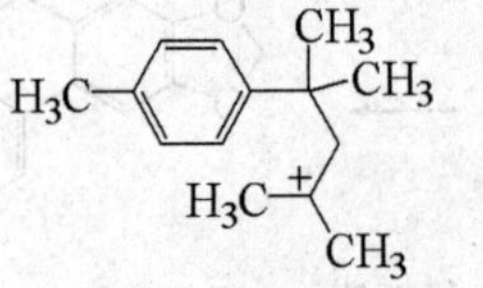

中间体结构

该中间体可由异丁烯和对甲基异丙苯正离子亲电加成获得。那么对甲基异丙苯正离子是如何生成的呢？异丁烯与质子加成生成的叔碳正离子可以接受对甲基异丙苯中异丙基上的 $\alpha$-氢，从而生成对甲基异丙苯的碳正离子，该氢原子的转移在能量上是有利的。通过以上分析，可准确写出其历程。

历程：

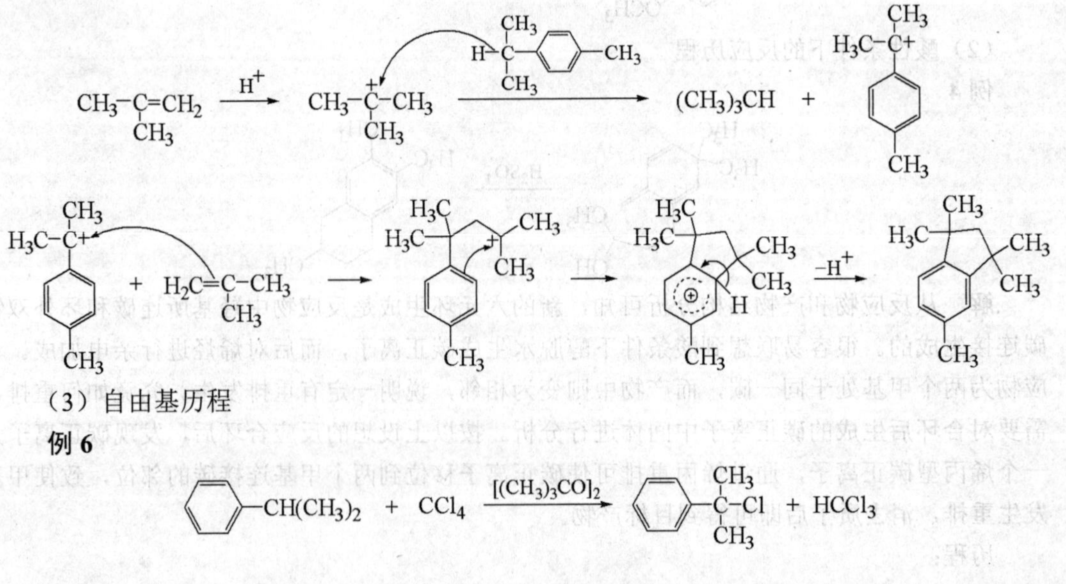

$$CH_3-C(CH_3)=CH_2 \xrightarrow{H^+} CH_3-\overset{+}{C}(CH_3)-CH_3 \longrightarrow (CH_3)_3CH + \text{对甲基异丙苯正离子}$$

（3）自由基历程

**例 6**

$$C_6H_5-CH(CH_3)_2 + CCl_4 \xrightarrow{[(CH_3)_3CO]_2} C_6H_5-C(CH_3)_2-Cl + HCCl_3$$

**解** 过氧化物存在下一般为自由基历程，因此首先考虑引发过程，找出与产物相关的自由基。过氧化物分解生成烷氧基自由基，然后从异丙苯中获取一个氢原子产生苯异丙基自由基，这是整个反应的重要中间体。苯异丙基自由基可从 $CCl_4$ 中获取氯原子生成 $\alpha$-氯代异丙苯，同时产生三氯甲基自由基；三氯甲基自由基从异丙苯中索取氢原子生成氯仿和苯异丙基自由基。该链锁反应反复进行，直至反应完成。

历程：

$$(CH_3)_3CO{-}OC(CH_3)_3 \xrightarrow{\triangle} 2\,(CH_3)_3CO\cdot$$

$$(CH_3)_3CO\cdot + PhCH(CH_3)_2 \longrightarrow (CH_3)_3COH + Ph\dot{C}(CH_3)_2$$

（引发）

$$Ph\dot{C}(CH_3)_2 + Cl{-}CCl_3 \longrightarrow PhC(Cl)(CH_3)_2 + \cdot CCl_3$$

$$\cdot CCl_3 + PhCH(CH_3)_2 \longrightarrow H{-}CCl_3 + Ph\dot{C}(CH_3)_2$$

（链锁）

（4）推测产物并写出反应历程

**例 7** 写出下列反应产物并写出产物生成过程。

$$CH_2{=}O + R{-}CH{=}CH_2 \xrightarrow{H^+/H_2O} ?$$

**解** 此类题目从反应条件下反应物的化学性质入手，找出合理反应途径。题目中甲醛易与亲核试剂反应，烯烃易被亲电试剂进攻，也就是说甲醛是亲电的，而烯烃是亲核的，因此两者容易相互发生反应。我们可把烯烃作为亲核试剂对甲醛进行亲核加成，首先写出在反应条件下反应物相互作用生成的中间体，然后根据中间体的反应性再去判定各种反应途径和各反应途径的最终产物。

历程和产物：

A. $$CH_2{=}O \xrightarrow{H^+} CH_2{=}\overset{+}{O}H \xrightarrow{CH_2{=}CH{-}R} R{-}\overset{+}{C}H{-}CH_2CH_2OH$$ 中间体

$$\xrightarrow{H_2O} R{-}CH(OH){-}CH_2CH_2OH$$ 产物

$$\xrightarrow{-H^+} R{-}CH{=}CH{-}CH_2OH$$ 产物

B. $$R{-}CH(OH){-}CH_2CH_2OH + CH_2{=}\overset{+}{O}H \rightleftharpoons R{-}CH(OH)CH_2CH_2{-}O{-}CH_2OH \overset{H^+}{\rightleftharpoons} R{-}CH(OH)CH_2CH_2{-}O{-}CH_2\overset{+}{O}H_2 \rightleftharpoons R{-}CH(OH)CH_2CH_2\overset{+}{O}{=}CH_2 \rightleftharpoons \text{(环状 } \overset{+}{O}H \text{ 中间体)} \overset{-H^+}{\rightleftharpoons} \text{4-R-1,3-二氧六环}$$ 产物

## 五、练习题及其参考答案

1．练习题

（1）完成下列反应式。

a. (structure: acid chloride with $H_3CO$-substituted phenyl and Cl-substituted phenyl) $\xrightarrow{AlCl_3}$

b. $\xrightarrow{H_2/Ni}$

c. ( Fischer 投影式）？ $\xrightarrow[HOC_2H_5]{^-OC_2H_5}$ $H_3C$–C(H)=C(D)–$CH_3$

d. (furan) + $H_3CO_2C-C\equiv C-CO_2CH_3 \xrightarrow{\triangle}$

e. $\xrightarrow{\triangle}$

f. $H_3C$–(benzene)–$O\overset{*}{C}H_2CH=CH_2$, $CH_2CH=\overset{*}{C}H_2$ $\xrightarrow{\triangle}$

g. $\xrightarrow{\text{Mo卡宾型催化剂}}$

h. $O_2N$–(structure with NH, =O) $\xrightarrow{LiAlH_4}$

i. (HO, $CH_2OH$, $OCH_3$, OH) $\xrightarrow{HIO_4}$

j. (Br, O, O, Br) $\xrightarrow[(2)\ H^+]{(1)\ OH^-/H_2O}$

k. $(CH_3)_3CO-\overset{O}{\overset{\|}{C}}-NHCH_2-\overset{O}{\overset{\|}{C}}-NH-\underset{CH_3}{\underset{|}{CH}}-\overset{O}{\overset{\|}{C}}-OCH_2Ph \xrightarrow{H_2/Pt}$ （？） $\xrightarrow{H_3^+O}$

l. (aniline, $NH_2$) + $CH_3CH=CH-\overset{O}{\overset{\|}{C}}-Ph \xrightarrow[As_2O_5]{H_2SO_4}$ （？） $\xrightarrow[(2)\ CH_3COCl]{(1)\ NaNH_2}$

m. (1,3-dichloroisoquinoline: Cl, N, Cl) $\xrightarrow{\text{(piperidine, NH)}}$

n. （？）+（？）+ $CH_2O \xrightarrow{HCl} Ph-\overset{O}{\overset{\|}{C}}-CH_2CH_2N(C_2H_5)_2$

o. ($CH_2$, $H_3C$, $CH_3$) $\xrightarrow[(2)\ H_2O_2/OH^-]{(1)\ B_2H_6}$ （构型式）

p. $CH_3O$–(benzene)–$\underset{CH_3}{\underset{|}{C}}$(Ph)–$CH_2OH \xrightarrow{H_2SO_4}$

q. $H_3C$–CH($CH_3$)–(cyclohexane, $CH_3$)–$\overset{O}{\overset{\|}{C}}NH_2 \xrightarrow{Br_2/OH^-}$ （构型式）

r. ($CO_2Ag$, $CH_3$) $\xrightarrow[CCl_4]{Br_2}$

s. $CH_3CH_2\overset{O}{\overset{\|}{C}}-NH_2 \xrightarrow[HOCH_3]{Br_2/^-OCH_3}$

t. (tert-butylcyclohexanone, O) $\xrightarrow[(2)\ H_2NCH_2CH_2OH]{(1)\ 9\text{-B.B.N}}$

u. (O, D, D) $\xrightarrow{H_2/Pt}$ （构型式）

（2）用简单化学方法鉴别下列各组化合物。

a. 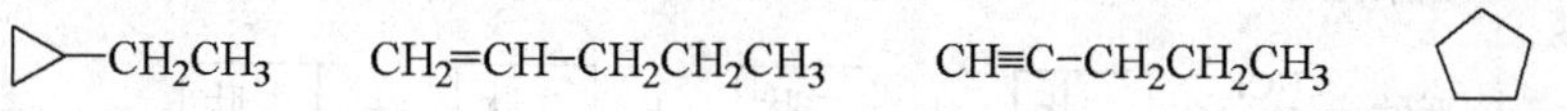 $\triangleright$—$CH_2CH_3$　　$CH_2=CH-CH_2CH_2CH_3$　　$CH\equiv C-CH_2CH_2CH_3$　　环戊烷

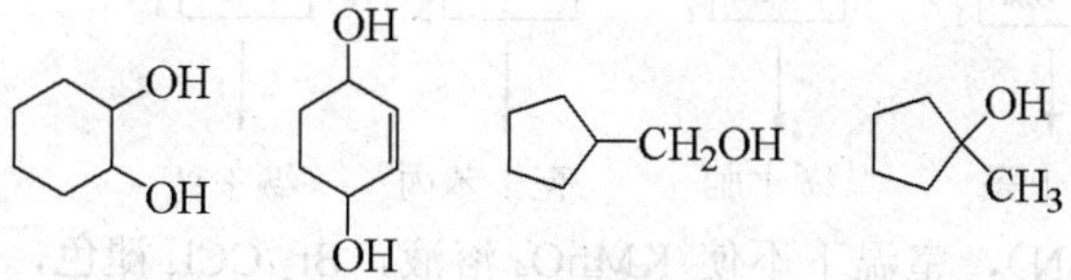

b. 1,2-环己二醇　　4-羟基环己-2-烯-1-醇　　环戊基甲醇（$\bigcirc$—$CH_2OH$）　　1-甲基环戊醇

c. 邻羟基苯甲酸（$CO_2H$, OH）　邻羟基苯甲醛（CHO, OH）　邻甲氧基苯酚（OH, $OCH_3$）　苯甲酸甲酯（$CO_2CH_3$）　间羟基苯乙酮

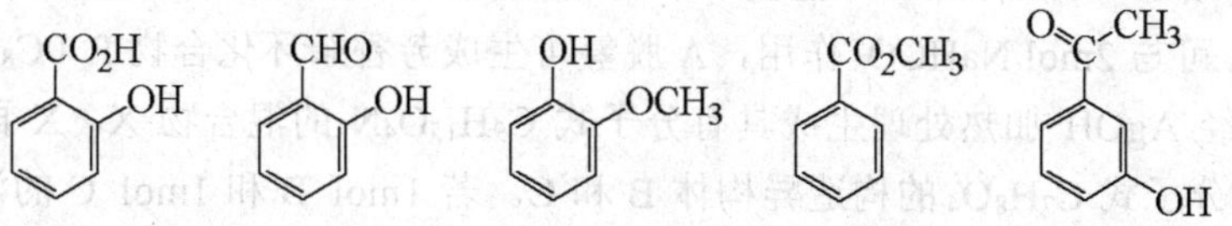

d. 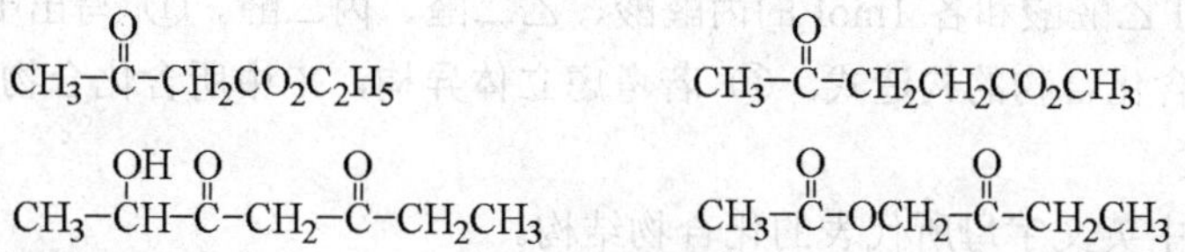 $CH_3-\overset{O}{\overset{\|}{C}}-CH_2CO_2C_2H_5$　　$CH_3-\overset{O}{\overset{\|}{C}}-CH_2CH_2CO_2CH_3$

$CH_3-\overset{OH}{\overset{|}{CH}}-\overset{O}{\overset{\|}{C}}-CH_2-\overset{O}{\overset{\|}{C}}-CH_2CH_3$　　$CH_3-\overset{O}{\overset{\|}{C}}-OCH_2-\overset{O}{\overset{\|}{C}}-CH_2CH_3$

e. 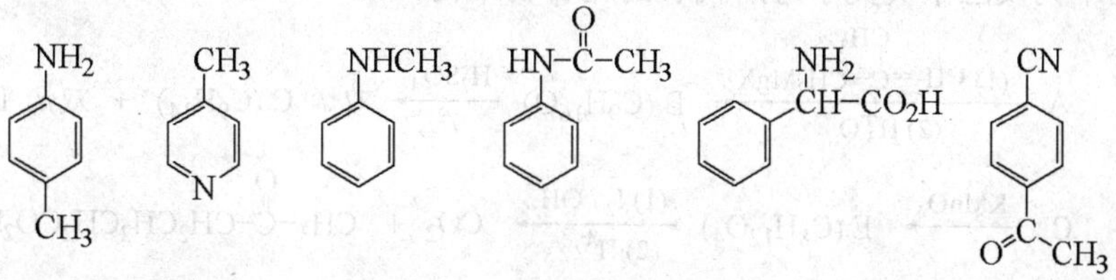 对甲苯胺（$NH_2$, $CH_3$）　4-甲基吡啶（$CH_3$, N）　N-甲基苯胺（$NHCH_3$）　乙酰苯胺（$HN-\overset{O}{\overset{\|}{C}}-CH_3$）　$C_6H_5-\overset{NH_2}{\overset{|}{CH}}-CO_2H$　　对乙酰基苯甲腈（CN, $\overset{O}{\overset{\|}{C}}-CH_3$）

（3）具有旋光活性的化合物 A（$C_7H_{12}$）催化氢化得到一个含有 B 和 C 的混合物，B 和 C 的分子式均为 $C_7H_{14}$。B 具有旋光性而 C 不具有旋光性。A 经臭氧氧化－还原水解得到 D（$C_7H_{12}O_2$），D 用 $Ag_2O$ 氧化得 E（$C_7H_{12}O_3$），D 和 E 也都具有旋光性。E 用 $I_2/OH^-$处理后酸化，给出碘仿和化合物 F（$C_6H_{10}O_4$），F 无旋光性。F 加热得无旋光性的化合物 G（$C_6H_8O_3$）。E 用 Zn-Hg/浓 HCl 处理得到有旋光性的脂肪酸 H（$C_7H_{14}O_2$）。写出 A、B、C、D、E、H 的构型式和 F、G 的构造式。

（4）驱虫回脑（ascaridol）A 是奇异天然有机化合物。提纯 A 需经减压蒸馏，因温度高时会发生爆炸。A 的 $^{13}C$ NMR 指出只含一个碳碳双键。A 在乙醚中不与 Na 作用，用 $LiAlH_4$ 还原得 B，B 进行硼氢化氧化反应得 2 个同分异构体的混合物。1mol B 催化氢化只吸收 1mol $H_2$ 生成 C，1mol A 催化氢化可吸收 2mol $H_2$ 也生成 C。C 不与 $CrO_3/H_2SO_4$ 作用，当用浓 $H_2SO_4$ 处理时 C 可脱去 2mol $H_2O$ 得 D 和 E。D 经 $O_3$ 氧化－还原水解生成乙二醛和 6-甲基-2,5-庚二酮。E 经 $O_3$ 氧化－还原水解得 3-羰基丁醛和 4-甲基-3-羰基戊醛。叶绿素作催化剂，光存在下，D 和 F 反应可生成 A。

① 写出 A~E 的结构；② 写出 D＋F→A 的历程。

（5）双糖 A 水解得到 *D*-己醛糖（B）和 *D*-戊醛糖（C）。A 与 $Br_2/H_2O$ 作用后水解生成 *D*-己醛糖和 *D*-戊糖酸。A 经全甲基化后再酸性水解生成 2,3,4,6-四-O-甲基-*D*-己醛糖和 2,3-二-O-甲基-*D*-戊糖。B 经 $HNO_3$ 氧化得无旋光性的糖二酸，B 经 Ruff 降解得戊醛糖（D），D 再经 $HNO_3$ 氧化得有旋光性的糖二酸。C 用 $NaBH_4$ 还原得无旋光性的糖醇。C 和 D 与苯肼反应生成相同的糖脎。写出 A、B、C、D 的结构。

（6）克杀汀 S（Gramicidin）为一多肽抗菌素。由糜蛋白酶水解得到两个相同的五肽，对这个五肽进行分析得如下结果，写出它的结构。

克杀汀 S $\xrightarrow{\text{糜蛋白酶}}$ 2 五肽（相同）

五肽 $\xrightarrow{HCl}$ [二肽]$_1$ + [二肽]$_2$ + [二肽]$_3$ + [二肽]$_4$

[二肽]$_1$ → 鸟＋亮；[二肽]$_2$ → 缬＋脯；[二肽]$_3$ → 亮＋苯丙；[二肽]$_4$ → 缬＋鸟

（7）一个生物碱 A（$C_8H_{13}O_4N$），室温下不使 $KMnO_4$ 溶液，$Br_2/CCl_4$ 褪色，也不与苯磺酰氯反应。1mol A 可与 2mol $NaHCO_3$ 作用，A 脱氢可生成芳香杂环化合物 P（$C_8H_9O_4N$）。A 与 $CH_3I$ 反应后，经 AgOH 加热处理生成具有分子式 $C_9H_{15}O_4N$ 的混合物 X，X 再经 $CH_3I$、AgOH/△处理得具分子式 $C_7H_8O_4$ 的构造异构体 B 和 C。若 1mol B 和 1mol C 的混合物用 $O_3$ 氧化－还原水解得 3mol 乙醛酸和各 1mol 的丙醛酸、乙二醛、丙二醛。① 写出 B 和 C 的构造式。② 写出 X 中所含化合物的构造式。③ 若考虑立体异构，X 中所含化合物有多少种？④ 写出 A、P 的构造式。

（8）写出下列反应中英文字母所代表的化合物结构。

a. A $\xrightarrow[\text{(2) } H_3^+O]{\text{(1) } CH_2=C(CH_3)-CH_2MgX}$ B ($C_9H_{16}O$) $\xrightarrow[\triangle]{H_2SO_4}$ 双烯 C ($C_9H_{14}$) + 双烯 D ($C_9H_{14}$)

b. C $\xrightarrow{KMnO_4}$ E ($C_8H_{12}O_4$) $\xrightarrow[\text{(2) } H^+/\triangle]{\text{(1) } I_2/OH^-}$ $CO_2$ + $CH_3-\overset{O}{\overset{\|}{C}}-CH_2CH_2CH_2CO_2H$

c. D $\xrightarrow{KMnO_4}$ 环戊酮 + $CO_2$ + $CH_3-\overset{O}{\overset{\|}{C}}-CO_2H$

（9）环丙沙星为抗菌药，其合成路线如下，写出中间体 A～E 的结构。

2,4-二氯-5-氟苯 $\xrightarrow[CH_3COCl]{AlCl_3}$ A ($C_8H_5Cl_2FO$) $\xrightarrow[C_2H_5OCOOC_2H_5]{NaH}$ B ($C_{11}H_9Cl_2FO_3$) $\xrightarrow[HC(OC_2H_5)_3]{NaOC_2H_5}$

2,4-二氯-5-氟苯甲酰基-3-乙氧基丙烯酸乙酯 $\xrightarrow{\text{环丙胺 } (\triangleright-NH_2)}$ C ($C_{15}H_{14}Cl_2FNO_3$) $\xrightarrow{NaOH}$ D ($C_{15}H_{13}ClFNO_3$)

$\xrightarrow{H_3^+O}$ E ($C_{13}H_9ClFNO_3$) $\xrightarrow{\text{哌嗪}}$ 环丙沙星

环丙沙星

（10）用构象式写出下列反应机理。

a. 反式-2-氯环己醇（椅式构象）$\xrightarrow{OH^-}$ 环氧环己烷　　b. 2-氯环己醇（椅式构象）$\xrightarrow{OH^-}$ 环己酮

（11）写出下列两个构造异构体在碱性水溶液中相互转化的合理过程。

甲基取代八氢萘酮 $\underset{}{\overset{OH^-/H_2O}{\rightleftharpoons}}$ $H_3C$-取代八氢萘酮（异构体）

（12）苯乙酮在 55℃用 HCl 处理得到 1,3,5-三苯基苯，写出其反应机理。

（13）1-苯基-1,2-乙二醇用少量对甲苯磺酸处理生成 A（$C_8H_8O$）和 B（$C_{16}H_{16}O_2$）。A 与 2,4-二硝基苯肼作用生成黄色沉淀而 B 不能，B 用稀酸水溶液处理可得到 A 和原反应物。写出 A、B 的结构并说明生成的过程。

（14）有如下系列反应：

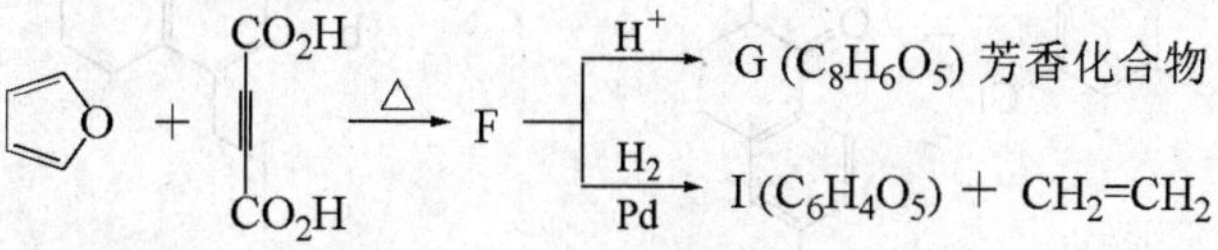

呋喃 + $HO_2C-C\equiv C-CO_2H$ $\xrightarrow{\triangle}$ F；F $\xrightarrow{H^+}$ G ($C_8H_6O_5$) 芳香化合物；F $\xrightarrow[Pd]{H_2}$ I ($C_6H_4O_5$) + $CH_2=CH_2$

① 写出 F、G、H、I 的结构；② 写出 F→G 的历程。

（15）写出下列反应的合理历程。

a. 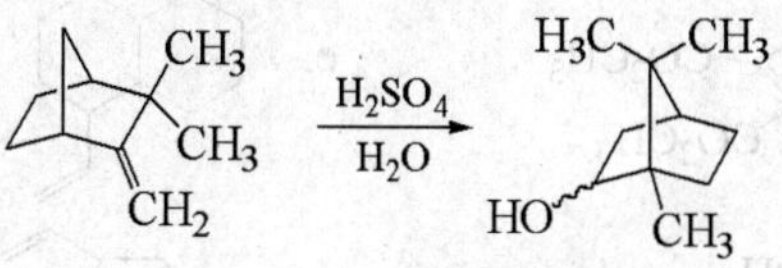 $\xrightarrow[H_2O]{H_2SO_4}$

b. 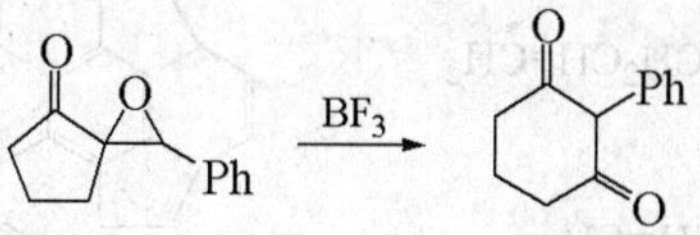 $\xrightarrow{BF_3}$

c. 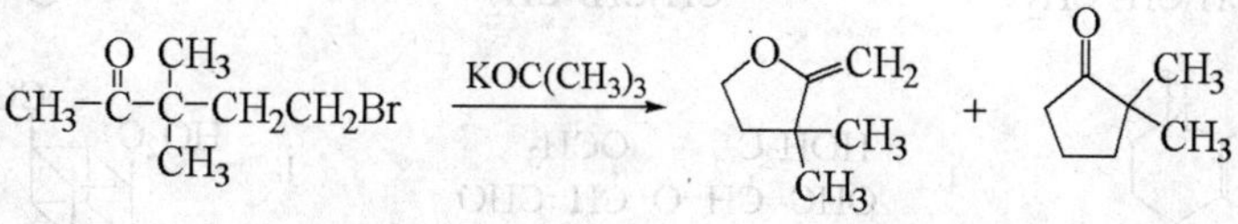 $CH_3-\overset{O}{C}-C(CH_3)_2-CH_2CH_2Br$ $\xrightarrow{KOC(CH_3)_3}$ + 

d. 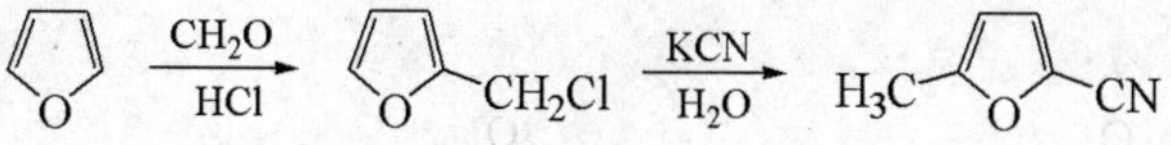 $\xrightarrow[HCl]{CH_2O}$ $-CH_2Cl$ $\xrightarrow[H_2O]{KCN}$ $H_3C-$ $-CN$

e. 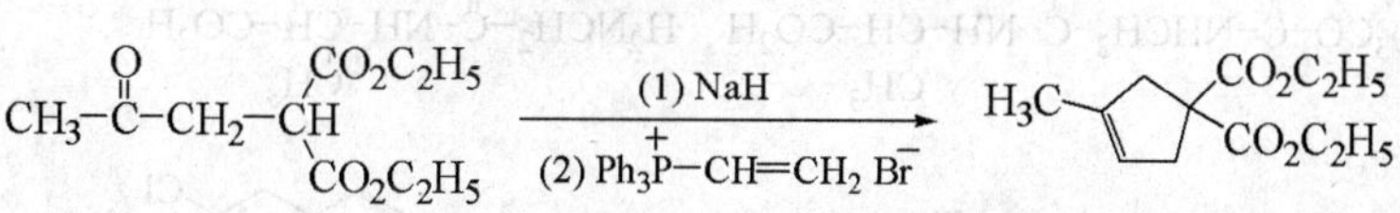 $CH_3-\overset{O}{C}-CH_2-CH(CO_2C_2H_5)_2$ $\xrightarrow[(2)\ Ph_3\overset{+}{P}-CH=CH_2\ Br^-]{(1)\ NaH}$ $H_3C-$ $(CO_2C_2H_5)_2$

f. 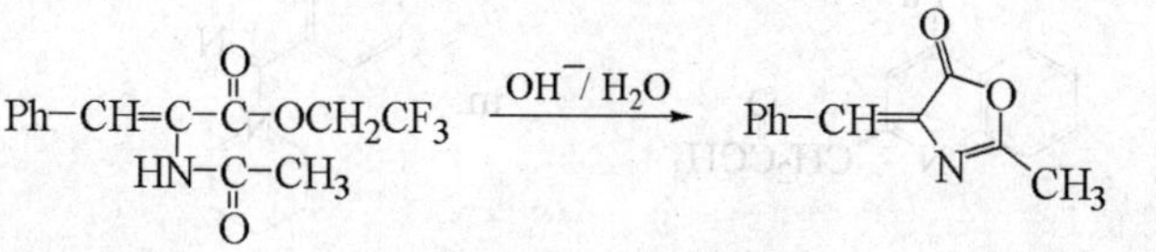 $Ph-CH=C(NH-\overset{O}{C}-CH_3)-\overset{O}{C}-OCH_2CF_3$ $\xrightarrow{OH^-/H_2O}$ $Ph-CH=$ $-CH_3$

g. 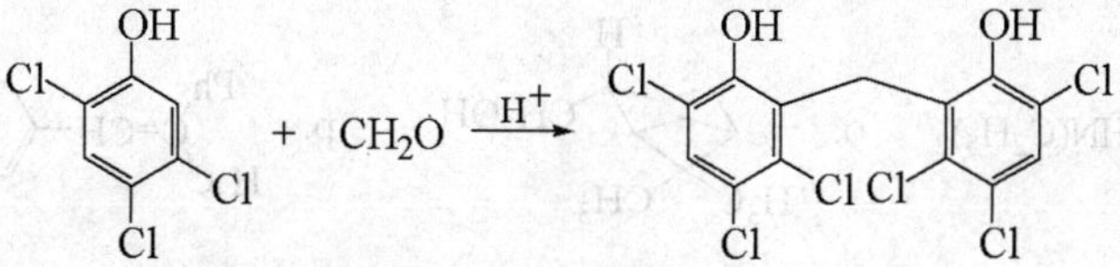 + $CH_2O$ $\xrightarrow{H^+}$

（16）通过如下反应制备 4-甲基-1-苯戊酮。

①

+ 9-BBN ⟶ A

②

A + $BrCH_2-\overset{O}{C}-Ph$ ⟶ $-\overset{O}{C}-Ph$

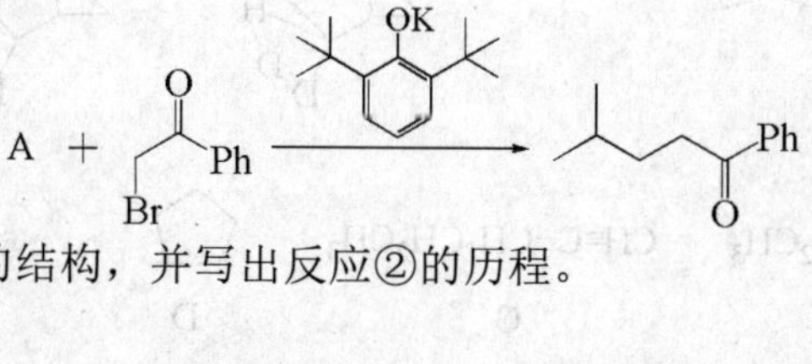

写出 A 的结构，并写出反应②的历程。

2．参考答案

（1）

a. 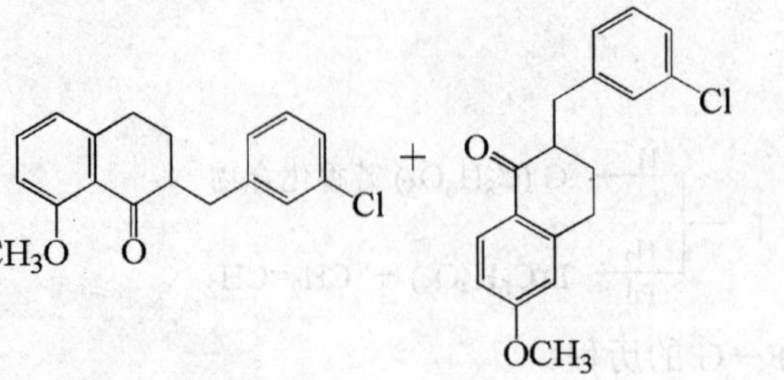 （8-甲氧基-2-(3-氯苄基)-1-四氢萘酮 结构式）$CH_3O$，O，Cl ＋ （6-甲氧基-2-(3-氯苄基)-1-四氢萘酮 结构式）O，Cl，$OCH_3$

b. （结构式）

c. （Fischer 投影式）$CH_3$，H—X，D—H，$CH_3$ 或 $CH_3$，X—H，H—D，$CH_3$

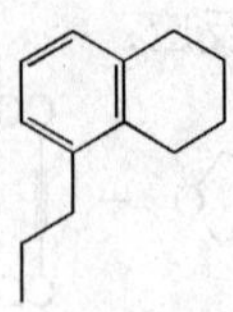

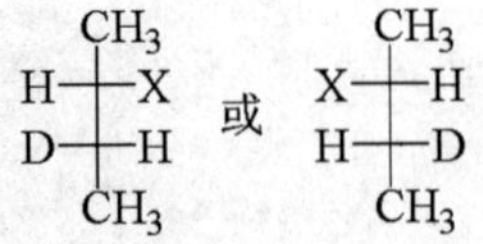

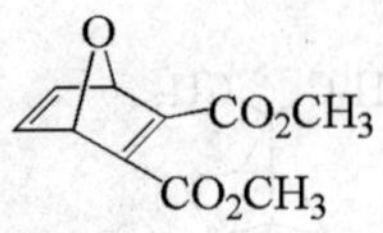

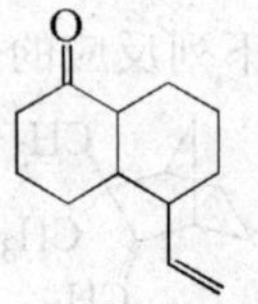

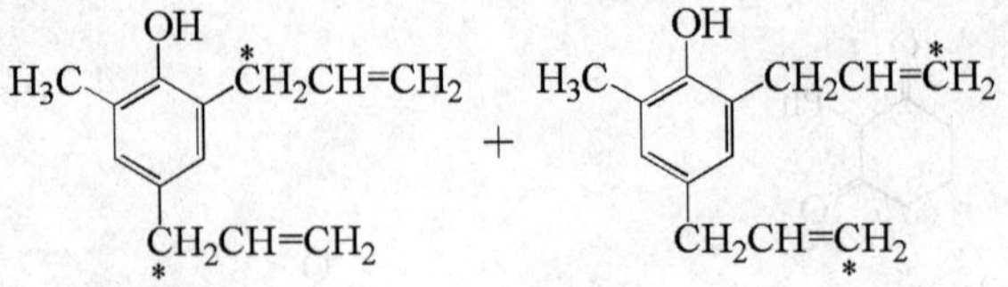

d. （结构式）$CO_2CH_3$，$CO_2CH_3$

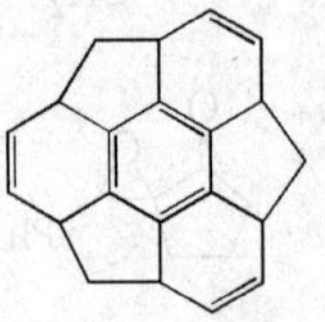

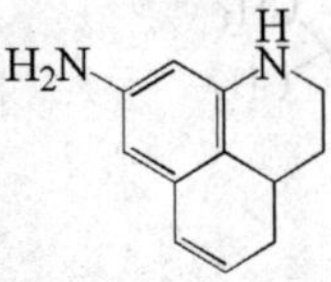

e. （结构式）O

f. （结构式）OH，$H_3C$，$\overset{*}{C}H_2CH{=}CH_2$，$\underset{*}{C}H_2CH{=}CH_2$ ＋ （结构式）OH，$H_3C$，$CH_2CH{=}\overset{*}{C}H_2$，$CH_2CH{=}\underset{*}{C}H_2$

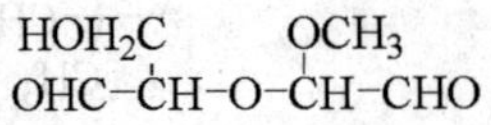

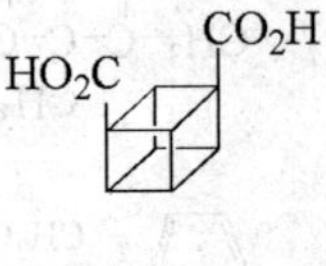

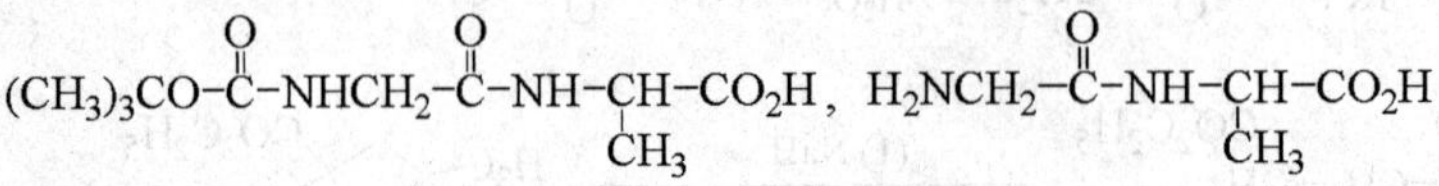

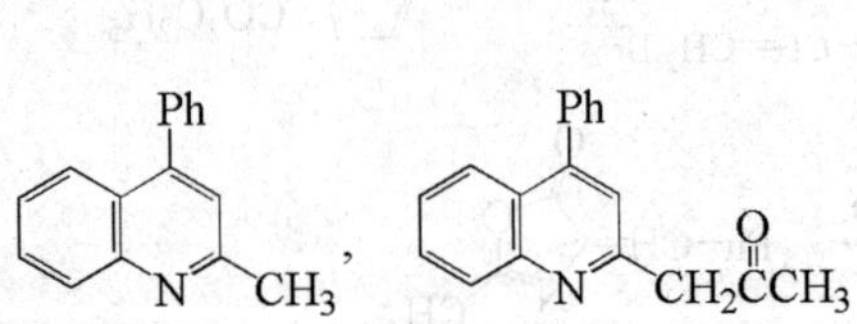

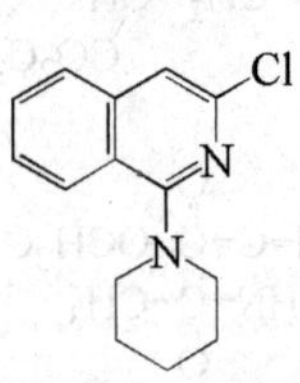

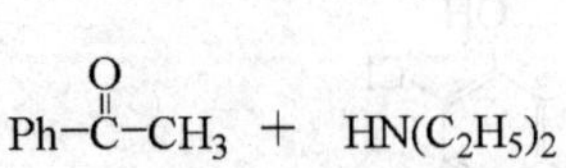

g. （结构式）

h. （结构式）$H_2N$，H N

i. $HOH_2C$ $OCH_3$ OHC—CH—O—CH—CHO

j. （结构式）$CO_2H$，$HO_2C$

k. $(CH_3)_3CO-\overset{O}{\overset{\|}{C}}-NHCH_2-\overset{O}{\overset{\|}{C}}-NH-\underset{CH_3}{\underset{|}{CH}}-CO_2H$，$H_2NCH_2-\overset{O}{\overset{\|}{C}}-NH-\underset{CH_3}{\underset{|}{CH}}-CO_2H$

l. （结构式）Ph，N，$CH_3$，（结构式）Ph，N，$CH_2\overset{O}{\overset{\|}{C}}CH_3$

m. （结构式）Cl，N，N

n. $Ph-\overset{O}{\overset{\|}{C}}-CH_3$ ＋ $HN(C_2H_5)_2$

o. （结构式）H，$CH_2OH$，$H_3C$，$CH_3$

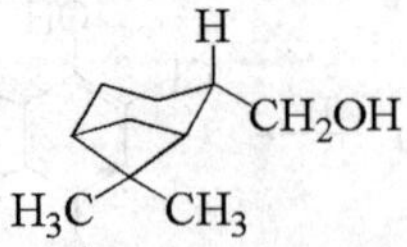

p. 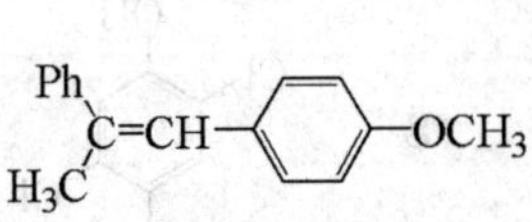 （结构式）Ph，$H_3C$，C=CH—，$OCH_3$

q. 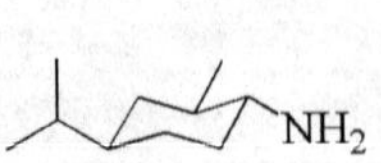 （结构式）$NH_2$

r. 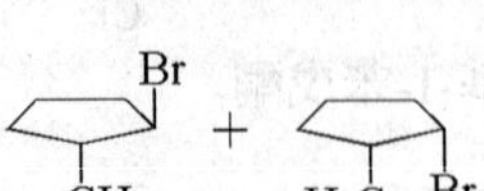 （结构式）Br，$CH_3$ ＋ （结构式）$H_3C$，Br

s.  $CH_3O-\overset{O}{\overset{\|}{C}}-NHCH_2CH_3$

t. 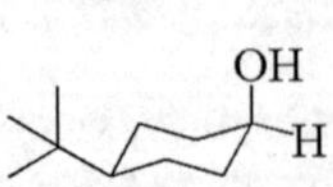 （结构式）OH，H

u. 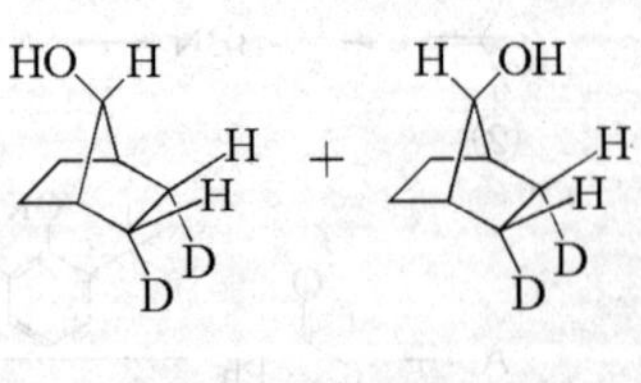 （结构式）HO H，H，H，D，D ＋ （结构式）H OH，H，H，D，D

（2）

a. 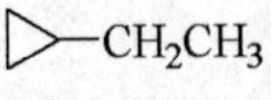 （环丙基）$-CH_2CH_3$ $CH_2{=}CH-CH_2CH_2CH_3$ $CH{\equiv}C-CH_2CH_2CH_3$ （环戊烷）

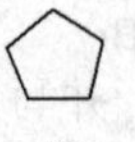

A B C D

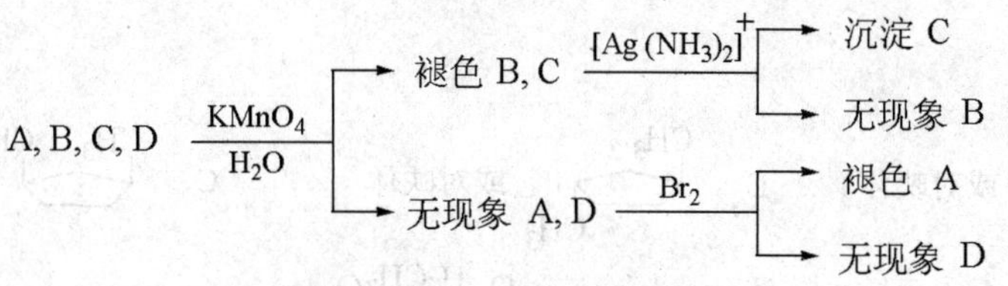

A, B, C, D $\xrightarrow[H_2O]{KMnO_4}$
- 褪色 B, C $\xrightarrow{[Ag(NH_3)_2]^+}$
  - 沉淀 C
  - 无现象 B
- 无现象 A, D $\xrightarrow{Br_2}$
  - 褪色 A
  - 无现象 D

b. A: 1,2-环己二醇（OH, OH）　B: 环己-2-烯-1,4-二醇（OH, OH）　C: 环戊基-$CH_2OH$　D: 1-甲基环戊醇（OH, $CH_3$）

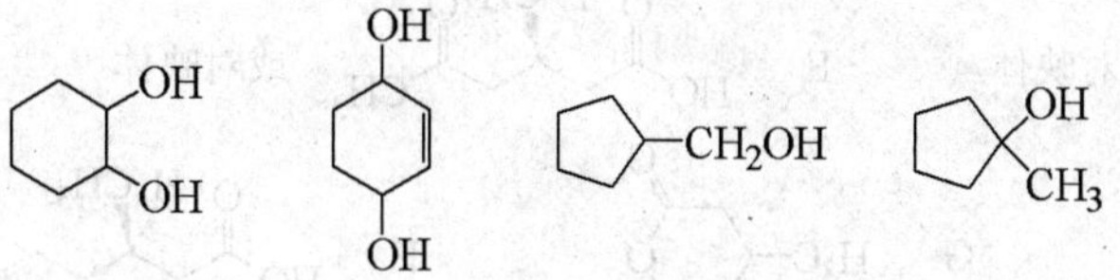

A, B, C, D $\xrightarrow[(2)\ AgNO_3]{(1)\ HIO_4}$
- $AgIO_3$ 沉淀 A
- 无现象 B, C, D $\xrightarrow{Br_2}$
  - 褪色 B
  - 无现象 C, D $\xrightarrow[浓HCl]{ZnCl_2}$
    - 立刻浑浊 D
    - 不反应 C

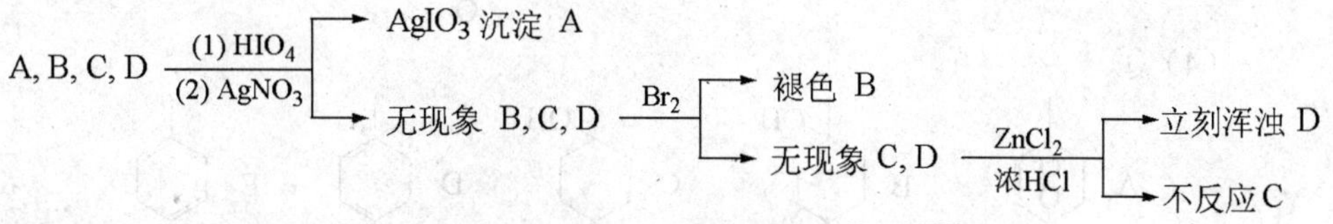

c. A: 邻羟基苯甲酸（$CO_2H$, OH）　B: 邻羟基苯甲醛（CHO, OH）　C: 邻甲氧基苯酚（OH, $OCH_3$）　D: 苯甲酸甲酯（$CO_2CH_3$）　E: 间羟基苯乙酮（$C(=O)CH_3$, OH）

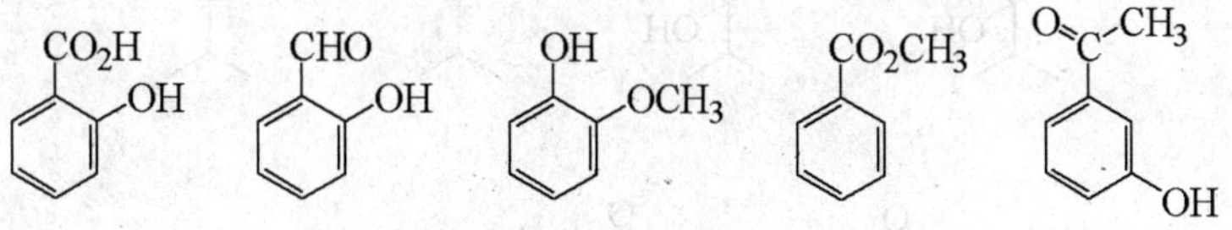

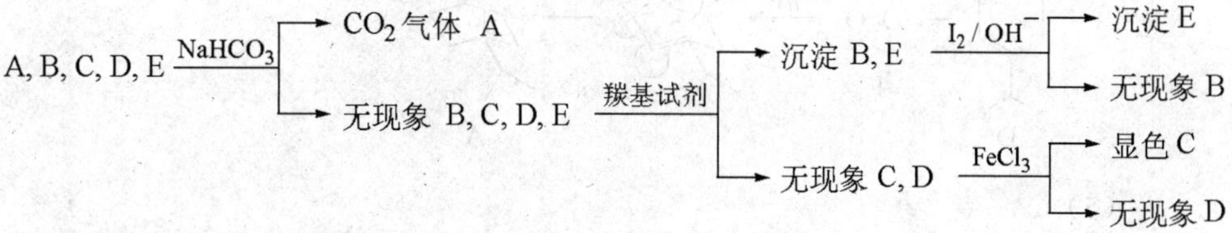

A, B, C, D, E $\xrightarrow{NaHCO_3}$
- $CO_2$ 气体 A
- 无现象 B, C, D, 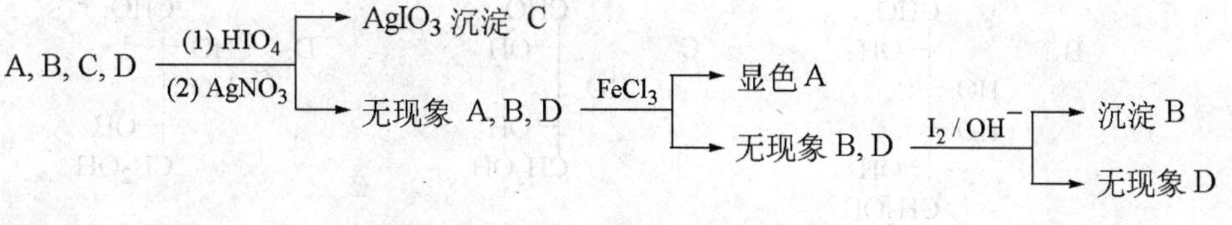 E $\xrightarrow{羰基试剂}$
  - 沉淀 B, E $\xrightarrow{I_2/OH^-}$
    - 沉淀 E
    - 无现象 B
  - 无现象 C, D $\xrightarrow{FeCl_3}$
    - 显色 C
    - 无现象 D

d. A: $CH_3-\overset{O}{\overset{\|}{C}}-CH_2CO_2C_2H_5$　B: $CH_3-\overset{O}{\overset{\|}{C}}-CH_2CH_2CO_2CH_3$

C: $CH_3-\overset{OH}{\overset{|}{C}H}-\overset{O}{\overset{\|}{C}}-CH_2-\overset{O}{\overset{\|}{C}}-CH_2CH_3$　D: $CH_3-\overset{O}{\overset{\|}{C}}-OCH_2-\overset{O}{\overset{\|}{C}}-CH_2CH_3$

A, B, C, D $\xrightarrow[(2)\ AgNO_3]{(1)\ HIO_4}$
- $AgIO_3$ 沉淀 C
- 无现象 A, B, D $\xrightarrow{FeCl_3}$
  - 显色 A
  - 无现象 B, D $\xrightarrow{I_2/OH^-}$
    - 沉淀 B
    - 无现象 D

e. A: 对甲基苯胺（$NH_2$, $CH_3$）　B: 4-甲基吡啶（$CH_3$, N）　C: N-甲基苯胺（$NHCH_3$）　D: 乙酰苯胺（$HN-\overset{O}{\overset{\|}{C}}-CH_3$）　E: 苯甘氨酸（$C_6H_5-\overset{NH_2}{\overset{|}{C}H}-CO_2H$）　F: 对氰基苯乙酮（CN, $C(=O)CH_3$）

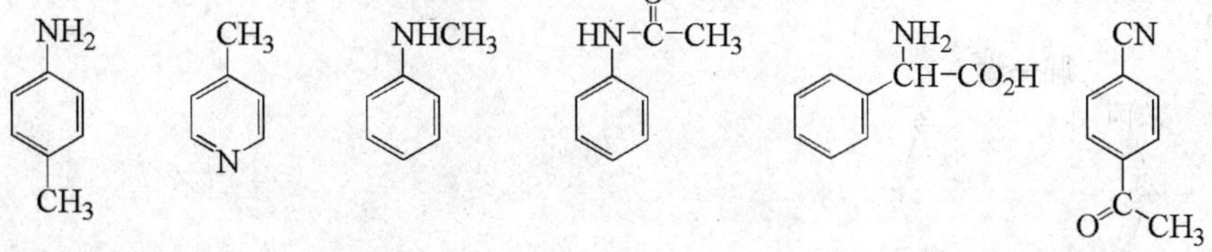

A, B, C, D, E, F $\xrightarrow{水合茚三酮}$
- 显色 E
- 无现象 A, B, C, D, F $\xrightarrow{HCl}$
  - 溶解 A, B, C $\xrightarrow{HNO_2}$
    - 溶解 B
    - 不溶 C
    - 加 $\beta$-萘酚显红色 A
  - 不溶 D, F $\xrightarrow{I_2/OH^-}$
    - 沉淀 F
    - 无现象 D

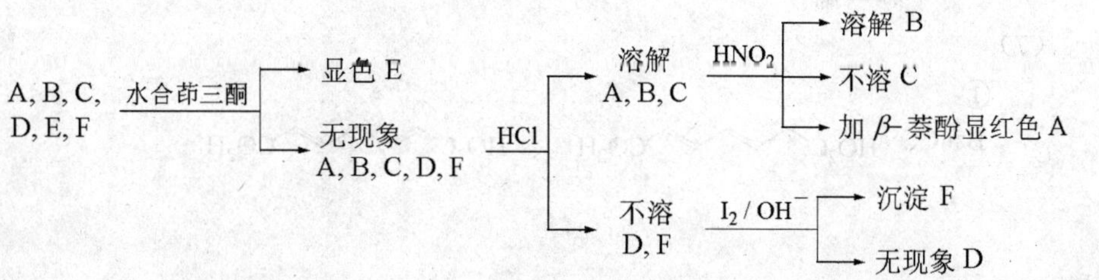

(3)

A  或对映体　B 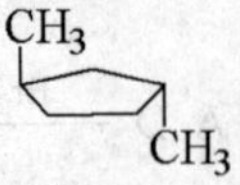 或对映体　C

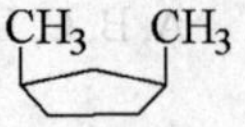

D 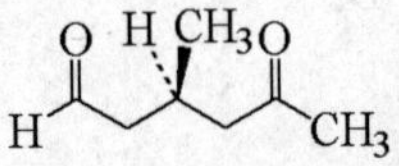 或对映体　E 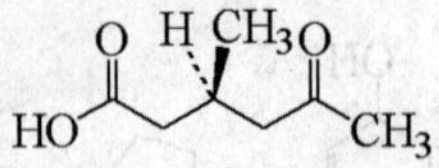 或对映体

F $H_3C-CH(CH_2CO_2H)_2$　G 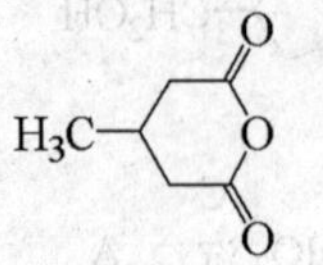　H 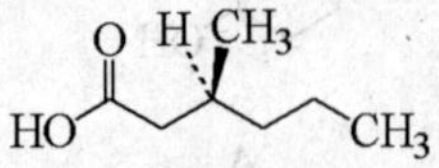 或对映体

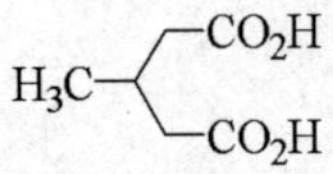

(4) ①

A 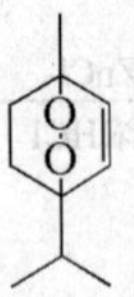　B 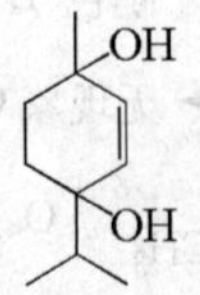　C 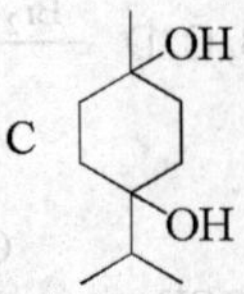　D 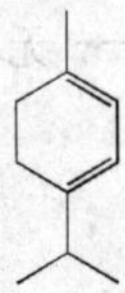　E

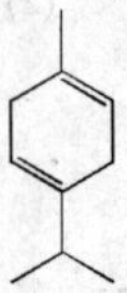

②

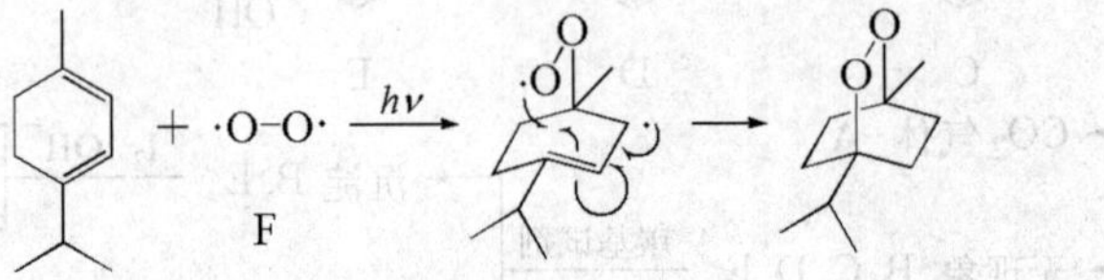

D + ·O-O· F $\xrightarrow{h\nu}$ → A

(5)

A 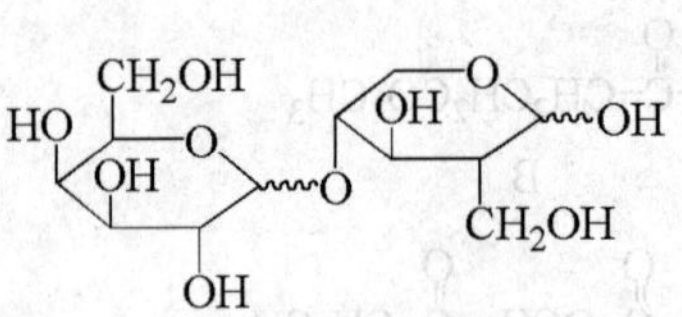 或

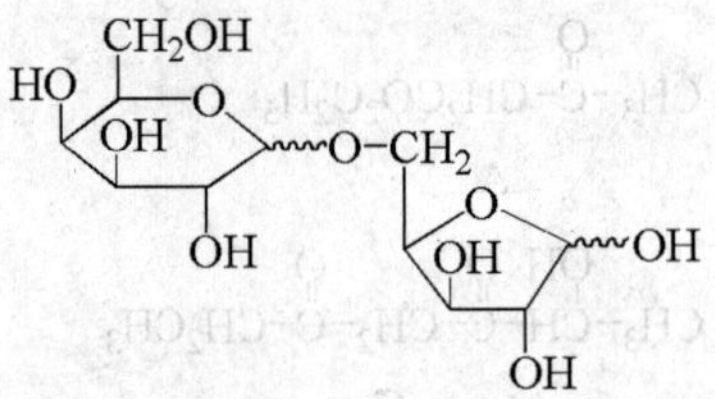

B 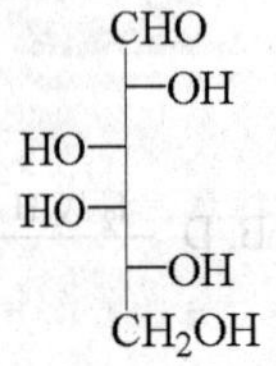　C 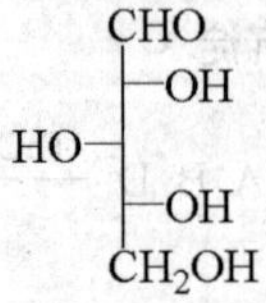　D

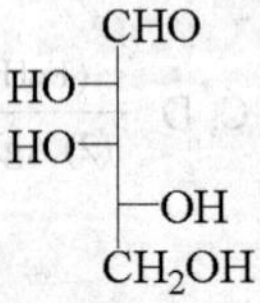

(6)

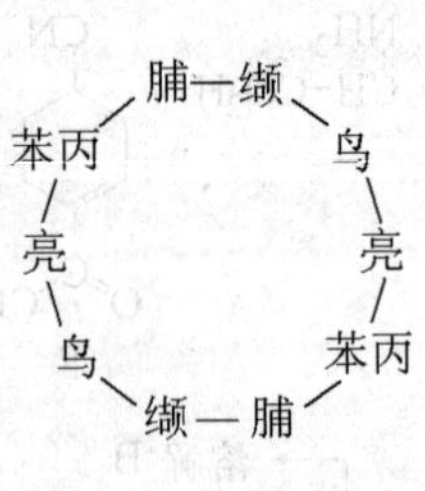

脯—缬—鸟—亮—苯丙—脯—缬—鸟—亮—苯丙

(7)

①

B和C $HO_2C-CH_2-CH=CH-CH=CH-CO_2H$　$HO_2C-CH=CH-CH=CH-CH_2-CO_2H$

② X: $HO_2C$–CH₂–CH($N(CH_3)_2$)–CH₂–CH=CH–$CO_2H$；$HO_2C$–CH₂–CH=CH–CH₂–CH($N(CH_3)_2$)–$CO_2H$；$HO_2C$–CH($N(CH_3)_2$)–CH₂–CH₂–CH=CH–$CO_2H$

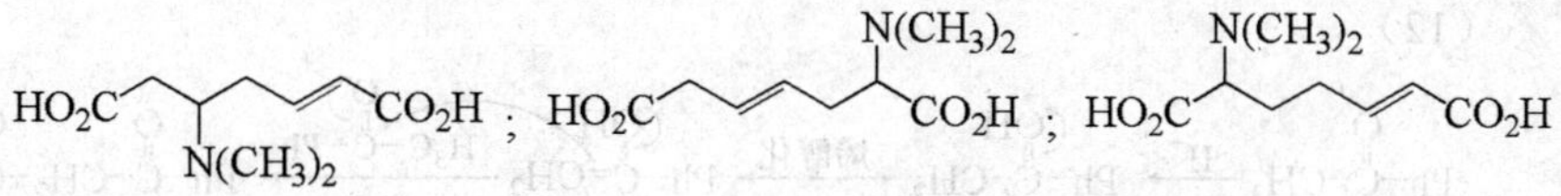

③ X 含 12 种化合物。

④ A: $HO_2C$  $CO_2H$  N  $CH_3$　　P: $HO_2C$  $CO_2H$  N  $CH_3$

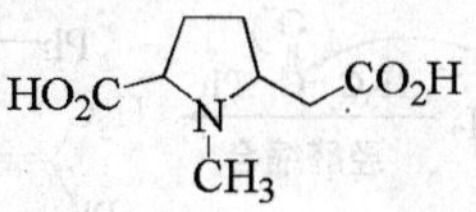

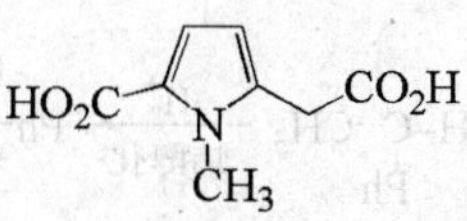

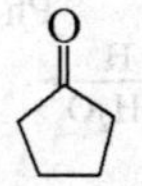

（8）

A　O　B　OH　$CH_2$　$H_3C$　C　$CH_2$　$H_3C$　D　$CH_2$　$H_3C$

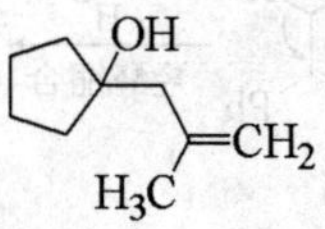

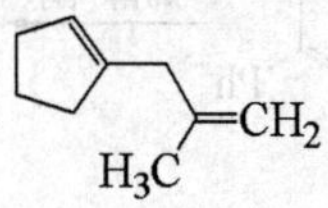

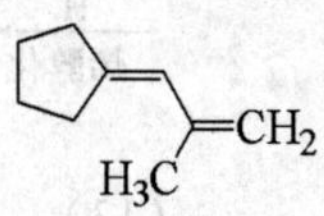

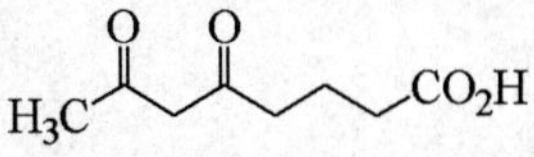

E　$H_3C$　O　O　$CO_2H$

（9）

A　F　O　$CH_3$　Cl　Cl　B　F　O　$CO_2C_2H_5$　Cl　Cl　C　F　O　$CO_2C_2H_5$　Cl　Cl　N　H

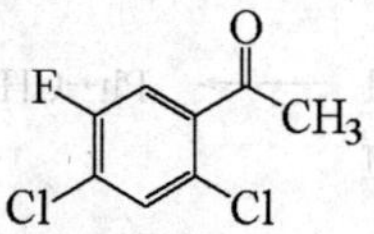

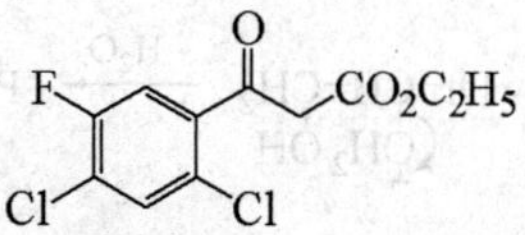

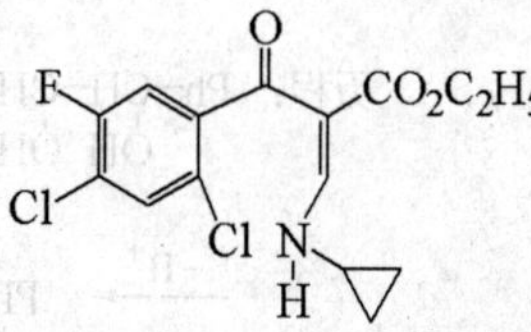

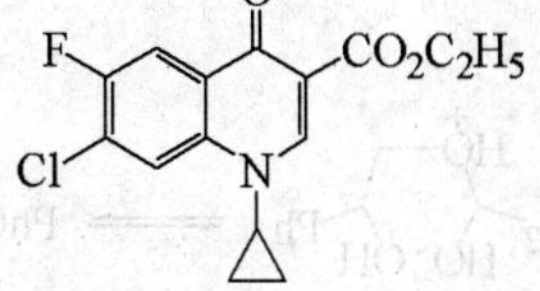

D　O　F　$CO_2C_2H_5$　Cl　N　E　O　F　$CO_2H$　Cl　N

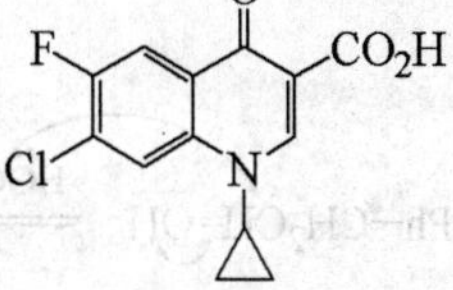

（10）

a. 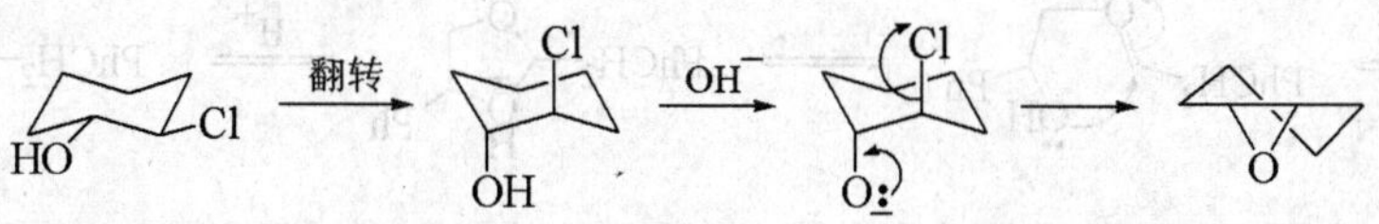　HO　Cl　翻转　Cl　OH　$OH^-$　Cl　O　O

b. 　H　HO　Cl　$OH^-$　HO　O

（11）反应机理为羟醛缩合逆反应和正反应。

O　$CH_3$　$OH^-$　O　$H_3C$　OH　O　$H_3C$　OH　$OH^-$　O　$H_3C$　O

$^-$O　$H_3C$　O　$H_2O$　$H_3C$　O　$H_3C$　O　$OH^-$　$H_3C$　O　O

$H_3C$　O　O　$H_2O$　$H_3C$　HO　O　$-H_2O$　$H_3C$　O

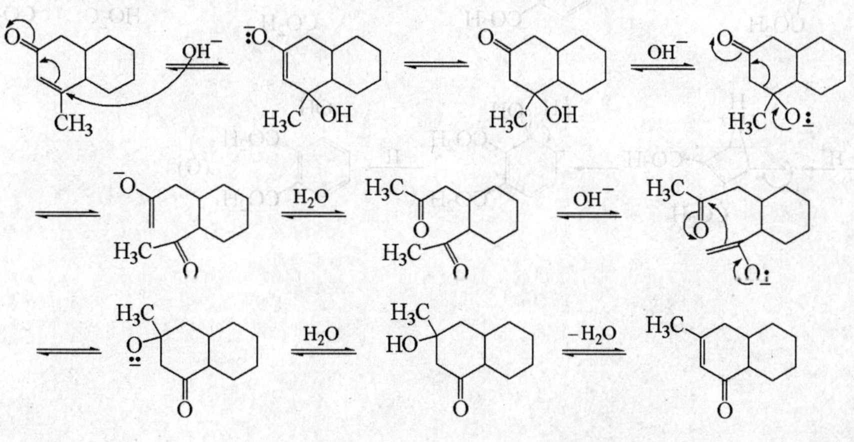

（12）

$Ph-\overset{O}{\overset{\|}{C}}-CH_3 \xrightarrow{H^+} Ph-\overset{\overset{+}{O}H}{\overset{\|}{C}}-CH_2-H \xrightarrow{烯醇化} Ph-\overset{OH}{\overset{|}{C}}=CH_2 \xrightarrow[羟醛缩合]{H_3C-\overset{O}{\overset{\|}{C}}-Ph} Ph-\overset{O}{\overset{\|}{C}}-CH_2-\overset{OH}{\overset{|}{C}}(Ph)-CH_3$

$\xrightarrow{-H_2O} Ph-\overset{O}{\overset{\|}{C}}-CH=\underset{Ph}{\underset{|}{C}}-CH_3 \xrightarrow[烯醇化]{H^+} Ph-\overset{OH}{\overset{|}{C}}=CH-\underset{Ph}{\underset{|}{C}}=CH_2 \xrightarrow[羟醛缩合]{H_3C-\overset{O}{\overset{\|}{C}}-Ph}$ (Ph)C(=O)CH=C(Ph)CH=C(Ph)CH₃

$\xrightarrow[烯醇化]{H^+}$ Ph(OH)C=CH–C(Ph)=CH–C(Ph)=CH₂ $\xrightarrow{烯醇-酮}$ PhC(=O)CH₂–C(Ph)=CH–C(Ph)=CH₂ $\xrightarrow[羟醛缩合]{H^+}$ 1-Ph-1-OH-3,5-diphenyl cyclohexadiene $\xrightarrow[-H_2O]{H^+}$ 1,3,5-triphenylbenzene

（13）

A　$PhCH_2CHO$　　B　PhCH₂–(1,3-dioxolane)–Ph

历程：$Ph-\underset{OH}{\underset{|}{CH}}-\underset{OH}{\underset{|}{CH_2}} \xrightarrow{H^+} Ph-\underset{\overset{+}{O}H_2}{\underset{|}{CH}}-\underset{OH}{\underset{|}{CH_2}} \xrightarrow{-H_2O} Ph-\overset{+}{CH}-\overset{H}{\overset{|}{CH}}-OH \longrightarrow Ph-CH_2CH=\overset{+}{O}H$

$\xrightarrow{-H^+} PhCH_2CHO$　A

$A \underset{}{\overset{H^+}{\rightleftharpoons}} Ph-CH_2CH=\overset{+}{O}H \overset{HOCH_2CHPh(OH)}{\rightleftharpoons} PhCH_2CH(OH)-\overset{+}{O}H-CH_2CH(OH)Ph \rightleftharpoons PhCH_2CH(\overset{+}{O}H_2)-O-CH_2CH(OH)Ph$

$\overset{-H_2O}{\rightleftharpoons} PhCH_2CH=\overset{+}{O}-CH_2CH(OH)Ph \rightleftharpoons$ PhCH₂–(1,3-dioxolane, O⁺H)–Ph $\overset{-H^+}{\rightleftharpoons}$ PhCH₂–(1,3-dioxolane)–Ph　B

（14）

①

F　7-oxabicyclo[2.2.1]hepta-2,5-diene-2,3-dicarboxylic acid ($CO_2H$, $CO_2H$)　G　3-hydroxyphthalic acid (OH, $CO_2H$, $CO_2H$)　H　7-oxabicyclo[2.2.1]hept-2-ene-2,3-dicarboxylic acid　I　furan-3,4-dicarboxylic acid ($HO_2C$, $CO_2H$)

②

$(F) \xrightarrow{H^+}$ (O⁺H bridged, $CO_2H$, $CO_2H$) $\longrightarrow$ (H, OH, ⁺ cyclohexadienyl cation, $CO_2H$, $CO_2H$) $\xrightarrow{-H^+}$ (OH, $CO_2H$, $CO_2H$ benzene) (G)

（15）

a. 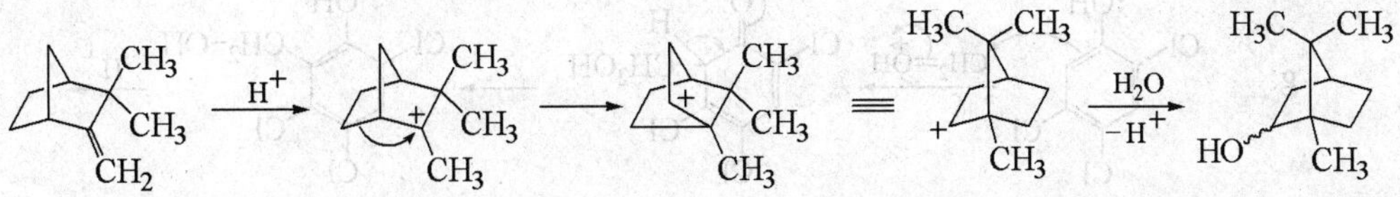 [reaction scheme: $\xrightarrow{H^+}$ → ≡ $\xrightarrow[-H^+]{H_2O}$; structures labelled $CH_3$, $CH_2$, $H_3C$, HO]

b. 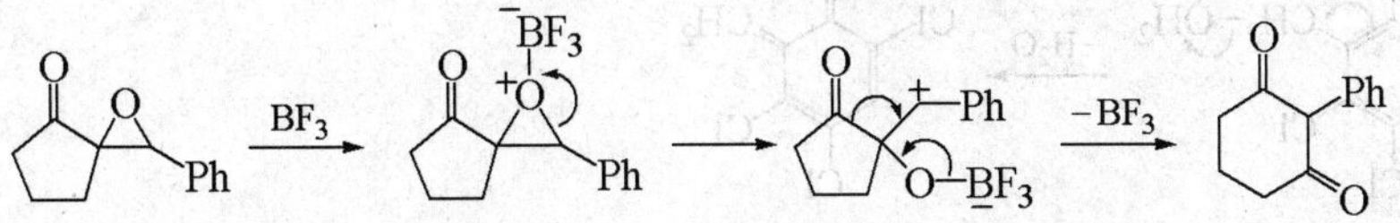 [reaction scheme: $\xrightarrow{BF_3}$ → $\xrightarrow{-BF_3}$; structures labelled Ph, $^-BF_3$, $O-BF_3$]

c. 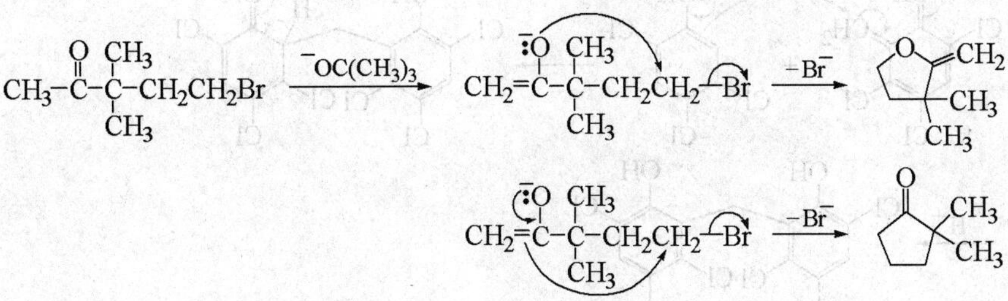 $CH_3-\overset{O}{\overset{\|}{C}}-\underset{CH_3}{\overset{CH_3}{C}}-CH_2CH_2Br$ $\xrightarrow{^-OC(CH_3)_3}$ $CH_2=\overset{:\overset{-}{O}}{C}-\underset{CH_3}{\overset{CH_3}{C}}-CH_2CH_2-Br$ $\xrightarrow{-Br^-}$ [2-methylene-3,3-dimethyltetrahydrofuran]

$CH_2=\overset{:\overset{-}{O}}{C}-\underset{CH_3}{\overset{CH_3}{C}}-CH_2CH_2-Br$ $\xrightarrow{-Br^-}$ [2,2-dimethylcyclopentanone]

d. 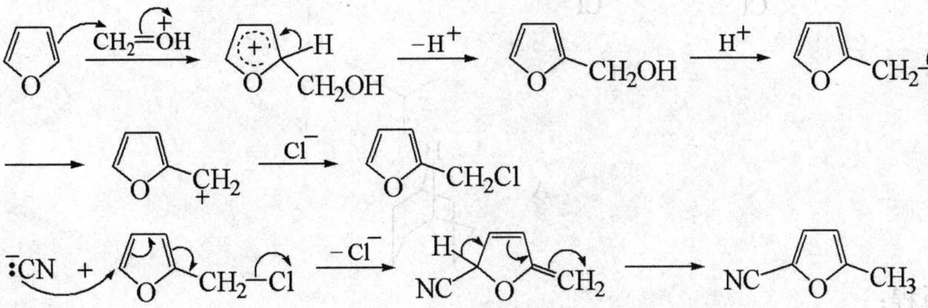 [furan] $\xrightarrow{CH_2=\overset{+}{O}H}$ [intermediate, $CH_2OH$] $\xrightarrow{-H^+}$ [furan]$-CH_2OH$ $\xrightarrow{H^+}$ [furan]$-CH_2-\overset{+}{O}H_2$

⟶ [furan]$-\overset{+}{C}H_2$ $\xrightarrow{Cl^-}$ [furan]$-CH_2Cl$

$:\overset{-}{C}N$ + [furan]$-CH_2-Cl$ $\xrightarrow{-Cl^-}$ [H, NC, $=CH_2$ intermediate] ⟶ NC-[furan]-$CH_3$

e. 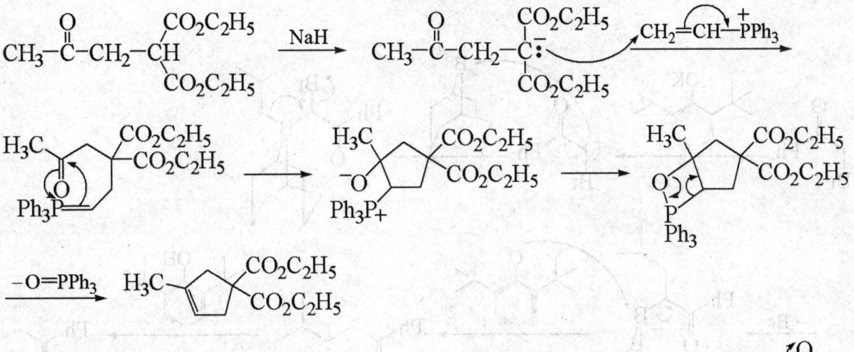 $CH_3-\overset{O}{\overset{\|}{C}}-CH_2-CH(CO_2C_2H_5)_2$ $\xrightarrow{NaH}$ $CH_3-\overset{O}{\overset{\|}{C}}-CH_2-\overset{-}{C}:(CO_2C_2H_5)_2$ $\xrightarrow{CH_2=CH-\overset{+}{P}Ph_3}$

[$H_3C$, $CO_2C_2H_5$, $CO_2C_2H_5$, $Ph_3P$ ylide] ⟶ [$H_3C$, $^-O$, $Ph_3\overset{+}{P}$, $CO_2C_2H_5$, $CO_2C_2H_5$] ⟶ [$H_3C$, O–P$Ph_3$ oxaphosphetane, $CO_2C_2H_5$, $CO_2C_2H_5$]

$\xrightarrow{-O=PPh_3}$ [$H_3C$-cyclopentene-$(CO_2C_2H_5)_2$]

f. 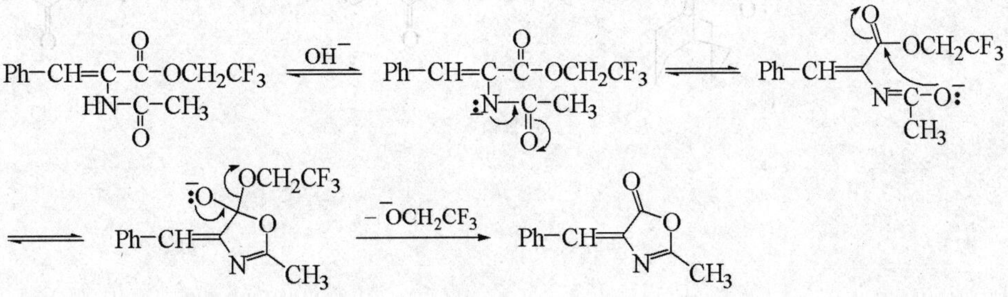 $Ph-CH=\underset{HN-\underset{O}{\underset{\|}{C}}-CH_3}{C}-\overset{O}{\overset{\|}{C}}-OCH_2CF_3$ $\overset{OH^-}{\rightleftharpoons}$ $Ph-CH=\underset{:\overset{-}{N}-\underset{O}{\underset{\|}{C}}-CH_3}{C}-\overset{O}{\overset{\|}{C}}-OCH_2CF_3$ $\rightleftharpoons$ $Ph-CH=C(-\overset{O}{\overset{\|}{C}}-OCH_2CF_3)N=\underset{CH_3}{C}-O^-:$

$\rightleftharpoons$ [Ph-CH= oxazoline, $:\overset{-}{O}$, $OCH_2CF_3$, N, $CH_3$] $\xrightarrow{-^-OCH_2CF_3}$ Ph-CH=[oxazolone, O, N, $CH_3$]

g.

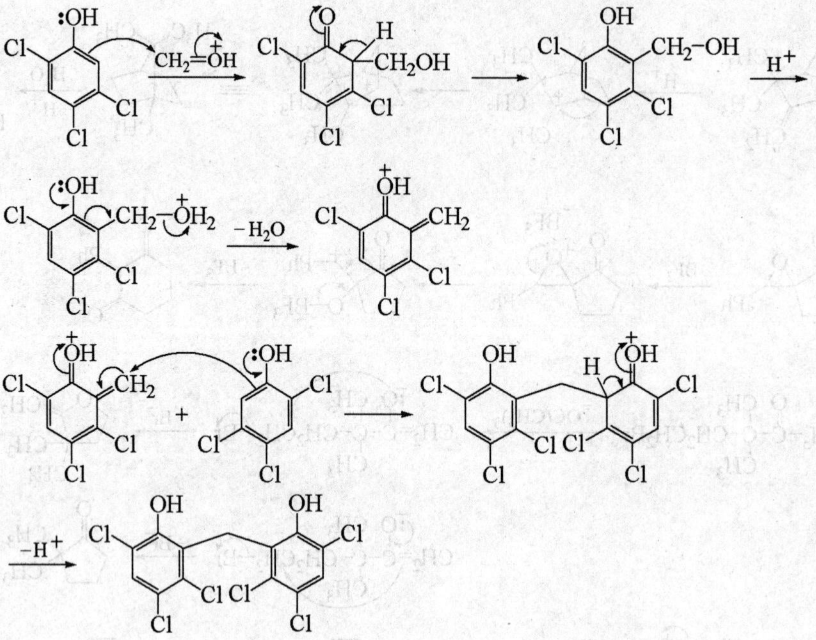

(16)

A

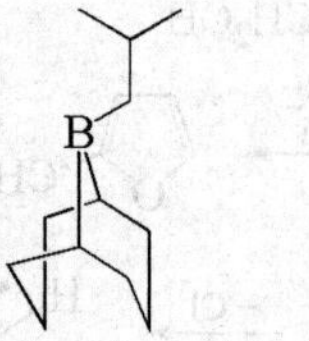

②的历程：

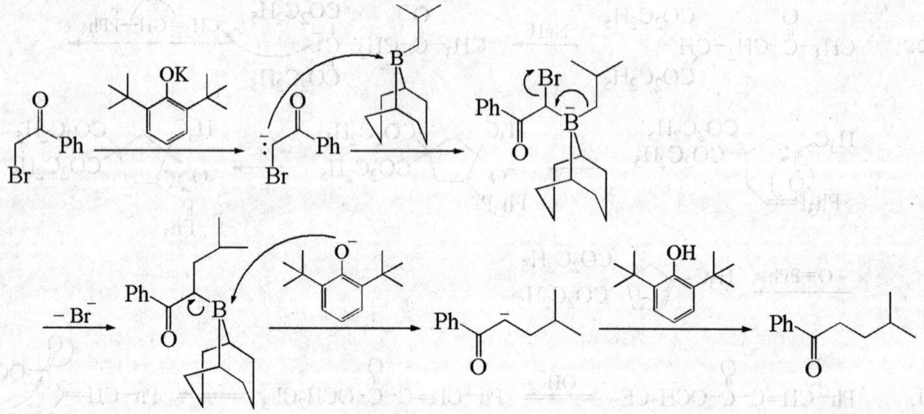

# 第三章　有机合成

## 一、目的和要求

有机合成是有机化学中极为重要的内容，它是与生产实际和科学研究密切相关的一门理论与实践相结合的科学。作为有机化学课程的学习，通过合成路线设计，可使有机化学知识融会贯通，达到熟练掌握和灵活应用所学反应的目的。同时通过合成题的练习，可以提高分析和解决问题的能力。有机合成是通过基本反应合成特定要求的有机分子，其具体要求是：① 构成适当的碳骨架；② 构造特定位置的官能团；③ 完成合成分子的立体化学要求。要想较完整地达到有机合成的目标，首先必须熟练掌握各种反应，包括反应条件、反应范围、反应方向和反应的立体化学，并从合成的角度对反应总结分类，以达到对合成科学合理运用的目的。其次是掌握合成路线设计的技巧，巧妙设计并准确地选择合成路线。对于合成路线的设计和选择，实际生产中要从原料来源、收率高低、设备投资、技术难易、能量消耗和环境保护等多方面考虑，也就是说应从经济效益和社会效益来综合考虑。作为有机化学学习中的合成设计和路线选择主要要求是：① 尽可能采用产物单一的可靠反应；② 选择较短的合成路线。

## 二、按合成要求对反应的总结

### 1．按合成要求对反应的分类

根据合成的要求，一般将合成反应分为三类：①保持分子碳骨架不变，只转化官能团的反应；②变化碳骨架的反应（增碳、减碳和重排反应）；③立体专一性和选择性的反应。在有机合成中，根据需要采用不同类型的反应，最终达到合成目标化合物的目的。对于不同类型的反应，本章将简单举例示范性说明，而更多的反应类型需要读者自行总结完善。

（1）保持碳骨架，变化官能团的反应

该类反应是反应物和产物的碳骨架不发生变化，只是官能团发生转化，大部分的有机反应都属于该类反应。通过这类反应，在合成中可导入需要的官能团，也可利用官能团的转化得到目标化合物，或得到能改变碳骨架结构的中间体。这类反应依据反应特点可分如下三类：

①分子中导入官能团

$$C_6H_5CH_3 \xrightarrow[h\nu]{Cl_2} C_6H_5CH_2Cl \quad ; \quad C_6H_6 \xrightarrow[H_2SO_4]{HNO_3} C_6H_5NO_2$$

②分子中去掉官能团

$$R-CH=CH-R \xrightarrow{H_2/Pt} RCH_2CH_2R \;;\quad R-\overset{O}{\overset{\|}{C}}-R \xrightarrow[\text{浓 HCl}]{Zn\text{-}Hg} RCH_2R$$

③官能团相互转化

$$-C\equiv C- \rightleftharpoons \;>C=C< \;\rightleftharpoons\; >\overset{X}{C}-\underset{H}{C}< \;\rightleftharpoons\; >\overset{OH}{C}-\underset{H}{C}< \;\rightleftharpoons\; >\overset{O}{\overset{\|}{C}}-\underset{H}{C}<$$

$$\rightleftharpoons\; >\overset{O}{\overset{\|}{C}}-\underset{X}{C}< \;\dashrightarrow$$

（2）变化碳骨架的反应

该类反应为反应物和产物的碳骨架发生变化的反应。在合成中常用来构成目标化合物的碳骨架，同时根据反应的特点获得适当位置的官能团，因此它是一类极为重要的反应。它可分为三类：

①构成碳碳键的反应

$$R-X \xrightarrow{R'C\equiv CNa} R-C\equiv C-R' \;;\quad -\overset{O}{\overset{\|}{C}}- \xrightarrow[(2)\ H_3\overset{+}{O}]{(1)\ RMgX} R-\overset{|}{\underset{|}{C}}-OH$$ ；羟醛缩合、酯缩合等

②断裂碳碳键的反应

$$-\underset{HO}{\overset{|}{C}}-\underset{OH}{\overset{|}{C}}- \xrightarrow{HIO_4} \;>C=O + O=C< \;;\quad -\overset{O}{\overset{\|}{C}}-CH_3 \xrightarrow{I_2/OH^-} -COO^- + HCI_3\;;$$

$$R-\overset{O}{\overset{\|}{C}}-NH_2 \xrightarrow{Br_2/OH^-} R-NH_2\;;\quad R-CH(CO_2H)_2 \xrightarrow{\triangle} R-CH_2CO_2H + CO_2$$ 等

③重排反应

$$(CH_3)_3C-\underset{OH}{CH}-CH_3 \xrightarrow{H_2SO_4} (H_3C)_2C=C(CH_3)_2\;;\quad R-\overset{O}{\overset{\|}{C}}-R \xrightarrow{RCO_3H} R-\overset{O}{\overset{\|}{C}}-OR\;;$$

$$H_3C-\underset{HO}{\overset{H_3C}{C}}-\underset{OH}{\overset{CH_3}{C}}-CH_3 \xrightarrow{H^+} (CH_3)_3C-\underset{O}{\underset{\|}{C}}-CH_3\;;\quad CH_2=CH-O-CH_2CH=CH_2 \xrightarrow{\triangle} CH_2=CHCH_2CH_2CHO$$ 等

（3）立体专一性和选择性的反应

该类反应是设计分子空间结构的反应，反应中可能不发生碳骨架的变化，也可能有碳骨架的变化，但反应都存在立体专一性和选择性。如烯的反式或顺式加成、E2 反式消去、顺式热消去、SN2 构型转化、环氧反式开环、取代中的邻基参与、亲核加成中的 Cram 规则和协同反应中的立体专一性等。这一类型的反应在本书第二部分第一章中已作了较详细的讨论，在此不再重复。该类反应常用于立体有择合成，在合成中主要利用这些反应完成目的化合物的立体化学要求。

2．增碳反应合成总结

有机合成中大多数情况是由小分子化合物合成较大分子的化合物，因此形成碳碳键的反应就显得尤为重要。在合成路线设计中形成碳碳键的反应往往是合成路线的关键步骤，采用不同的增碳反应可得到不同的合成路线。在此我们对一些重要类型的化合物增碳合成的方法作一总结，为读者在合成路线设计时提供参考。但应特别注意的是，本总结不包括采用官能团转化反应的合成，当然读者最好是将某类化合物的各种合成方法，包括增碳、减碳、官能团转化等合成法进行全面总结，这样可更便捷、准确、完美地完成合成路线的选择和设计。

（1）烃的增碳合成法

$$2\,RX \xrightarrow{Na\ or\ Zn} R{-}R$$

$$RMgX + R'{-}X\ (\text{活泼}) \longrightarrow R{-}R'$$

$$R_2CuLi + R'{-}X \longrightarrow R{-}R'$$

$$X{-}(CH_2)_n{-}X \xrightarrow{Na\ or\ Li\ or\ Zn} \text{环}(CH_2)_n$$

$$R_2C{=}O + Ph_3P{=}CHR' \longrightarrow R_2C{=}CH{-}R'$$

$$RR'C{=}O \xrightarrow[\text{或}TiCl_4/Zn]{TiCl_3/LiAlH_4} RR'C{=}CRR' + RR'C{=}CR'R$$

$$R{-}CH{=}CH{-}R + R'{-}CH{=}CH{-}R' \xrightarrow{\text{Mo卡宾型催化剂}} 2\,R{-}CH{=}CH{-}R'$$

$$\text{丁二烯} + \text{乙烯} \xrightarrow{\triangle} \text{环己烯}$$

$$4\,HC{\equiv}CH \xrightarrow{\text{催化剂}} \text{环辛四烯}$$

$$2\,HC{\equiv}CH \xrightarrow{Cu_2Cl_2} HC{\equiv}C{-}CH{=}CH_2$$

$$R{-}X + R'C{\equiv}CNa \longrightarrow R'C{\equiv}CR$$

$$C_6H_6 + R{-}X \xrightarrow{AlCl_3} C_6H_5{-}R$$

$$H_3C{-}C_6H_4{-}N_2^+X^- \xrightarrow[OH^-]{C_6H_6} H_3C{-}C_6H_4{-}C_6H_5$$

（2）卤代烃增碳合成法

$$C_6H_6 + CH_2O + HCl \xrightarrow{ZnCl_2} C_6H_5{-}CH_2Cl$$

$$R{-}CH{=}CH{-}R + HCCl_3 \xrightarrow{OH^-} \text{1,1-二氯-2,3-二R基环丙烷}$$

$$R_2C{=}O + Ph_3P{=}CCl_2 \longrightarrow R_2C{=}CCl_2$$

（3）醇的增碳合成法

$$R{-}\overset{O}{\overset{\|}{C}}{-}R \xrightarrow[(2)\ H_3^+O]{(1)\ R'MgX} R'{-}\underset{R}{\overset{R}{C}}{-}OH$$

$$\text{环氧乙烷} \xrightarrow[(2)\ H_3^+O]{(1)\ R'MgX} R{-}CH_2CH_2OH$$

$$R{-}\overset{O}{\overset{\|}{C}}{-}OC_2H_5 \xrightarrow[(2)\ H_3^+O]{(1)\ R'MgX} R{-}\underset{R'}{\overset{R'}{C}}{-}OH$$

$$2\,R{-}\overset{O}{\overset{\|}{C}}{-}R \xrightarrow[(2)\ H_3^+O]{(1)\ Mg\text{-}Hg} R{-}\underset{HO}{\overset{R}{C}}{-}\underset{OH}{\overset{R}{C}}{-}R$$

（4）酚的增碳合成法

$$C_6H_5-O-CH_2CH{=}CHCH_3 \xrightarrow{\triangle} o\text{-}HO-C_6H_4-CH(CH_3)-CH{=}CH_2$$

$$C_6H_5-O-\overset{O}{\overset{\|}{C}}-R \xrightarrow{AlCl_3} o\text{-}HO-C_6H_4-CO-R + p\text{-}HO-C_6H_4-C(=O)-R$$

$$C_6H_5O^- \xrightarrow[\triangle]{CO_2} \xrightarrow{H^+} o\text{-}HO-C_6H_4-CO_2H$$

（5）醛酮的增碳合成法

$$CH_2{=}CH_2 + CO + H_2 \xrightarrow{[Co(CO)_4]_2} CH_3CH_2CHO$$

$$R_2C{=}O \xrightarrow{Ph_3P{=}CHOCH_3} R_2C{=}CHOCH_3 \xrightarrow{H_3^+O} R_2CH-CHO$$

$$C_6H_5CH_3 + CO + HCl \xrightarrow{AlCl_3} p\text{-}CH_3-C_6H_4-CHO$$

$$CH_2{=}CHCH_2-O-CH{=}CH_2 \xrightarrow{\triangle} CH_2{=}CHCH_2CH_2CHO$$

$$C_6H_5OH \xrightarrow[NaOH]{CHCl_3} o\text{-}HO-C_6H_4-CHO \quad \text{（羟基醛）}$$

$$C_6H_5OR \xrightarrow[HCl/AlCl_3]{HCN} p\text{-}RO-C_6H_4-CHO$$

$$C_6H_6 \xrightarrow[AlCl_3]{CH_3COCl} C_6H_5-\overset{O}{\overset{\|}{C}}-CH_3$$

$$R-\overset{O}{\overset{\|}{C}}-Cl + R'MgX \longrightarrow \xrightarrow{H_3^+O} R-\overset{O}{\overset{\|}{C}}-R'$$

$$R-C{\equiv}N + R'MgX \longrightarrow \xrightarrow{H_3^+O} R-\overset{O}{\overset{\|}{C}}-R'$$

$$R-\overset{O}{\overset{\|}{C}}-CH_2CO_2C_2H_5 \xrightarrow[R'X]{NaOC_2H_5} \xrightarrow[(2)\ H^+/\triangle]{(1)\ OH^-/H_2O} R-\overset{O}{\overset{\|}{C}}-CH_2R' \quad \text{（合成各种酮）}$$

$$R-\overset{O}{\overset{\|}{C}}-R + XCH_2CO_2C_2H_5 \xrightarrow[(2)\ OH^-/H_2O\ \ (3)\ H^+]{(1)\ NaOC_2H_5} R-\underset{R}{\underset{|}{CH}}-CHO$$

$$R-\overset{O}{\overset{\|}{C}}-CH_2R \xrightarrow[H^+]{\text{吡咯烷}(C_4H_8NH)} \xrightarrow{R'X} \xrightarrow{H_3^+O} R-\overset{O}{\overset{\|}{C}}-\underset{R}{\underset{|}{CH}}-R'$$

$$\text{(1,3-dithiane, 2-R, 2-H)} \xrightarrow{n\text{-}C_4H_9Li} \xrightarrow{R'X} \xrightarrow[HCl/H_2O]{HgCl_2} R-\overset{O}{\overset{\|}{C}}-R'$$

$$R-\overset{O}{\overset{\|}{C}}-CH_2CO_2C_2H_5 \xrightarrow[RCOCH_2Br]{NaOC_2H_5} \xrightarrow[(2)\ H^+/\triangle]{(1)\ OH^-/H_2O} R-\overset{O}{\overset{\|}{C}}-CH_2CH_2-\overset{O}{\overset{\|}{C}}-R'$$ （合成1,4-二酮）

$$R-\overset{O}{\overset{\|}{C}}-CH_2CO_2C_2H_5 \xrightarrow[NaOC_2H_5]{CH_2=CH-\overset{O}{\overset{\|}{C}}-R'} \xrightarrow[(2)\ H^+/\triangle]{(1)\ OH^-/H_2O} R-\overset{O}{\overset{\|}{C}}-CH_2CH_2CH_2-\overset{O}{\overset{\|}{C}}-R'$$ （合成1,5-二酮）

$$H-\overset{O}{\overset{\|}{C}}-OC_2H_5 + R-\overset{O}{\overset{\|}{C}}-CH_3 \xrightarrow{NaOC_2H_5} R-\overset{O}{\overset{\|}{C}}-CH_2CHO$$

$$R-\overset{O}{\overset{\|}{C}}-OC_2H_5 + R'-\overset{O}{\overset{\|}{C}}-CH_3 \xrightarrow{NaOC_2H_5} R-\overset{O}{\overset{\|}{C}}-CH_2-\overset{O}{\overset{\|}{C}}-R'$$ （合成1, 3-二酮）

$$R-\overset{O}{\overset{\|}{C}}-CH_2-\overset{O}{\overset{\|}{C}}-R' \xrightarrow[R''X]{NaOC_2H_5} R-\overset{O}{\overset{\|}{C}}-\underset{R''}{\underset{|}{CH}}-\overset{O}{\overset{\|}{C}}-R'$$

$$2\,RCH_2CHO \xrightarrow{OH^-} RCH_2-\overset{OH}{\overset{|}{CH}}-\underset{R}{\underset{|}{CH}}-CHO \xrightarrow[-H_2O]{\triangle} RCH_2-CH=\underset{R}{\underset{|}{C}}-CHO$$

（β-羟基醛）　　　　（α, β-不饱和醛）

$$RCHO + R'-\overset{O}{\overset{\|}{C}}-CH_3 \xrightarrow{OH^-} R-CH=CH-\overset{O}{\overset{\|}{C}}-R'$$ （α, β-不饱和酮）

$$R-\overset{O}{\overset{\|}{C}}-OC_2H_5 \xrightarrow[\text{苯}]{Na} R-\overset{OH}{\overset{|}{CH}}-\overset{O}{\overset{\|}{C}}-R$$ （α-羟基酮）

$$\text{(butadiene)} + CH_2=CH-\overset{O}{\overset{\|}{C}}-R \xrightarrow{\triangle} \text{(3-cyclohexenyl)}-\overset{O}{\overset{\|}{C}}-R$$

（6）羧酸的增碳合成法

$$R-X \xrightarrow[(2)\ H_3^+O]{(1)\ NaCN} R-CO_2H$$

$$R-MgX + CO_2 \longrightarrow R-CO_2H$$

$$PhN_2^+Cl^- \xrightarrow[(2)\ H_3^+O]{(1)\ Cu(CN)_2} Ph-CO_2H$$

$$R-\overset{O}{\overset{\|}{C}}-Cl \xrightarrow[(2)\ Ag_2O/H_2O]{(1)\ CH_2N_2(\text{excess})} RCH_2CO_2H$$

$$CH_2(CO_2C_2H_5)_2 \xrightarrow[RX]{NaOC_2H_5} \xrightarrow[(2)\ H^+/\triangle]{(1)\ OH^-/H_2O} RCH_2CO_2H$$ （合成一元、二元、环烷酸等）

$$NCCH_2CO_2C_2H_5 \xrightarrow[RX]{NaOC_2H_5} \xrightarrow[(2)\ H^+/\triangle]{(1)\ OH^-/H_2O} RCH_2CO_2H$$

$$RCH_2CO_2H \xrightarrow[(2)\ R'X]{(1)\ LDA} \xrightarrow{H_3^+O} R-\underset{R'}{\underset{|}{CH}}-CO_2H$$

$$RCH_2CO_2C_2H_5 \xrightarrow[(2)\ R'X]{(1)\ LDA} \xrightarrow{H_3^+O} R-\underset{R'}{\underset{|}{CH}}-CO_2H$$

$$RCH_2\text{-(4,4-二甲基噁唑啉-2-基)} \xrightarrow[R'X]{n\text{-}C_4H_9Li} \xrightarrow{H_3^+O} R\text{-}\underset{R'}{CH}\text{-}CO_2H$$

$$\text{丁二烯} + CH_2{=}CHCO_2C_2H_5 \xrightarrow{\triangle} \xrightarrow{H_3^+O} \text{3-环己烯甲酸}$$

$$\text{2-氯环庚酮} \xrightarrow[(2)\ H^+]{(1)\ OH^-/H_2O} \text{环己烷甲酸}$$

（7）羟基酸的增碳合成法

$$R\text{-}CHO \xrightarrow{HCN} \xrightarrow[(2)\ H^+]{(1)\ OH^-/H_2O} R\text{-}\overset{OH}{CH}\text{-}CO_2H$$

$$R\text{-}\overset{O}{\overset{\|}{C}}\text{-}R \xrightarrow[Zn]{ClCH_2CO_2C_2H_5} \xrightarrow{H_3^+O} R_2\overset{OH}{C}\text{-}CH_2CO_2C_2H_5 \xrightarrow[(2)\ H^+]{(1)\ OH^-/H_2O} R_2\overset{OH}{C}\text{-}CH_2CO_2H$$

$$HOCH_2CH_2Cl \xrightarrow{NaCN} \xrightarrow{H_3^+O} HOCH_2CH_2CO_2H$$

$$\text{环己酮} \xrightarrow{PhCO_3H} \xrightarrow{H_3^+O} HO(CH_2)_5CO_2H$$

$$C_6H_5OK \xrightarrow[\triangle]{CO_2} \xrightarrow{H^+} o\text{-}HOC_6H_4CO_2H$$

（8）$\alpha,\beta$-不饱和酸的增碳合成法

$$RCH_2CHO \xrightarrow{HCN} \xrightarrow[\triangle]{H_3^+O} RCH{=}CHCO_2H$$

$$R_2C{=}O \xrightarrow[Zn]{R'\text{-}\overset{X}{CH}\text{-}CO_2C_2H_5} \xrightarrow[\triangle]{H_3^+O} R_2C{=}C(R')CO_2H$$

$$ArCHO \xrightarrow[RCH_2CO_2Na]{(RCH_2CO)_2O} Ar\text{-}CH{=}\underset{R}{C}\text{-}CO_2H$$

$$RCHO + CH_2(CO_2C_2H_5)_2 \xrightarrow{\text{四氢吡咯(NH)}} \xrightarrow[\triangle]{H_3^+O} R\text{-}CH{=}CHCO_2H$$

（9）酮酸的增碳合成法

$$R\text{-}CH_2CO_2C_2H_5 \xrightarrow[NaOC_2H_5]{C_2H_5O\text{-}\overset{O}{\overset{\|}{C}}\text{-}\overset{O}{\overset{\|}{C}}\text{-}OC_2H_5} \xrightarrow[(2)\ H^+/\triangle]{(1)\ OH^-/H_2O} R\text{-}CH_2\text{-}\overset{O}{\overset{\|}{C}}\text{-}CO_2H \quad (\alpha\text{-酮酸})$$

$$2\,R\text{-}CH_2CO_2C_2H_5 \xrightarrow{NaOC_2H_5} \xrightarrow[(2)\ H^+/(\text{小心})]{(1)\ OH^-/H_2O} R\text{-}CH_2\text{-}\overset{O}{\overset{\|}{C}}\text{-}\underset{R}{CH}CO_2H \quad (\beta\text{-酮酸})$$

$$R\text{-}\overset{O}{\overset{\|}{C}}\text{-}CH_2CO_2C_2H_5 \xrightarrow[NaOC_2H_5]{ClCH_2CO_2C_2H_5} \xrightarrow[(2)\ H^+/\triangle]{(1)\ OH^-/H_2O} R\text{-}\overset{O}{\overset{\|}{C}}\text{-}CH_2CH_2CO_2H \quad (\gamma\text{-酮酸})$$

$$CH_2(CO_2C_2H_5)_2 \xrightarrow[NaOC_2H_5]{RCOCH_2Cl} \xrightarrow[(2)\ H^+/\triangle]{(1)\ OH^-/H_2O} R-\overset{O}{\overset{\|}{C}}-CH_2CH_2CO_2H \quad (\gamma-\text{酮酸})$$

$$CH_2(CO_2C_2H_5)_2 \xrightarrow[NaOC_2H_5]{CH_2=CH-\overset{O}{\overset{\|}{C}}-R} \xrightarrow[(2)\ H^+/\triangle]{(1)\ OH^-/H_2O} R-\overset{O}{\overset{\|}{C}}-CH_2CH_2CH_2CO_2H \quad (\delta-\text{酮酸})$$

（10）氨基酸的增碳合成法

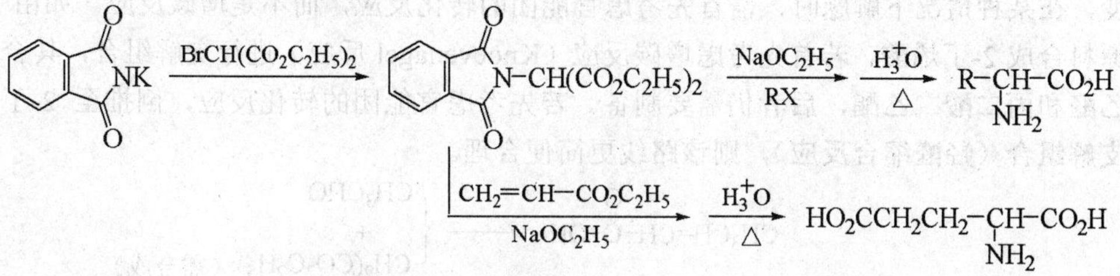

$$\text{邻苯二甲酰亚胺钾(NK)} \xrightarrow{BrCH(CO_2C_2H_5)_2} \text{邻苯二甲酰亚胺基}N-CH(CO_2C_2H_5)_2 \xrightarrow[RX]{NaOC_2H_5} \xrightarrow[\triangle]{H_3^+O} R-\underset{NH_2}{\underset{|}{CH}}-CO_2H$$

$$\text{邻苯二甲酰亚胺基}N-CH(CO_2C_2H_5)_2 \xrightarrow[NaOC_2H_5]{CH_2=CH-CO_2C_2H_5} \xrightarrow[\triangle]{H_3^+O} HO_2CCH_2CH_2-\underset{NH_2}{\underset{|}{CH}}-CO_2H$$

$$CH_2(CO_2C_2H_5)_2 \xrightarrow{HNO_2} \xrightarrow[Ac_2O]{H_2/Pt} CH_3-\overset{O}{\overset{\|}{C}}-NH-CH(CO_2C_2H_5)_2 \xrightarrow[RX]{NaOC_2H_5} \xrightarrow[\triangle]{H_3^+O} R-\underset{NH_2}{\underset{|}{CH}}-CO_2H$$

$$CH_2(CO_2C_2H_5)_2 \xrightarrow[RX]{NaOC_2H_5} \xrightarrow[R'X]{NaOC_2H_5} RR'C(CO_2C_2H_5)_2 \xrightarrow[(2)\ H^+]{(1)\ OH^-/H_2O} RR'C(CO_2H)_2 \xrightarrow[H_2SO_4]{HN_3} RR'C(CO_2H)(NH_2)$$

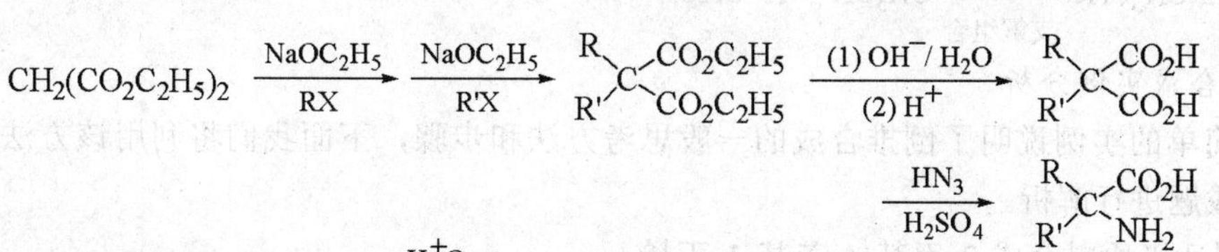

$$RCHO + NH_3 + HCN \xrightarrow{H_3^+O} R-\underset{NH_2}{\underset{|}{CH}}-CO_2H$$

## 三、合成路线推导

### 1．倒推合成法分析

一般合成路线设计常采用倒推法，基本思路是：

① 根据目标化合物结构特点，首先考虑利用增碳反应的合成，当确定合成采用的增碳反应后，再依据该反应特点在特定位置支解目标化合物，从而找到参与的反应物（称为合成子）。如 2-苯基-2-丁醇的合成，最容易考虑到的增碳合成法是格氏试剂与醛酮的加成，欲采用该反应合成醇，对目标化合物特定支解点在羟基所连碳的外侧。那么这个醇就具有三个支解点，根据不同的支解位置，可找到三组合成子，可选用任意一个组合来合成目标化合物。

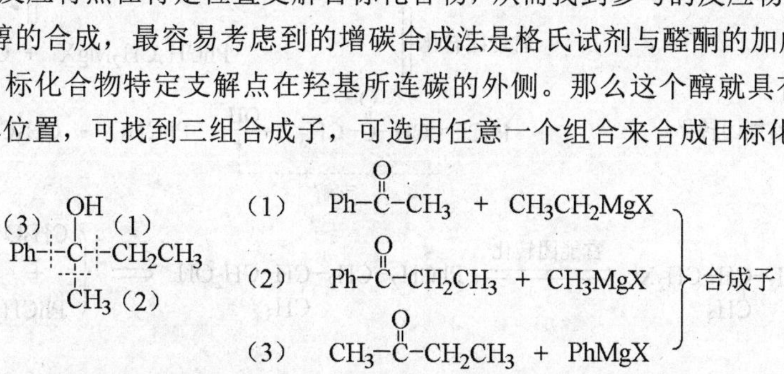

$$Ph\overset{(3)}{-\!\!\vdots\!\!-}\underset{CH_3\,(2)}{\overset{OH}{C}}\overset{(1)}{-\!\!\vdots\!\!-}CH_2CH_3$$

合成子：

（1） $Ph-\overset{O}{\overset{\|}{C}}-CH_3 + CH_3CH_2MgX$

（2） $Ph-\overset{O}{\overset{\|}{C}}-CH_2CH_3 + CH_3MgX$

（3） $CH_3-\overset{O}{\overset{\|}{C}}-CH_2CH_3 + PhMgX$

② 如目标化合物无直接增碳反应合成的可能，则考虑官能团转化的反应倒推，直至变化官能团的化合物能采用增碳反应合成时再行支解组合。如 1,2-二溴丁烷无直接增碳反应合成的可能，考虑官能团转化反应倒推至烯，然后到炔，此时可把问题归为炔的增碳合成，即由卤代烃和炔钠反应合成，其支解点应在炔钠处，支解后找出相应的合成子，即可完成整个合成。

$$\underset{\text{Br}}{\text{CH}_2}-\underset{\text{Br}}{\text{CH}}-\text{CH}_2\text{CH}_3 \xleftarrow{\text{Br}_2} \text{CH}_2{=}\text{CH}-\text{CH}_2\text{CH}_3 \xleftarrow[\text{喹啉}]{\text{H}_2/\text{Pd, BaSO}_4} \text{HC}{\equiv}\text{C}-\text{CH}_2\text{CH}_3 \Leftarrow \text{HC}{\equiv}\text{CNa} + \text{ClCH}_2\text{CH}_3$$

很多情况下，倒推合成是按以上程序进行思考分析，但应注意的是以上解题模式并非固定不变，在某种情况下解题时，需首先考虑官能团的转化反应，而不是增碳反应。如由 2 个碳的原料合成 2-丁烯酸，若首先考虑增碳反应（Knoevenagel 反应）进行支解组合，其合成原料为乙醛和丙二酸二乙酯，后者仍需要制备。若先考虑官能团的转化反应，倒推至 2-丁烯醛再行支解组合（羟醛缩合反应），则该路线更简便合理。

$$\text{CH}_3\text{CH}{=}\text{CH}-\overset{\text{O}}{\overset{\|}{\text{C}}}-\text{OH} \longleftarrow \left\{\begin{array}{l}\text{CH}_3\text{CHO}\\ \quad +\\ \text{CH}_2(\text{CO}_2\text{C}_2\text{H}_5)\text{（需合成）}\end{array}\right.$$

$$\text{官能团转化}\uparrow \text{Ag}_2\text{O}$$

$$2\,\text{CH}_3\text{CHO} \xrightarrow[\text{支解组合}]{\text{OH}^-} \text{CH}_3\text{CH}{=}\text{CH}-\text{CHO}$$

2．倒推合成实例分析

上文用简单的实例说明了倒推合成的一般思考方法和步骤，下面我们将利用该方法对稍显复杂的合成题进行解析。

**例 1**　用适当原料合成 2-甲基-4-苯基-1-丁烯。

**解**　按以上方法倒推合成，或先利用增碳反应倒推支解组合，或利用官能团转化反应倒推调整到可支解的中间体，然后再进行支解组合。下列图解体现了目标化合物合成的解析方法。按 Wittig 反应合成烯的特点倒推支解目标化合物，可得到合成子 4-苯基-2-丁酮；再考虑

$$\text{PhCH}_2\text{Cl} + \text{CH}_3-\overset{\text{O}}{\overset{\|}{\text{C}}}-\text{CH}_2\text{CO}_2\text{C}_2\text{H}_5\ \text{(i)} \xRightarrow{\text{支解}} \text{PhCH}_2-\text{CH}_2-\overset{\text{O}}{\overset{\|}{\text{C}}}-\text{CH}_3$$

$$\boxed{\text{PhCH}_2-\text{CH}_2-\underset{\text{CH}_3}{\text{C}}{=}\text{CH}_2} \xleftarrow{\text{Ph}_3\text{P}{=}\text{CH}_2} \text{PhCH}_2-\text{CH}_2-\overset{\text{O}}{\overset{\|}{\text{C}}}-\text{CH}_3 \xLeftarrow{\text{官能团转化}} \text{PhCH}_2-\text{CH}_2-\overset{\text{OH}}{\text{CH}}-\text{CH}_3 \xLeftarrow{\text{支解}} \text{PhCH}_2\text{CH}_2\text{MgX} + \text{CH}_3\text{CHO}\ \text{(ii)}$$

$$\text{PhCH}_2-\text{CH}_2-\overset{\text{O}}{\overset{\|}{\text{C}}}-\text{CH}_3 \xLeftarrow{\text{官能团转化}} \text{PhCH}{=}\text{CH}-\overset{\text{O}}{\overset{\|}{\text{C}}}-\text{CH}_3 \xleftarrow[\text{支解}]{\text{OH}^-} \text{PhCHO} + \text{CH}_3\text{COCH}_3\ \text{(iii)}$$

$$\boxed{\text{PhCH}_2-\text{CH}_2-\underset{\text{CH}_3}{\text{C}}{=}\text{CH}_2} \xLeftarrow{\text{官能团转化}} \text{PhCH}_2-\text{CH}_2-\underset{\text{CH}_3}{\text{CH}}-\text{CH}_2\text{X} \xLeftarrow{\text{官能团转化}} \text{PhCH}_2-\text{CH}_2-\underset{\text{CH}_3}{\text{CH}}-\text{CH}_2\text{OH} \Longleftarrow \left\{\begin{array}{l}\text{CH}_2\text{O}\\ \quad +\\ \text{PhCH}_2\text{CH}_2-\underset{\text{CH}_3}{\text{C}}\text{MgX}\end{array}\right.$$

$$\text{(iv)}\ \text{CH}_3\text{CHO} + \text{PhCH}_2\text{CH}_2\text{MgX} \xRightarrow{\text{支解}} \text{PhCH}_2\text{CH}_2-\underset{\text{CH}_3}{\text{CH}}-\text{OH} \xRightarrow{\text{官能团转化}} \text{PhCH}_2\text{CH}_2-\underset{\text{CH}_3}{\text{C}}\text{X} \xRightarrow{\text{官能团转化}} \text{PhCH}_2\text{CH}_2-\underset{\text{CH}_3}{\text{C}}\text{MgX}$$

2-甲基-4-苯基-1-丁烯合成图解

4-苯基-2-丁酮的增碳合成法或从官能团转化反应合成法进行倒推，于是可得到目标化合物的（i）（ii）（iii）三种合成方法。若不先考虑目标化合物的增碳合成法，而先采用官能团转化的反应合成，倒推至可进行支解的中间体醇时再支解，可得到合成路线（iv），但显然路线（iv）较长，不是好的合成设计。实际上对合成路线的选择要根据题目的要求，若题目要求由苯和不超过 3 个碳的原料合成，路线（iii）应为最佳路线。该路线中合成子苯甲醛易由苯制备得到，而丙酮本身即为 3 个碳的原料，这样可采用较短的步骤完成合成。若题目要求采用的原料是甲苯和三乙，那么路线（i）为最佳路线。

## 四、合成中的技巧

### 1．合成中的导向基团

为得到一个好的反应途径，或为提高反应的区域选择性以获得最佳反应位置，在合成设计中引入导向基团是常用的一个方法。对于导向基团的要求是：① 可以有效地引导合成方向；② 完成导向任务后容易被除去。下面我们以三个例子说明合成中导向基团的使用技巧和意义。

**例 1**　完成下列转化。

1,2,4-三甲基苯 ⇒ 3-溴-1,2,4-三甲基苯（结构式：$CH_3$, $CH_3$, $CH_3$ → $CH_3$, Br, $CH_3$, $CH_3$）

**解**　若反应物 1,2,4-三甲基苯直接溴代，依据定位规则溴一般进入 5 位。想使溴进入 3 位，必须在 5 位导入基团。磺酸基是一个可上可下的基团，因此选择磺化反应在 5 位导入磺酸基，然后进行溴代。完成溴代反应后用稀酸加热处理脱掉磺酸基，从而得到需合成的化合物。在该例中，磺酸基既起到占位作用，又起到了导向基的作用。

$$\text{1,2,4-三甲基苯} \xrightarrow{H_2SO_4} \text{(5-}HO_3S\text{)} \xrightarrow[Fe]{Br_2} \text{(5-}HO_3S\text{, 3-Br)} \xrightarrow[\triangle]{H_3^+O} \text{3-溴-1,2,4-三甲基苯}$$

**例 2**　由甲苯合成间硝基甲苯。

**解**　根据定位规则，甲苯的硝化反应主要得邻对位产物。若在甲苯甲基对位引入一个比甲基给电子能力更强的基团，再进行硝化，硝基即可进入该基团的邻位，也就是甲基的间位，然后去掉该导向基即可完成合成。酰氨基是比甲基给电子能力更强的基团，且容易用化学方法脱除。

（导向基团：$CH_3$-C₆H₄-HN-C(=O)-$CH_3$，框内为 $HN-\overset{O}{\overset{\|}{C}}-CH_3$）

$$C_6H_5CH_3 \xrightarrow[H_2SO_4]{HNO_3} \xrightarrow{Fe/HCl} \xrightarrow{CH_3COCl} p\text{-}CH_3C_6H_4NHCOCH_3 \xrightarrow[H_2SO_4]{HNO_3} \text{(邻位 }NO_2\text{)}$$

$$\xrightarrow{OH^-/HCl} \xrightarrow[HCl]{NaNO_2} \text{(}NO_2\text{, }N_2^+Cl^-\text{)} \xrightarrow{H_3PO_2} m\text{-}CH_3C_6H_4NO_2$$

**例 3**　由苯和不超过 4 个碳的原料合成下列化合物。

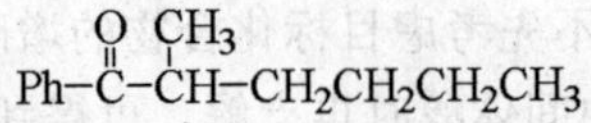

$$\mathrm{Ph{-}\overset{O}{\overset{\|}{C}}{-}\overset{CH_3}{\overset{|}{C}H}{-}CH_2CH_2CH_2CH_3}$$

**解**　目标化合物是一个酮，而酮最常采用的增碳合成方法是 β-酮酸酯的烷基化。若在目标化合物羰基 α-位导入一个 $-CO_2C_2H_5$ 就形成了一个 β-酮酸酯，对这个 β-酮酸酯的 α-位支解烷基，则可找到进行烷基化的 β-酮酸酯——β-苯基-β-丙酮酸乙酯。其实该导向基的引入确定了目标化合物通过 β-酮酸酯烷基化的合成途径，而参与烷基化的 β-酮酸酯可由缩合获得。因此目标化合物的倒推合成路线图示如下：

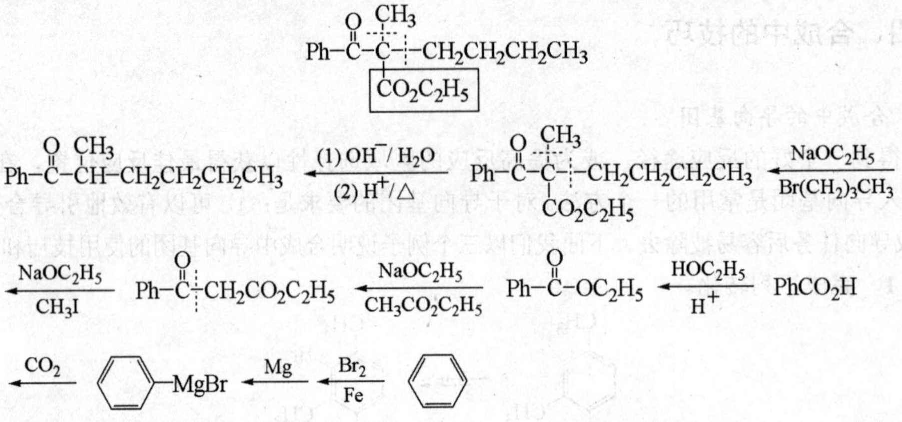

$$\mathrm{Ph{-}\overset{O}{\overset{\|}{C}}{-}\underset{\boxed{CO_2C_2H_5}}{\underset{|}{\overset{CH_3}{\overset{|}{C}}}}{-}CH_2CH_2CH_2CH_3}$$

$$\mathrm{Ph{-}\overset{O}{\overset{\|}{C}}{-}\overset{CH_3}{\overset{|}{C}H}{-}CH_2CH_2CH_2CH_3} \xleftarrow[(2)\ H^+/\triangle]{(1)\ OH^-/H_2O} \mathrm{Ph{-}\overset{O}{\overset{\|}{C}}{-}\underset{CO_2C_2H_5}{\underset{|}{\overset{CH_3}{\overset{|}{C}}}}{-}CH_2CH_2CH_2CH_3} \xleftarrow[Br(CH_2)_3CH_3]{NaOC_2H_5}$$

$$\xleftarrow[CH_3I]{NaOC_2H_5} \mathrm{Ph{-}\overset{O}{\overset{\|}{C}}{-}CH_2CO_2C_2H_5} \xleftarrow[CH_3CO_2C_2H_5]{NaOC_2H_5} \mathrm{Ph{-}\overset{O}{\overset{\|}{C}}{-}OC_2H_5} \xleftarrow[H^+]{HOC_2H_5} \mathrm{PhCO_2H}$$

$$\xleftarrow{CO_2} \text{苯基}{-}\mathrm{MgBr} \xleftarrow{Mg} \xleftarrow[Fe]{Br_2} \text{苯}$$

2．合成中的官能团保护

在有机合成中采用的反应有时会影响两个或更多官能团，为确保特定官能团的反应而不破坏其他官能团，往往采用官能团的保护。保护官能团在合成反应条件下不参与反应，但在另一反应条件下容易除去。例如羟基的保护是生产胞二醚或叔丁基醚；羰基保护是生产缩醛酮；氨基保护是生成酰胺；羧基保护是生成酯等。这些保护基团很容易在相应反应条件下脱除，恢复原官能团。下面我们以实例说明有机合成中的官能团保护。

**例 4**　完成下列转化。

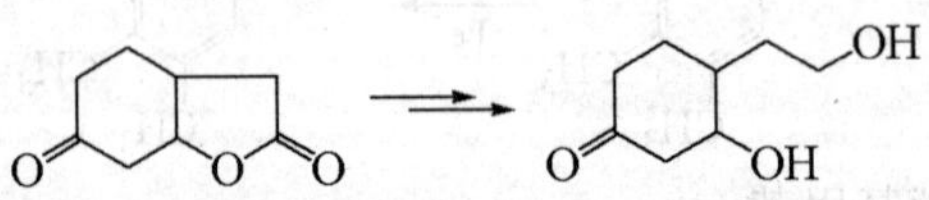

（双环酮内酯）$\longrightarrow$（3-羟基-4-(2-羟乙基)环己酮：含 OH、OH、O）

**解**　从题目可清楚地看出，目标化合物是由反应物中酯被还原而得。但若直接还原酯，酮羰基必受影响，因此需对酮羰基加以保护。保护方法是使生成不易被还原的缩酮，完成反应后可利用稀酸水解除去保护基。

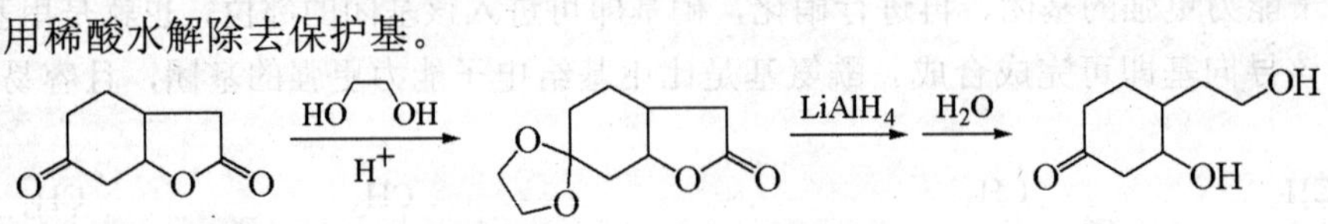

（双环酮内酯）$\xrightarrow[H^+]{HO\diagup\diagdown OH}$（缩酮保护的内酯）$\xrightarrow{LiAlH_4}\xrightarrow{H_2O}$（OH、OH、O 产物）

**例 5**　完成下列转化。

（吡喃糖：$CH_2OH$、HO、OH、OH、OH）$\longrightarrow$（吡喃糖：CHO、HO、OH、OH、OH）

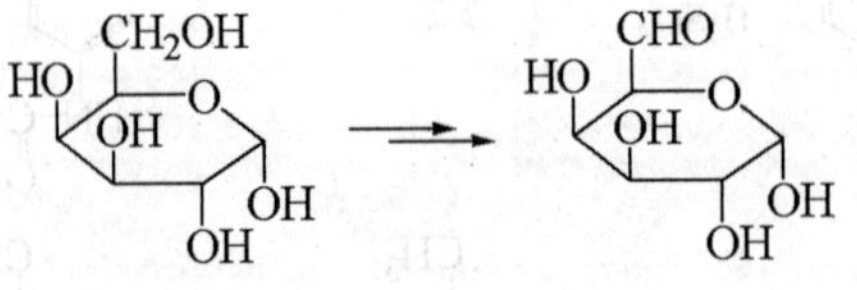

$$\text{半乳糖} \xrightarrow[H^+]{CH_3COCH_3} \text{二异丙叉保护物} \xrightarrow{(Pyridine)_2CrO_3} \xrightarrow{H_3^+O} \text{6-醛糖(CHO)}$$

**例 6**　完成下列转化。

$$HOCH_2-\underset{CH_3}{\overset{CH_3}{C}}-CH_2Br \longrightarrow HOCH_2-\underset{CH_3}{\overset{CH_3}{C}}-CH_2CH_2CH_2OH$$

**解**　该题目是由卤代醇制备比其多两个碳的伯醇，显然可以通过格氏试剂与环氧乙烷的反应制得。但反应物中有羟基，活泼氢的存在使格氏试剂不能顺利制得，因此必须保护羟基。羟基保护方法一般是使之生成易断裂的叔丁醚或胞二醚。

$$HOCH_2-\underset{CH_3}{\overset{CH_3}{C}}-CH_2Br \xrightarrow[TsOH]{\text{二氢吡喃}} \text{THP}-OCH_2-\underset{CH_3}{\overset{CH_3}{C}}-CH_2Br \xrightarrow[(2)\ \text{环氧乙烷}]{(1)\ Mg}$$

$$\text{THP}-OCH_2-\underset{CH_3}{\overset{CH_3}{C}}-CH_2CH_2CH_2OMgX \xrightarrow{H_3^+O} HOCH_2-\underset{CH_3}{\overset{CH_3}{C}}-CH_2CH_2CH_2OH$$

**例 7**　完成下列转化。

$$C_6H_5-NH_2 \longrightarrow H_2N-C_6H_4-SO_2NH_2$$

**解**　苯胺环上导入氨磺酰基应分为两步。首先生成对氨基苯磺酰氯，然后再氨解。但制备芳磺酰氯的方法是芳香化合物与氯磺酸反应，若反应物为苯胺，与磺酰氯反应的基团应是氨基。为使氯磺酸与苯环作用，必须要保护氨基。保护氨基最常用的方法是生成酰胺，待反应结束后再碱性水解脱去酰基。

$$C_6H_5-NH_2 \xrightarrow{Ac_2O} CH_3-\overset{O}{\overset{\|}{C}}-NH-C_6H_5 \xrightarrow{2\ ClSO_3H} CH_3-\overset{O}{\overset{\|}{C}}-NH-C_6H_4-SO_2Cl$$

$$\xrightarrow{NH_3} CH_3-\overset{O}{\overset{\|}{C}}-NH-C_6H_4-SO_2NH_2 \xrightarrow{OH^-/H_2O} H_2N-C_6H_4-SO_2NH_2$$

### 3．合成中的官能团去除和支解

有机化学中有很多去除官能团的反应，比如碳碳不饱和键和卤代烃催化氢化去除双键、叁键和卤素；Clemmensen 还原去除羰基；重氮盐与 $H_3PO_2$ 作用去除氨基等。这些反应也常常被巧妙地应用于合成之中。另外，碳碳键的断裂反应也经常应用于合成中，如碳碳双键氧化断裂制备酸或酮；邻二醇氧化支解制备醛或酮等。这种支解的技巧有时在合成中有出其不意的效果。下面我们举两例加以说明。

**例 8**　完成下列转化。

$$CH_2=\text{环丁基}-CO_2H \longrightarrow \text{环丁基}-CO_2H$$

**解**　题目中目标化合物比反应物少一个碳，因此需要支解碳碳双键。通过氧化断键后生成物为酮酸，再经 Clemmensen 还原去除羰基则可完成转化。

$$CH_2{=}\text{(环丁基)}{-}CO_2H \xrightarrow{KMnO_4} O{=}\text{(环丁基)}{-}CO_2H \xrightarrow[\text{浓 HCl}]{\text{Zn-Hg}} \text{(环丁基)}{-}CO_2H$$

**例 9** 完成下列转化。

$$\text{环戊二烯} \longrightarrow \text{(双环四羧酸: } CO_2H,\ CO_2H,\ HO_2C,\ CO_2H)$$

**解** 按一般的合成方法，很难得到如此构型的目标化合物。当我们想到用支解方法合成时，该题目就变容易了。利用支解法倒推合成，必须采用组合技巧，以得到容易合成的中间体。当我们把 3,5-位两个羧基组合到一起时，会得到一个极易合成的中间体。

$$\text{(四羧酸: } CO_2H,\ CO_2H,\ HO_2C,\ CO_2H) \Longleftarrow \text{(降冰片烯二酸酐)}$$

写出该中间体的结构后，立刻可以联想到 Diels-Alder 合成，得到中间体后用 $KMnO_4$ 处理可满意地得到目标化合物。

$$\text{环戊二烯} + \text{马来酸酐} \longrightarrow \text{(降冰片烯二酸酐)} \xrightarrow[\text{(2) } H_3^+O]{\text{(1) } KMnO_4} \text{(四羧酸: } CO_2H,\ CO_2H,\ HO_2C,\ CO_2H)$$

4. 利用特定系列反应完成特定官能团的转化

在合成中还经常采用一些特定系列反应，完成特定官能团的转化。如由酮与羟胺反应，经 Beckmann 重排获得酰胺，再水解得到羧酸和胺（例 10）。这个系列反应可由酮制备酰胺或胺及羧酸。又如醛酮与 $Ph_3P{=}CHOCH_3$ 作用生成烯基醚，而后水解生成增加一个碳的醛（例 11）。再如醛酮与$\alpha$-卤代酸酯在碱存在下发生 Darzen 反应，生成环氧酸酯，经 $OH^-/H_2O$ 处理后酸化能得到增碳的醛酮。下面的例子说明了采用特定系列反应生成特定官能团化合物的重要性。

**例 10** 完成转化：

$$CH_3\overset{O}{\overset{\|}{C}}{-}\text{(双环)}{-}CO_2CH_3 \longrightarrow H_2N{-}\text{(双环)}{-}CO_2H$$

**解** 该转化需断裂原料化合物中与环相连的乙酰基，所以最容易想到的方法是与过氧酸反应生成乙酸酯，用水解后得到的醇去合成目标化合物。但过氧酸除与酮反应外，还与碳碳双键反应，因此得不到预期的乙酸酯，因此不能合成得到目标化合物。若采用酮生成肟，经 Beckmann 重排得到酰胺，然后进行水解的系列反应，则可顺利得到目标化合物。

$$CH_3\overset{O}{\overset{\|}{C}}{-}\text{(双环)}{-}CO_2CH_3 \xrightarrow{NH_2OH} \overset{HO-N}{\underset{H_3C}{\overset{\|}{C}}}{-}\text{(双环)}{-}CO_2CH_3 \xrightarrow[\text{Beckmann重排}]{H^+}$$

$$CH_3\overset{O}{\overset{\|}{C}}{-}NH{-}\text{(双环)}{-}CO_2CH_3 \xrightarrow{OH^-/H_2O} H_2N{-}\text{(双环)}{-}CO_2H$$

**例 11** 完成下列转化：

$$\text{(3-羟基甾-5-烯-17-酮, HO, O)} \longrightarrow \text{(3-羟基甾-5-烯-17-甲醛, HO, CHO)}$$

**解**　按一般思维方法是把原料化合物中的羰基还原为醇，再变为卤代化合物，做成格氏试剂与甲醛反应后再氧化；或由制成格氏试剂后，先制备羧酸衍生物，然后经还原而完成转化。但由于原料化合物中存在羟基和烯官能团，采用以上路线必然发生干扰，那么上述各路线中还需要官能团保护，使合成路线长而繁杂。若采用 Wittg 试剂与原料化合物生成烯醚而后水解的系列反应合成，则路线非常简洁。

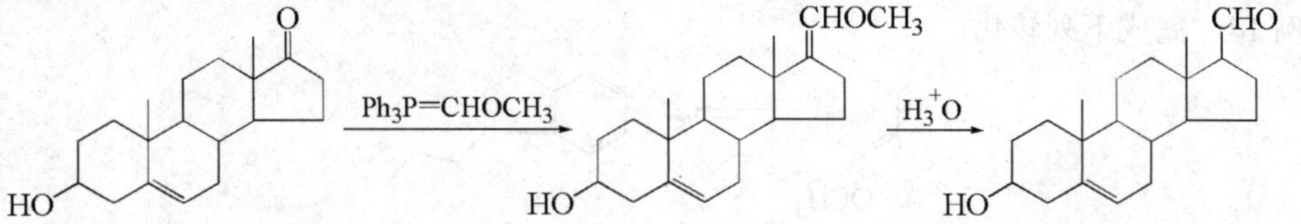

$$\xrightarrow{Ph_3P{=}CHOCH_3} \quad (=CHOCH_3) \quad \xrightarrow{H_3^+O} \quad (CHO)$$

5．环状化合物的合成

环状化合物多数情况下通过双官能团化合物的分子内反应合成。由于这些化合物存在两个反应点，若在反应条件下能生成较稳定的五、六元环，一般首先选择分子内反应。如分子内羟醛缩合、酯缩合、分子内付一克反应、acyloin 缩合等。另一种情况是两个反应分子均具有两个反应点，在适当的情况下分子间作用生成环状化合物。如 Diels-Alder 反应、丙二酸二乙酯在碱条件下双碳负离子与双卤代烃的作用（可合成三、四、五、六元环）、其他双重 $\alpha$-氢化合物与双卤代烃在碱存在下分步反应成环等。下面我们以三个实例说明环的合成。

**例 12**　由开链化合物合成下列化合物。

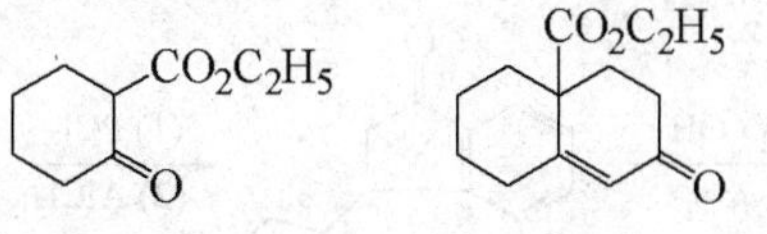

$CO_2C_2H_5$　　O　　　$CO_2C_2H_5$　　O

A　　　　B

**解**　化合物 A 是一个环状 $\beta$-酮酸酯，这个 1,3-官能团化合物一定由一个双酯进行分子内酯缩合合成。按倒推合成法从双重 $\alpha$-碳处支解可得到合成 A 的原料分子。

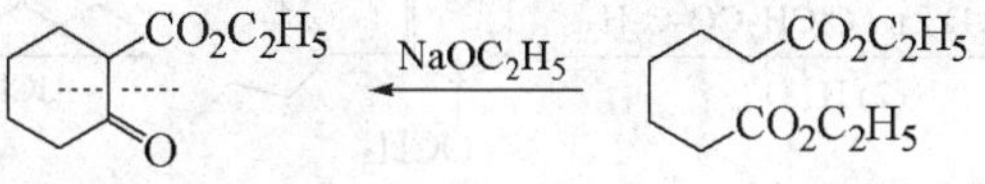

$$A \xleftarrow{NaOC_2H_5} CH_2(CH_2CO_2C_2H_5)\text{-}CH_2CH_2CO_2C_2H_5$$

化合物 B 在侧环是一个 $\alpha,\beta$-不饱和酮，所以应采用分子内羟醛缩合反应完成。它的前体（M）可由碳碳双键处支解得到。中间体 M 为 1,5-官能团化合物，所以应由双重 $\alpha$-氢化合物与 $\alpha,\beta$-不饱和化合物通过 Michael 加成来制备。按倒推合成中 Michael 加成特定支解点支解，会发现合成 B 的原料分子是 A 和丁烯酮。

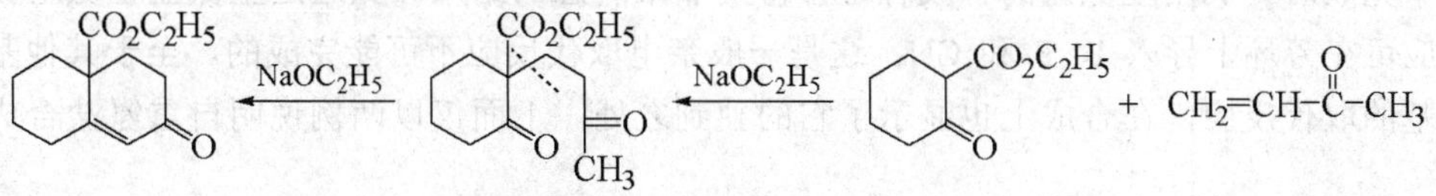

$$B \xleftarrow{NaOC_2H_5} M \xleftarrow{NaOC_2H_5} A + CH_2{=}CH{-}\overset{O}{\overset{\|}{C}}{-}CH_3$$

B　　　M　　　A

**例 13**　由丙二酸二乙酯合成下列化合物。

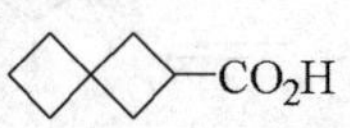

$—CO_2H$

**解**　由丙二酸二乙酯合成酸往往是一个寻找卤代烃的过程，在产物中丙二酸酯提供的是两个碳的羧酸，因此从 $\alpha$-碳支解可确定相应的卤代烃。因产物是环烷酸，因此原料卤代烃应为双卤代烃 N。N 中的两个氯甲基可由酯基还原得到，这样可确定 N 的前体 O 的结构。通过对 O 的结构分析，不难看出它由丙二酸二乙酯和 1,3-二氯丙烷合成。

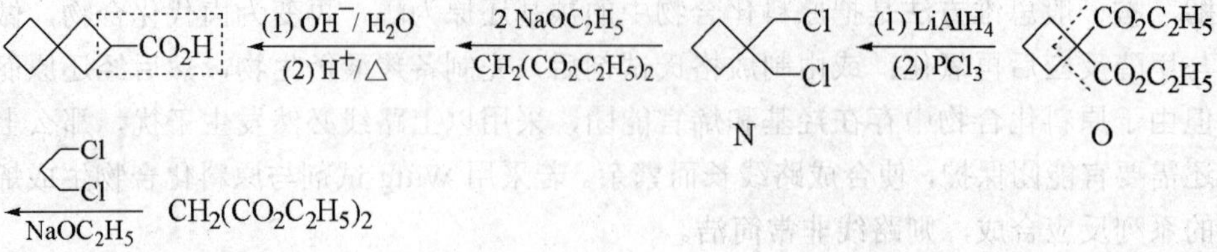

例 14　完成下列转化。

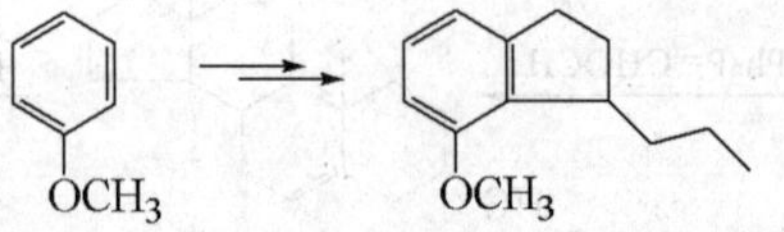

解　这是一个合成环的题目。从目标化合物的结构来看，从原料到产物需要苯甲醚环上的两个反应点，即甲氧基的邻位和间位。此处还需要具有两个适当位置反应点的另一化合物。但能提供与苯环的两个反应点，同时反应组合的化合物很难找到，因此必须考虑分步操作，逐一解决。从目的化合物倒推，先从一个反应点支解，可找到合适的前体 P。前体 P 是一个饱和酸，它可由 $\alpha,\beta$-不饱和酸还原得到。之所以倒推至 $\alpha,\beta$-不饱和酸，是因为该酸可有很多增碳合成方法，在这里用 Reformatsky 反应制备是最佳方法。这样可倒推至一个合成子芳香酮 Q，Q 当然要通过付－克反应合成。这个合成通过了两次付－克酰基化反应完成合环，虽然是分步进行的，但仍然是通过两个反应点完成。

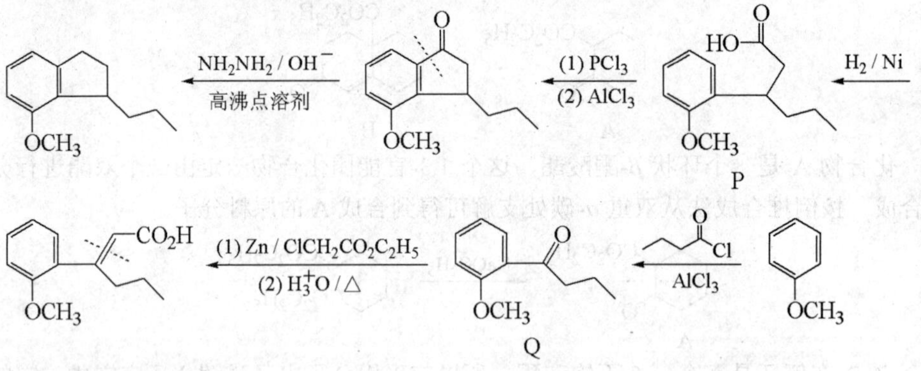

6．自重氮盐合成

重氮盐中的重氮基可被 X、CN、OH、H 和芳基等基团取代，生成各种芳香化合物，所以利用重氮盐的反应在芳香化合物合成中是重要的方法之一。特别是按正常芳环上亲电取代反应难于完成时，利用重氮盐的合成有时会得到非常满意的结果。如通过重氮盐重氮基被取代的反应可在芳环上导入 I、F 和 CN，这是一般亲电取代反应不可能完成的。至于其他基团对重氮基的取代反应，在合成上也显示了它的独到之处。下面仅以两例说明自重氮盐合成的重要性。

例 15　完成转化。

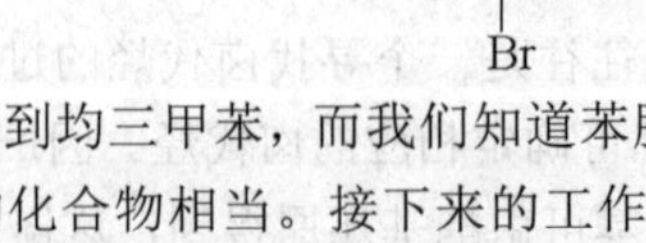

解　按正常的溴代不可能得到均三甲苯，而我们知道苯胺溴代可生成 2,4,6-三溴苯胺，而该产物中的溴的相对位置和目的化合物相当。接下来的工作就是除去氨基。氨基的除去自然可通过重氮基被氢取代的反应，这样该合成就可圆满完成。

$$\text{C}_6\text{H}_6 \xrightarrow[H_2SO_4]{HNO_3} \text{C}_6\text{H}_5NO_2 \xrightarrow[(2)\ Br_2/H_2O]{(1)\ LiAlH_4} \text{2,4,6-Br}_3\text{C}_6\text{H}_2NH_2 \xrightarrow[HCl]{NaNO_2} \xrightarrow{H_3PO_2} \text{1,3,5-Br}_3\text{C}_6\text{H}_3$$

**例 16** 由甲苯和其他必要的原料和试剂合成下列化合物。

$$\text{4-Br-2-OH-C}_6\text{H}_3CO_2H$$

**解** 从目的化合物结构分析，其芳环上的羧基应来自原料甲苯中的甲基，可利用甲基的定位效应使邻位引入基团。但考虑到目的化合物卤素的存在，所以芳环上的羟基不可采用磺酸盐碱熔法获得，最适当的方法是利用重氮基被羟基取代的反应，也就是在甲苯甲基邻位引入硝基，通过系列反应生成相应芳香酸的重氮盐，而后用稀酸处理得到产物。

$$\text{C}_6\text{H}_5CH_3 \xrightarrow[Fe]{Br_2} \xrightarrow[H_2SO_4]{HNO_3} \text{4-Br-2-NO}_2\text{-C}_6\text{H}_3CH_3 \xrightarrow{KMnO_4} \xrightarrow{Fe/HCl} \text{4-Br-2-NH}_2\text{-C}_6\text{H}_3CO_2H \xrightarrow[H_2SO_4]{NaNO_2} \xrightarrow{H_3^+O} \text{4-Br-2-OH-C}_6\text{H}_3CO_2H$$

7．涉及立体化学的合成

合成中有时要求的目的化合物具有特定的构型，此时在设计合成时需考虑立体专一性或立体选择性的反应。所以涉及立体化学的合成必须熟练掌握学过的各种立体专一性和立体选择性的反应，如烯的反式或顺式加成、E2 反应的反式消去、SN2 反应的构型转化等（参看第二部分第一章）。利用这些反应的立体化学特征，完成目的化合物的立体化学要求。例如由 *R*-2-丁醇转化为 *S*-2-丁醇（例 17）。这是一个构型转化的题目，而 2-丁醇取代反应一般为 SN1 历程，无立体选择性。为确保反应以 SN2 进行，可把醇转化为对甲苯磺酸酯，此时不改变构型；当我们用 NaOAc/HOAc 处理时就会以 SN2 历程进行，发生构型转化；而后通过乙酸酯的水解即可得到 *S*-2-丁醇。

**例 17**

$$(R)\text{-}H_3C(C_2H_5)CH\text{-}OH \xrightarrow{ClTs} H_3C(C_2H_5)CH\text{-}OTs \xrightarrow[HOAc]{NaOAc} H_3C\text{-}C(=O)\text{-}O\text{-}CH(CH_3)C_2H_5 \xrightarrow{OH^-/H_2O} HO\text{-}CH(CH_3)C_2H_5\ (S)$$

当题目较复杂时，可先不考虑目标化合物的构型，按普通化合物的合成方法倒推，找到基本的合成路线，而后再考虑立体化学的要求。例 18 说明了这种解析的方法。

**例 18** 由苯甲醛起始合成(*R*,*R*)-3-苯基-2,3-二羟基丙酸及对映体。

**解** 首先在不涉及立体化学的情况下倒推合成 3-苯基-2,3-二羟基丙酸，利用官能团转化和增碳反应倒推合成过程如下：

$$Ph\text{-}CH(OH)\text{-}CH(OH)\text{-}CO_2H \Longleftarrow Ph\text{-}\overset{O}{CH\text{-}CH}\text{-}CO_2H \Longleftarrow Ph\text{-}CH\text{=}CH\text{-}CO_2H \Longleftarrow Ph\text{-}CHO$$

按以上合成路线分析，与目标化合物相关的中间体是环氧酸和肉桂酸，而这些中间体的构型还与采用反应的立体化学相联系，所以中间体的构型要依据目标化合物的构型和反应的立体化学写出。我们知道环氧开环是反式开环，因此应把目标化合物的构型用环氧开环的产物构象表示，以导出环氧酸的构型；再以环氧酸的构型反推至肉桂酸的构型。由苯甲醛通过 Perkin 反应合成的肉桂酸一般为反式，与合成推导的肉桂酸构型相同，这样即可确定整个合成路线。

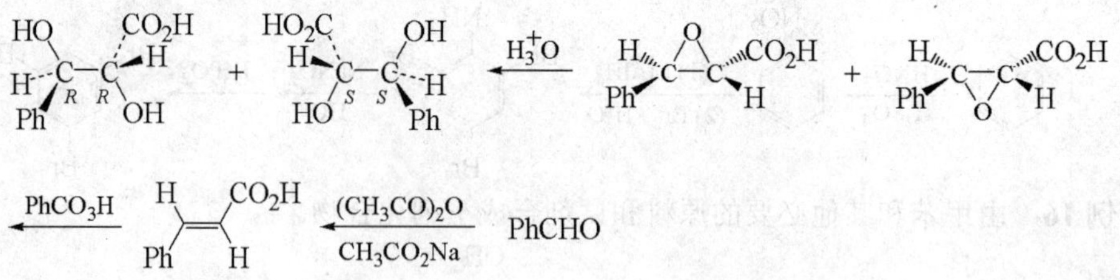

（ 环氧反式开环构象 $\xrightarrow{\text{推导}}$ 相应环氧酸的构型 $\xrightarrow{\text{推导}}$ 相应烯酸的构型 ）

如果设计的合成路线是由肉桂酸和冷 $KMnO_4/OH^-$ 反应制备，那么在考虑立体化学时需将目的化合物的构型写成烯酸的顺式加成构象，此时会发现为完成目的化合物的构型要求，肉桂酸应为顺式异构体。但 Perkin 反应制得的肉桂酸为反式构型，因此若按此路线完成反应，必须把反式的肉桂酸转化为顺式构型。

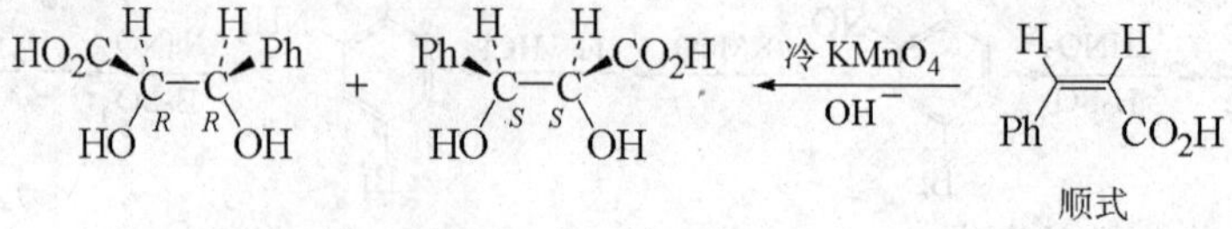

顺式

（ 烯酸顺式加成构象 $\xrightarrow{\text{推导}}$ 相应烯酸的构型 ）

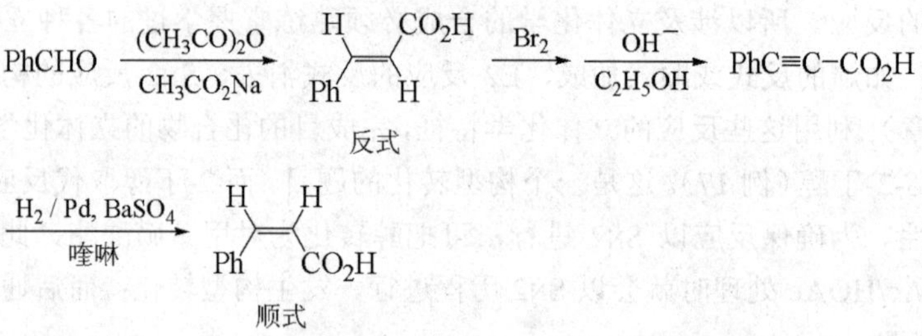

$$PhCHO \xrightarrow[CH_3CO_2Na]{(CH_3CO)_2O} \text{反式} \xrightarrow{Br_2} \xrightarrow[C_2H_5OH]{OH^-} PhC{\equiv}C{-}CO_2H$$

$$\xrightarrow[\text{喹啉}]{H_2 / Pd, BaSO_4} \text{顺式}$$

在合成中有些题目初看起来不涉及立体化学反应，但经深入分析就会发现，不利用反应的立体化学，合成就很难完成。如例 19，看起来只是个双键移位的问题，但完成它必须采用有效的立体专一性和立体选择性的反应。

**例 19** 完成转化。

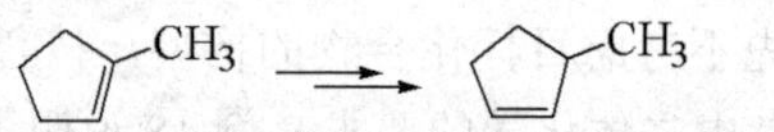

**解** 题目是双键的移位，一般采用加成和消去反应完成。但若采用加 HX 后用碱消除的方法，因加成遵循马氏规则，X 主要加在 1 位，自然消去仍得到原料 1-甲基环戊烯。因此应考虑在 1-甲基环戊烯的 2 位引入基团，并使这个基团与 1-甲基处于环的异侧，这样从 E2 消去的立体化学看，消去时就不易消去 1 位的氢。能满足以上条件的是硼氢化一氧化反应，由于它是顺式反马氏加成，可在原料烯的 2-位引入羟基，并能使这个羟基位置处于甲基的异侧。但醇的消去一般为 E1 历程，无立体专一性，为确保反应为 E2 历程，应将醇变为对甲苯磺酸酯，这样在强碱下即可完成反式消去的立体化学，从而完成该转化。

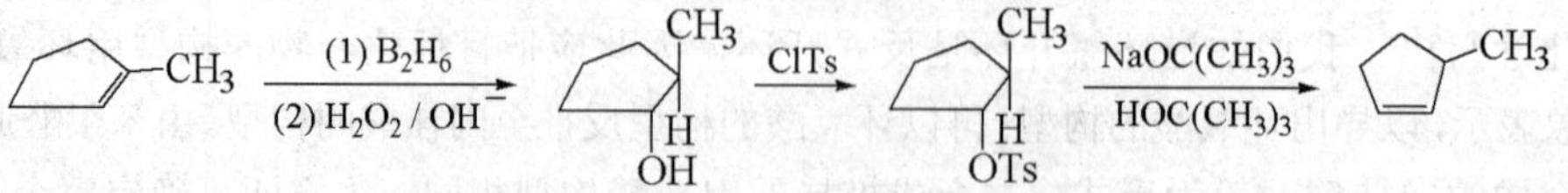

$$\xrightarrow[(2)\ H_2O_2 / OH^-]{(1)\ B_2H_6} \xrightarrow{ClTs} \xrightarrow[HOC(CH_3)_3]{NaOC(CH_3)_3}$$

## 五、练习题及其参考答案

1．练习题

（1）Chloramphenicol 是一个抗菌素，它可由下列途径合成，写出英文字母代表的反应条件和试剂。

$CH_3NO_2 \xrightarrow{a} O_2NCH_2CH_2OH \xrightarrow{b}$ $C_6H_5$—CH(OH)—CH($NO_2$)—$CH_2OH \xrightarrow{c}$

$C_6H_5$—CH(OH)—CH($NH_2$)—$CH_2OH \xrightarrow{d}$ $C_6H_5$—CH(O—C(=O)—$CH_3$)—CH(NH—C(=O)—$CH_3$)—$CH_2$O—C(=O)—$CH_3 \xrightarrow{e}$

$O_2N$—$C_6H_4$—CH(O—C(=O)—$CH_3$)—CH(NH—C(=O)—$CH_3$)—$CH_2$O—C(=O)—$CH_3 \xrightarrow{f}$ $O_2N$—$C_6H_4$—CH(OH)—CH($NH_2$)—$CH_2OH$

$\xrightarrow{g}$ $O_2N$—$C_6H_4$—CH(OH)—CH(NH—C(=O)—$CHCl_2$)—$CH_2OH$ Chloramphenicol

（2）天然化合物斑蝥素（Cantharidin）合成路线如下，写出英文字母代表的试剂和中间体。

呋喃 $\xrightarrow[\triangle]{a}$ (氧桥双环二烯，$CO_2CH_3$，$CO_2CH_3$) $\xrightarrow{b}$ (氧桥双环烯，$CO_2CH_3$，$CO_2CH_3$) $\xrightarrow[\triangle]{c}$ (氧桥三环烯，$CO_2CH_3$，$CO_2CH_3$)

$\xrightarrow{LiAlH_4}$ d $\xrightarrow[(2)\ KSC_2H_5]{(1)\ CH_3SO_2Cl}$ (氧桥三环烯，$CH_2SC_2H_5$，$CH_2SC_2H_5$) $\xrightarrow{e}$ (OH，OH，$CH_2SC_2H_5$，$CH_2SC_2H_5$) $\xrightarrow{f}$

(OH，OH，$CH_3$，$CH_3$) $\xrightarrow{g}$ h $\xrightarrow{i}$ ($CH_3$，$CH_3$，CHO) $\xrightarrow[(2)\ H_3^+O]{(1)\ j}$ ($CH_3$，$CH_3$，CH(OH)—$C_6H_5$)

$\xrightarrow{k}$ ($CH_3$，$CH_3$，=CH—$C_6H_5$) $\xrightarrow[H_2O_2]{O_3}$ ($CH_3$，$CH_3$，酸酐) Cantharidin

（3）以下是心环烯（Corannulene）的一种合成路线。① 写出 a~h 代表的反应试剂和条件或化合物的结构。② 化合物 I→II 反应中脱掉两个小分子，写出它们的结构，并写出 I→II 反应的历程。

（4）由结核杆菌的脂肪囊皂化得到有机酸 tuberculostearic acid，它的合成路线如下，写出合成中英文字母 A~K 代表的化合物结构或反应条件。

A ($C_{10}H_{21}Br$) + B ($C_7H_{11}O_4Na$) ⟶ C $\xrightarrow[(2)\ H^+/\triangle]{(1)\ OH^-/H_2O}$ $CO_2H$

$\xrightarrow{D}$ E $\xrightarrow{F}$ G ($C_{12}H_{25}Br$) $\xrightarrow{Mg}$ H $\xrightarrow{I}$ $CO_2C_2H_5$

$\xrightarrow{J}$ K $\xrightarrow[(2)\ H_3^+O]{(1)\ OH^-/H_2O}$ $CO_2H$

tuberculostearic acid

（5）由苯、萘和不超过 3 个碳的原料和必要试剂合成下列化合物。

a. HO ... $C_6H_5$ / HO $C_6H_5$　　b. $H_3C$ $CH_3$ $CH_3$　　c. $H_3C$ Ph N

d. $CH_2CH_2CH_3$ $NO_2$ CN　　e. $CH_3OCH_2$ I I $CH_2OCH_3$

（6）由丙二酸二乙酯、三乙和不超过 5 个碳的原料和必要试剂合成下列化合物。

a. OH O　　b. $NH_2$ $CH_2CH_3$　　c. $CO_2H$　　d. $CH_2$ $CH_3$

（7）完成下列转化（除指定原料必用外，可选用任何原料和试剂）。

a. $CH_3-\overset{O}{\overset{\|}{C}}-CH_2-\underset{CHO}{\underset{|}{CH}}-CHO$ ⟶ OHC =CHCN

b. $HC\equiv CCH_2OH$ ⟶ $C_6H_5-\overset{OH}{\overset{|}{CH}}-C\equiv CCH_2OH$

c. 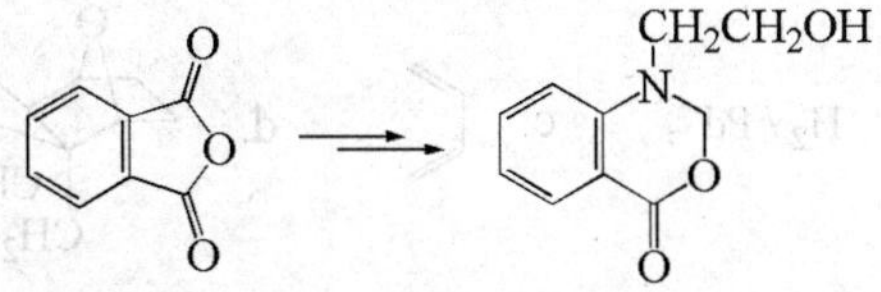 [Structure: phthalic anhydride] ⟶ [Structure: 1-(2-hydroxyethyl)-1,2-dihydro-4H-3,1-benzoxazin-4-one, N-$CH_2CH_2OH$]

d. 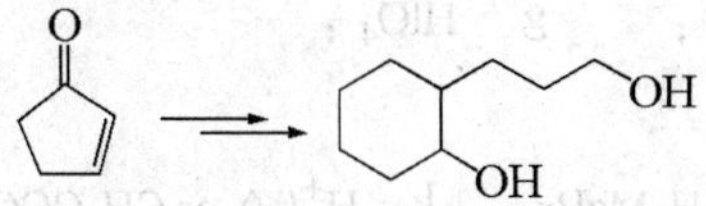 [Structure: 2-cyclopentenone] ⟶ [Structure: 2-(3-hydroxypropyl)cyclohexanol]

e. 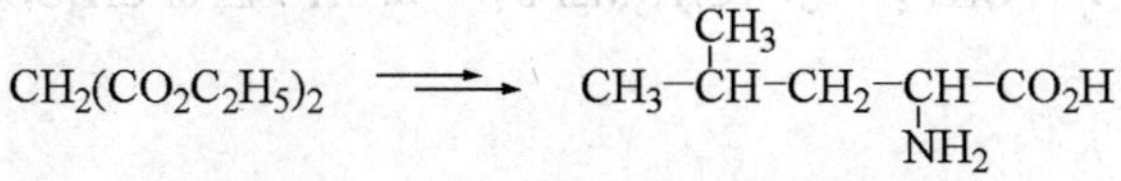 $CH_2(CO_2C_2H_5)_2$ ⟶ $CH_3-CH(CH_3)-CH_2-CH(NH_2)-CO_2H$

（8）由不超过 5 个碳的旋光活性的醇合成下列化合物。

a．(*S*)-4-甲基-1-己醇；　　b．(*R*)-2-甲基戊醇

（9）由环戊醇和必要原料和试剂合成下列化合物。

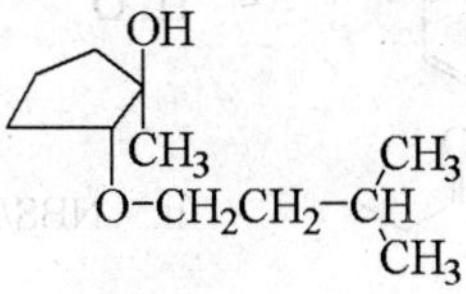

[Structure: 1-methyl-2-(3-methylbutoxy)cyclopentanol, $O-CH_2CH_2-CH(CH_3)_2$] 及对映体

（10）通过酯缩合反应合成下列化合物。

a. 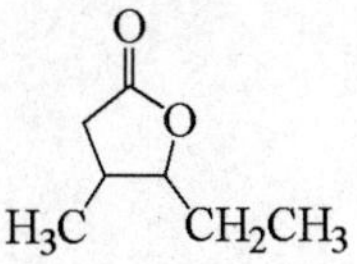 [Structure: 4-methyl-5-ethyl-γ-butyrolactone ($H_3C$, $CH_2CH_3$)]　　b. 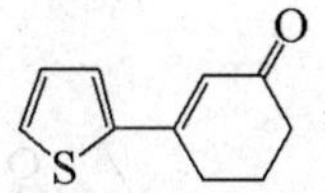 [Structure: 3-(2-thienyl)cyclohex-2-enone]　　c. 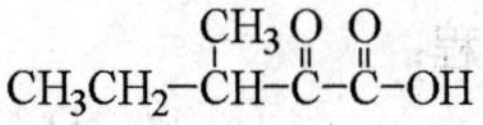 $CH_3CH_2-CH(CH_3)-C(=O)-C(=O)-OH$

（11）由苯酚、邻苯二甲酸酐和必要原料和试剂合成抗肺损伤药物 Sivelestat。

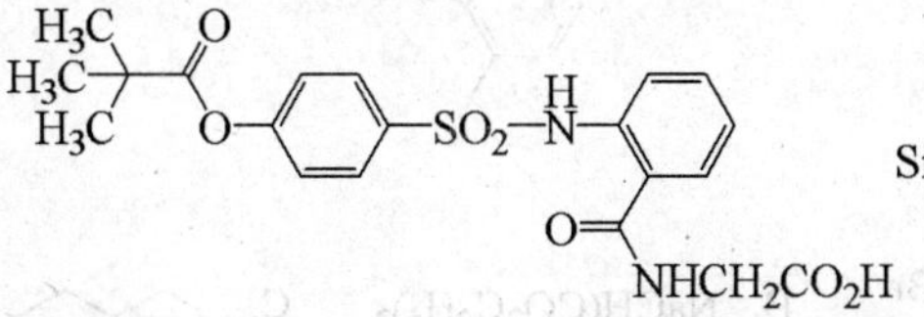

[Structure: $(H_3C)_3C-C(=O)-O-C_6H_4-SO_2-NH-C_6H_4-C(=O)NHCH_2CO_2H$] Sivelestat

（12）局部麻醉药 Tutocaine 构造式如下，① 用 Fischer 投影式写出其立体结构；② 若不考虑立体异构，由甲苯和不超过四碳的原料及必要试剂合成之。

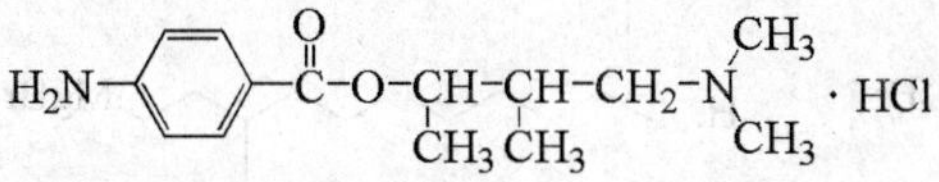

$H_2N-C_6H_4-C(=O)-O-CH(CH_3)-CH(CH_3)-CH_2-N(CH_3)_2 \cdot HCl$　　Tutocaine

（13）由甲苯、苯及必要的原料和试剂制备间苯甲酰基甲苯，再由间苯甲酰基甲苯合成消炎镇痛药酮基布洛芬（Ketoprofen）。

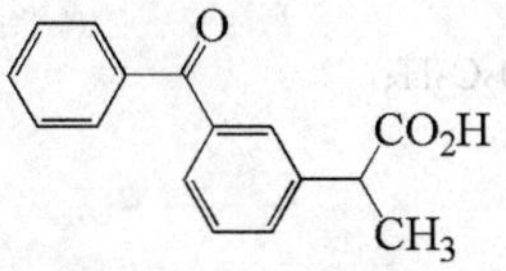

[Structure: 2-(3-benzoylphenyl)propanoic acid, $CO_2H$, $CH_3$] 酮基布洛芬（Ketoprofen）

2．参考答案

（1）a．$CH_2O$ / $OH^-$；　　b．$C_6H_5CHO$ / $^-OCH_3$；　　c．$H_2$ / Pd；　　d．$(CH_3CO)_2O$；

e．$HNO_3$ / $H_2SO_4$；　　f．$H^+$或 $OH^-$ / $H_2O$；　　g．$Cl_2CHCO_2CH_3$

（2）

a. $CH_3O_2C-C\equiv C-CO_2CH_3$； b. $H_2/Pd$； c.  （丁二烯）； d. 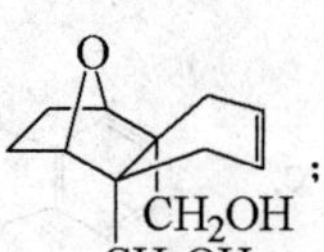 （含 $CH_2OH$、$CH_2OH$ 的氧桥双环化合物）；

e. $OsO_4$ or 冷$KMnO_4/OH^-$； f. $H_2/Ni$； g. $HIO_4$；

h. 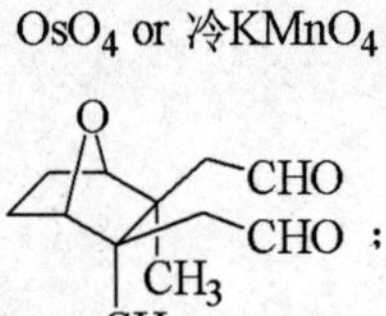 （含 CHO、CHO、$CH_3$、$CH_3$ 的氧桥双环化合物）； i. $OH^-$； j. $C_6H_5MgBr$； k. $H^+/\triangle$ or $CH_3COCl/\triangle$

（3）①

a. $CH_2O, HCl, ZnCl_2$； b. 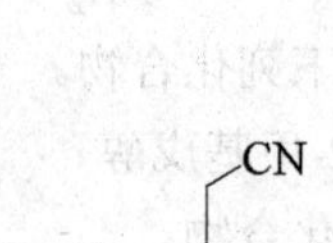 （含 CN 的萘衍生物）； c. $H_3^+O$； d. 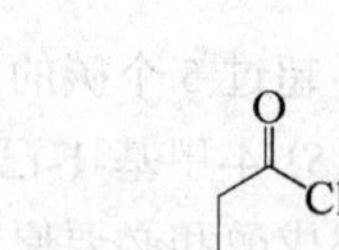 （含 COCl 的萘衍生物）；

e. $AlCl_3$； f. $SeO_2$； g. 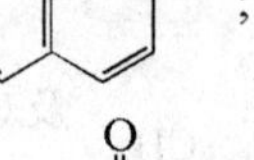 （3-戊酮）； h. NBS/$h\nu$ or $Br_2/h\nu$

② （环戊二烯），CO

历程：

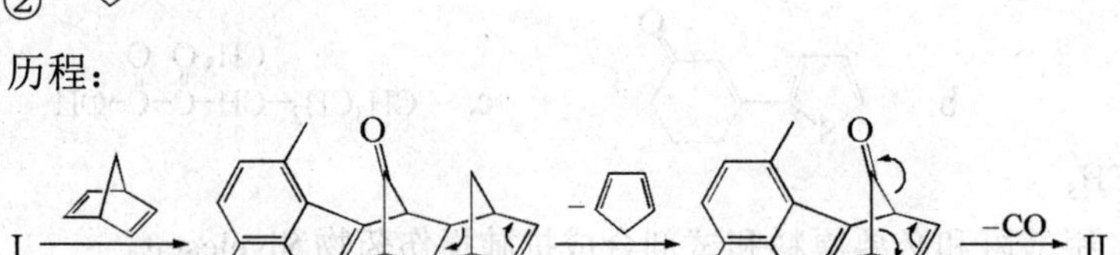

I →（降冰片二烯）→ … →（−环戊二烯）→ … →（−CO）→ II

（4）

A. 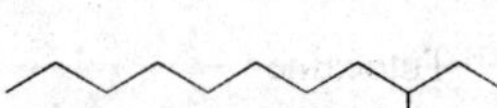 （溴代烷） B. $NaCH(CO_2C_2H_5)_2$ C. 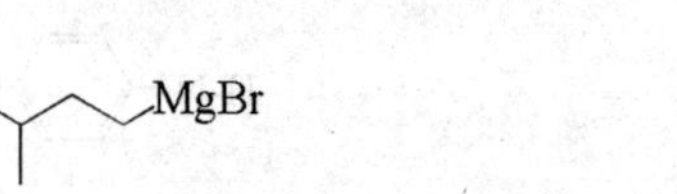 （含 $CO_2C_2H_5$、$CO_2C_2H_5$ 的丙二酸酯衍生物）

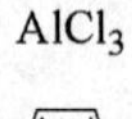

D. $LiAlH_4$ E. 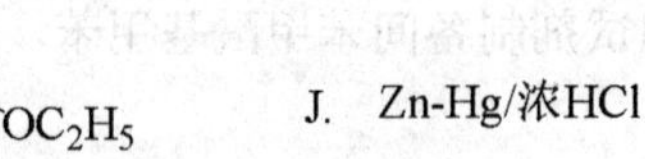 （含 OH 的醇） F. $PBr_3$

G. （含 Br 的溴代烷） H. （含 MgBr 的格氏试剂）

I. 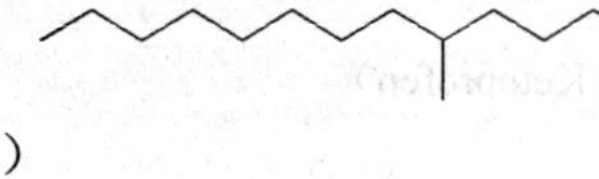 （Cl、$OC_2H_5$ 的酰氯酯） J. Zn-Hg/浓HCl

K. 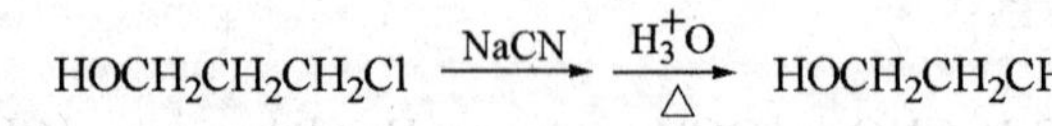 （含 $CO_2C_2H_5$ 的长链酯）

（5）

a. $HOCH_2CH_2CH_2Cl \xrightarrow{NaCN} \xrightarrow[\triangle]{H_3^+O} HOCH_2CH_2CH_2CO_2H \xrightarrow{H^+}$ （γ-丁内酯）

$\xrightarrow{C_6H_5MgBr} \xrightarrow{H_3^+O}$ HO（含 HO、$C_6H_5$、$C_6H_5$ 的二醇）

（苯 $\xrightarrow[Fe]{Br_2} \xrightarrow{Mg} C_6H_5MgBr$）

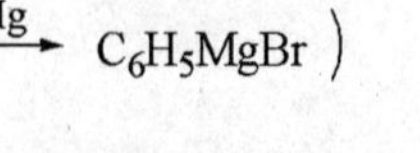

b. $\xrightarrow[AlCl_3]{CH_3COCl}$ $CH_3$ $\xrightarrow[Zn]{ClCH_2CO_2CH_3}$ $\xrightarrow[\triangle]{H_3^+O}$ H $CO_2H$ $CH_3$

$\xrightarrow{H_2 / Pd}$ $\xrightarrow[H^+]{C_2H_5OH}$ $CO_2C_2H_5$ $CH_3$ $\xrightarrow{2\ CH_3MgX}$ $\xrightarrow{H_3^+O}$

HO $CH_3$ $CH_3$ $CH_3$ $\xrightarrow{H_2SO_4}$ $H_3C$ $CH_3$ $CH_3$

c. $\xrightarrow[160℃]{H_2SO_4}$ $\xrightarrow{NaOH}$ $SO_3H$ $\xrightarrow[熔融]{NaOH}$ OH

$\xrightarrow[压力\ \triangle]{(NH_4)_2SO_3}$ $NH_2$ $\xrightarrow[H_2SO_4,\ As_2O_5]{C_6H_5CH{=}CH{-}\overset{O}{C}{-}CH_3}$ $H_3C$ Ph N

( $\xrightarrow[ZnCl_2]{CO / HCl}$ CHO $\xrightarrow[OH^-]{CH_3COCH_3}$ $CH{=}CH{-}\overset{O}{C}{-}CH_3$ )

d. $\xrightarrow[AlCl_3]{CH_3CH_2COCl}$ $\xrightarrow[浓\ HCl]{Zn\text{-}Hg}$ $CH_2CH_2CH_3$ $\xrightarrow[H_2SO_4]{HNO_3}$ $\xrightarrow{Fe / HCl}$ $CH_2CH_2CH_3$ $NH_2$

$\xrightarrow{CH_3COCl}$ $\xrightarrow[H_2SO_4]{HNO_3}$ $\xrightarrow{OH^- / H_2O}$ $CH_2CH_2CH_3$ $NO_2$ $NH_2$ $\xrightarrow[(2)\ Cu_2CN_2]{(1)\ NaNO_2 / HCl}$ $CH_2CH_2CH_3$ $NO_2$ CN

e. $\xrightarrow[ZnCl_2]{CH_2O / HCl}$ $\xrightarrow[HOCH_3]{NaOCH_3}$ $CH_2OCH_3$ $\xrightarrow[H_2SO_4]{HNO_3}$ $CH_2OCH_3$ $NO_2$ $\xrightarrow[(2)\ H^+]{(1)\ Zn / OH^-}$

$CH_3OCH_2$ $H_2N$ $NH_2$ $CH_2OCH_3$ $\xrightarrow[HI]{NaNO_2}$ $\xrightarrow{KI}$ $CH_3OCH_2$ I I $CH_2OCH_3$

（6）

a. O $\xrightarrow[NaOC_2H_5]{CH_3{-}\overset{O}{C}{-}CH_2CO_2C_2H_5}$ O O $CO_2C_2H_5$ $CH_3$ $\xrightarrow[(2)\ H^+/\triangle]{(1)\ OH^- / H_2O}$ OH O

b. $2\ CH_2(CO_2C_2H_5)_2 \xrightarrow[ClCH_2CH_2Cl]{2\ NaOC_2H_5} \xrightarrow[(2)\ H^+/\triangle]{(1)\ OH^-/H_2O} HO_2C(CH_2)_4CO_2H \xrightarrow[H^+]{C_2H_5OH}$

$C_2H_5O_2C(CH_2)_4CO_2C_2H_5 \xrightarrow{NaOC_2H_5}$ 2-(ethoxycarbonyl)cyclopentanone $\xrightarrow[BrCH_2CH_3]{NaOC_2H_5} \xrightarrow[(2)\ H^+/\triangle]{(1)\ OH^-/H_2O}$ 2-ethylcyclopentanone ($CH_2CH_3$)

$\xrightarrow[H_2/Pd]{NH_3}$ 2-ethylcyclopentylamine ($NH_2$, $CH_2CH_3$)

c. cyclopentadiene + $CH_2=CH-C(=O)OCH_3 \xrightarrow{\triangle} \xrightarrow{H_2/Pd}$ norbornane-2-$C(=O)OCH_3$ $\xrightarrow{LiAlH_4} \xrightarrow{SOCl_2}$

norbornane-2-$CH_2Cl \xrightarrow[NaOC_2H_5]{CH_2(CO_2C_2H_5)_2} \xrightarrow[(2)\ H^+/\triangle]{(1)\ OH^-/H_2O}$ norbornane-2-$CH_2CH_2CO_2H$

d. $CH_3-\overset{O}{\overset{\|}{C}}-CH_2CO_2C_2H_5 \xrightarrow[CH_2=CH-C(=O)-CH_3]{NaOC_2H_5} \xrightarrow[(2)\ H^+/\triangle]{(1)\ OH^-/H_2O} CH_3-\overset{O}{\overset{\|}{C}}-CH_2CH_2CH_2-\overset{O}{\overset{\|}{C}}-CH_3$

$\xrightarrow{OH^-}$ 3-methylcyclohex-2-enone ($CH_3$) $\xrightarrow{Ph_3P=CH_2}$ 1-methylene-3-methylcyclohex-2-ene ($CH_2$, $CH_3$)

（7）

a. $CH_3-\overset{O}{\overset{\|}{C}}-CH_2-\underset{CHO}{\underset{|}{CH}}-CHO \xrightarrow{OH^-}$ 4-oxocyclopent-2-ene-CHO $\xrightarrow[dry\ HCl]{CH_3OH}$ 4-oxocyclopent-2-ene-$CH(OCH_3)_2$

$\xrightarrow{Ph_3P=CHCN} \xrightarrow{H_3^+O}$ OHC-cyclopentene=CHCN

b. $HC\equiv CCH_2OH \xrightarrow[H^+]{\text{dihydropyran}} HC\equiv CCH_2O$-THP $\xrightarrow{C_2H_5MgBr} BrMgC\equiv CCH_2O$-THP

$\xrightarrow{PhCHO} \xrightarrow{H_3^+O} C_6H_5-\overset{OH}{\overset{|}{CH}}-C\equiv CCH_2OH$

c. phthalic anhydride $\xrightarrow[\triangle]{NH_3}$ phthalimide (NH) $\xrightarrow{Br_2/OH^-}$ anthranilic acid ($NH_2$, $CO_2H$) $\xrightarrow[ICH_2I]{OH^-}$ benzoxazinone (N–H, O, O)

$\xrightarrow{\text{ethylene oxide}}$ N-($CH_2CH_2OH$) benzoxazinone (N, O, O)

d. cyclopent-2-enone $\xrightarrow[\triangle]{\text{butadiene}}$ bicyclic enone $\xrightarrow[Pd]{H_2}$ hydrindanone $\xrightarrow{PhCO_3H}$ lactone (O, O) $\xrightarrow[(2)\ H_3^+O]{(1)\ LiAlH_4}$ 2-(3-hydroxypropyl)cyclohexanol (OH, OH)

e. $CH_2(CO_2C_2H_5)_2 \xrightarrow[HCl]{NaNO_2} O{=}N{-}CH(CO_2C_2H_5)_2 \rightleftharpoons HO{-}N{=}C(CO_2C_2H_5)_2$

$\xrightarrow[H_2/Pt]{Ac_2O} CH_3{-}\overset{O}{\overset{\|}{C}}{-}\overset{H}{N}{-}CH(CO_2C_2H_5)_2 \xrightarrow[(CH_3)_2CHCH_2Cl]{NaOC_2H_5} \xrightarrow[\triangle]{H_3^+O} CH_3{-}\overset{CH_3}{CH}{-}CH_2{-}\underset{NH_2}{CH}{-}CO_2H$

（8）

a. (S)-$CH_3CH_2CH(CH_3){-}CH_2OH \xrightarrow{PBr_3} \xrightarrow{Mg} \xrightarrow{\text{环氧乙烷}} \xrightarrow{H_3^+O}$ (S)-$CH_3CH_2CH(CH_3){-}CH_2CH_2CH_2OH$

b. (S)-$HO{-}CH(CH_3)CH_2CH_2CH_3 \xrightarrow{ClTs}$ (S)-$TsO{-}CH(CH_3)CH_2CH_2CH_3 \xrightarrow{NaCN}$ (R)-$CH_3CH_2CH_2{-}CH(CH_3){-}CN$

$\xrightarrow{H_3^+O} CH_3CH_2CH_2{-}CH(CH_3){-}CO_2H \xrightarrow{LiAlH_4} CH_3CH_2CH_2{-}CH(CH_3){-}CH_2OH$

（9）

环戊醇 $\xrightarrow[H_2SO_4]{CrO_3}$ 环戊酮 $\xrightarrow[(2)\ H_3^+O]{(1)\ CH_3MgX}$ 1-甲基环戊醇 $\xrightarrow{H_2SO_4}$ 1-甲基环戊烯

$\xrightarrow{PhCO_3H}$ 1-甲基-1,2-环氧环戊烷（$CH_3$）及对映体 $\xrightarrow[(CH_3)_2CHCH_2CH_2OH]{(CH_3)_2CHCH_2CH_2ONa}$ 环戊醇（OH, $CH_3$, $O{-}CH_2CH_2{-}CH(CH_3)_2$）及对映体

（10）

a. $2\ CH_3CH_2CO_2C_2H_5 \xrightarrow{NaOC_2H_5} CH_3CH_2{-}\overset{O}{\overset{\|}{C}}{-}\underset{CH_3}{CH}{-}CO_2C_2H_5 \xrightarrow[ClCH_2CO_2C_2H_5]{NaOC_2H_5}$

$\xrightarrow[(2)\ H^+/\triangle]{(1)\ OH^-/H_2O} CH_3CH_2{-}\overset{O}{\overset{\|}{C}}{-}\underset{CH_3}{CH}{-}CH_2CO_2H \xrightarrow{NaBH_4} CH_3CH_2{-}\overset{HO}{CH}{-}\underset{CH_3}{CH}{-}CH_2CO_2H$

$\xrightarrow{H_2SO_4}$ γ-内酯（$H_3C$, $CH_2CH_3$）

b. 2-噻吩-$CO_2C_2H_5 \xrightarrow[CH_3CO_2C_2H_5]{NaOC_2H_5}$ 2-噻吩-$\overset{O}{\overset{\|}{C}}{-}CH_2CO_2C_2H_5 \xrightarrow[CH_2{=}CH{-}\underset{O}{\underset{\|}{C}}{-}CH_3]{NaOC_2H_5}$

$\xrightarrow[(2)\ H^+/\triangle]{(1)\ OH^-/H_2O}$ 2-噻吩-$CO(CH_2)_3COCH_3 \xrightarrow{NaOC_2H_5}$ 3-(2-噻吩基)环己-2-烯酮

c. $C_2H_5O{-}\overset{O}{\overset{\|}{C}}{-}\overset{O}{\overset{\|}{C}}{-}OC_2H_5 \xrightarrow[CH_3CH_2CH_2CO_2C_2H_5]{NaOC_2H_5} C_2H_5O{-}\overset{O}{\overset{\|}{C}}{-}\overset{O}{\overset{\|}{C}}{-}\underset{CH_2CH_3}{CH}{-}CO_2C_2H_5$

$\xrightarrow[CH_3I]{NaOC_2H_5} \xrightarrow[(2)\ H^+/\triangle]{(1)\ OH^-/H_2O} CH_3CH_2{-}\overset{CH_3}{CH}{-}\overset{O}{\overset{\|}{C}}{-}\overset{O}{\overset{\|}{C}}{-}OH$

(11)

$$\text{PhOH} \xrightarrow[\text{NaOH}]{(CH_3)_3C-COCl} (CH_3)_3C-CO-O-C_6H_5 \xrightarrow{2\ ClSO_3H} (CH_3)_3C-CO-O-C_6H_4-SO_2Cl \ (\text{M})$$

$$\text{邻苯二甲酸酐} \xrightarrow[\triangle]{NH_3} \xrightarrow[(2)\ H^+]{(1)\ Br_2/OH^-} \text{邻氨基苯甲酸} \xrightarrow{M} (CH_3)_3C-CO-O-C_6H_4-SO_2-NH-C_6H_4-COOH$$

$$\xrightarrow[\text{DCC}]{H_2NCH_2CO_2CH_2Ph} \xrightarrow{H_2/Pd} (CH_3)_3C-CO-O-C_6H_4-SO_2-NH-C_6H_4-C(=O)NHCH_2CO_2H$$ Sivelestat

(12)

① 四种立体异构体（Fischer 投影式）：$CH_3-CH(CH_2N(CH_3)_2)-CH(CH_3)-O-C(=O)-C_6H_4-NH_2 \cdot HCl$

②

$$C_6H_5CH_3 \xrightarrow[H_2SO_4]{HNO_3} \xrightarrow[\triangle]{KMnO_4} p\text{-}O_2N-C_6H_4-CO_2H \xrightarrow[Pt]{H_2} p\text{-}H_2N-C_6H_4-CO_2H$$

$$CH_3-\overset{O}{\overset{\|}{C}}-CH_2CH_3 \xrightarrow[HCl]{CH_2O,\ HN(CH_3)_2} CH_3-\overset{O}{\overset{\|}{C}}-CH(CH_3)-CH_2N(CH_3)_2 \xrightarrow[(2)\ H_3^+O]{(1)\ NaBH_4} CH_3-CH(OH)-CH(CH_3)-CH_2N(CH_3)_2$$

$$\xrightarrow[H_2N-C_6H_4-CO_2H]{H_2SO_4} H_2N-C_6H_4-\overset{O}{\overset{\|}{C}}-O-CH(CH_3)-CH(CH_3)-CH_2-N(CH_3)_2 \xrightarrow{\text{浓}HCl} \text{Tutocaine}$$

(13)

$$C_6H_5CH_3 \xrightarrow[H_2SO_4]{HNO_3} \xrightarrow{Fe/HCl} p\text{-}CH_3-C_6H_4-NH_2 \xrightarrow[CS_2]{Br_2} \xrightarrow[HCl]{NaNO_2} \text{3-溴-4-甲基苯重氮盐}(N_2^+Cl^-) \xrightarrow{H_3PO_2} m\text{-}CH_3-C_6H_4-Br$$

$$\xrightarrow[\text{无水乙醚}]{Mg} \xrightarrow[(2)\ H_3^+O]{(1)\ CO_2} \xrightarrow{SOCl_2} m\text{-}CH_3-C_6H_4-COCl \xrightarrow[AlCl_3]{C_6H_6} C_6H_5-CO-C_6H_4-CH_3(m)$$

或

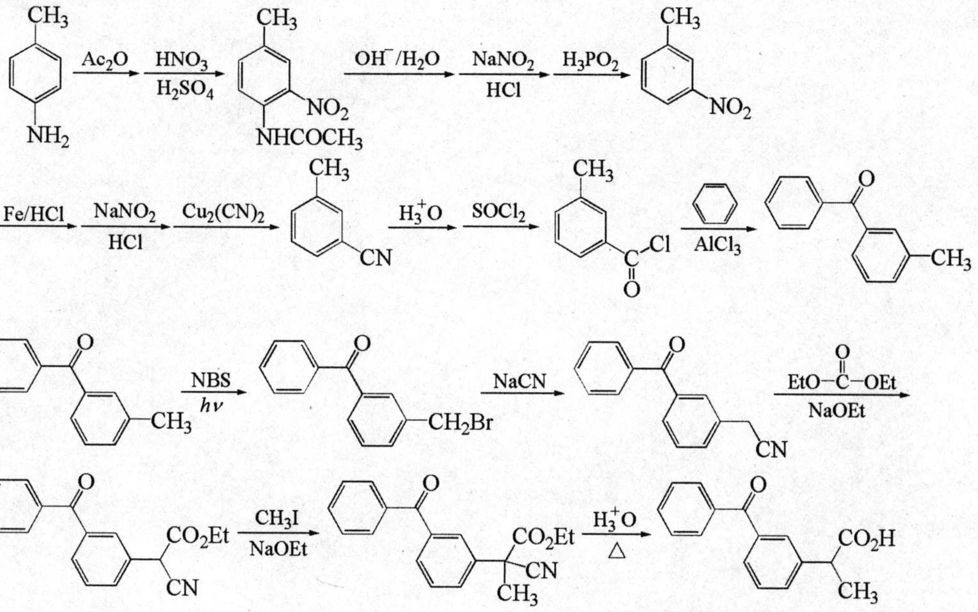

酮基布洛芬（Ketoprofen）

# 第三部分

# 2000~2009年南开大学研究生入学考试试题及其参考答案

# 考试试题

## 2000 年试题

一、完成下列反应式。（28 分）

1. 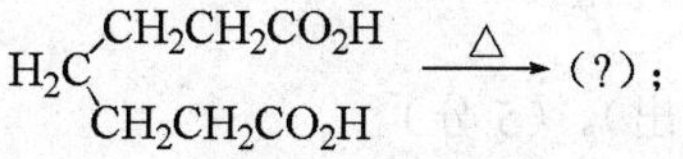 $H_2C(CH_2CH_2CO_2H)_2 \xrightarrow{\triangle}$（?）； 2. （呋喃糖结构）$\xrightarrow[\text{dry HCl}]{CH_3OH}$（?）$\xrightarrow{HIO_4}$（?）；

3. 喹啉 $\xrightarrow[H_2SO_4]{HNO_3}$（?）； 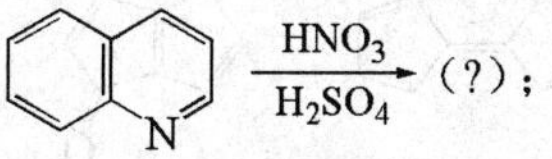 4. 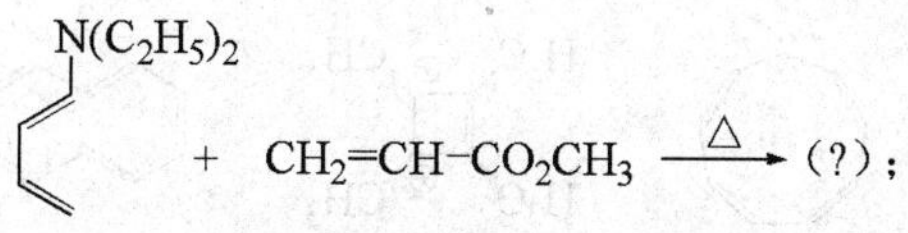 $N(C_2H_5)_2$ 取代丁二烯 + $CH_2{=}CH{-}CO_2CH_3 \xrightarrow{\triangle}$（?）；

5. （$C_2H_5$、$CH_3$ / $H_3C$、H 取代烯烃）$\xrightarrow{Cl_2 / H_2O}$（构型式?）； 6. 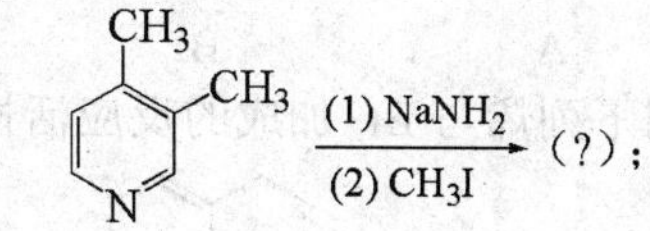 3,4-二甲基吡啶 $\xrightarrow[(2)\ CH_3I]{(1)\ NaNH_2}$（?）；

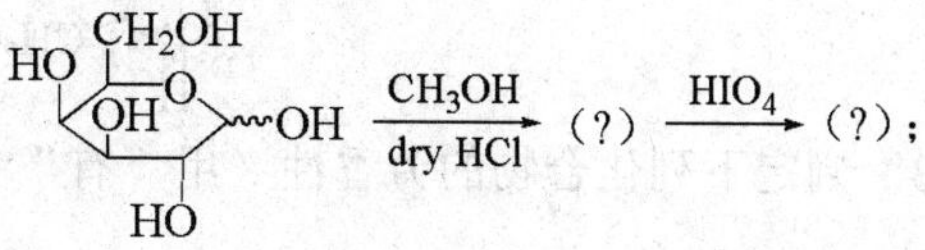

7. 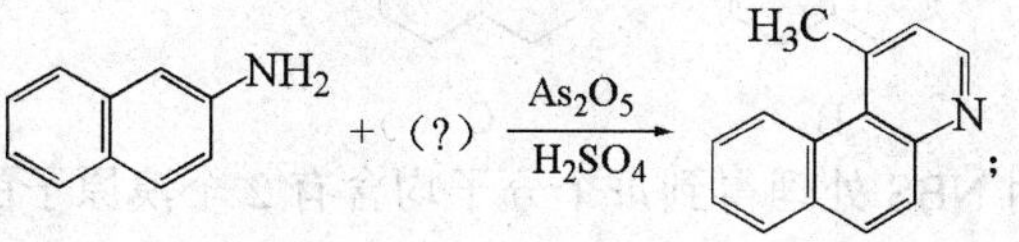 2-萘胺 +（?）$\xrightarrow[H_2SO_4]{As_2O_5}$（$H_3C$ 取代苯并喹啉）； 8. 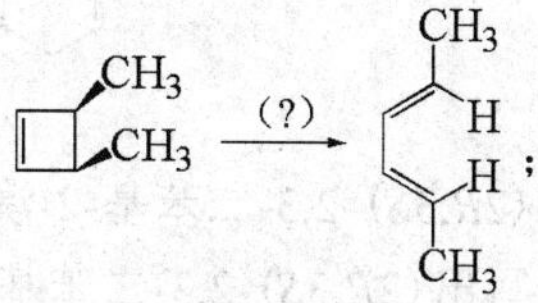 （二甲基环丁烯）$\xrightarrow{(?)}$（$CH_3$、H、H、$CH_3$ 二烯）；

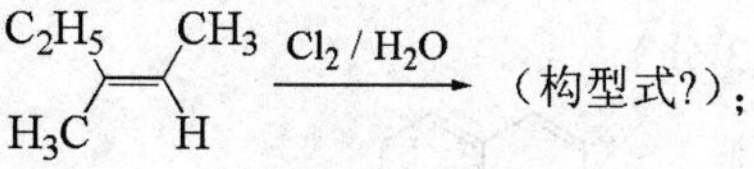

9. 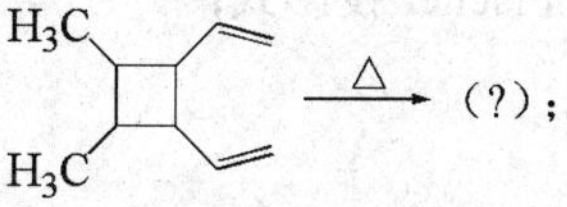 （$H_3C$、$H_3C$ 二乙烯基环丁烷）$\xrightarrow{\triangle}$（?）； 10. 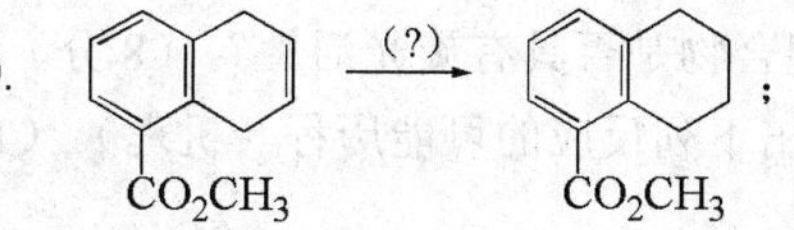 （$CO_2CH_3$ 取代二氢萘）$\xrightarrow{(?)}$（$CO_2CH_3$ 取代四氢萘）；

11. 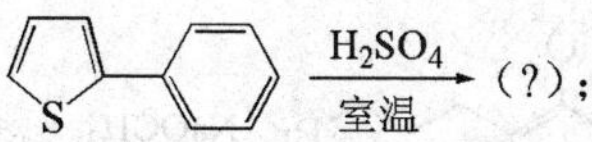 2-苯基噻吩 $\xrightarrow[\text{室温}]{H_2SO_4}$（?）； 12. 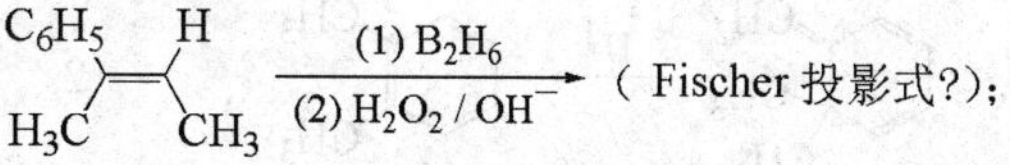 （$C_6H_5$、H / $H_3C$、$CH_3$ 烯烃）$\xrightarrow[(2)\ H_2O_2 / OH^-]{(1)\ B_2H_6}$（Fischer 投影式?）；

13. 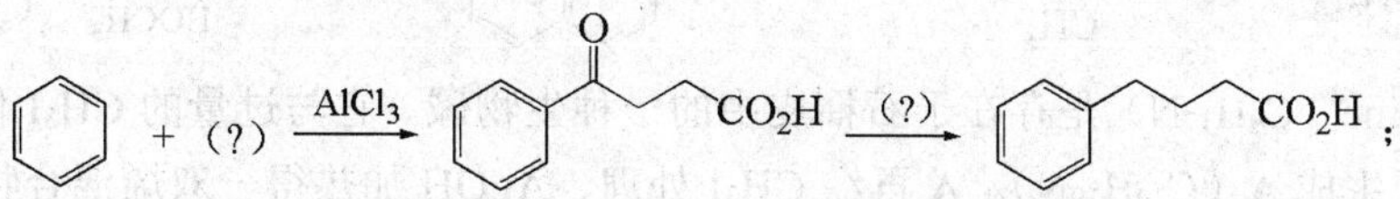 苯 +（?）$\xrightarrow{AlCl_3}$ $C_6H_5COCH_2CH_2CO_2H$ $\xrightarrow{(?)}$ $C_6H_5CH_2CH_2CH_2CO_2H$；

14. 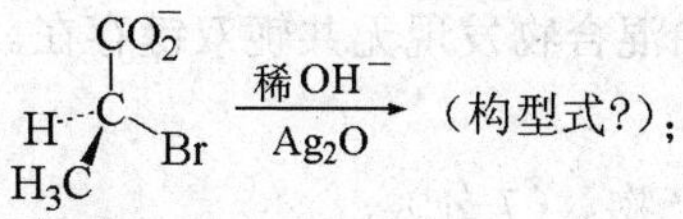 （$CO_2^-$、H、Br、$H_3C$ 手性碳）$\xrightarrow[Ag_2O]{\text{稀 } OH^-}$（构型式?）； 15. （?）$\xrightarrow[C_2H_5OH]{OH^-}$ $C_6H_5{-}C{\equiv}C{-}CH_3 \xrightarrow[Hg_2SO_4 / H_2SO_4]{H_2O}$（?）；

16. 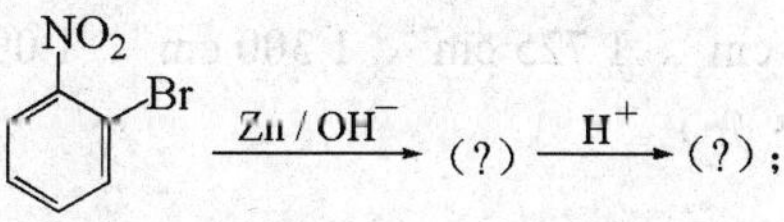 邻硝基溴苯（$NO_2$、Br）$\xrightarrow{Zn / OH^-}$（?）$\xrightarrow{H^+}$（?）； 17. 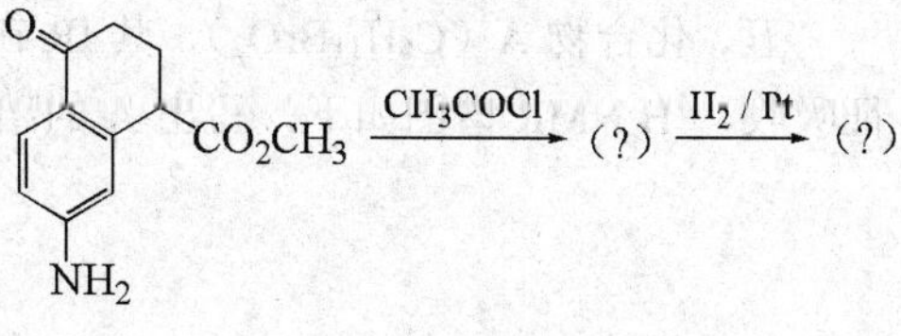 （$NH_2$、$CO_2CH_3$ 取代四氢萘酮）$\xrightarrow{CH_3COCl}$（?）$\xrightarrow{H_2 / Pt}$（?）；

18. [樟脑结构式] $\xrightarrow{C_6H_5CO_3H}$（?）；　　19. $CH_2{=}CH{-}CH(Cl){-}CH_3 \xrightarrow{稀\ OH^-}$（?）；

20. $CH_3CH_2CH_2NH_2$ + [环戊酮] $\xrightarrow{H_2/Pt}$（?）

二、简要回答问题。（23 分）

1．1,2-环己二酮用 NaOH/$H_2O$ 加热处理后酸化得化合物 **M**（$C_6H_{10}O_3$），**M** 在少量 $H_2SO_4$ 存在下加热生成 **N**（$C_{12}H_{16}O_4$）。**M** 可在室温下与 $NaHCO_3$ 水溶液作用放出 $CO_2$ 而 **N** 不发生此类反应。写成 **M** 和 **N** 的结构。（4 分）

2．组胺具有三个 N 原子〔(1)、(2)、(3)〕，排出其碱性强弱顺序。（3 分）

(1) N，(2) NH，$CH_2CH_2NH_2$ (3)　组胺

3．判定下列化合物的芳香性（用“有”“无”标出）。（5 分）

A　B　C　D　E

4．排列下列烯与 $Br_2$ 加成的反应活性顺序。（3 分）

A　B　C

5．(2*R*,3*S*)-2,3-二苯基-2-溴丁烷用 NBS 处理得到每个分子均含有 2 个溴原子的混合物。

① 写出(2*R*,3*S*)-2,3-二苯基-2-溴丁烷和产物混合物的 Fischer 投影式；

② 该混合物是否具有旋光活性？（8 分）

三、写出下列反应的可能历程（机理）。（10 分）

1. [结构式] $\xrightarrow{H^+}$ [结构式]；　2. [结构式] $\xrightarrow[HOCH_3]{NaOCH_3}$ [结构式]

四、Granatine（$C_9H_{17}N$）是存在于石榴皮中的一种生物碱。它与过量的 $CH_3I$ 作用后再用 AgOH 加热处理生成 **A**（$C_{10}H_{19}N$）。**A** 再经 $CH_3I$ 处理、AgOH 加热得一双烯混合物 **B** 和 **C**，**B** 和 **C** 催化氢化都生成环辛烷。用紫外光谱鉴定双烯混合物发现无共轭双键存在。

① 写出 Granatine、**A**、**B** 和 **C** 的结构；

② 写出双烯混合物与酸性 $KMnO_4$ 加热反应的产物。（7 分）

五、化合物 **A**（$C_6H_{11}BrO_2$），其 IR 在 2 980 $cm^{-1}$、1 725 $cm^{-1}$、1 300 $cm^{-1}$、1 090 $cm^{-1}$ 有特征吸收，$^1$H NMR 谱图如下，写出 **A** 的结构。（5 分）

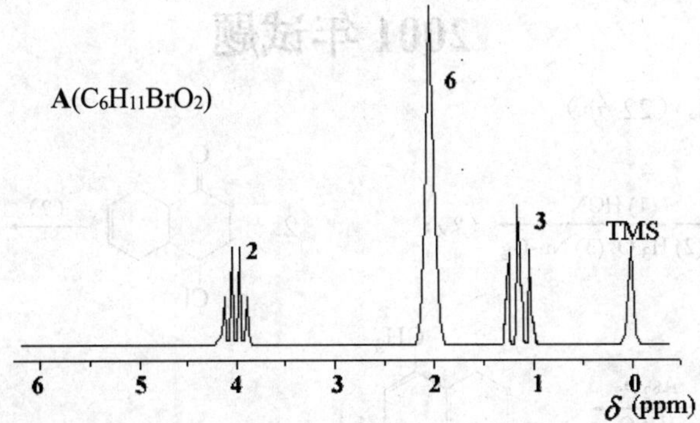


六、完成下列转化（除指定原料必用外，可任选其他原料和试剂）。（8 分）

1．$CH_3-\overset{O}{\overset{\|}{C}}-CH_2CH_2-\overset{O}{\overset{\|}{C}}-OC_2H_5 \Longrightarrow CH_3-\overset{O}{\overset{\|}{C}}-CH_2CH_2-\underset{CH_3}{\overset{OH}{\overset{|}{\underset{|}{C}}}}-CH_3$

2．(H)($CH_3O_2C$)C=C(H)($CO_2CH_3$) $\Longrightarrow$ (氧桥双环化合物，含 $CH_2OH$、$CH_2OH$)

七、棉铃象性引诱剂合成中涉及以下步骤。写出下列合成中 **A**、**B**、**C**、**D**、**E** 所代表的结构。（5 分）

(3-甲基环己-2-烯酮) $\xrightarrow[(2)\ H_3^+O]{(1)\ CH_3MgBr}$ **A** $\xrightarrow[(2)\ H_3^+O]{(1)\ \mathbf{B}}$ (HO, $CH_2CO_2C_2H_5$, $CH_3$, $CH_3$ 取代环己烷) $\xrightarrow[(2)\ H_3^+O]{(1)\ OH^-/H_2O}$ **C** ($C_{10}H_{18}O_3$)

$\xrightarrow[(2)\ C_2H_5OH/H^+]{(1)\ H_2SO_4}$ (含 $CH_2CO_2C_2H_5$、$CH_3$、$CH_3$ 的环己烯) + (含 $CH_2CO_2C_2H_5$、$CH_3$、$CH_3$ 的环己烯) + **D** ($C_{12}H_{20}O_2$) + **E** ($C_{12}H_{20}O_2$)

八、合成。（14 分）

1．由甲苯、丙二酸二乙酯及不超过 3 个碳的原料和必用试剂合成下列化合物。

$CH_3-\overset{O}{\overset{\|}{C}}-CH_2-\underset{|}{CH}-CH_2CO_2H$（CH 上连对甲苯基，$C_6H_4CH_3$）

2．由甲苯及必用原料和试剂合成下列化合物。

（苯环上含 $CH_3$、CN、$O_2N$ 的化合物）

# 2001 年试题

一、完成反应式。（22 分）

1. Fischer 投影式：CHO；H—OH；H—OH；H—OH；$CH_2OH$ $\xrightarrow[(2)\ H_3^+O;\ (3)\ Na\text{-}Hg]{(1)\ HCN}$ （?）；

2. （4-氯-八氢萘-1-酮，含环烯） $\xrightarrow{(?)}$ （4-氯-八氢萘-1-醇）；

3. （?）+（?）$\xrightarrow[H_2SO_4]{As_2O_5}$ （4,7-二甲基喹啉）；

4. （Fischer 投影式?）+ $OH^-$ $\xrightarrow{C_2H_5OH}$ $(H_3C)(C_2H_5)C{=}C(CH_3)(H)$ + $Br^-$ + $H_2O$；

5. $C_2H_5(Ph)C(CO_2C_2H_5)_2$ + $H_2N-\overset{O}{\overset{\|}{C}}-NH_2$ $\xrightarrow{碱}$ （?）；

6. $H_3C(H)(C_2H_5)C-\overset{}{C}(=O)-NH_2$ $\xrightarrow{Br_2 / OH^-}$ （构型式?）；

7. （2-苯甲酰基苯重氮盐 $N_2^+Cl^-$）$\xrightarrow{OH^-}$ （?）；

8. $CH_3CH_2CH_2C{\equiv}C-CH_3$ $\xrightarrow{Na / NH_3(l)}$ （构型式?）；

9. （5-羟甲基-1-萘酚，OH，$CH_2OH$）+ $CH_3CO_2H$ $\xrightarrow{H^+}$ （?）；

10. （1,1,2,5-四甲基哌啶鎓 $OH^-$）$\xrightarrow{\triangle}$ （?）；

11. （6-甲基-2-甲氧基-3,4-二氢-2H-吡喃，$H_3C$，$OCH_3$）$\xrightarrow[H_2O]{HCl}$ （?）；

12. $HO(CH_2)_5\overset{O}{\overset{\|}{C}}(CH_2)_5OH$ $\xrightarrow{H^+}$ （?）；

13. （亚甲基环丙烷，$CH_2$，$CH{=}CH_2$）$\xrightarrow{\triangle}$ （?）；

14. （环丁烯，$CD_3$，Ph，$CH_3$，Ph）$\xrightarrow{\triangle}$ （构型式?）；

15. （环己-3-烯甲酰氯，O，Cl）$\xrightarrow[(2)\ Ag_2O / H_2O]{(1)\ CH_2N_2\ (excess)}$ （?）；

16. （3,4-二溴吡啶，Br，Br，N）$\xrightarrow[C_2H_5OH]{NaCN}$ （?）；

17. （亚甲基环己烷，$=CH_2$）$\xrightarrow[OH^-]{CHCl_3}$ （?）；

18. （1-(1-氨基环戊基)环戊醇，HO，$NH_2$）$\xrightarrow[HCl]{NaNO_2}$ （?）；

19. （呋喃，O）+（马来酸酐，O，O，O）$\xrightarrow{\triangle}$ （?）；

20. $PhCH_2O-\overset{O}{\overset{\|}{C}}-NH-\underset{CH_3}{\underset{|}{CH}}-\overset{O}{\overset{\|}{C}}-OH$ + $H_2NCH_2-\overset{O}{\overset{\|}{C}}-OCH_2Ph$ $\xrightarrow{DCC}$ （?）$\xrightarrow{H_2 / Ni}$ （?）

二、简要回答问题。（20 分）

1．下列化合物 **H** 为具有杀虫杀菌效果的樟脑衍生物。它具有多少种立体异构体？（2 分）

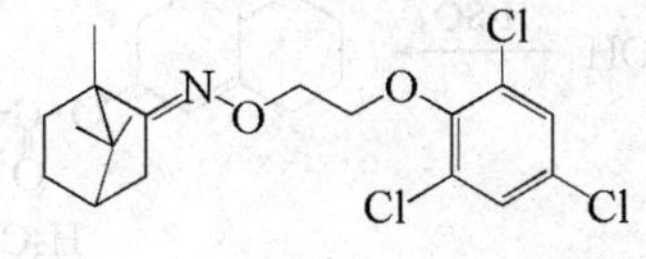

Cl

N O O

Cl Cl

**H**

2．下列化合物 **I** 在乙醇中具有旋光活性，但加酸后旋光值变小，最后值为零。解释这一事实。（2 分）

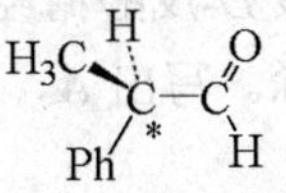

H O

$H_3C$ C* C

Ph H

**I**

3．一个学生想制备化合物 **J**，他把 **K** 加到等摩尔的甲基格氏试剂中进行反应，然后在冷却条件下加入稀 HCl，结果他没能得到 **J**。（1）他得到的是什么产物？（2）你如何用 **K** 成功地制备 **J**？写出合成路线。（5 分）

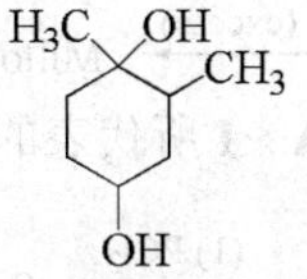

$H_3C$ OH $CH_3$ $H_3C$ O

OH OH

**J** 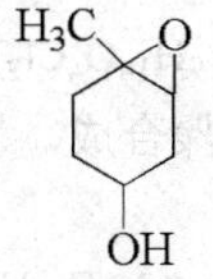 **K**

4．按要求排列顺序。（6 分）

（1）按亲核性强弱把下列化合物排列成序。

$O^-$ $O_2N$ $O^-$ $H_3C$ $O^-$ $O^-$

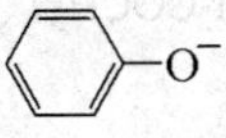

A 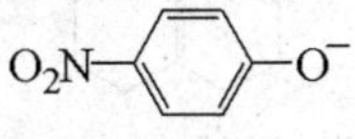 B 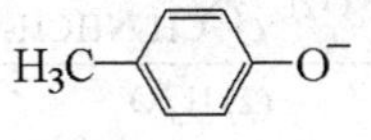 C 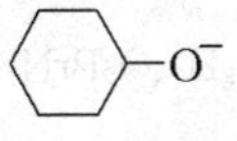 D

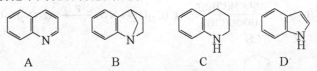

（2）按碱性强弱把下列化合物排列成序。

N N N N
H H

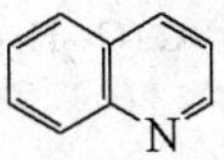

A 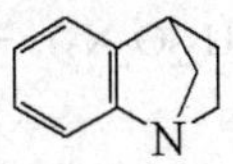 B 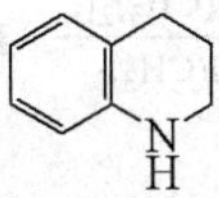 C 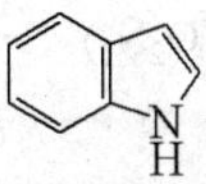 D

5．五个瓶中分别装有下列化合物（1）、（2）、（3）、（4）、（5）中的一种。经检测瓶 A、D 和 E 中化合物有旋光性，而 B、C 瓶中化合物无旋光性。当用 $HIO_4$ 氧化时，A 和 C 瓶中化合物只生成一种产物，D 中化合物生成两种产物，B 和 E 中化合物不与 $HIO_4$ 反应。写出 A、B、C、D、E 瓶中所装化合物的编号。（5 分）

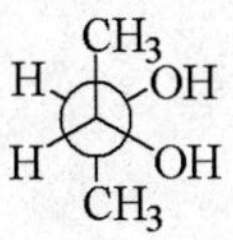

$CH_3$ $C_2H_5$ H $CH_3$ $CH_3$ $CH_3$
H OH C C $CH_3$ H OH H OH HO H
H OH H HO OH $CH_2$ $CH_2$ H OH
$CH_3$ H OH HO H $CH_3$
$CH_3$ $CH_3$

（1） 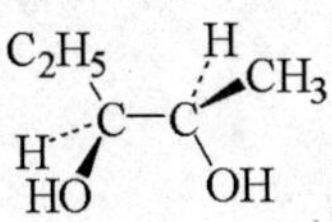 （2） 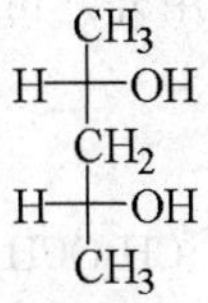 （3） 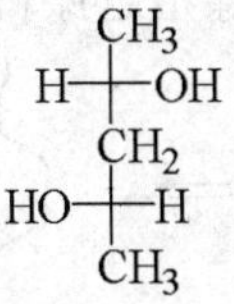 （4） 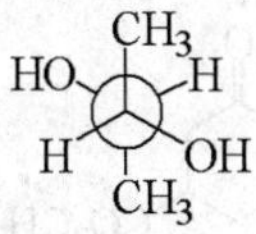 （5）

三、写出下列反应历程（机理）。（10 分）

1. 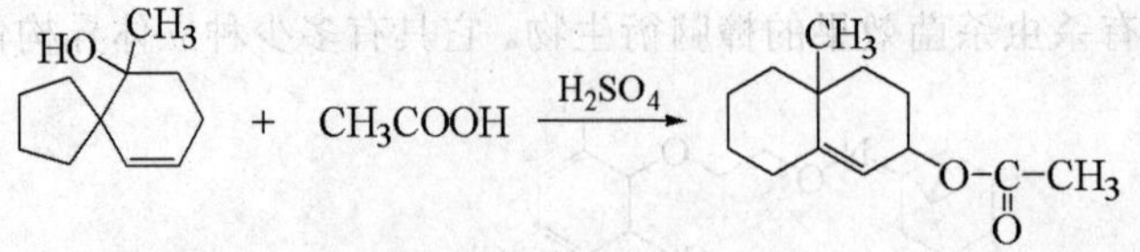 （螺环醇，含 HO、$CH_3$） + $CH_3COOH$ $\xrightarrow{H_2SO_4}$ （含 $CH_3$ 的双环产物）$-O-\overset{O}{\overset{\|}{C}}-CH_3$

2. 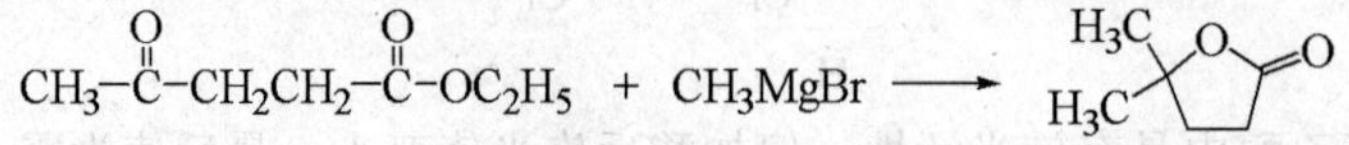 $CH_3-\overset{O}{\overset{\|}{C}}-CH_2CH_2-\overset{O}{\overset{\|}{C}}-OC_2H_5$ + $CH_3MgBr$ $\longrightarrow$ （$H_3C$、$H_3C$ 取代的五元内酯）

四、有两个 *D*-己醛糖分别用 $NaBH_4$ 还原，**A** 生成无旋光性的糖醇，而 **B** 生成有旋光活性的糖醇。**A** 经 Ruff 降解得 *D*-戊醛糖，该 *D*-戊醛糖经 $HNO_3$ 氧化生成有旋光活性的糖二酸。又知 **A** 和 **B** 分别与苯肼反应生成相同的脎。写出 **A**、**B** 的开链结构（Fischer 投影式）。（6 分）

五、填空。（13 分）

1．Miltown 为止痛药，可由下列步骤合成。写出 **A**～**C** 及 Miltown 的结构。（4 分）

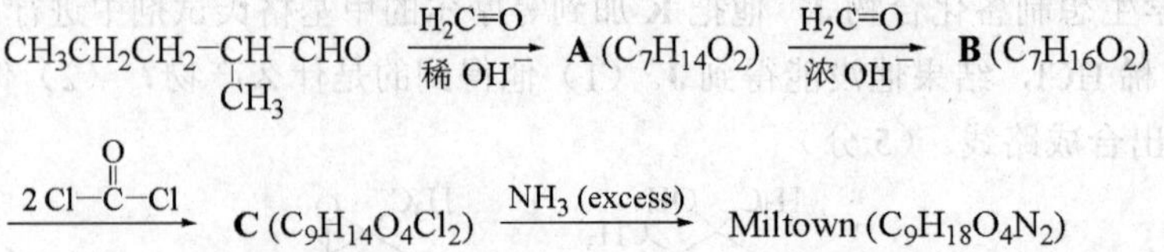

$CH_3CH_2CH_2-\underset{CH_3}{\underset{|}{CH}}-CHO$ $\xrightarrow[\text{稀 } OH^-]{H_2C=O}$ **A** ($C_7H_{14}O_2$) $\xrightarrow[\text{浓 } OH^-]{H_2C=O}$ **B** ($C_7H_{16}O_2$)

$\xrightarrow{2\,Cl-\overset{O}{\overset{\|}{C}}-Cl}$ **C** ($C_9H_{14}O_4Cl_2$) $\xrightarrow{NH_3\,(excess)}$ Miltown ($C_9H_{18}O_4N_2$)

2．Lysergric acid 由下列步骤合成，写出 **A**～**I** 所代表的试剂或中间体结构。（9 分）

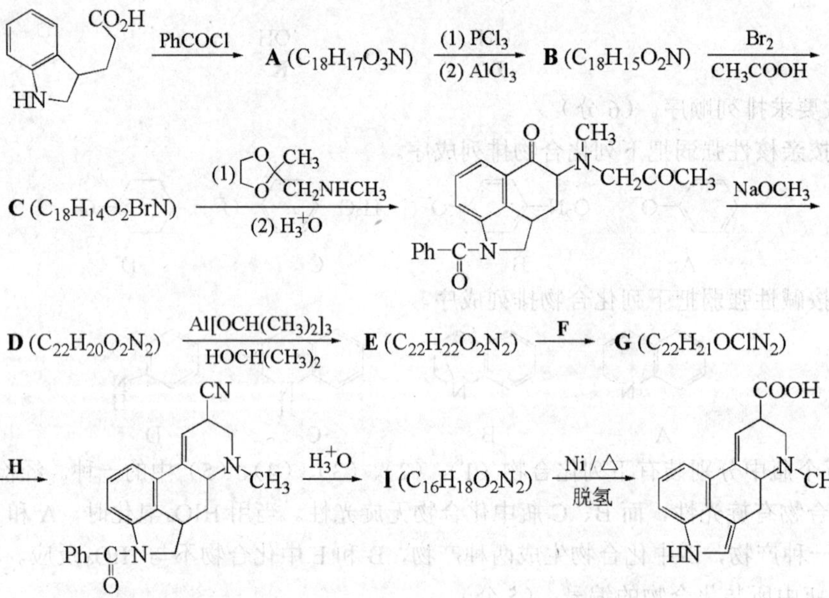

（含 $CO_2H$ 侧链的二氢吲哚，HN） $\xrightarrow{PhCOCl}$ **A** ($C_{18}H_{17}O_3N$) $\xrightarrow[(2)\ AlCl_3]{(1)\ PCl_3}$ **B** ($C_{18}H_{15}O_2N$) $\xrightarrow[CH_3COOH]{Br_2}$

**C** ($C_{18}H_{14}O_2BrN$) $\xrightarrow[(2)\ H_3^+O]{(1)\ \text{（二氧戊环，含 } CH_3\text{、}CH_2NHCH_3\text{）}}$ （Ph$-\overset{O}{\overset{\|}{C}}-$N 三环酮，含 $N(CH_3)CH_2COCH_3$） $\xrightarrow{NaOCH_3}$

**D** ($C_{22}H_{20}O_2N_2$) $\xrightarrow[HOCH(CH_3)_2]{Al[OCH(CH_3)_2]_3}$ **E** ($C_{22}H_{22}O_2N_2$) $\xrightarrow{\mathbf{F}}$ **G** ($C_{22}H_{21}OClN_2$)

$\xrightarrow{\mathbf{H}}$ （含 CN、N$-CH_3$、Ph$-\overset{O}{\overset{\|}{C}}-$N 的四环化合物） $\xrightarrow{H_3^+O}$ **I** ($C_{16}H_{18}O_2N_2$) $\xrightarrow[\text{脱氢}]{Ni/\triangle}$ （含 COOH、N$-CH_3$、HN 的麦角酸结构）

六、完成下列转化（除指定原料必用外，可选用任何原料和试剂）。（10 分）

1. 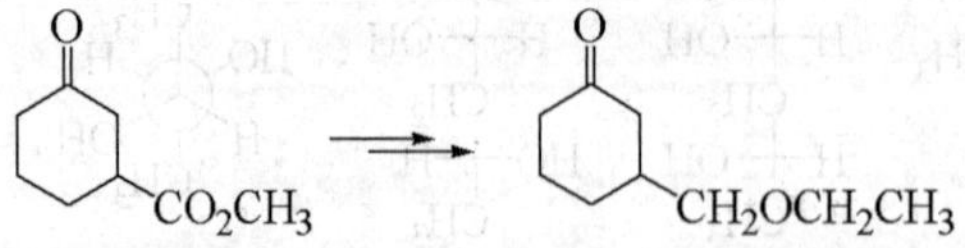 （3-$CO_2CH_3$ 环己酮） $\rightleftharpoons$ （3-$CH_2OCH_2CH_3$ 环己酮）

2. 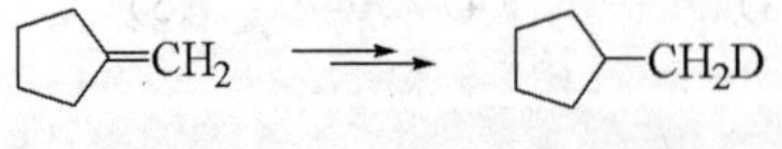 （亚甲基环戊烷，$=CH_2$） $\rightleftharpoons$ （环戊基 $-CH_2D$）

七、化合物分子式为 $C_4H_7ClO_2$，红外光谱在 2 980 $cm^{-1}$、1 750 $cm^{-1}$、1 200 $cm^{-1}$ 有特征吸收，其 $^1H$ NMR 谱图如下，写出其结构。（5 分）

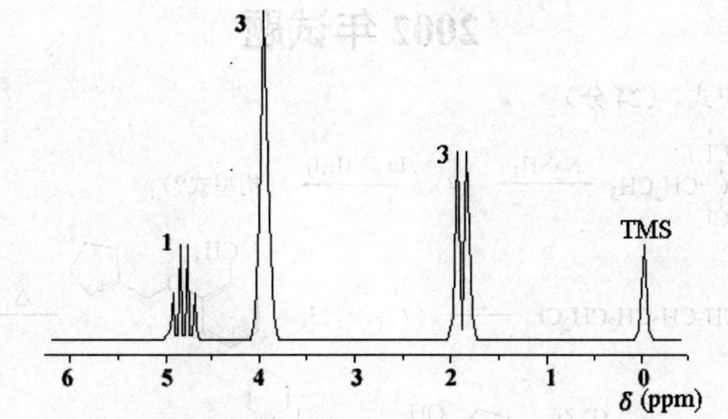


八、合成。(14 分)

1．由甲苯和必要的原料和试剂合成下列化合物。

$CO_2H$
I
Cl

2．由丙二酸二乙酯和不超过 3 个碳的原料及必要试剂合成下列化合物。

O
$CH_3$
O

# 2002年试题

一、完成反应式。（24分）

1. 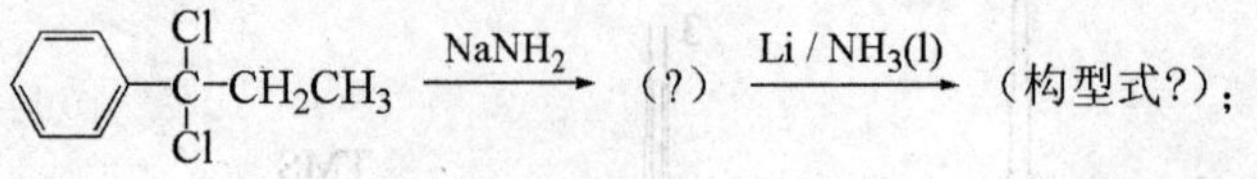 $C_6H_5CCl_2CH_2CH_3 \xrightarrow{NaNH_2}$ （?） $\xrightarrow{Li/NH_3(l)}$ （构型式?）；

2. $CH_3NHCH_2CH_2CH_2CH_2Cl \xrightarrow{\triangle}$ （?）； 3. 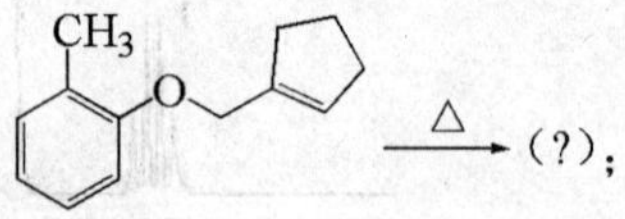 2-甲基苯基(环戊烯-1-基甲基)醚 $\xrightarrow{\triangle}$ （?）；

4. 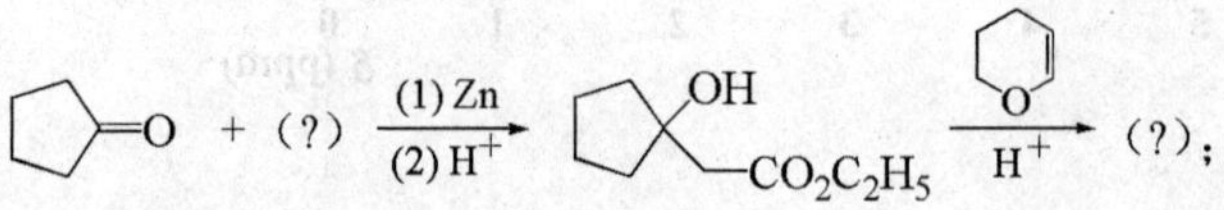 环戊酮 + （?） $\xrightarrow[(2)\ H^+]{(1)\ Zn}$ 1-羟基环戊基-$CH_2CO_2C_2H_5$ $\xrightarrow[H^+]{\text{二氢吡喃}}$ （?）；

5. （1mol）蒽 + （2mol）对苯醌 $\xrightarrow{\triangle}$ （?） $\xrightarrow[\text{烯醇化}]{HCl}$ （?）；

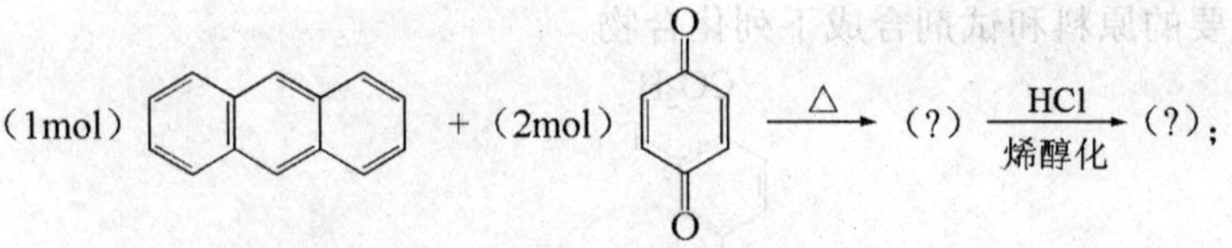

6. 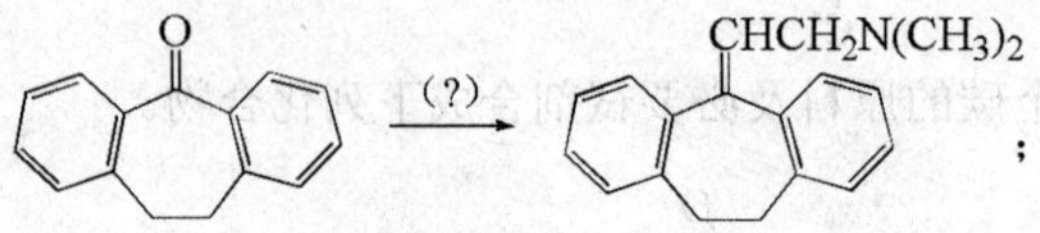 二苯并环庚酮 $\xrightarrow{(?)}$ 二苯并环庚烯亚基 $=CHCH_2N(CH_3)_2$；

7. 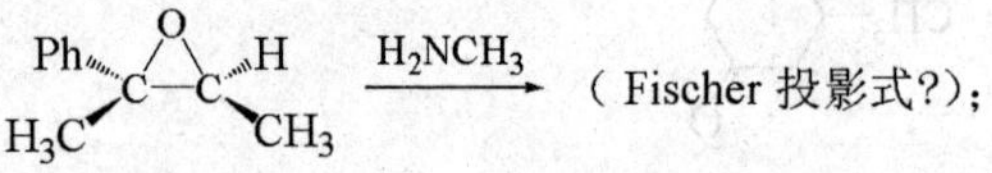 Ph(H₃C)C—C(H)(CH₃) 环氧化物 $\xrightarrow{H_2NCH_3}$ （Fischer投影式?）；

8. 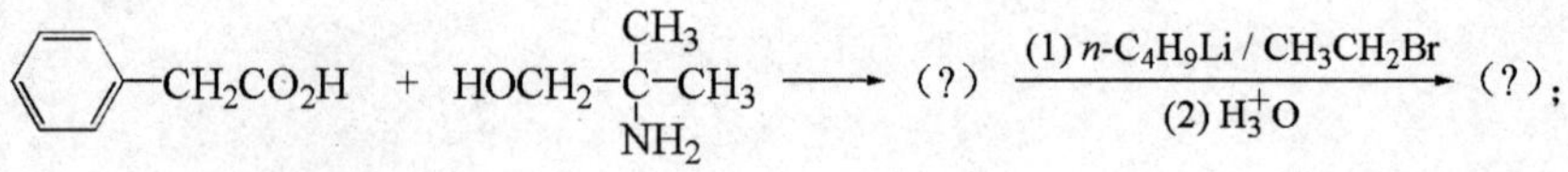 $C_6H_5CH_2CO_2H$ + $HOCH_2C(CH_3)_2NH_2$ $\longrightarrow$ （?） $\xrightarrow[(2)\ H_3^+O]{(1)\ n\text{-}C_4H_9Li\ /\ CH_3CH_2Br}$ （?）；

9. 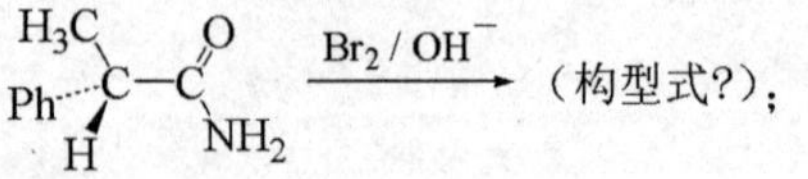 $H_3C$、Ph、H—C—$CONH_2$ $\xrightarrow{Br_2/OH^-}$ （构型式?）； 10. 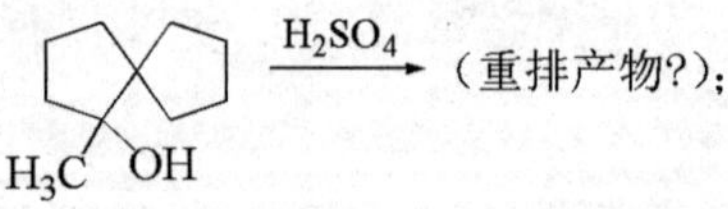 螺[4.4]壬烷-1-基（$H_3C$, OH） $\xrightarrow{H_2SO_4}$ （重排产物?）；

11. 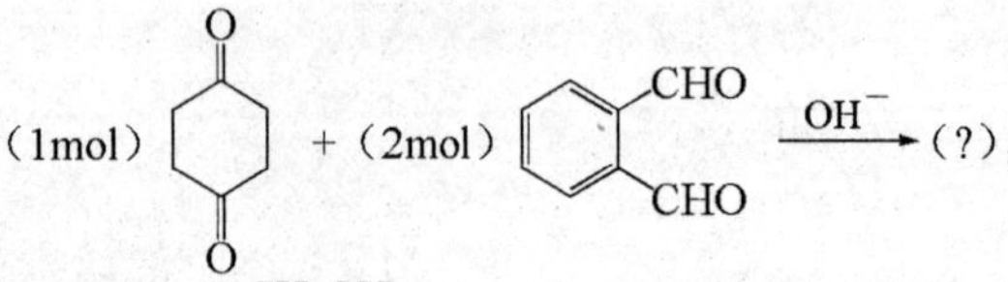 （1mol）1,4-环己二酮 + （2mol）邻苯二甲醛 $\xrightarrow{OH^-}$ （?）； 12. 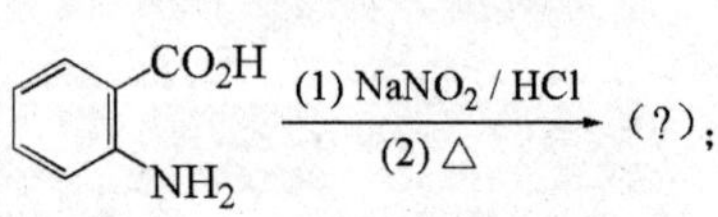 邻氨基苯甲酸 $\xrightarrow[(2)\ \triangle]{(1)\ NaNO_2\ /\ HCl}$ （?）；

13. 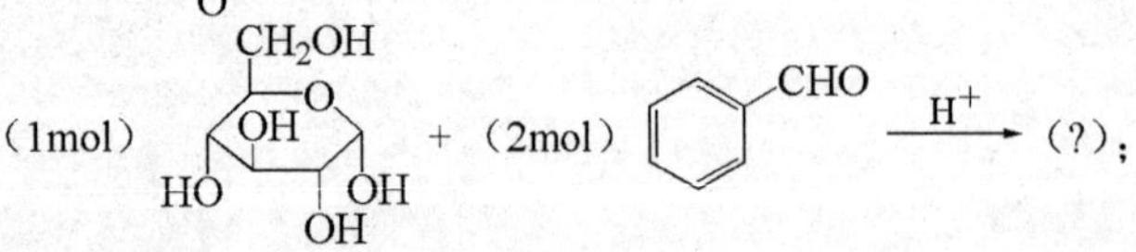 （1mol）吡喃葡萄糖（$CH_2OH$, OH, HO, OH, OH） + （2mol）$C_6H_5CHO$ $\xrightarrow{H^+}$ （?）；

14. 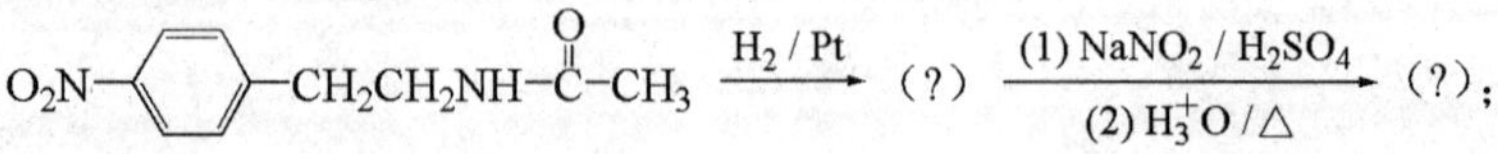 $O_2N\text{-}C_6H_4\text{-}CH_2CH_2NH\text{-}\overset{O}{\overset{\|}{C}}\text{-}CH_3 \xrightarrow{H_2/Pt}$ （?） $\xrightarrow[(2)\ H_3^+O/\triangle]{(1)\ NaNO_2\ /\ H_2SO_4}$ （?）；

15. 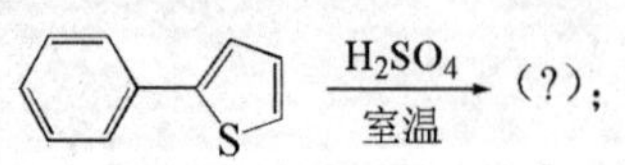 2-苯基噻吩 $\xrightarrow[\text{室温}]{H_2SO_4}$ （?）； 16. 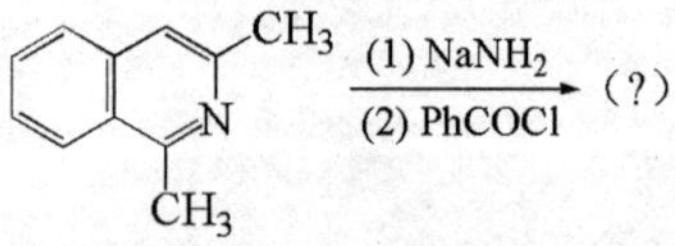 1,3-二甲基异喹啉（$CH_3$, N, $CH_3$） $\xrightarrow[(2)\ PhCOCl]{(1)\ NaNH_2}$ （?）

二、简要回答问题。（20 分）

1．判断下列化合物是否具有手性（用“有”“无”标出）。（3 分）

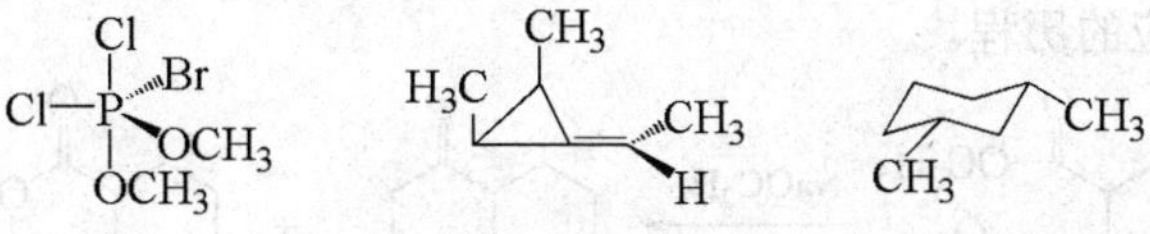

A　　B　　C

2．下列化合物在室温下能否拆分为有旋光活性的物质（用“能”“不能”标出）。（2 分）

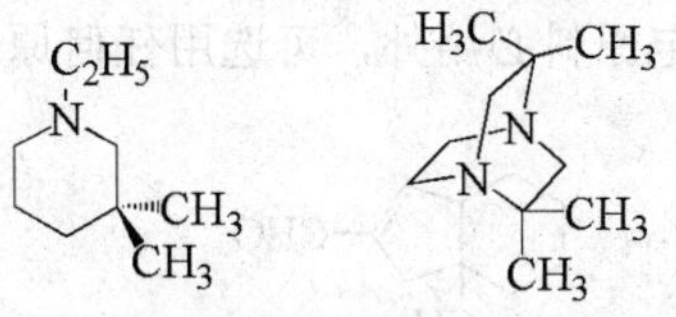

A　　B

3．酮与第二胺作用可生成烯胺。（1）若具有光学活性的第二胺 **P**（见下）与环己酮反应生成的烯胺是否具有旋光性？写出反应产物的构型式。（2）写出上述产物与溴乙烷作用后，再酸性水解所得到主要产物的构型式。（5 分）

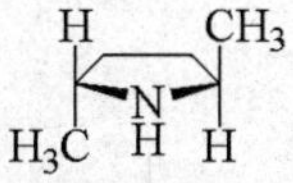

P

4．想用对硝基氯苯和 2,6-二叔丁基苯酚钠盐合成下列醚 **I**，但实际得到的却不是 **I**，而是它的异构体，这个异构体仍含有酚羟基。（1）简要说明为什么得不到 **I**；（2）写出反应实际生成物的构造式。（3 分）

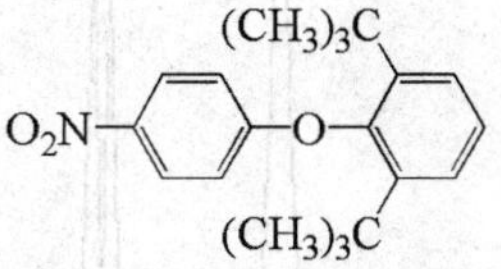

I

5．按下列化合物碱性由强到弱排序。（3 分）

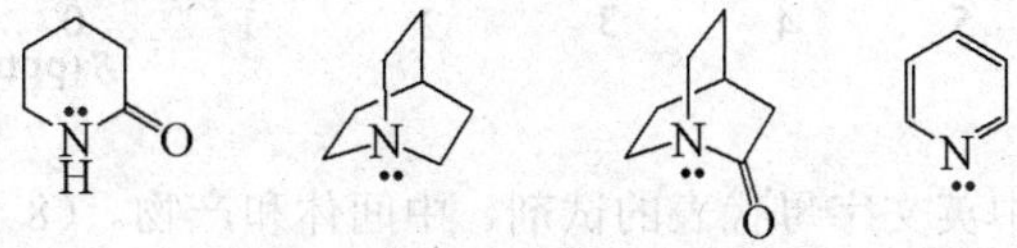

A　　B　　C　　D

6．按下列化合物进行 $S_N1$ 反应活性由大到小排序。（4 分）

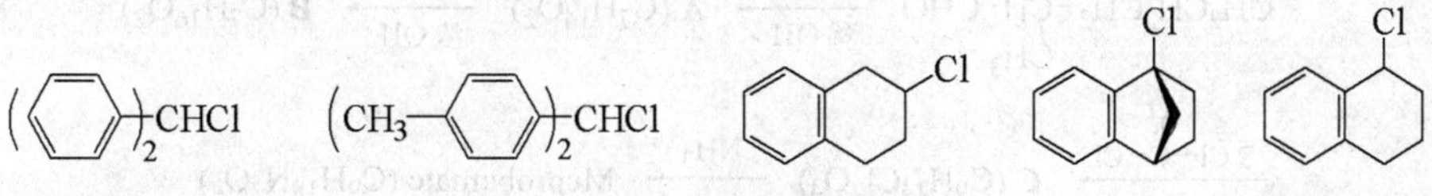

A　　B　　C　　D　　E

三、化合物 **A**（$C_{22}H_{27}NO$）不溶于酸和碱，**A** 与盐酸水溶液一起加热，得到一清亮溶液，该溶液冷却后得苯甲酸沉淀。过滤出苯甲酸后，滤液加碱得到化合物 **B**（$C_{15}H_{23}N$），**B** 是非手性化合物，**B** 与苯甲酰氯反应可生成 **A**。当用 $NaNO_2/HCl$ 处理 **B** 时无气体放出，但可得到一不溶于稀酸的化合物。**B** 用过量 $CH_3I$ 处理后再经 AgOH/△处理，得化合物 **C**（$C_9H_{19}N$）和苯乙烯。**C** 再经 $CH_3I$ 和 AgOH/△处理得 **D**。**D** 可由环己酮和 $CH_2$=$PPh_3$ 反应制备。写出 **A**、**B**、**C**、**D** 的结构。（4 分）

四、写反应历程（要用弯箭头表示电子转移方向）。（11 分）

1．环己烯在 $AlCl_3$ 存在下与乙酰氯作用生成 1-乙酰基-2-氯环己烷，写出反应机理。

2．写出下列反应的历程。

$OC_2H_5$, $H_3C$, $CH_3$ $\xrightarrow[HOC_2H_5]{NaOC_2H_5}$ $CH_3$ + $CH_2$, $CH_3$

五、完成下列转化（除指定原料必用外，可选用任何原料和试剂）。（10 分）

（1） OH, OH, $CH_3$ ⟶ CHO, $CH_3$

（2） OH ⟶ $HO_2C$, $CO_2H$, OH

六、化合物 **K**（$C_4H_8O_2$）的 IR 在 1 720 $cm^{-1}$，3 600~3 200 $cm^{-1}$ 有特征吸收峰，$^1H$ NMR 谱图如下，写出 **K** 的结构。（5 分）

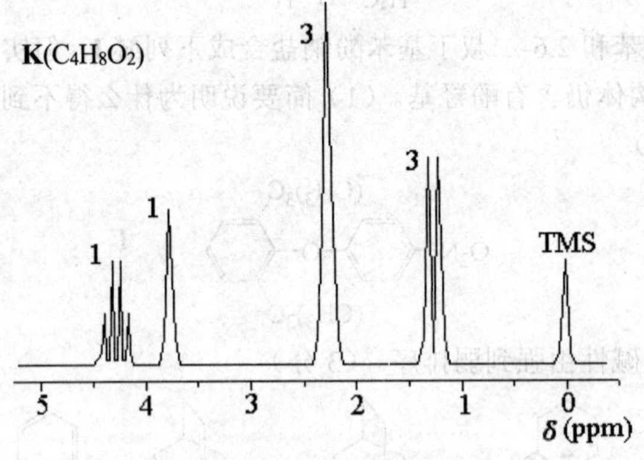


七、写出下列合成中英文字母代表的试剂、中间体和产物。（8 分）

1．止痛药 Meprobamate 由下列路线合成，写出 Meprobamate 和 **A**、**B**、**C** 的结构。

$CH_3CH_2CH_2-CH(CH_3)-CHO \xrightarrow[\text{稀}\ OH^-]{H_2C=O}$ **A** ($C_7H_{14}O_2$) $\xrightarrow[\text{浓}\ OH^-]{H_2C=O}$ **B** ($C_7H_{16}O_2$)

$\xrightarrow{2\,Cl-C(=O)-Cl}$ **C** ($C_9H_{14}Cl_2O_4$) $\xrightarrow{NH_3}$ Meprobamate ($C_9H_{18}N_2O_4$)

2．2-(N,N-二乙基氨基)-1-苯丙酮是医治厌食症的药物，它的合成步骤如下，写出英文字母（**M**、**N**、**O**、**P**）代表的中间体或试剂。

苯 $\xrightarrow[AlCl_3]{\mathbf{M}}$ **N** ($C_9H_{10}O$) $\xrightarrow{\mathbf{O}}$ O, $CH_3$, Br $\xrightarrow{\mathbf{P}}$ O, $CH_3$, $N(C_2H_5)_2$

八、合成。（18 分）

1．由苯酚和不超过 3 个碳的原料和必要试剂合成下列化合物。

（2,4-二甲基-8-羟基喹啉：结构式，取代基 $CH_3$、$CH_3$、OH、N）

2．由甲苯和必要无机试剂合成下列化合物。

（联苯-3,4,3',4'-四甲酸：结构式，取代基 $HO_2C$、$HO_2C$、$CO_2H$、$CO_2H$）

3．由丙二酸二乙酯，甲苯和不超过 4 个碳的原料和必要试剂合成下列化合物。

（苄基丁二酸酐：结构式，$C_6H_5CH_2$— 取代的五元环酸酐，两个 O＝）

# 2003年试题（必考）

一、命名。（8分）

1. $CH(CH_3)$–$CH{=}C(CH_2CH_3)$–$C(=O)$–$OC_2H_5$（左端为环戊基）

2. （喹啉，3-$CH_3$，8-OH）

3. $H_3C$（螺环）

4. OH，$CH_3$（环己烷椅式）

5. $CH_2OH$，OH，HO，$CH_2OH$，OH（呋喃糖）

二、完成下列反应式。（32分）

1. $H_3C$–$C_6H_4$–$CH{=}CH$–$C_6H_4$–$NO_2$ $\xrightarrow{HCl}$（?）；

2. （$H_3C$，$CH_3$，$CH_3$ 取代苯）$\xrightarrow{H_2SO_4}$（?）；

3. $H_3C$，H，$CH_2$，O（环氧化物）$\xrightarrow[(2)\ H_3^+O]{(1)\ CH_3Li}$（构型式?）；

4. （双环，两个 OH）$\xrightarrow{H^+}$（?）；

5. $H_3C$，$\overset{+}{N}(CH_3)_3$，H，$OH^-$，D，$CH_3$ $\xrightarrow{\triangle}$（?）；

6. $BrCH_2CH_2CH_2CO_2H$ $\xrightarrow{OH^-}$（?）；

7. （?）+（?）$\xrightarrow[\text{D-A 反应}]{\triangle}$（双环产物，$C(=O)CH_3$）；

8. （Fischer 投影式：$CH_3$；H–C–Br；$C_2H_5$–C–H；$CH_3$）$\xrightarrow[\text{丙酮}]{NaI}$（Fischer 投影式?）；

9. （$CH_3$，$H_3C$，=O 环己酮）$\xrightarrow{NaBH_4}$（构型式?）；

10. （异喹啉，N）$\xrightarrow{NaNH_2}$（?）；

11. （$CH_3$，CH，苯基，$N_2^+Cl^-$）$\xrightarrow{OH^-}$（?）；

12. （$H_3C$，O 十氢萘酮）$\xrightarrow{F_3CCO_3H}$（?）；

13. O=（环己烷）–CN $\xrightarrow{NaBH_4}$（?）；

14. （$OCH_2CH{=}CH_2$）$\xrightarrow{\triangle}$（?）；

15. （HO，$CH_2OH$，O，$OCH_3$，OH，OH）$\xrightarrow{(?)}$（$H_3CO$，$CH_2OCH_3$，O，$OCH_3$，$H_3CO$，$OCH_3$）$\xrightarrow{H_3^+O}$（?）；

16. $PhCH_2O$–$C(=O)$–Cl + $H_2NCH(CH_3)CO_2CH_3$ $\longrightarrow$（?）$\xrightarrow{H_2/Pt}$（?）；

17. $CH_3CH_2CH{=}O$ + $2\,CH_2O$ $\xrightarrow{OH^-}$（?）$\xrightarrow{CH_3OCH{=}PPh_3}$（?）；

三、简要回答问题。（27 分）

1．2,5-二甲基环戊醇有多少种立体异构？其中有几种无光学活性？（6 分）

2．写出(1*R*,2*R*,4*S*)-4-苯基-2-溴环己醇的稳定构象，并写出它用 $OH^-$ 处理后的产物。（5 分）

3．① 下列化合物 **A** 在强碱作用下可发生顺反异构的转化，转化过程的中间体是什么？② 下列化合物 **B** 是否在相同条件下发生顺反异构化？（4 分）

A：环己烷-1,2-二甲酰胺 $CON(CH_3)_2$ ×2　　B：环己烷-1,2-二甲酰胺 $CONH_2$ ×2

4．按下列化合物酸性由强到弱排序。（6 分）

A $CH_3-\overset{O}{\overset{\|}{C}}-CH_2-\overset{O}{\overset{\|}{C}}-CH_3$　　B $CH_3CH_2CH_2CO_2CH_3$　　C $C_6H_5-CH_2CO_2CH_3$

D $CH_3CH_2CH_2CO_2H$　　E $CH_2{=}CHCH_2CO_2H$

5．按下列化合物碱性由强到弱排序。（6 分）

A（1,2,3,4-四氢喹啉）　B（6-硝基-1,2,3,4-四氢喹啉，$O_2N$）　C（7-硝基-1,2,3,4-四氢喹啉，$O_2N$）　D　E（异喹啉）

四、一个生物碱 Skytanthine（$C_{11}H_{21}N$），其红外指出在 3 000 $cm^{-1}$ 以上无吸收。$^1H$ NMR 指出它含 3 个甲基〔$\delta$ 1.20（双峰），$\delta$ 1.32（双峰），$\delta$ 2.52（单峰）〕，根据以下对它结构测定的反应，① 写出 Skytanthine 的结构；② 写出反应中 **A** 和 **B** 的结构。（9 分）

（i）　Skytanthine ($C_{11}H_{21}N$) $\xrightarrow[(2)\ AgOH/\triangle]{(1)\ CH_3I}$ **A** ($C_{12}H_{23}N$) $\xrightarrow[(2)\ Zn/H_2O]{(1)\ O_3}$ $CH_2{=}O$ + **B** ($C_{11}H_{21}NO$)

（ii）　**B** $\xrightarrow{PhCO_3H}$ $\xrightarrow{OH^-/H_2O}$ $CH_3CO_2^-$ + HO-（环戊烷，带 $CH_3$ 和 $CH_2N(CH_3)_2$）

五、抗组胺药 Chlorphenriamine 可由以下路线合成。写出中间体或反应试剂 **A**、**B**、**C**、**D** 的结构和 Chlorphenriamine 的结构。（10 分）

2-苄基吡啶（$C_5H_4N-CH_2-C_6H_5$）$\xrightarrow[Fe]{Cl_2}$ **A** ($C_{12}H_{10}ClN$) $\xrightarrow[h\nu]{Cl_2}$ **B** ($C_{12}H_9Cl_2N$) $\xrightarrow[(2)\ H_3^+O/\triangle]{(1)\ CH_2(CO_2C_2H_5)_2/NaOC_2H_5}$

**C** ($C_{14}H_{12}O_2ClN$) $\xrightarrow[(2)\ \mathbf{D}]{(1)\ SOCl_2}$ (2-吡啶基)(4-氯苯基)$CHCH_2\overset{O}{\overset{\|}{C}}-N(CH_3)_2$ $\xrightarrow{LiAlH_4}$ Chlorphenriamine

六、写出下列反应的历程。（15 分）

1. 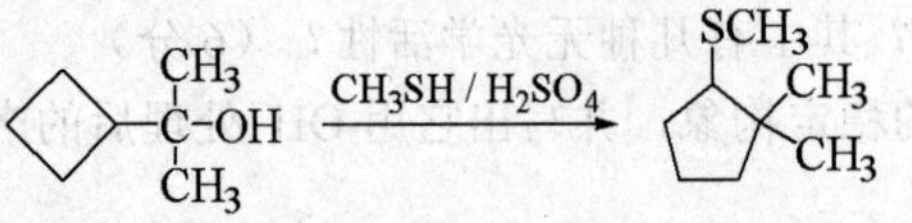 环丁基—$C(CH_3)_2$—OH $\xrightarrow{CH_3SH\,/\,H_2SO_4}$ 1-$SCH_3$-2,2-二甲基环戊烷

2. $PhC(=O)-C(=O)Ph$ + $CH_3C(=O)-N(CH_2COCH_3)_2$ $\xrightarrow[HOCH_3]{NaOCH_3}$（含 Ph、C(=O)Ph、$CO_2CH_3$、N—C(=O)—$CH_3$ 的吗啉酮产物）+（3,4-二苯基-2,5-二($CO_2CH_3$)-N-乙酰基吡咯：Ph, Ph, $H_3CO_2C$, $CO_2CH_3$, O=C—$CH_3$）

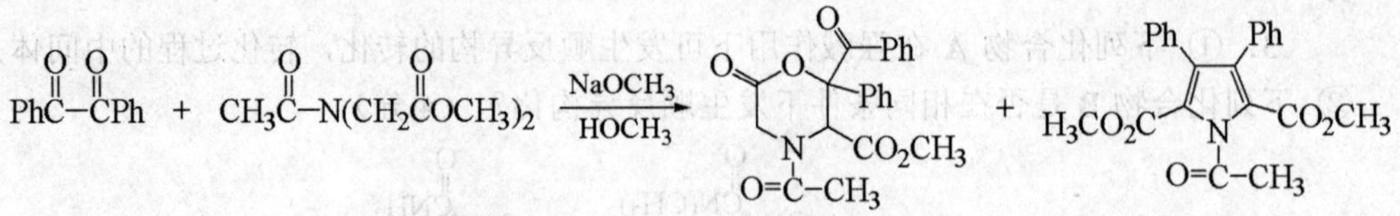

七、完成下列转化（除指定原料和试剂必用外，可采用任何原料和试剂）。（14 分）

1. 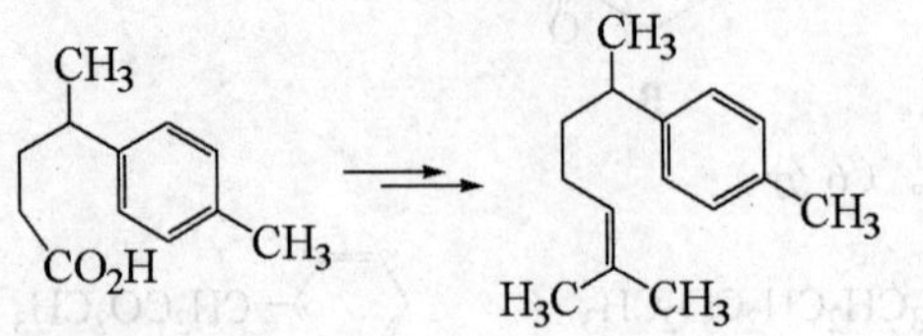 $CH_3$, $CO_2H$, $CH_3$ $\longrightarrow$ $CH_3$, $CH_3$, $H_3C$ $CH_3$

2. 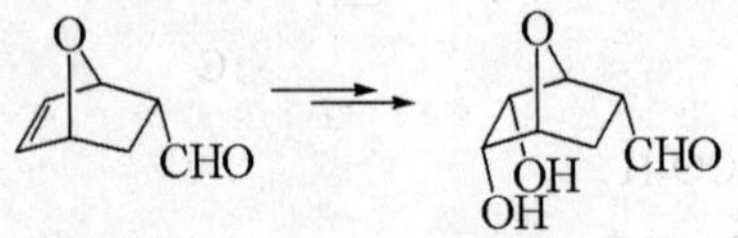 （O 桥双环烯）—CHO $\longrightarrow$ （O 桥双环）—OH, OH, CHO

八、化合物 **M**（$C_5H_7NO_2$）不使 $Br_2$（水）褪色，也不与羰基试剂反应。它的 IR 在 2 250 $cm^{-1}$ 和 1 750 $cm^{-1}$ 有特征吸收，$^1$H NMR 谱图如下，写出 **M** 的结构。（8 分）

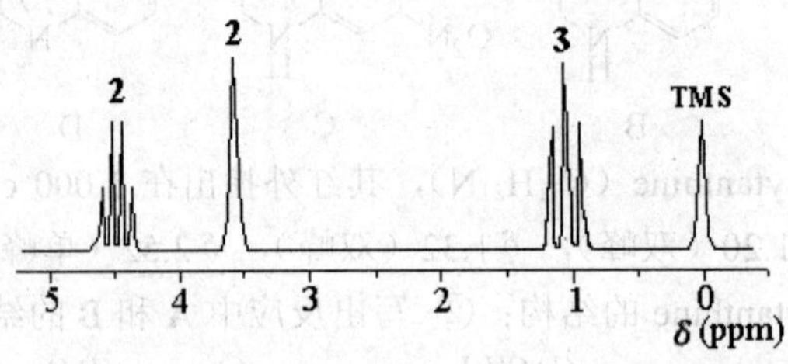


九、合成。（27 分）

1．由苯和必要无机试剂合成下列化合物。

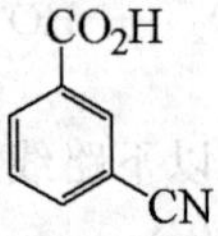

（间氰基苯甲酸：$CO_2H$，CN）

2．由丙酸甲酯和不超过 3 个碳的原料和必要试剂合成下列化合物。

$CH_3CH_2CH_2-CH(CH_3)-C(=O)-CH_2CH_3$

3．由呋喃和不超过 4 个碳的原料和必要试剂合成下列化合物（不考虑立体构型）。

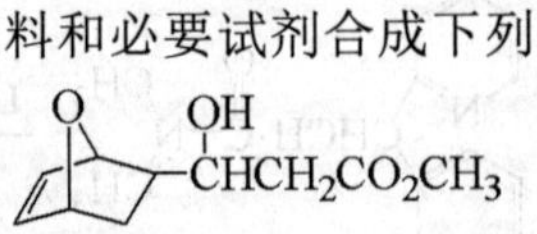

（O 桥双环烯）—CH(OH)$CH_2CO_2CH_3$

# 2003年试题（选考）

一、简要回答问题。（29分）

1．下列化合物有多少种立体异构？（4分）

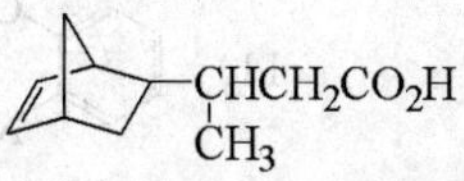

（双环庚烯基）$-\underset{CH_3}{CH}CH_2CO_2H$

2．① 写出(1*S*,2*R*,4*S*)-4-苯基-2-溴环己醇的稳定构象；② 写出它与$OH^-$作用后的产物。（5分）

3．写出$C_4H_{10}O$所有同分异构体（包括立体异构）。（8分）

4．按下列醇在硫酸存在下脱水活性由大到小排序。（6分）

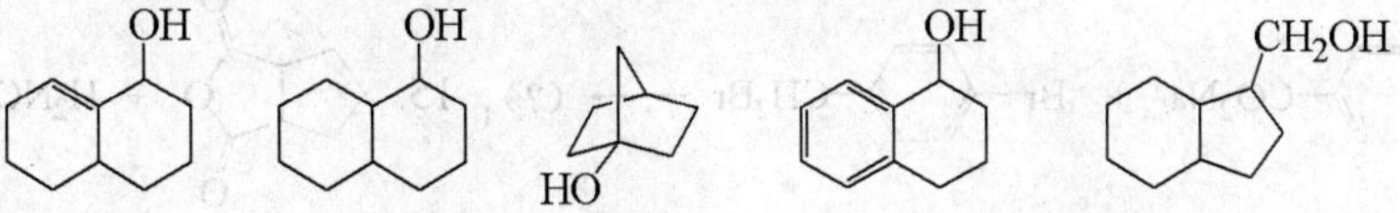

A　B　C　D　E

5．按下列含氮化合物碱性由强到弱排序。（6分）

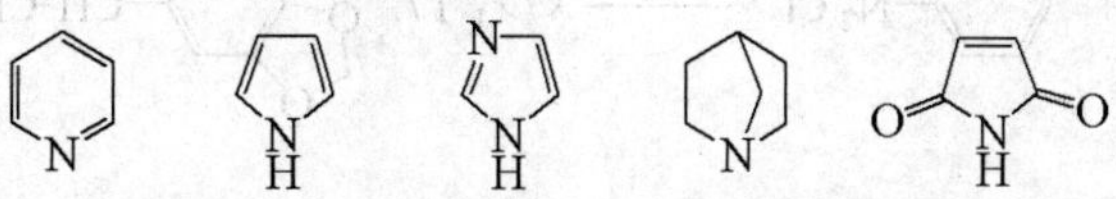

A　B　C　D　E

二、命名。（8分）

1. 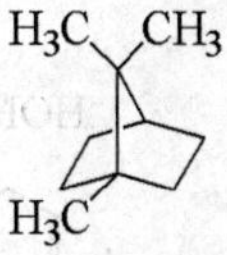　2. 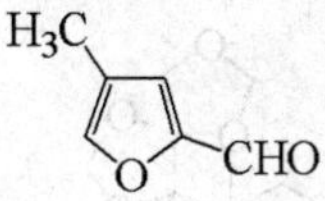　3.

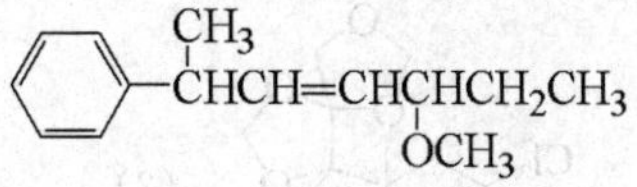

4. 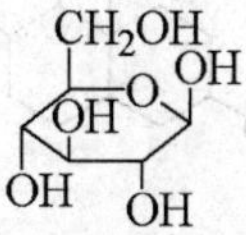　5.

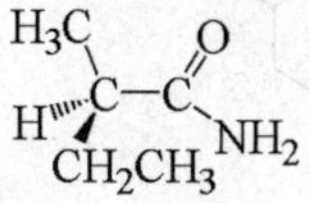

三、完成反应式。（34分）

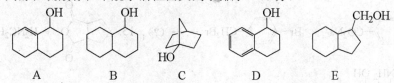

1. 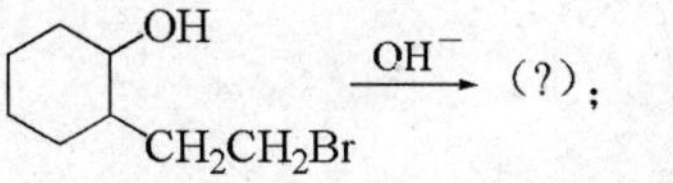 $\xrightarrow{OH^-}$（?）；　2. 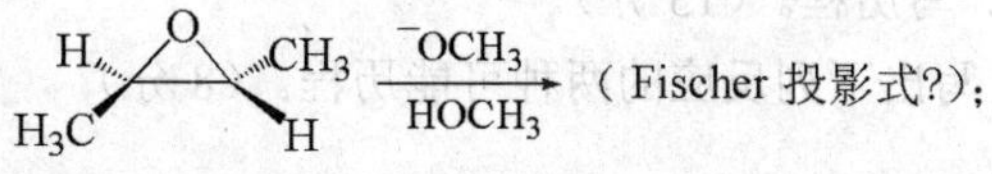 $\xrightarrow[HOCH_3]{^-OCH_3}$（Fischer投影式?）；

3. 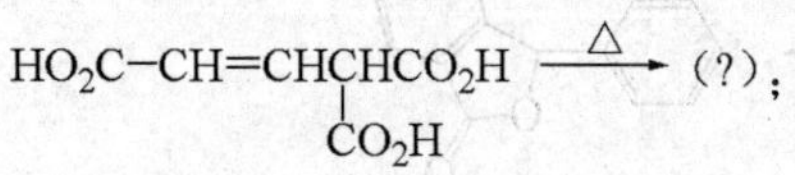 $HO_2C-CH=CHCHCO_2H$（$CO_2H$）$\xrightarrow{\triangle}$（?）；　4. 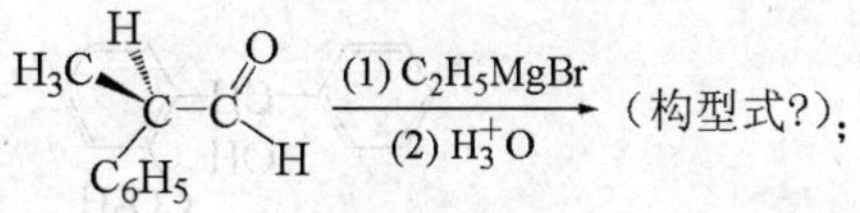 $\xrightarrow[(2)\ H_3^+O]{(1)\ C_2H_5MgBr}$（构型式?）；

5. 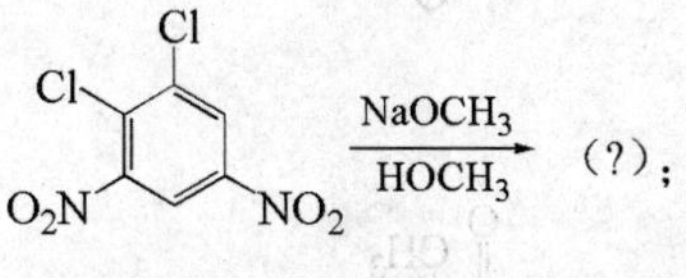 $\xrightarrow[HOCH_3]{NaOCH_3}$（?）；　6. 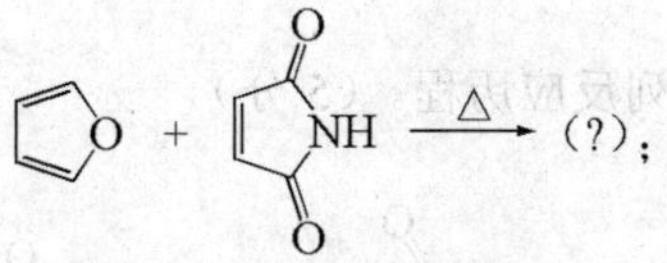 + $\xrightarrow{\triangle}$（?）；

7. 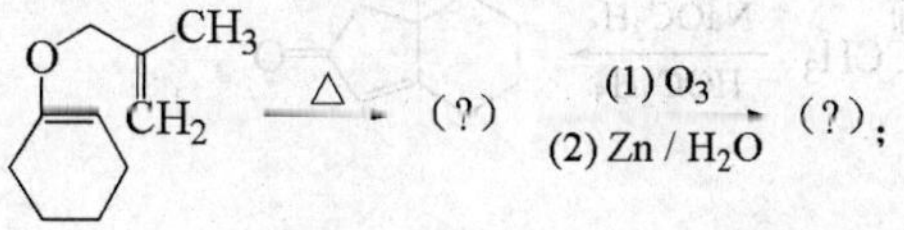 $\xrightarrow{\triangle}$（?）$\xrightarrow[(2)\ Zn/H_2O]{(1)\ O_3}$（?）；

8. [2-aminophenylacetaldehyde: o-$NH_2C_6H_4CH_2CHO$] $\xrightarrow{\triangle}$ (?)； 9. [methyl furanoside with $CH_2OH$, $OCH_3$, $CH_2OH$, OH, OH] $\xrightarrow{HIO_4}$ (?)；

10. [phthalimide] $\xrightarrow{Br_2 / OH^-}$ (?)； 11. [o-carboxybenzenediazonium chloride: $CO_2H$, $N_2^+Cl^-$] + $H_2C=C(CH_3)-C(CH_3)=CH_2$ $\xrightarrow{\triangle}$ (?)；

12. [fused furan] $\xrightarrow{C_5H_5N^+-SO_3^-}$ (?)； 13. [CHO compound] $\xrightarrow{KMnO_4}$ (?)；

14. $C_6H_5CO_2Na$ + $Br-C_6H_4-CH_2Br$ ⟶ (?)； 15. [cyclopentane-fused anhydride] + $H_2NC_2H_5$ ⟶ (?)；

16. [8-amino-1-naphthol: $NH_2$, OH] + $C_6H_5N_2^+Cl^-$ $\xrightarrow{pH=8}$ (?)； 17. [methylenedioxyphenyl]$-CH=CH-CH=CH-\overset{O}{\overset{\|}{C}}-N$[piperidine] $\xrightarrow[\triangle]{H_3^+O}$ (?)；

18. $C_6H_5ONa$ $\xrightarrow[(2)\ H^+]{(1)\ CO_2 / 压力\ \triangle}$ (?) $\xrightarrow[H_3PO_4 / \triangle]{(CH_3CO)_2O}$ (?)；

19. [steroid with Cl, HO, bis-dioxolane] $\xrightarrow{(?)}$ [steroid with HO, double bond, bis-dioxolane] $\xrightarrow{(?)}$ [steroid with HO, $HOH_2C-C=O$, OH]

四、写历程。（13 分）

1．写出下列反应的两种可能历程。（8 分）

$C_6H_5-\underset{OH}{CH}-C_6H_4(CO_2H)$ $\xrightarrow{HCl}$ [3-phenylphthalide]

2．写出下列反应历程。（5 分）

[2-methylcyclohexane-1,3-dione] + $BrCH_2\overset{O}{\overset{\|}{C}}CH_3$ $\xrightarrow[HOC_2H_5]{NaOC_2H_5}$ [bicyclic enedione with $CH_3$]

五、*D*-景天庚酮糖为天然糖，它在生物糖的代谢过程中担当重要角色。根据如下实验报告，写出 *D*-景天庚酮糖的 Fischer 投影式和推断过程中间体 **M**、**N**、**O** 的 Fischer 投影式。（8 分）

（1） *D*-景天庚酮糖 $\xrightarrow{6\ HIO_4}$ 4 $HCO_2H$ + 2 $CH_2$=O + $CO_2$

（2） *D*-景天庚酮糖 $\xrightarrow{\text{过量}\ H_2NNHPh}$ 糖脎 $\xleftarrow{\text{过量}\ H_2NNHPh}$ *D*-庚醛糖（M）

（3） **M** $\xrightarrow{\text{Ruff 降解}}$ **N**（*D*-己醛糖）$\xrightarrow{HNO_3}$ *D*-己糖酸(有光学活性)

**N** $\xrightarrow{\text{Ruff 降解}}$ **O** (2*R*,3*R*,4*R*)-2,3,4,5-四羟基戊醛

六、麻醉镇痛药 Pethidine，可通过以下实验结果推断其结构。写出 Pethidine 的结构和反应系列中 **A** 和 **B** 的结构。（9 分）

Pethidine ($C_{15}H_{21}NO_2$) $\xrightarrow[(2)\ AgOH\ /\triangle]{(1)\ CH_3I}$ **A** ($C_{16}H_{23}NO_2$) $\xrightarrow[(2)\ AgOH\ /\triangle]{(1)\ CH_3I}$ **B** ($C_{14}H_{16}O_2$)

$\xrightarrow[(2)\ Zn\ /\ H_2O]{(1)\ O_3}$ 2 $CH_2$=O + $C_6H_5$–C(CHO)(CHO)–$CO_2C_2H_5$

七、完成下列转化（除指定原料必用外，可采用任何有机、无机试剂）。（14 分）

1. （Br 取代的八氢萘酮）⟹（HO–C($CH_3$)($CH_3$) 取代的八氢萘酮）

2. Cl–$C_6H_4$–$\underset{CH_3}{CH}CH_2CH_2\overset{O}{C}$–Cl ⟹ Cl–$C_6H_3$(OH)–$\underset{CH_3}{CH}CH_2CH_2\overset{O}{C}$–OH

八、化合物 **Q**（$C_5H_{12}O$），IR 在 3 500~3 150 $cm^{-1}$ 有一宽吸收峰，$^1H$ NMR 谱图如下，写出 **Q** 的结构。（8 分）

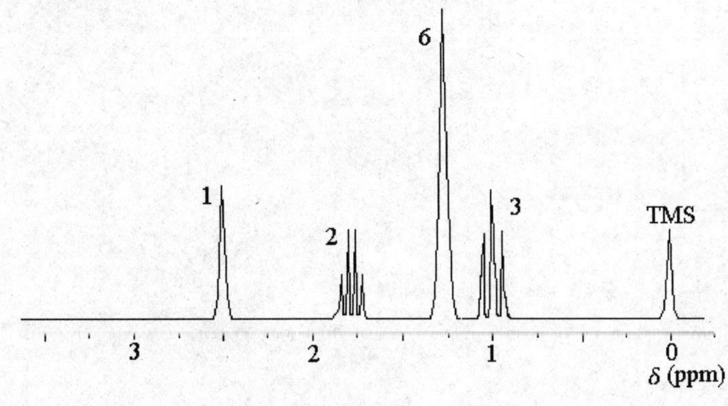

九、合成。（27 分）

1．由三乙、环戊醇和必要的有机、无机试剂合成下列化合物。

O

$CH_2\overset{O}{\overset{\|}{C}}CH_3$

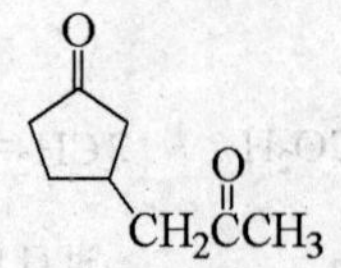

2．由甲苯起始，利用重氮盐的反应合成下列药物中间体。

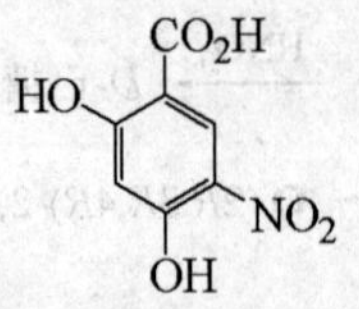

$CO_2H$

HO

$NO_2$

OH

3．由甲苯和不超过 3 个碳的原料及必要的有机、无机试剂合成下列化合物。

$H_3C-C_6H_4-CH=CHCHOCH_2CH_2CH_3$（CH 上连 $CH_3$）

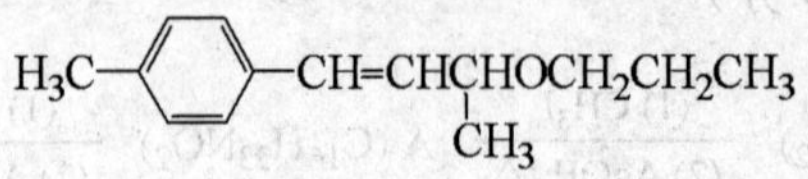

# 2004年试题（必考）

一、简要回答问题。（30分）

1．写出下列 **A** 和 **B** 两个立体异构体的稳定构象。若 **A** 和 **B** 与乙酸酐反应，哪一个反应速度快？（6分）

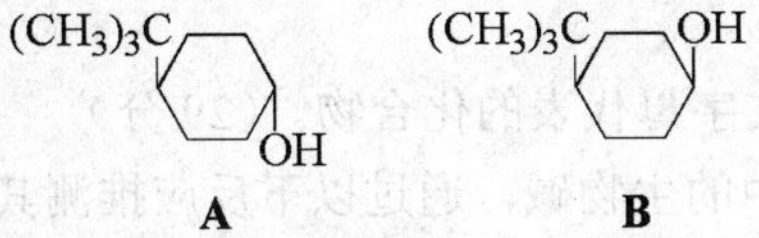

(A: 4-叔丁基环己醇，$(CH_3)_3C$ 与 OH 位于环的两侧；B: 4-叔丁基环己醇，$(CH_3)_3C$ 与 OH 位于环的同侧)

**A**　　**B**

2．写出下列化合物所有的立体异构，并对各构型式用 *R*、*S* 标记。（12分）

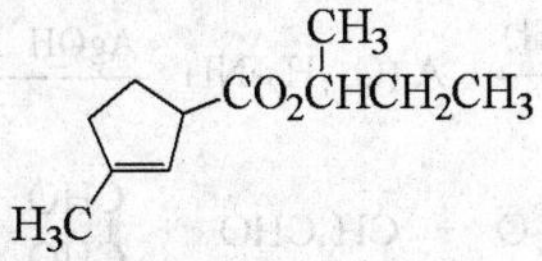

(3-甲基环戊-2-烯基甲酸 $CO_2CH(CH_3)CH_2CH_3$ 酯，环上取代基 $H_3C$)

3．谷氨酸（正离子）有3个 p$K_a$ 值，即 p$K_{a1}$ 2.13，p$K_{a2}$ 4.32，p$K_{a3}$ 9.95。① 指出相应数值对应的离解质子；② 写出谷氨酸的等电点。（8分）

$$HO_2C-\overset{\overset{+}{N}H_3}{CH}-CH_2CH_2CO_2H$$

4．用简单化学方法鉴别下列化合物。（4分）

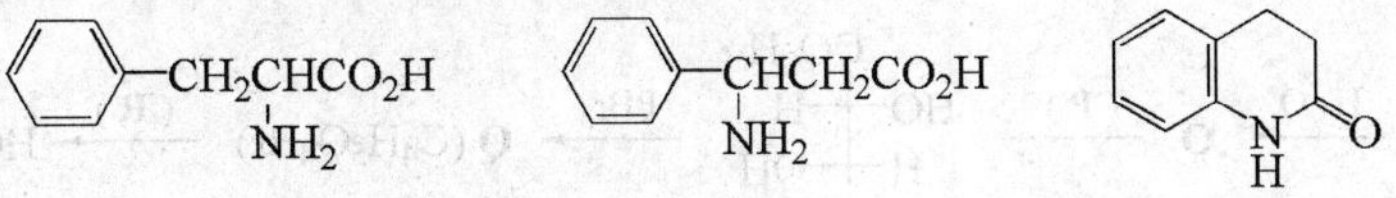

**A**: $C_6H_5-CH_2CH(NH_2)CO_2H$　　**B**: $C_6H_5-CH(NH_2)CH_2CO_2H$　　**C**: 3,4-二氢-2(1H)-喹啉酮（N-H, C=O）

二、完成下列反应式。（27分）

1．降冰片烯 $\xrightarrow[OH^-]{冷KMnO_4}$（构型式?）；　2．$CH_3CH_2CH(Ph)CH(NH_2)CH_3 \xrightarrow[H_2O]{NaNO_2/HCl}$（?）；

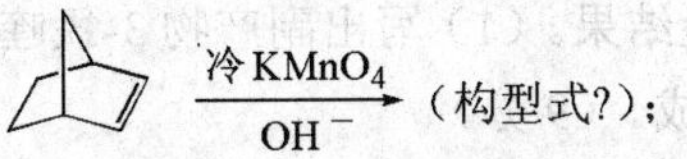

3．$(H_3C)_2C{=}CH-\overset{O}{\overset{\|}{C}}-CH_3 \xrightarrow[(2)\ H_2NCH_2CH_2OH]{(1)\ 9\text{-B.B.N.}}$（?）；　4．$CH_3\overset{O}{\overset{\|}{C}}CH_2CH_3 \xrightarrow[(2)\ PhCHO]{(1)\ LDA}$（?）；

5．(HO 取代的双环化合物) $\xrightarrow{\triangle}$（?）；　6．苯胺 $+\ CH_3CH{=}CH-\overset{O}{\overset{\|}{C}}-Ph \xrightarrow[As_2O_5]{H_2SO_4}$（?）$\xrightarrow[CH_3CO_2C_2H_5]{NaNH_2}$（?）；

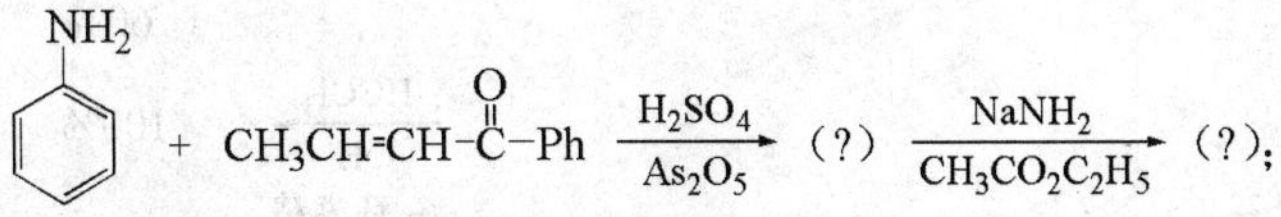

7．(1*R*, 2*S*)-1,2- 二苯基丙胺 $\xrightarrow[(2)\ AgOH/\triangle]{(1)\ CH_3I\ (过量)}$（构型式?）；　8．$CH_2OH-CO-CH(OH)-CH(OH)-CH_2OH$（H—OH，H—OH）$\xrightarrow{Ag^+(NH_3)_2}$（?）；

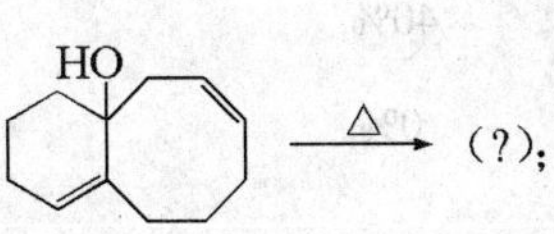

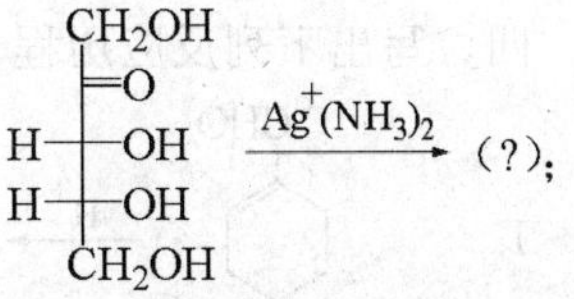

9．$CH_2{=}CHCH_2CH_2CO_2H \xrightarrow{H_2SO_4}$（?）；　10．(环丙基)$-C_6H_4-CH_2Cl \xrightarrow[(2)\ (?)]{(1)\ (?)}$ (环丙基)$-C_6H_4-CH_2D$；

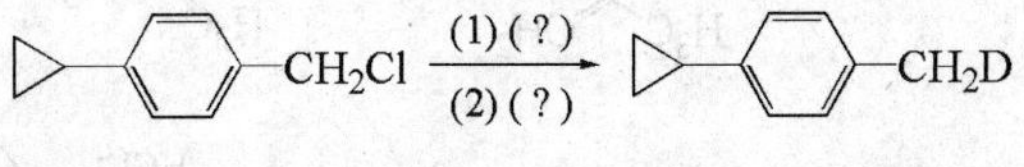

11．(2,6,6-三甲基环己-1-烯甲醛, CHO) $+\ CH_3\overset{O}{\overset{\|}{C}}CH_3 \xrightarrow{OH^-}$（?）$\xrightarrow[NaOC_2H_5]{ClCH_2CO_2C_2H_5}$（?）$\xrightarrow[(2)\ H^+/\triangle]{(1)\ OH^-/H_2O}$（?）；

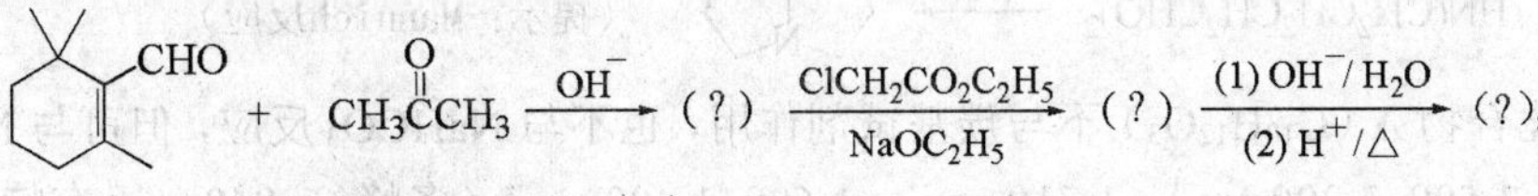

12. （邻-(2-氧代丁基)苯甲酸乙酯）$\xrightarrow{NaOC_2H_5}$（?）； 13. 2 Ph−N=C=O + $HOCH_2CH_2OH$ $\longrightarrow$（?）；

14. 噻吩 + $CH_2O$ $\xrightarrow{HCl/ZnCl_2}$（?）

三、写出系列反应中英文字母代表的化合物。（29 分）

1．Pinidine 是某些松树中的生物碱，通过以下反应推测其结构。写出反应中间体 **A**、**B**、**C** 和 Pinidine 的结构。（8 分）

$$\text{Pinidine}\ (C_9H_{17}N) \xrightarrow{CH_3I\ (过量)} \mathbf{A}\ (C_{11}H_{22}NI) \xrightarrow{AgOH/\triangle} \mathbf{B}\ (C_{11}H_{21}N) \xrightarrow[(2)\ AgOH/\triangle]{(1)\ CH_3I}$$

$$\mathbf{C}\ (C_9H_{14}) \xrightarrow[(2)\ Zn/H_2O]{(1)\ O_3} CH_2O + CH_3CHO + \begin{matrix}CHO\\ |\\ CHO\end{matrix} + \begin{matrix}CH_2CHO\\ |\\ CH_2CHO\end{matrix}$$

2．写出下列合成反应中英文字母代表的试剂和反应中间体的构型式。（12 分）

（1） R-(+)-甘油醛（CHO / H—C—OH / $CH_2OH$）$\xrightarrow{HCN}$ **M** ($C_4H_7NO_3$) + **N** ($C_4H_7NO_3$)

*R*-(+)-甘油醛

（2） **N** $\xrightarrow{H_3^+O}$ **O** $\xrightarrow{(\mathbf{P})}$ D-(−)-酒石酸（$CO_2H$ / HO—C—H / H—C—OH / $CO_2H$）$\xrightarrow{PBr_3}$ **Q** ($C_4H_5O_4Br$) $\xrightarrow{(\mathbf{R})}$ (−)-苹果酸（$CO_2H$ / HO—C—H / $CH_2CO_2H$）

*D*-(−)-酒石酸　　　(−)-苹果酸

3．下面是吲哚进行 Reimer-Tiemann 反应的实验结果。（1）写出副产物 3-氯喹啉的生成过程；（2）说明为什么 *β*-环糊精存在下副产物不易生成。（9 分）

吲哚 $\xrightarrow[OH^-]{HCCl_3}$ 3-甲酰基吲哚（60%）+ 3-氯喹啉（40%）

$\xrightarrow[OH^-]{HCCl_3}$（*β*-环糊精）　100%　　0%

四、写出下列反应历程。（14 分）

1. 4-异丙烯基-1-环己烯甲醛 $\xrightarrow{H^+}$ 双环产物（含 CHO，$CH_3$，$H_3C$）

2. $HN(CH_2CH_2CH_2CHO)_2$ $\xrightarrow{HCl}$ 1-甲酰基吡咯里西啶（CHO）　（提示：Mannich反应）

五、化合物 **A**（$C_{10}H_{12}O_3$）不与羰基试剂作用，也不与 $NaHCO_3$ 反应，但可与 NaOH 反应。**A** 的 IR 在 3 500~3 200 $cm^{-1}$、1 710 $cm^{-1}$、1 600~1 400 $cm^{-1}$（多峰）、840 $cm^{-1}$ 有特征吸收，它

的 $^{1}$H NMR 谱如下，写出 **A** 的结构。（8 分）

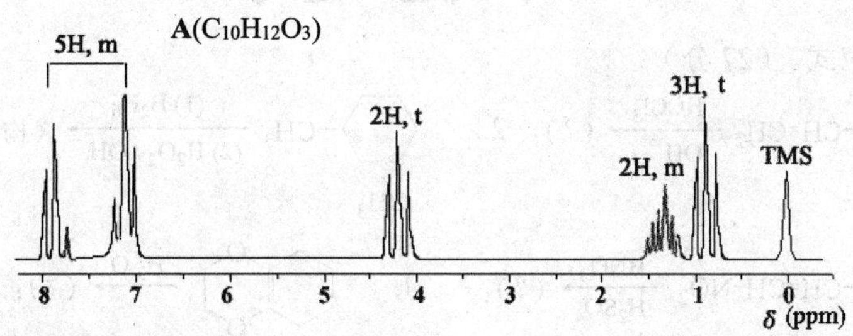


六、旋光化合物 **A**（$C_5H_6O_3$）与乙醇作用生成互为构造异构的 **B** 和 **C**。**B** 和 **C** 分子式均为 $C_7H_{12}O_4$，**B** 和 **C** 均与 $NaHCO_3$ 作用。当用 $SOCl_2$ 分别处理 **B** 和 **C** 后，再与乙醇反应得同一化合物 **D**（$C_9H_{16}O_4$），**D** 也具有旋光性。写出 **A**、**B**、**C**、**D** 的构型式。（8 分）

七、完成转化（除指定原料必用外，可选用任何有机、无机原料和试剂）。（14 分）

1. 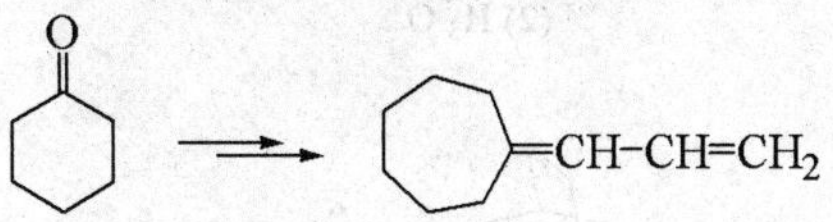 环己酮 ⟶ 环庚亚基$=CH-CH=CH_2$

2. 甲苯（$CH_3$）⟶ 3,5-二溴甲苯（$CH_3$，Br，Br）

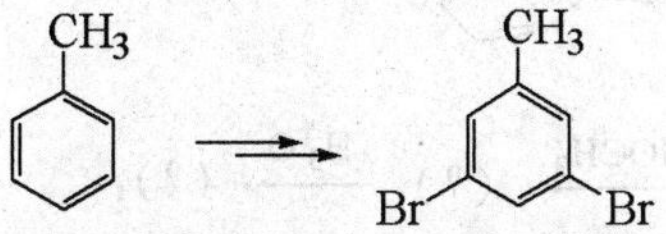

八、合成。（20 分）

1．由邻苯二酚二甲醚和不超过 2 个碳的原料及必要试剂合成下列化合物。

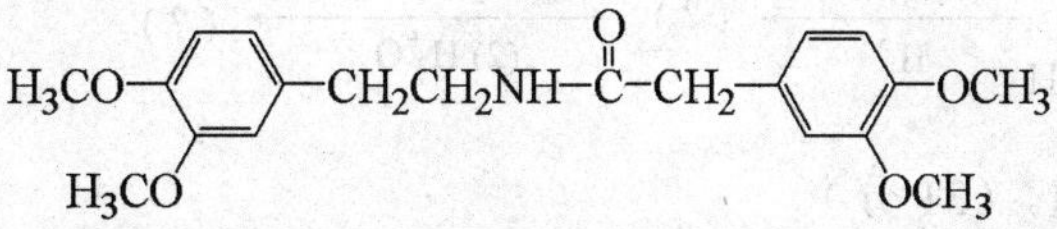

$$H_3CO-\underset{H_3CO}{C_6H_3}-CH_2CH_2NH-\overset{O}{\overset{\|}{C}}-CH_2-\underset{OCH_3}{C_6H_3}-OCH_3$$

2．由丙烯酸甲酯、丙二酸二乙酯及不超过 5 个碳的原料和试剂合成下列化合物。

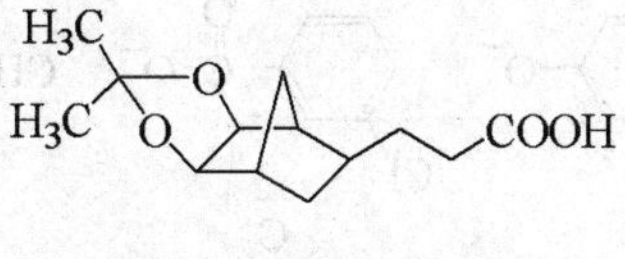

（结构式：$H_3C$、$H_3C$ 缩酮（O、O）并于双环骨架，侧链 $CH_2CH_2COOH$）

# 2004年试题（选考）

一、完成反应式。（27分）

1. 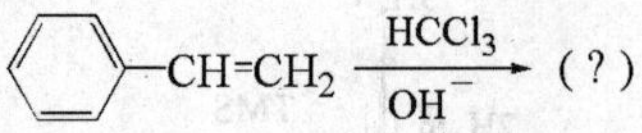 $C_6H_5$-CH=CH$_2$ $\xrightarrow[OH^-]{HCCl_3}$（?）；2. $\xrightarrow[(2)\ H_2O_2/OH^-]{(1)\ B_2H_6}$（构型式?）；

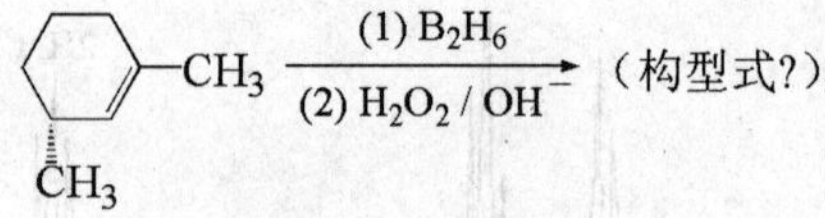

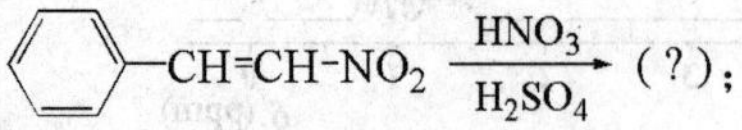

3. $C_6H_5$-CH=CH-NO$_2$ $\xrightarrow[H_2SO_4]{HNO_3}$（?）；4. $\xrightarrow{H_3^+O}$（?）；

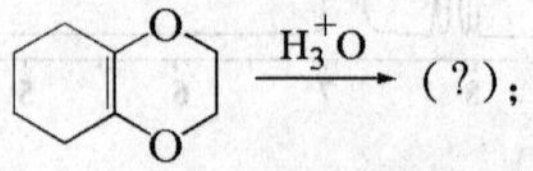

5. $CH_2$=CH-C≡CH $\xrightarrow[H^+,\ HgSO_4]{H_2O}$（?）$\xrightarrow[NaOC_2H_5]{CH_2(CO_2C_2H_5)_2}$（?）$\xrightarrow[(2)\ H^+/\triangle]{(1)\ OH^-/H_2O}$（?）$\xrightarrow{Br_2/OH^-}$（?）；

6. 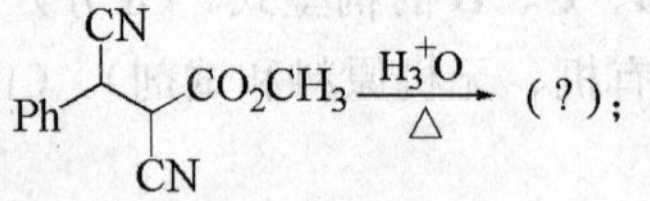 $\xrightarrow[\triangle]{H_3^+O}$（?）；7. $CH_2$=C=O $\xrightarrow[(2)\ H_3^+O]{(1)\ PhMgX}$（?）$\xrightarrow{PhCO_3H}$（?）；

8. 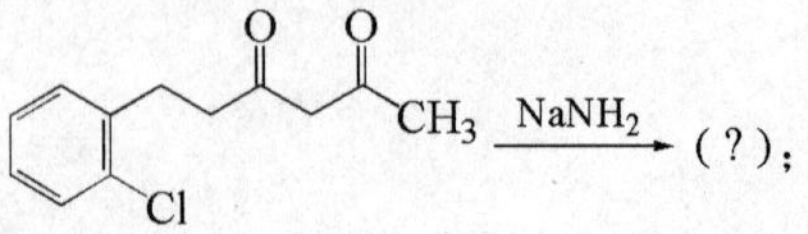 $\xrightarrow{NaNH_2}$（?）；9. 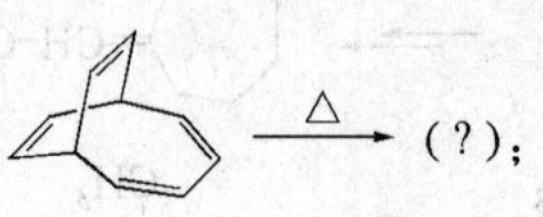 $\xrightarrow{\triangle}$（?）；

10. 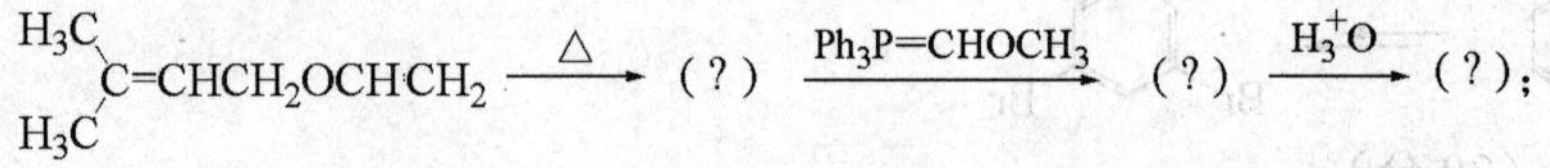 $(H_3C)_2$C=CHCH$_2$OCHCH$_2$ $\xrightarrow{\triangle}$（?）$\xrightarrow{Ph_3P=CHOCH_3}$（?）$\xrightarrow{H_3^+O}$（?）；

11. 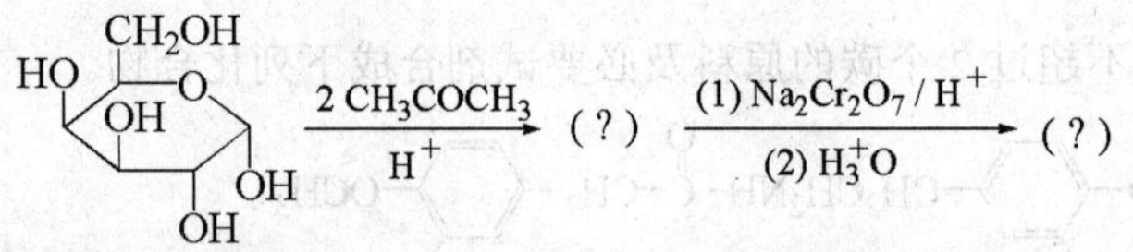 $\xrightarrow[H^+]{2\ CH_3COCH_3}$（?）$\xrightarrow[(2)\ H_3^+O]{(1)\ Na_2Cr_2O_7/H^+}$（?）

二、简要回答问题。（31分）

1．按下列负离子作为离去基团时活性从大到小排序。（6分）

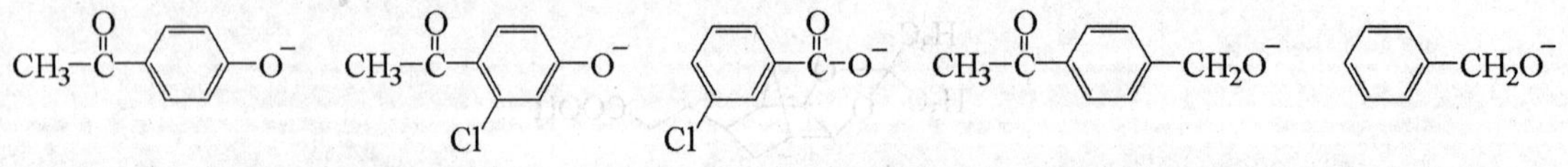

A　B　C　D　E

2．按下列化合物与HCl加成反应活性从大到小排列顺序。（6分）

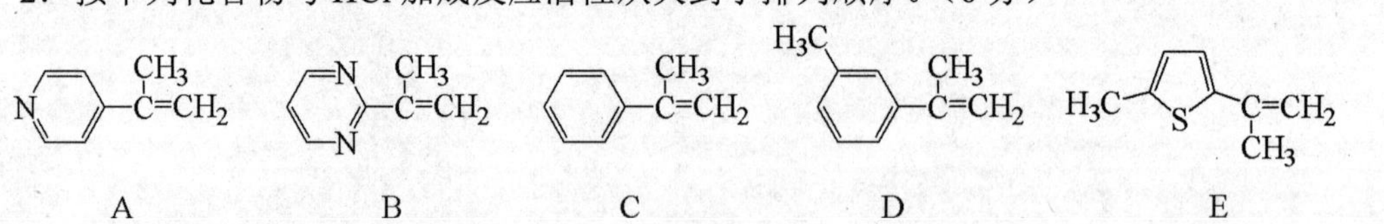

A　B　C　D　E

3．化合物**M**（$C_7H_{12}$）在室温下不能使溴水褪色，经仪器测试发现它含3种碳和2种氢，写出其结构并命名。（5分）

4．下列化合物有多少种手性碳？写出它的所有立体异构体。（10分）

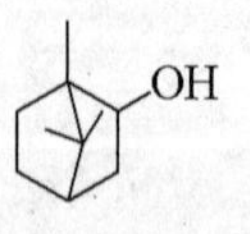

5．下列化合物 **P** 和 **Q**，**P** 可与 Tollen 试剂反应而 **Q** 不可，为什么？（4 分）

$$\underset{\textbf{P}}{CH_2(OH)-C(=O)-CH(OH)-CH_3} \qquad \underset{\textbf{Q}}{H_3C-CH(OH)-C(=O)-CH(OH)-CH_3}$$

三、写出系列反应中英文字母所代表的化合物。（20 分）

1．写出下列反应中 **A**～**E** 的构型式。（10 分）

$$(R)\text{-}(-)\text{-2-丁醇} \xrightarrow[\text{吡啶}]{ClTs} \mathbf{A} \xrightarrow{NaCN} \mathbf{B} \xrightarrow{H_3^+O} (+)\text{-}\mathbf{C}\,(C_5H_{10}O_2) \xrightarrow[(2)\ H_3^+O]{(1)\ LiAlH_4} (-)\text{-}\mathbf{D}\,(C_5H_{12}O)$$

$$\mathbf{A} \xrightarrow{CH_3CO_2Na} \mathbf{E} \xrightarrow{H_2O\,/\,OH^-} (S)\text{-}(+)\text{-2-丁醇}$$

2．Tutocaine 是一种局部麻醉药，它的合成如下，写出合成中间体 **F**～**J** 的结构。（10 分）

（1） $\text{2-丁酮} + \mathbf{F} + \mathbf{G} \xrightarrow{H^+} \mathbf{H}\,(C_7H_{15}NO) \xrightarrow[(2)\ H_3^+O]{(1)\ LiAlH_4} CH_3CH(OH)CH(CH_3)CH_2N(CH_3)_2$

（2） $CH_3CH(OH)CH(CH_3)CH_2N(CH_3)_2 + \mathbf{I} \xrightarrow{H^+} \mathbf{J}\,(C_{14}H_{20}N_2O_4) \xrightarrow{H_2\,/\,Ni}$

$$H_2N-C_6H_4-C(=O)-O-CH(CH_3)-CH(CH_3)CH_2N(CH_3)_2$$

Tutocaine

四、写出下列反应的历程。（14 分）

1. $C_6H_5CHO$ + 丁二酸酐 $\xrightarrow{CH_2CO_2Na / CH_2CO_2Na}$ 5-苯基-4-羧基-γ-丁内酯（$HO_2C$ 取代于 4 位，苯基于 5 位）

2. $$CH_3-C(=O)-CH_2CH(CO_2CH_3)_2 \xrightarrow[(2)\ Ph_3\overset{+}{P}-CH=CH_2\ Br^-]{(1)\ NaH} \text{3-甲基环戊-3-烯-1,1-二甲酸二甲酯 }(H_3C-\text{环戊烯}-C(CO_2CH_3)_2)$$

五、中性化合物 **A**（$C_5H_8O_2$）具有旋光性，它可与苯肼作用。**A** 用乙酰氯处理生成 **B**（$C_7H_{10}O_3$），**A** 经催化氢化得分子式均为 $C_5H_{10}O_2$ 的两个异构体 **C** 和 **D**。**C** 无旋光性，当用 $CrO_3$ 小心氧化 **C** 时得 **E**（$C_5H_8O_2$）。**E** 为外消旋体，可拆分出 **A**。**D** 有旋光性，用 $CrO_3$ 小心氧化 **D** 得 **F**（$C_5H_8O_2$）。**F** 有旋光性，其构型与 **A** 相同。**C** 和 **D** 都不与 $HIO_4$ 反应。将 **A** 剧烈氧化得 **G**（$C_4H_6O_4$），**G** 的中和当量为 59。写出 **A**～**G** 的结构。（14 分）

六、化合物 **A**（$C_{10}H_{18}O_3$）用碱水解后在酸性条件下加热放出 $CO_2$ 得 **B**（$C_7H_{14}O$），**B** 可与羰基试剂反应，也可与 $I_2\,/\,OH^-$ 作用生成 $HCI_3$。**A** 的 IR 在 1 710 $cm^{-1}$ 和 1 740 $cm^{-1}$ 有强特征吸收峰，**A** 的 $^1H$ NMR 谱如下。写出 **A** 和 **B** 的结构。（10 分）

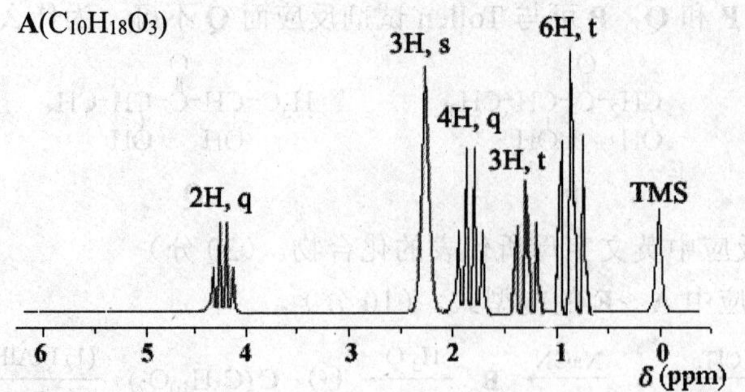


七、完成下列转化（除指定原料必用外，可选用任何有机、无机试剂）。（14 分）

1.

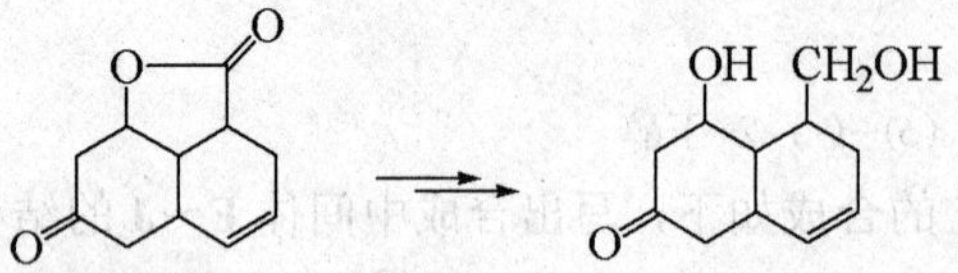

2.

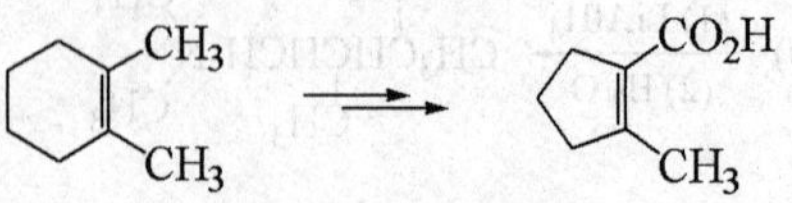

八、合成。（20 分）

1．由苯、萘、丙酸和其他必要的原料和试剂合成除锈剂 Naproanide。

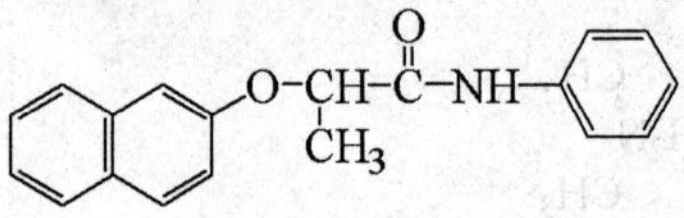

Napropanide

2．由苯、丙二酸二乙酯和不超过 4 个碳的原料和必要试剂合成下列化合物。

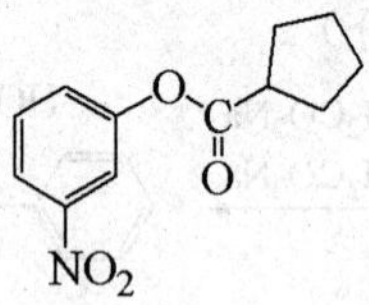

# 2005年试题

一、完成反应式。（25分）

1. 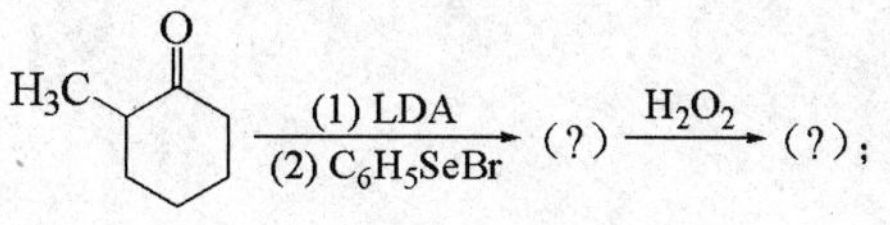 2-甲基环己酮 $\xrightarrow[(2)\ C_6H_5SeBr]{(1)\ LDA}$（?）$\xrightarrow{H_2O_2}$（?）；　2. 3-呋喃基-$CH=PPh_3$ + 2,6,6-三甲基环己烯甲醛（CHO）⟶（?）；

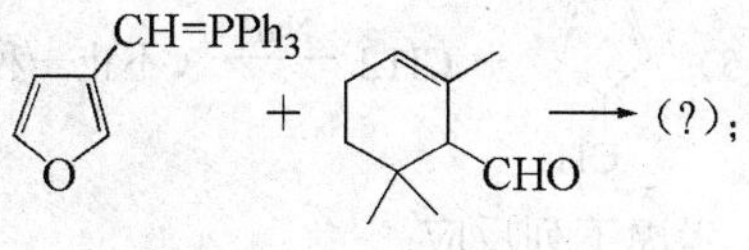

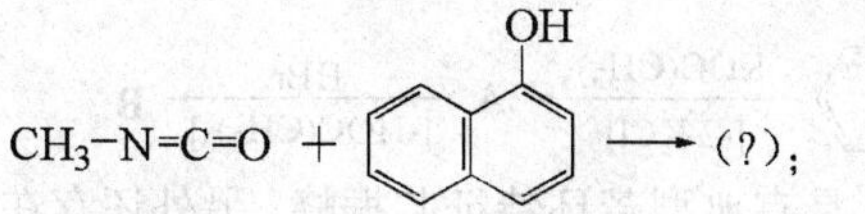

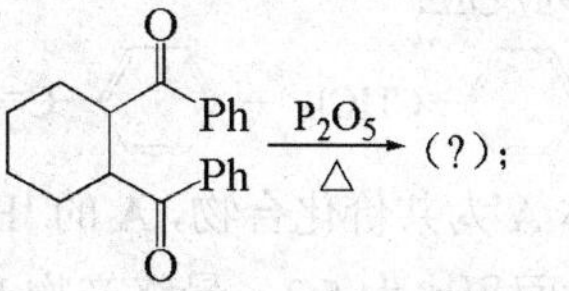

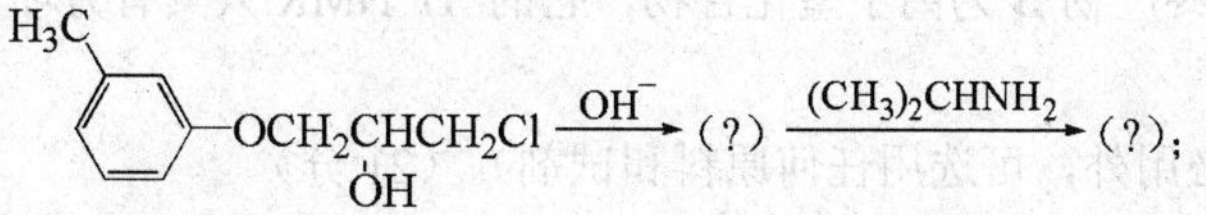

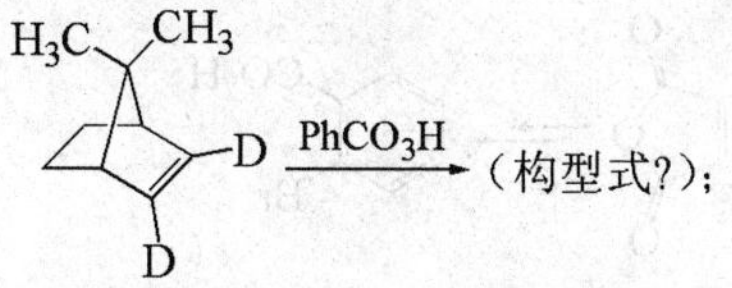

3. $CH_3-N=C=O$ + 1-萘酚（OH）⟶（?）；　4. 1,2-二苯甲酰基环己烷（Ph, Ph）$\xrightarrow[\triangle]{P_2O_5}$（?）；

5. 3-甲基苯基-$OCH_2CHCH_2Cl$（OH）$\xrightarrow{OH^-}$（?）$\xrightarrow{(CH_3)_2CHNH_2}$（?）；

6. （$H_3C$, $CH_3$, D, D 双环烯）$\xrightarrow{PhCO_3H}$（构型式?）；　7. 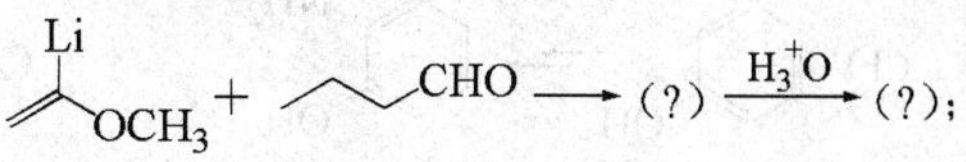 $CH_2=C(Li)OCH_3$ + 丁醛（CHO）⟶（?）$\xrightarrow{H_3^+O}$（?）；

8. 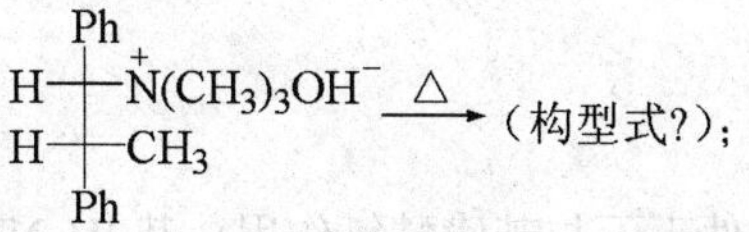 （Fischer 式：Ph；H—$\overset{+}{N}(CH_3)_3OH^-$；H—$CH_3$；Ph）$\xrightarrow{\triangle}$（构型式?）；　9. 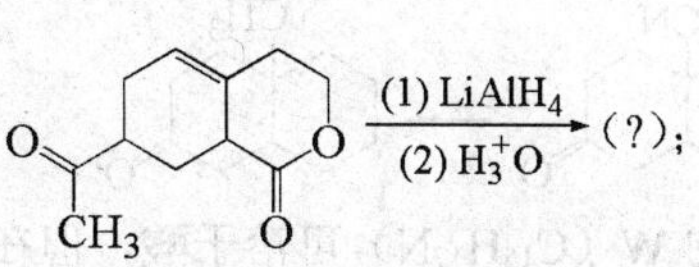 （含 $CH_3$C=O 取代基的双环内酯）$\xrightarrow[(2)\ H_3^+O]{(1)\ LiAlH_4}$（?）；

10. 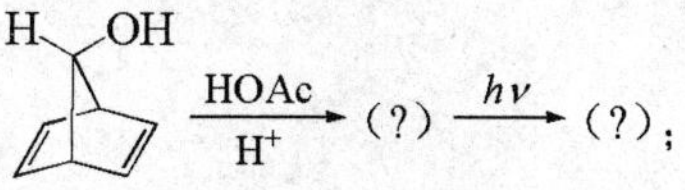 （H, OH 双环庚二烯醇）$\xrightarrow[H^+]{HOAc}$（?）$\xrightarrow{h\nu}$（?）；

11. 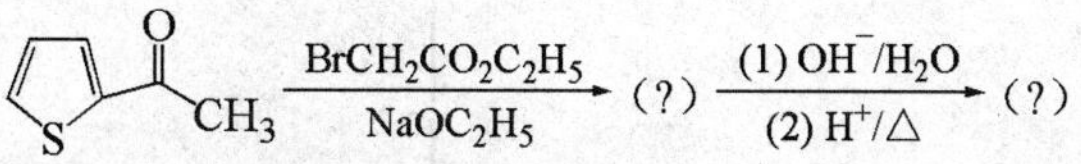 2-乙酰基噻吩（S, $CH_3$）$\xrightarrow[NaOC_2H_5]{BrCH_2CO_2C_2H_5}$（?）$\xrightarrow[(2)\ H^+/\triangle]{(1)\ OH^-/H_2O}$（?）

二、简要回答问题。（32分）

1．写出*D*-核糖及其差向异构体的Fischer投影式。（6分）

2．方酸（Squaric acid）结构如下，它的酸性强于乙酸。（1）写出方酸双负离子的共振式；（2）说明方酸双负离子的碳—氧、碳—碳键是否等长？（6分）

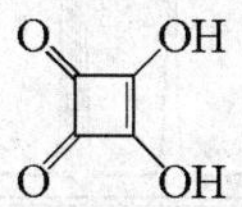

（O, OH, O, OH 四元环结构）方酸

3．下列反应为$\alpha$-苯丙氨酸的手性合成。由手性试剂(S)-$\alpha$-苯乙胺起始通过几步反应合成(*R*)-苯丙氨酸。写出中间体**P**的加成构象和**Q**的构型式。[提示：（1）**P**与HCN反应遵守Cram规则；（2）反应中催化氢化可断裂苄位C—N键]。（6分）

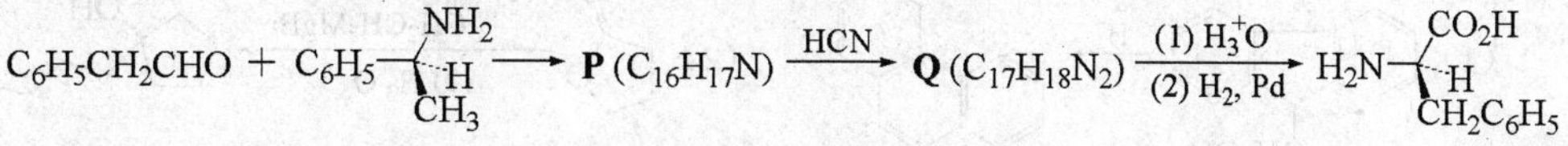

$C_6H_5CH_2CHO$ + $C_6H_5$—C($NH_2$)(H)($CH_3$) ⟶ **P**（$C_{16}H_{17}N$）$\xrightarrow{HCN}$ **Q**（$C_{17}H_{18}N_2$）$\xrightarrow[(2)\ H_2,\ Pd]{(1)\ H_3^+O}$ $H_2N$—C($CO_2H$)(H)($CH_2C_6H_5$)

4．在下列反应中，反应的摩尔比均为1:1，写出每个反应的主要产物。（8分）

（1）$HC\equiv CCH_2CH_2CH_2CH=CH_2 + Br_2 \xrightarrow{低温}$　（2）Br～～～～Cl + NaCN $\xrightarrow{乙醇}$

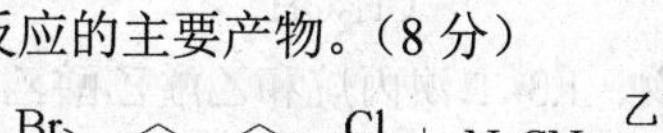

（3） $HO_2C-C_6H_4-CH_2CO_2H + CH_2N_2 \longrightarrow$　（4）（3-($CH_2NHCH_3$)吲哚啉，N–H） $+ CH_3I \longrightarrow$

（5）（3-甲基环戊二烯，$CH_3$） $+ CH_3I \xrightarrow{NaH}$（不止一种产物）

5．考虑下列反应：

$$C_6H_5CHCl_2 + C_6H_5C\equiv CC_6H_5 \xrightarrow[\text{[-2 KCl]}]{KOC(CH_3)_3} \mathbf{A} \xrightarrow[\text{[-HOC(CH}_3)_3]]{HBr} \mathbf{B}$$

反应中间体 **A** 为共价化合物，**A** 的 $^1H$ NMR 具有典型芳环特征共振峰，另外还存在一个δ1.21 的单峰，两组峰面积比为 5:3。最终产物 **B** 为离子型化合物，它的 $^1H$ NMR 只具有芳环上氢的共振峰。写出 **A**、**B** 的结构。（6 分）

三、完成转化（除指定原料必用外，可选用任何原料和试剂）。（21 分）

（1）（间苯二酚，OH，OH） $\longrightarrow\longrightarrow$（2-氨基间苯二酚，OH，$NH_2$，OH）　（2）（邻苯二甲酸酐，O，O，O） $\longrightarrow\longrightarrow$（邻溴苯甲酸，$CO_2H$，Br）

（3）（CN 取代的八氢萘酮，O） $\longrightarrow\longrightarrow$（$CH_3$ 取代的八氢萘酮，O）

四、化合物 **W**（$C_{15}H_{17}N$）可溶于酸，但在碱条件下不与苯磺酰氯作用，其 $^1H$ NMR 谱图如下，写出 **W** 的结构。（8 分）

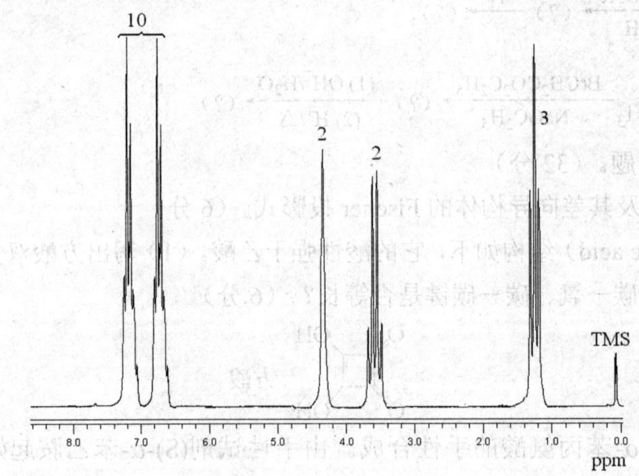


五、写出下列反应的历程。（14 分）

（1）（9-芴甲醇，$CH_2OH$） $\xrightarrow{H^+}$（菲）　（2）（γ-丁内酯，O） $\xrightarrow[\text{(2) } H_3^+O]{\text{(1) } CH_2CH_2MgBr / CH_2CH_2MgBr}$（1-(3-羟丙基)环戊醇，OH，OH）

六、1,3-二溴丙烷和乙酰乙酸乙酯在乙醇钠存在下反应得到一种产物 **M**（$C_9H_{14}O_3$）。**M** 进行碱性水解再酸化得一个酸 **N**（$C_7H_{10}O_3$）。**N** 加热不易脱羧。（1）写出 **M**、**N** 的结构；（2）写出由反应物生成 **M** 的历程。（14 分）

七、填空题。（16 分）

1．安眠药苯巴比妥（Phenobarbital）合成路线如下，写出反应中英文字母 **A**、**B**、**C** 代表的物质的结构。（6 分）

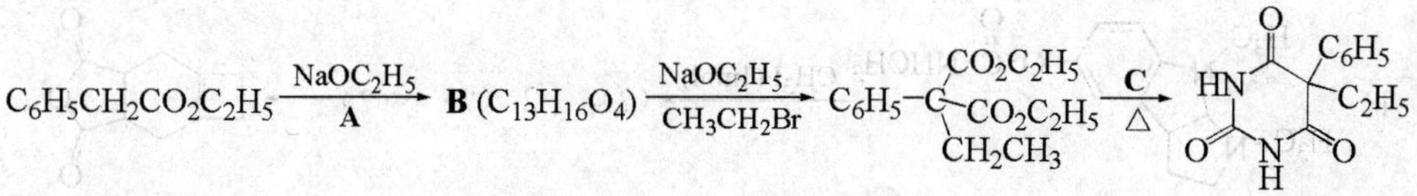

$C_6H_5CH_2CO_2C_2H_5 \xrightarrow[\textbf{A}]{NaOC_2H_5} \textbf{B}\ (C_{13}H_{16}O_4) \xrightarrow[CH_3CH_2Br]{NaOC_2H_5} C_6H_5-C(CO_2C_2H_5)_2(CH_2CH_3) \xrightarrow[\triangle]{\textbf{C}}$ 5-乙基-5-苯基巴比妥酸（HN、O、N-H 环状结构，含 $C_6H_5$、$C_2H_5$）

2．β-紫罗兰酮一个合成途径如下，写出合成中英文字母 **D**、**E**、**F**、**G**、**H** 代表的试剂。（10 分）

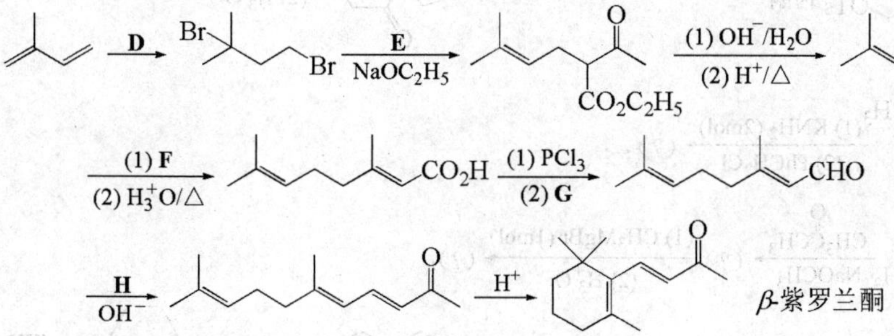

异戊二烯 $\xrightarrow{\textbf{D}}$ Br…Br（二溴化物）$\xrightarrow[NaOC_2H_5]{\textbf{E}}$ （含 $CO_2C_2H_5$ 的 β-酮酸酯）$\xrightarrow[(2)\ H^+/\triangle]{(1)\ OH^-/H_2O}$ （甲基庚烯酮）

$\xrightarrow[(2)\ H_3^+O/\triangle]{(1)\ \textbf{F}}$ （…$CO_2H$）$\xrightarrow[(2)\ \textbf{G}]{(1)\ PCl_3}$ （…CHO）

$\xrightarrow[OH^-]{\textbf{H}}$ （…共轭二烯酮）$\xrightarrow{H^+}$ β-紫罗兰酮

八、合成。（20 分）

1．由丙二酸二乙酯及不超过 3 碳的原料和必要试剂合成：

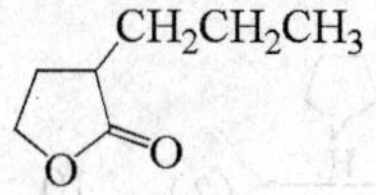

α-丙基-γ-丁内酯（$CH_2CH_2CH_3$ 取代，环上含 O 及 C=O）

2．由苯和不超过 3 碳的原料及必要试剂合成抗心律失常药物：

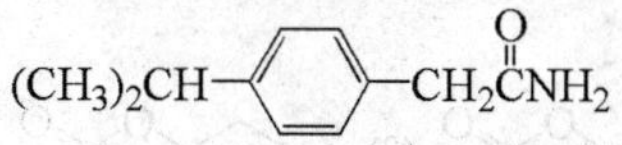

$(CH_3)_2CH-C_6H_4-CH_2CNH_2$（C=O）

# 2006年试题

一、完成下列反应式。（34分）

1. 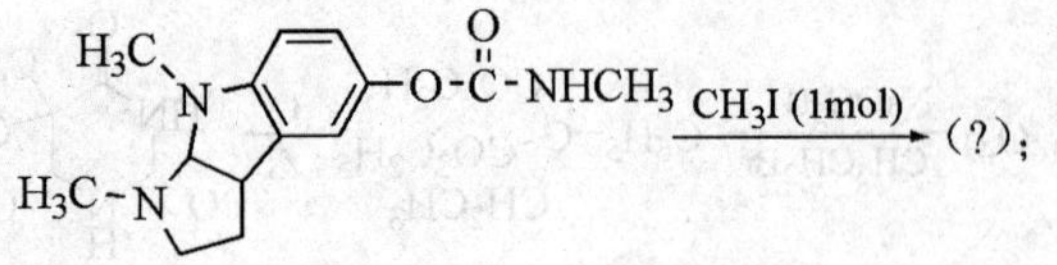 （结构式）$\xrightarrow{CH_3I\ (1mol)}$（?）；2.（?）+（?）$\xrightarrow{\triangle}$（结构式）；

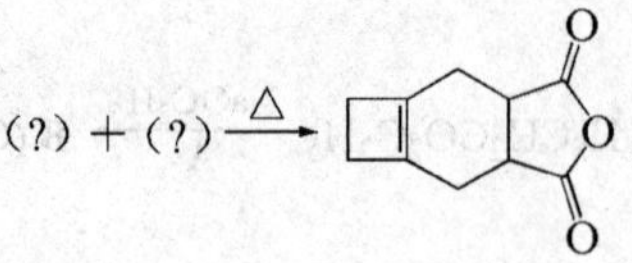

3. 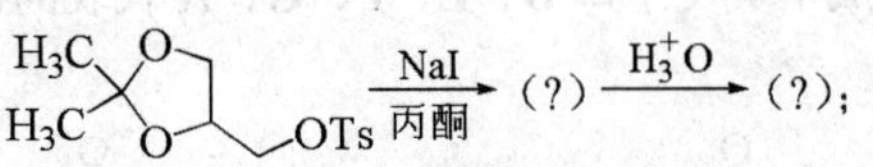 （结构式）$\xrightarrow[丙酮]{NaI}$（?）$\xrightarrow{H_3^+O}$（?）；4.（结构式）$\xrightarrow[(2)\ H_3^+O]{(1)\ LiAlH_4}$（?）；

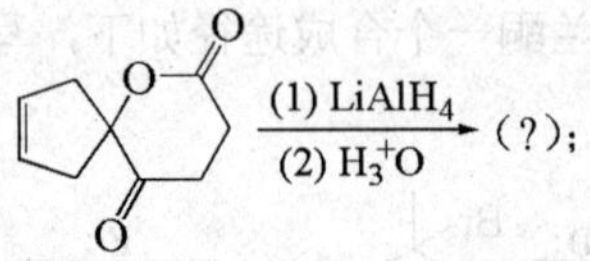

5. 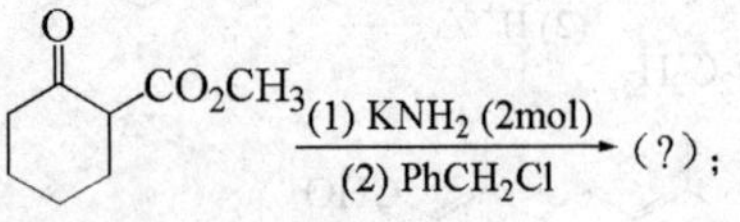 （结构式）$\xrightarrow[(2)\ PhCH_2Cl]{(1)\ KNH_2\ (2mol)}$（?）；

6. 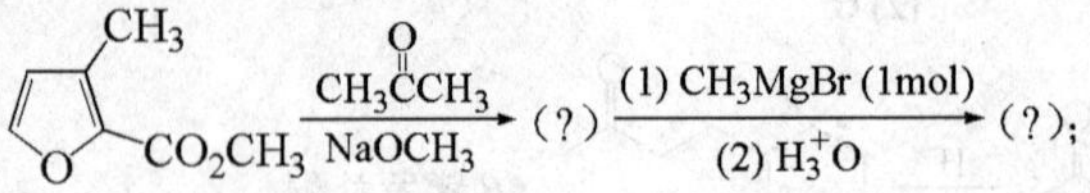 （结构式）$\xrightarrow[NaOCH_3]{CH_3COCH_3}$（?）$\xrightarrow[(2)\ H_3^+O]{(1)\ CH_3MgBr\ (1mol)}$（?）；

7. 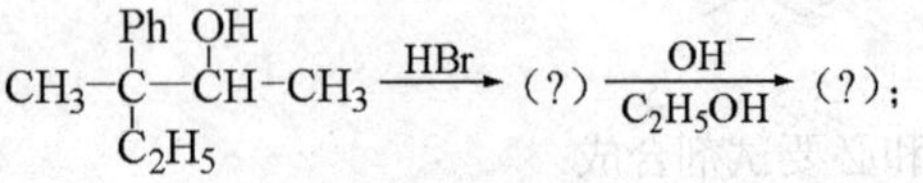 $CH_3-C(Ph)(C_2H_5)-CH(OH)-CH_3$ $\xrightarrow{HBr}$（?）$\xrightarrow[C_2H_5OH]{OH^-}$（?）；8.（结构式）$\xrightarrow[(2)\ NaBH_4]{(1)\ (?)}$（结构式）；

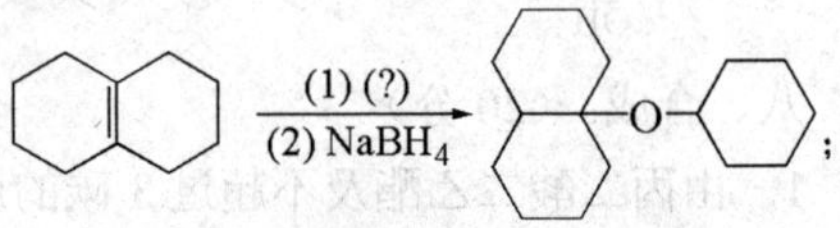

9. 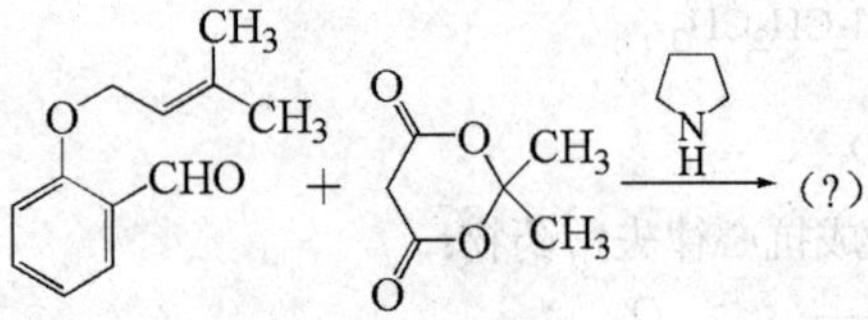 （结构式）+（结构式）$\xrightarrow{\text{四氢吡咯}}$（?）；10.（结构式）$\xrightarrow[(2)\ BrC_2H_5;\ (3)\ H_3^+O]{(1)\ (?)}$（结构式）；

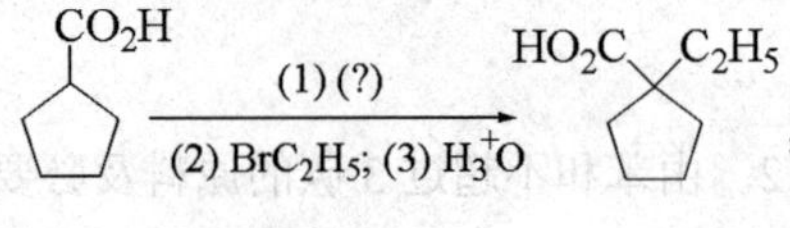

11. 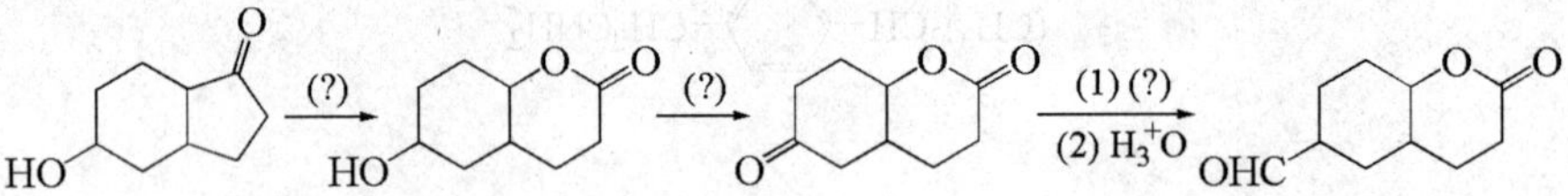 （结构式）$\xrightarrow{(?)}$（结构式）$\xrightarrow{(?)}$（结构式）$\xrightarrow[(2)\ H_3^+O]{(1)\ (?)}$（结构式）；

12. 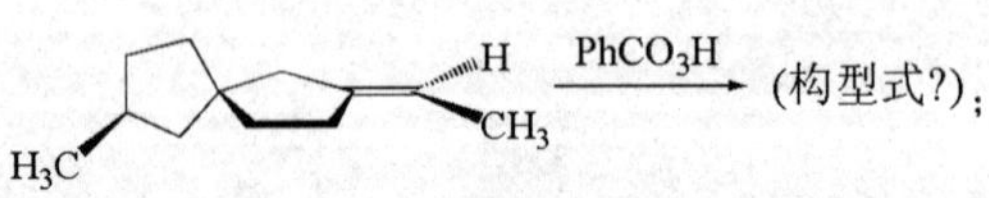 （结构式）$\xrightarrow{PhCO_3H}$（构型式?）；

13. 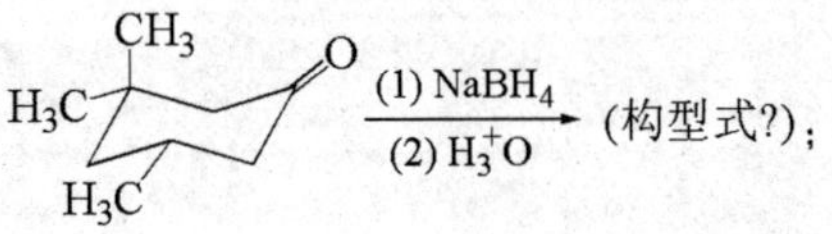 （结构式）$\xrightarrow[(2)\ H_3^+O]{(1)\ NaBH_4}$（构型式?）；

14. 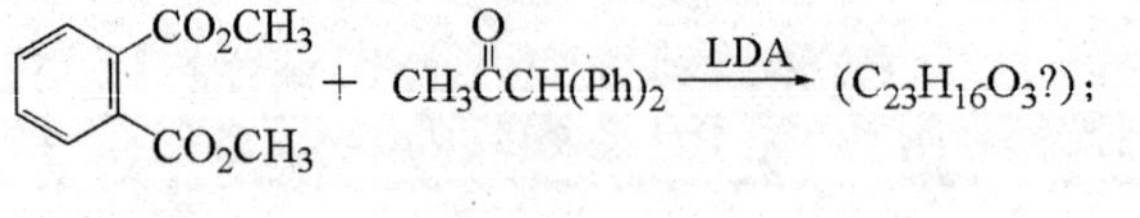 （结构式）+ $CH_3COCH(Ph)_2$ $\xrightarrow{LDA}$ （$C_{23}H_{16}O_3$?）；

15. （结构式）$\xrightarrow[(2)\ \triangle]{(1)\ HNO_2}$ （$C_8H_8N_2O$?）；

16. （结构式）$\xrightarrow{H_3^+O}$（Fischer投影式?）

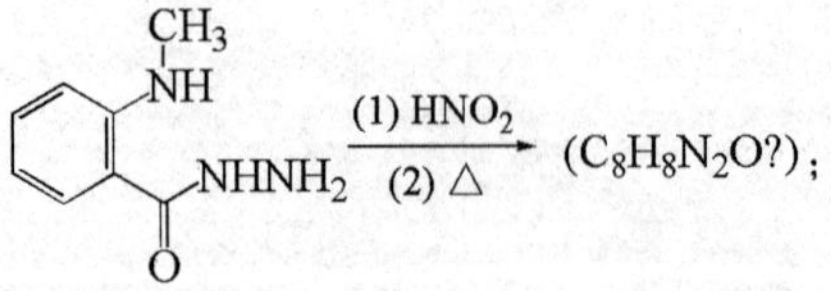

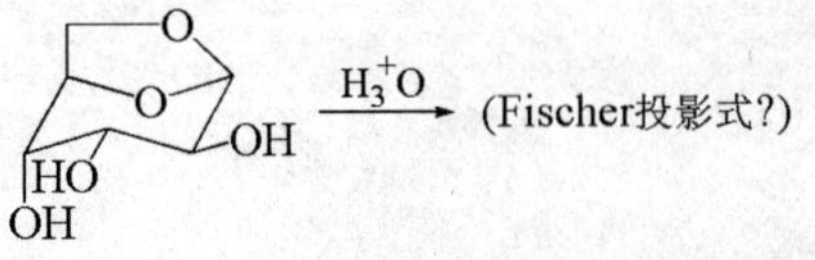

二、简要回答问题。（23 分）

1．① 下列化合物是否具有芳香性？② 该化合物呈明显酸性（p*K*a 2.7），这是由于质子离解后负离子很稳定。该负离子最稳定的一种共振式含有 6π 电子环系。写出该负离子的共振形式。（4 分）

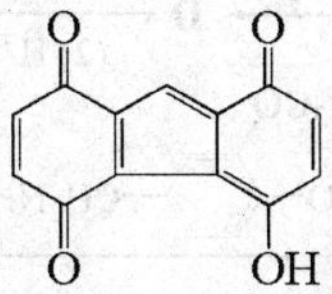

2．写出抗坏血酸（ascorbicacid）的所有立体异构并标记。（8 分）

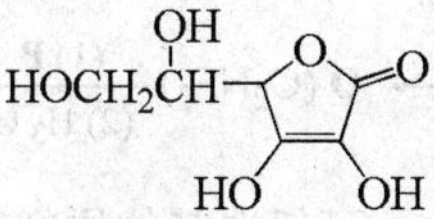

抗坏血酸

3．下列两个化合物相应稳定构象中哪一个更稳定？写出该构象。（4 分）

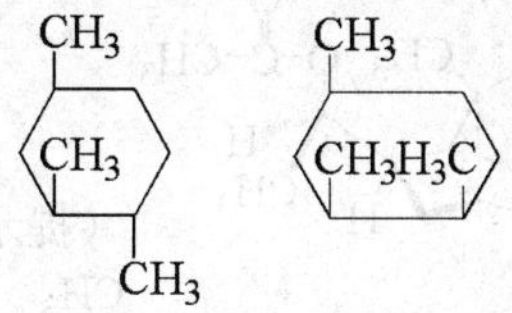

A　　B

4．下列两个旋光化合物用水处理哪一个得到无旋光的产物？（2 分）

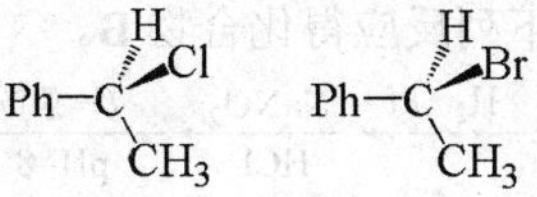

A　　B

5．天然抗菌素（ferreic acid）实际以一个烯醇形式存在，写出这个最稳定的烯醇形式结构。（2 分）

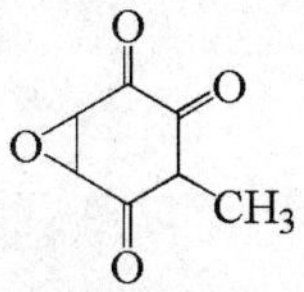

ferreic acid

6．下列反应属于什么类型的反应？写出反应中间体结构。（3 分）

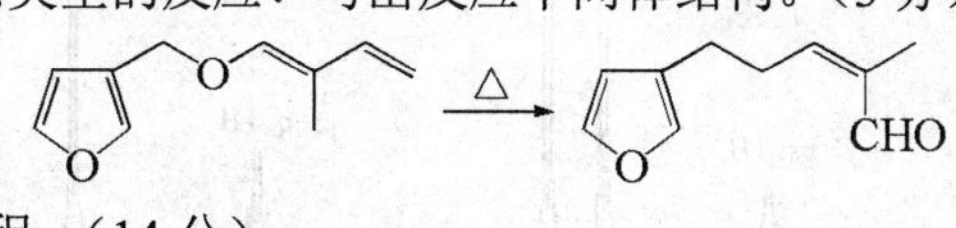

三、写出下列反应历程。（14 分）

1. $\xrightarrow[K_2CO_3]{BrCH_2CHO}$

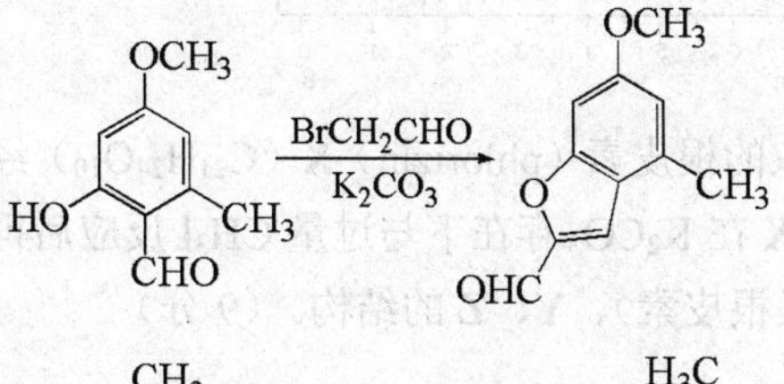

2. $\xrightarrow{H_2SO_4}$

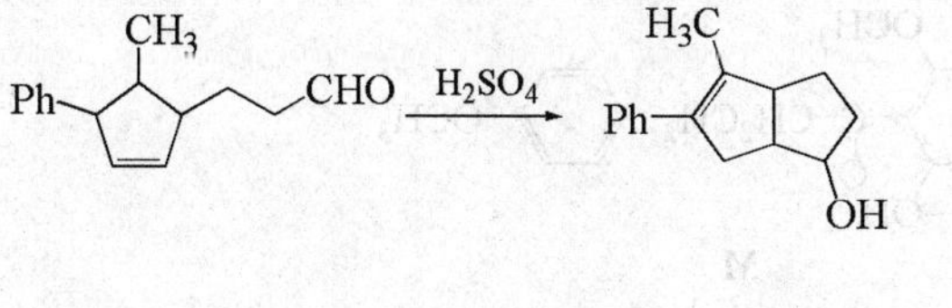

四、填空：（22 分）

1．辣椒素（capsaicin）是辣椒粉呈现辣味的主要成分，它的合成路线如下。写出辣椒素（capsaicin）的结构和合成反应中 **A**、**B**、**C**、**D**、**E**、**F** 代表的试剂或中间体的结构。（14 分）

$$(CH_3)_2CHCH{=}CHCH_2CH_2CH_2OH \xrightarrow{\mathbf{A}} \mathbf{B} \xrightarrow{\mathbf{C}} \mathbf{D} \xrightarrow[(2)\ H^+/\triangle]{(1)\ OH^-/H_2O} (CH_3)_2CHCH{=}CHCH_2CH_2CH_2CH_2CO_2H$$

$$\xrightarrow{\mathbf{E}} \mathbf{F}\,(C_{10}H_{17}ClO) \xrightarrow{\text{3-}H_3CO\text{-4-}HO\text{-}C_6H_3CH_2NH_2} \text{辣椒素}\ (C_{18}H_{27}NO_3)$$

2．写出下列合成反应中 **M**、**N**、**O**、**P** 的结构。（8 分）

$$F_3C\text{-}\overset{O}{\overset{\|}{C}}\text{-}OC_2H_5 \xrightarrow{NH_3} \mathbf{M} \xrightarrow{\mathbf{N}} \mathbf{O}\,(C_2NF_3) \xrightarrow[(2)\ H_3^+O]{(1)\ \mathbf{P}} F_3C\text{-}\overset{O}{\overset{\|}{C}}\text{-}C(CH_3)_3$$

五、完成下列转化（除指定原料必用外，可任选其他原料和试剂）。（16 分）

1. （$H_3C$，$CH_3$，H，$CH_3$ 取代的双环烯烃）$\longrightarrow$ （$H_3C$，$CH_3$，$O\text{-}\overset{O}{\overset{\|}{C}}\text{-}CH_3$，H，$CH_3$，H 的双环乙酸酯）

（提示：利用立体专一性和选择性反应）

2. $\underset{OH\ \ OH}{CH_2CHCH_2CH_2CHCH_3}\ (\text{5-}OH) \longrightarrow \underset{OH\ \ OH}{CH_2CHCH_2CH_2}\overset{CH_3}{\underset{CH_3}{C}}\text{-}C{\equiv}C\text{-}CH_3$

六、化合物 **A**（$C_9H_9NO_4$）经下列反应得化合物 **B**。

$$\mathbf{A}\,(C_9H_9NO_4) \xrightarrow{H_2/Pt} \xrightarrow[HCl]{NaNO_2} \xrightarrow[pH=8]{\beta\text{-萘酚}} \mathbf{B}\,(\text{红色物质})$$

**A** 的红外在 3 400~2 500 $cm^{-1}$、1 720 $cm^{-1}$ 和 840 $cm^{-1}$ 有特征吸收。**A** 的 $^1H$ NMR 谱图如下，写出 **A**、**B** 的结构。（10 分）

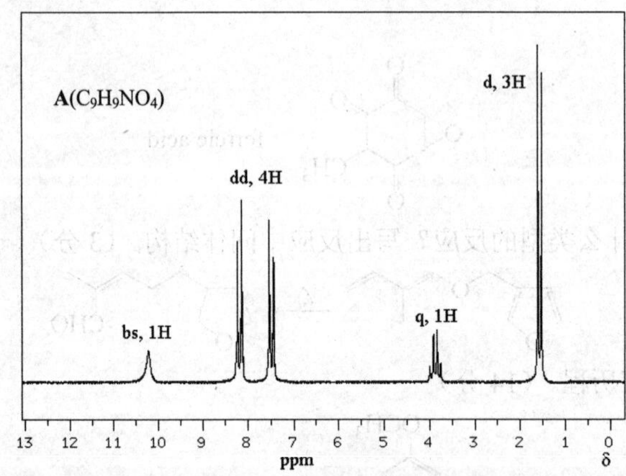


七、自苹果树、梨树和李属植物根皮中提取的根皮素（phlorizin）**X**（$C_{21}H_{24}O_{10}$）经苦杏仁酶水解得到 *D*-葡萄糖和化合物 **Y**（$C_{15}H_{14}O_5$）。当 **X** 在 $K_2CO_3$ 存在下与过量 $CH_3I$ 反应后再经酸性水解得 **Z**（$C_{10}H_{20}O_6$）和下列化合物 **M**。写出 **X**（根皮素）、**Y**、**Z** 的结构。（9 分）

$$H_3CO\text{-}C_6H_2(\text{2-}OCH_3)(\text{6-}OH)\text{-}\overset{}{\underset{O}{\underset{\|}{C}}}\text{-}CH_2CH_2\text{-}C_6H_4\text{-}OCH_3$$

**M**

八、合成。（22 分）

1．由乙苯和不超过 4 碳的原料和必要试剂合成：

$$F-C_6H_4-\underset{\displaystyle CH_3}{\underset{|}{CH}}-CH_2CH_2OH$$

2．由丙烯酸甲酯、甲胺、苯和必要有机、无机试剂合成：

$$C_6H_5-C_5H_9N-CH_3$$

# 2007 年试题

一、完成下列反应式。（36 分）

1. 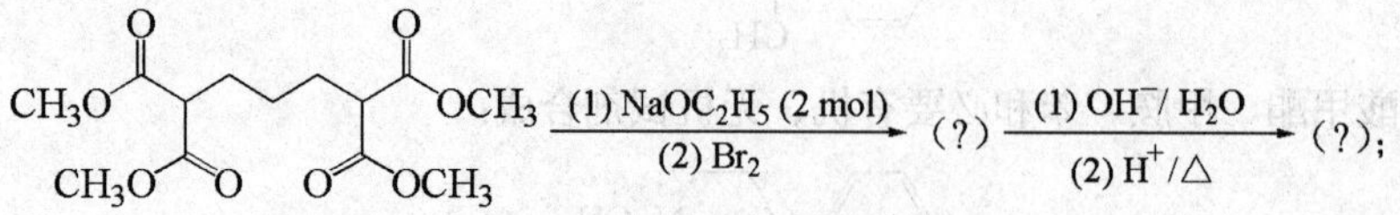 $CH_3O_2C$–CH($CO_2CH_3$)–$CH_2CH_2$–CH($CO_2CH_3$)–$CO_2CH_3$ $\xrightarrow[(2)\ Br_2]{(1)\ NaOC_2H_5\ (2\ mol)}$ （?） $\xrightarrow[(2)\ H^+/\triangle]{(1)\ OH^-/H_2O}$ （?）；

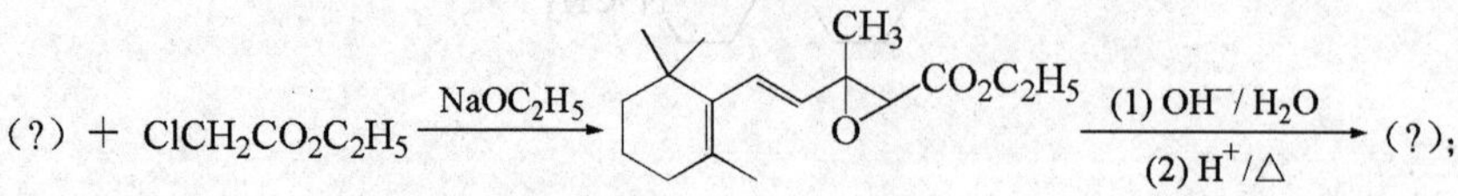

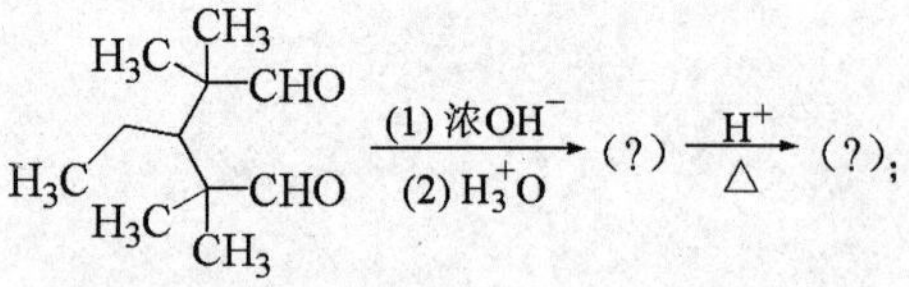

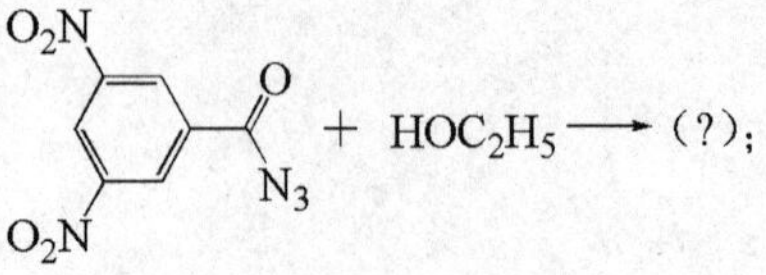

2. （?）＋ $ClCH_2CO_2C_2H_5$ $\xrightarrow{NaOC_2H_5}$ （环氧酸酯，$CH_3$，$CO_2C_2H_5$） $\xrightarrow[(2)\ H^+/\triangle]{(1)\ OH^-/H_2O}$ （?）；

3. （$H_3C$、$CH_3$、CHO；$H_3C$、$H_3C$、CHO、$CH_3$） $\xrightarrow[(2)\ H_3^+O]{(1)\ 浓OH^-}$ （?） $\xrightarrow[\triangle]{H^+}$ （?）；

4. （$O_2N$、$O_2N$、$N_3$） ＋ $HOC_2H_5$ ⟶ （?）；

5. （$CH_3$，O，N） $\xrightarrow{H_3^+O}$ （?）；

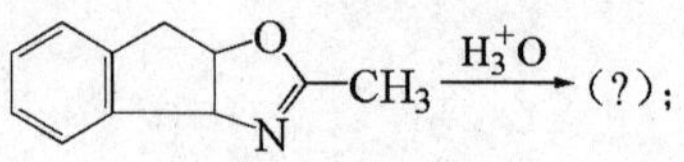

6. 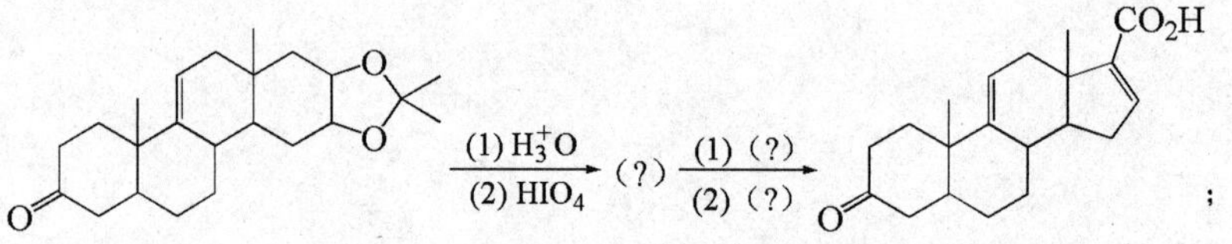 （甾体缩酮） $\xrightarrow[(2)\ HIO_4]{(1)\ H_3^+O}$ （?） $\xrightarrow[(2)\ （?）]{(1)\ （?）}$ （$CO_2H$）；

7. 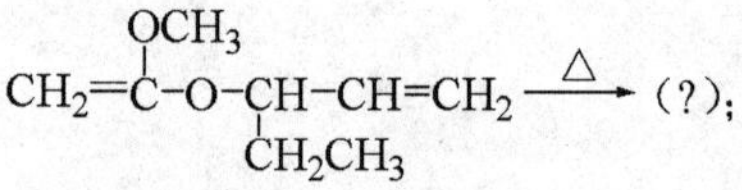 $CH_2$=C($OCH_3$)–O–CH($CH_2CH_3$)–CH=$CH_2$ $\xrightarrow{\triangle}$ （?）；

8. 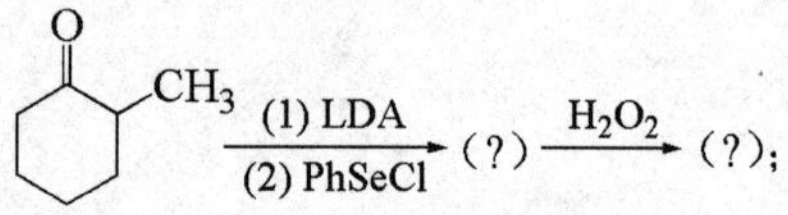 （2-甲基环己酮，$CH_3$） $\xrightarrow[(2)\ PhSeCl]{(1)\ LDA}$ （?） $\xrightarrow{H_2O_2}$ （?）；

9. 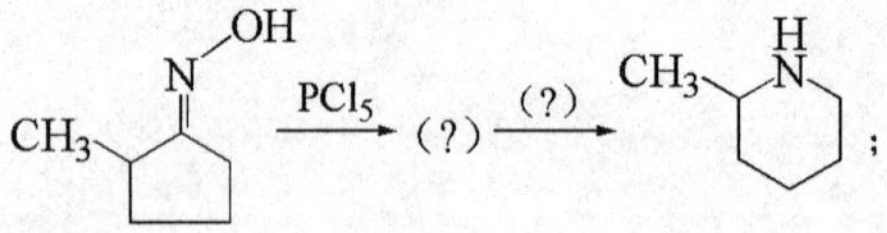 （$CH_3$，N–OH） $\xrightarrow{PCl_5}$ （?） $\xrightarrow{（?）}$ （$CH_3$，N–H）；

10. 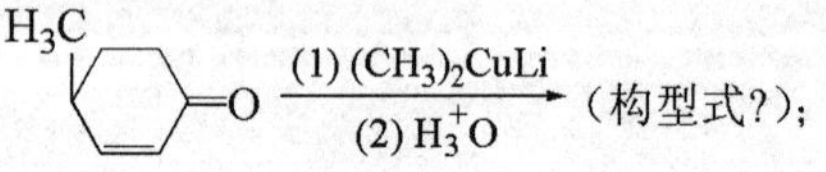 （$H_3C$，=O） $\xrightarrow[(2)\ H_3^+O]{(1)\ (CH_3)_2CuLi}$ （构型式?）；

11. Ph–C≡C–Ph $\xrightarrow[NH_3\ (液)]{Li}$ （构型式?） $\xrightarrow{Br_2}$ （构型式?）；

12. 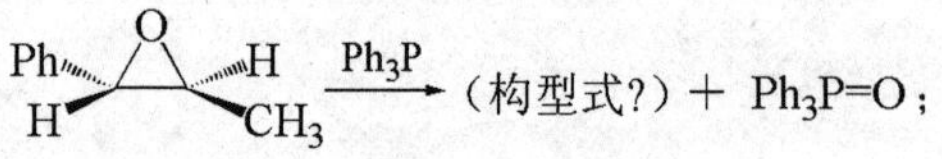 （Ph、H、O、H、$CH_3$） $\xrightarrow{Ph_3P}$ （构型式?）＋ $Ph_3P$=O；

13. 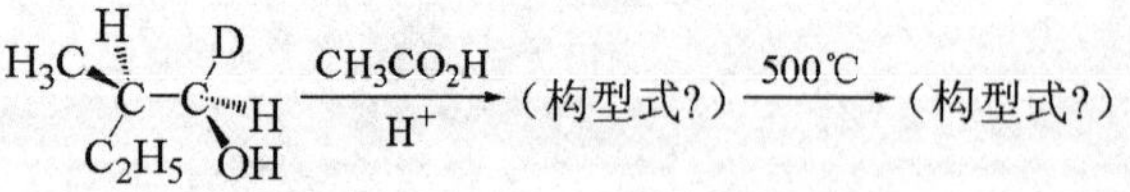 （$H_3C$、H、C、$C_2H_5$；D、C、H、OH） $\xrightarrow[H^+]{CH_3CO_2H}$ （构型式?） $\xrightarrow{500℃}$ （构型式?）

二、简要回答问题。（22 分）

1. 叔丁基氯与 0.01M 的 NaCN 乙醇溶液加热反应得到两种不含有氮的有机产物。① 写出这两种产物的结构式；② 用文字表示两种产物生成的历程（不用正常书写历程的方式）。（5 分）

2. ① 写出 (1*R*, 2*S*, 4*R*, 5*S*)-1,2,4-三甲基-5-氯环己烷平面构型式，并用英文命名该化合物。② 写出该化合物的稳定构象。（5 分）

3. 1mol 邻氯苯酚和 1mol 邻甲基苯甲酸混合物与过量 LDA 反应后加入 1mol 正溴丁烷，反应

后酸化，只得到一种与正溴丁烷反应的产物，写出其结构。（3 分）

4．下列化合物 **A** 加热得到中间体 **B**，**B** 很快转化为 **C** 和 **D**。写出 **B**、**C**、**D** 的结构式。（4 分）

$$\mathbf{A}\quad CH_3-\overset{O}{\overset{\|}{C}}-\underset{CO_2H}{\overset{OH}{C}}-CH_2CH_2OH \xrightarrow{\triangle} [\mathbf{B}]\ (C_5H_{10}O_3) \longrightarrow \mathbf{C} + \mathbf{D}$$

5．具旋光活性的化合物 **X**（$C_3H_6O_2$）的 IR 在 3 240~3 550 $cm^{-1}$ 有特征吸收峰，在 1 600~1 800 $cm^{-1}$ 无吸收峰。**X** 在酸存在下与水反应得到无旋光性、不可拆分的化合物 **Y**。写出 **X** 和 **Y** 的结构。（5 分）

三、写出下列反应历程。（16 分）

1. （2-甲基-5-异丙烯基环己酮，$CH_3$，$H_3C$，$CH_2$）＋ $(CH_3)_3\overset{+}{N}CH_2CH_2COCH_2CH_3$ $\xrightarrow{NaNH_2}$ （产物：$CH_3$，$OH$，$CH_3$，$CH_2$，$CH_3$）

2. （苯酚，OH）＋ $CH_3COCH_2COOCH_3$ $\xrightarrow{H^+}$ （4-甲基香豆素，$CH_3$，O，O）

四、化合物 **P**（$C_{11}H_{15}NO_2$）可溶于稀酸，与 $HNO_2$ 作用生成不溶于酸的黄色油状物。当 **P** 与氢氧化钠水溶液共热后酸化得到化合物 **Q**（$C_9H_{11}NO_2$）。**Q** 可以内盐形式存在，**Q** 既可溶于酸，又可溶于碱。**P** 的 IR 在 750 $cm^{-1}$ 和 700 $cm^{-1}$ 有特征吸收，**P** 的 $^1H$ NMR 谱图如下，写出 **P**、**Q** 的结构。（10 分）

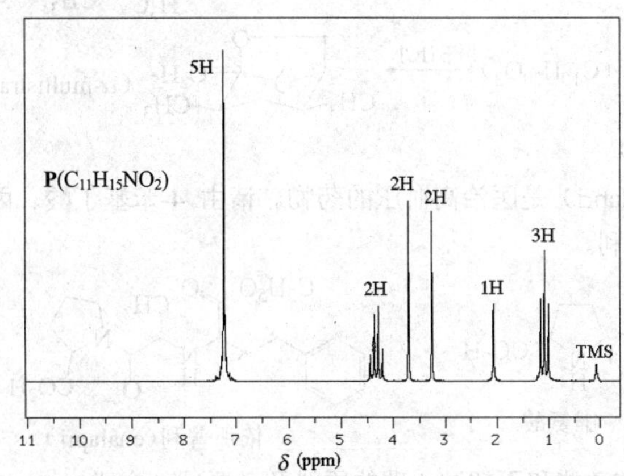


五、薄荷油中含有少量 *α*-非兰烯和 *β*-非兰烯，两者都只含碳和氢，并互为同分异构体，分子量为 136。它们催化加氢均得到 1-甲基-4-异丙基环己烷。*α*-非兰烯经 $KMnO_4$ 加热氧化得 **A** 和 **B**，**A** 与 **B** 的反应如下：

**A** $\xrightarrow{\triangle}$ （$H_3C$，$CH_3$，O，O，O 的环状酸酐）

**B** $\xrightarrow{H_2/Pt}$ **C** $\xrightarrow{HBr}$ **D** $\xrightarrow{OH^-/C_2H_5OH}$ **E**（可使溴褪色）＋ **F**（$C_6H_8O_4$）

$\beta$-非兰烯经与 $KMnO_4$ 加热反应后只分离出了化合物 **M**（其结构如下）。写出 $\alpha$-非兰烯、$\beta$-非兰烯和 **B**、**C**、**D**、**E**、**F** 的结构式。（14 分）

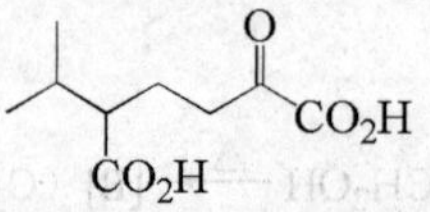

O CO₂H CO₂H **M**

六、完成下列转化（除指定原料必用外，可选用任何原料和试剂）。（18 分）

1. 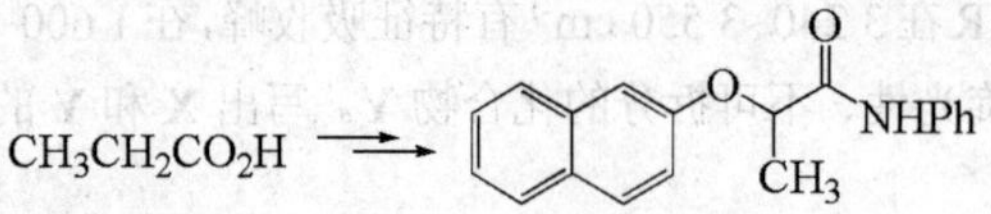 $CH_3CH_2CO_2H$ ⟶ O NHPh $CH_3$

2. 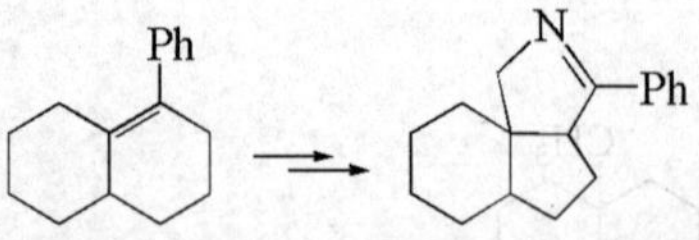 Ph ⟶ N Ph

七、天然信息素 $\alpha$-multistratin 合成路线如下，写出合成中英文字母代表的化合物结构式。（12 分）

1. 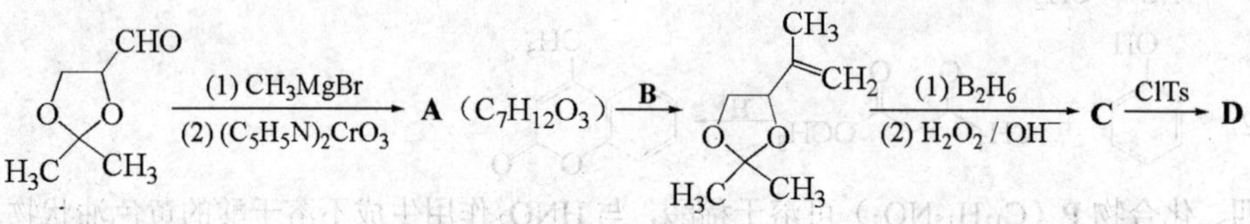 CHO O O $H_3C$ $CH_3$ —(1) $CH_3MgBr$ (2) 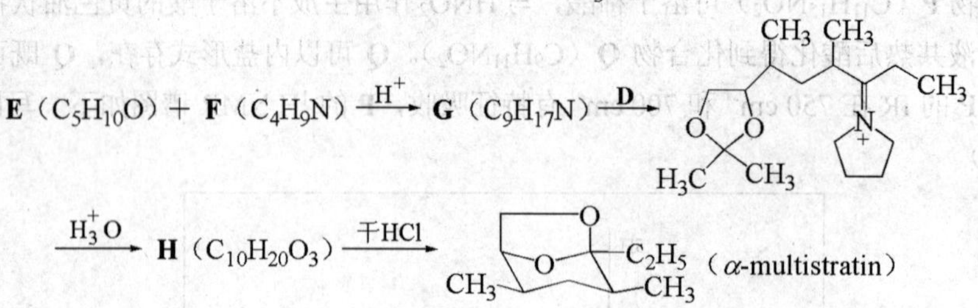 $(C_5H_5N)_2CrO_3$→ **A**（$C_7H_{12}O_3$）—**B**→ $CH_3$ $CH_2$ O O $H_3C$ $CH_3$ —(1) $B_2H_6$ (2) $H_2O_2$ / $OH^-$→ **C** —ClTs→ **D**

2. **E**（$C_5H_{10}O$）+ **F**（$C_4H_9N$）—$H^+$→ **G**（$C_9H_{17}N$）—**D**→ $CH_3$ $CH_3$ $CH_3$ O O N+ $H_3C$ $CH_3$

—$H_3\overset{+}{O}$→ **H**（$C_{10}H_{20}O_3$）—干HCl→ O O $C_2H_5$ $CH_3$ $CH_3$（$\alpha$-multistratin）

八、合成。（22 分）

1．依那普利（enalapri）是医治高血压的药物。请由 4-苯基丁酸、丙氨酸和脯氨酸及必要的原料和试剂合成依那普利。

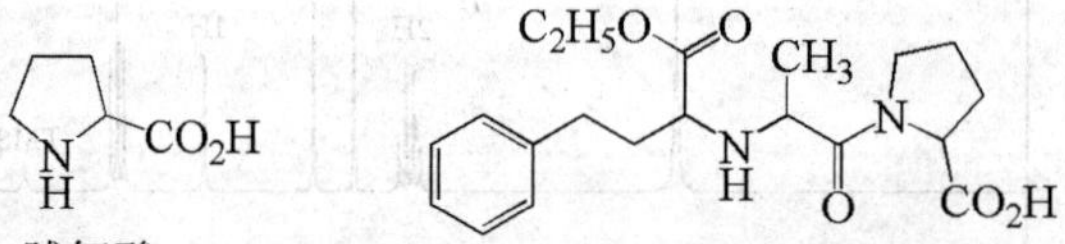

N H $CO_2H$ 脯氨酸　　$C_2H_5O$ O $CH_3$ N H O N $CO_2H$ 依那普利(enalapri)

2．由三乙、丙烯酸乙酯和不超过 4 碳的原料及必要试剂合成：

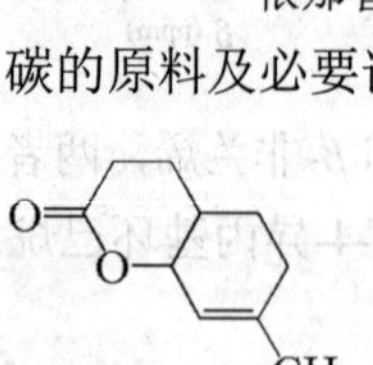

O O $CH_3$

# 2008 年试题

一、完成下列反应式。（36 分）

1. （茚）$\xrightarrow[(2)\ H_3^+O]{(1)\ O_3}$（?）$\xrightarrow{(CH_3CO)_2O}$（?）；

2. *t*-Bu-（环己烯）＋ $Br_2$ ⟶（?）；

3. F-（苯环）-$COCH_3$ $\xrightarrow{HN(CH_3)_2}$（?）；

4. （$OCH_3$，$Me_3SiO$ 取代二烯）＋ $H_3CO_2C-C\equiv C-CO_2CH_3$ $\xrightarrow{\triangle}$（?）$\xrightarrow[(2)\ H_2O]{(1)\ (n\text{-}Bu)_4NF}$（?）；

5. （异戊二烯）＋ 2 HBr ⟶（?）；

6. *t*-Bu-（环己基）-$N(CH_3)_3OH$ $\xrightarrow{\triangle}$（?）；

7. $CH_3-\overset{O}{\overset{\|}{C}}-NH-$（苯环）＋ $ClCH_2COCl$ $\xrightarrow{AlCl_3}$（?）；

8. $CH_3OCH_2C\equiv CH$ $\xrightarrow[(2)\ H_3^+O]{(1)\ PhMgBr}$（?）；

9. （环己酮）$\xrightarrow{Cl_2}$（?）$\xrightarrow[HOC_2H_5]{NaOC_2H_5}$（?）；

10. （内酯）$\xrightarrow[(2)\ LiAlH_4]{(1)\ HN(CH_3)_2}$（?）$\xrightarrow{(?)}$ （产物，含 HO）；

11. （邻位 $CO_2C_2H_5$、COCl 取代苯）$\xrightarrow{(CH_3CH_2)_2CuLi}$（?）$\xrightarrow{NaOC_2H_5}$（?）；

12. $CH_2$=$CHCOCH_3$ $\xrightarrow[(2)\ H_3^+O]{(1)\ Mg/benzene}$（?）$\xrightarrow{\triangle}$（?）$\xrightarrow{OH^-}$（?）；

13. （Ts 取代二烯）＋ （Ru 催化剂：Mes，Mes，Cl，Cl，Ru=CHPh，$PCy_3$）⟶（?）；

14. （CHO，CHO，$NO_2$ 取代萘）$\xrightarrow[(2)\ H_3^+O]{(1)\ 浓OH^-}$（?）$\xrightarrow[\triangle]{H^+}$（?）；

15. $CH_3-\overset{O}{\overset{\|}{C}}-O$，$CO_2C_2H_5$（取代环己烯）$\xrightarrow[(2)\ H_2O]{(1)\ LiAlH_4}$（?）$\xrightarrow{HIO_4}$（?）

二、简要回答问题。（36 分）

1．写出 1,2,3-环戊三醇的所有立体异构体，标出手性碳的构型。（8 分）

2．比较如下两个化合物发生 E2 消除反应的速度，并分别写出其主要产物的结构。（4 分）

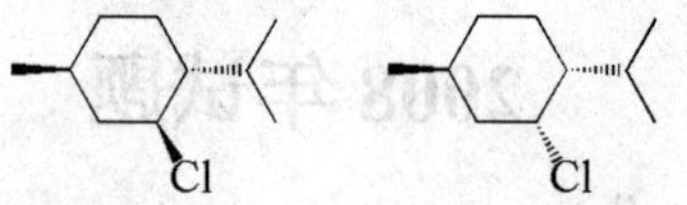

A　　　　B

3．将下列化合物的碱性排序。（3 分）

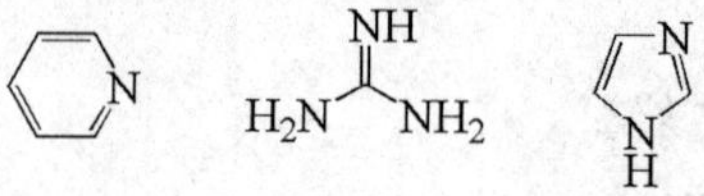

C　　D　　E

4．亚硝基苯在发生亲电取代反应时，亚硝基是第一类定位基或是第二类定位基，它致活或致钝苯环，简要解释之。（4 分）

5．为何环丙酮在甲醇中观察不到明显的羰基红外吸收峰。（3 分）

6．如何用波谱方法简单明了地区分如下两化合物 **F** 和 **G**。（4 分）

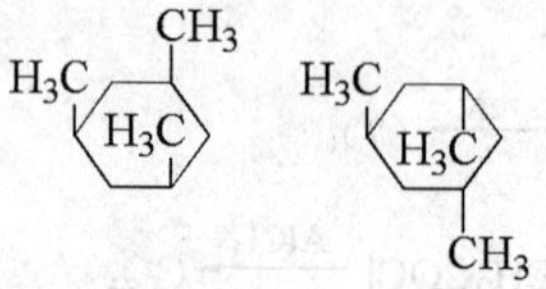

**F**　　**G**

7．双环[2.2.1]-2-庚烯用酸性 $KMnO_4$ 处理得到化合物 **H**（$C_7H_{10}O_4$），写出 **H** 的结构，标出手性碳的构型，并判断其是否有光学活性。（4 分）

8．从一植物中分离得到化合物 **I**（$C_{12}H_{16}O_7$），它可被β-葡萄糖苷酶水解为 *D*-葡萄糖和一化合物 **J**（$C_6H_6O_2$）。**J** 的 $^1H$ NMR 数据如下：$\delta$ 6.81（s, 4H），8.59（s, 2H）。**I** 在碱性条件下用$(CH_3)_2SO_4$处理然后酸性水解得到 2,3,4,6-四-O-甲基-*D*-葡萄糖和化合物 **K**（$C_7H_8O_2$），**K** 在 $CH_3I/Ag_2O$ 作用下可转化为化合物 **L**（$C_8H_{10}O_2$），其 $^1H$ NMR 数据为：$\delta$ 3.75（s, 6H），6.83（s, 4H）。试写出化合物 **I** 的稳定构象以及 **J**、**K**、**L** 的结构。（6 分）

三、完成转化（除指定原料必用外，可选用任何原料和试剂）。（14 分）

1.

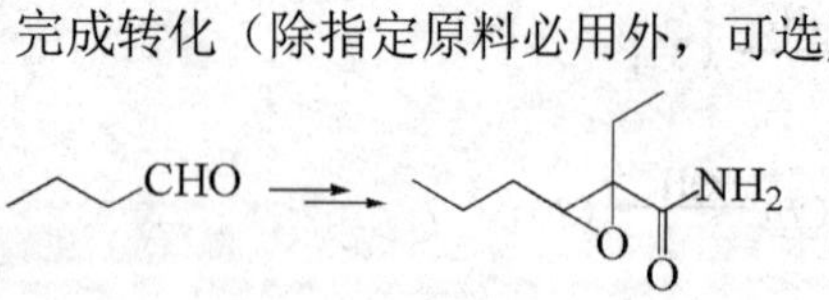

2.

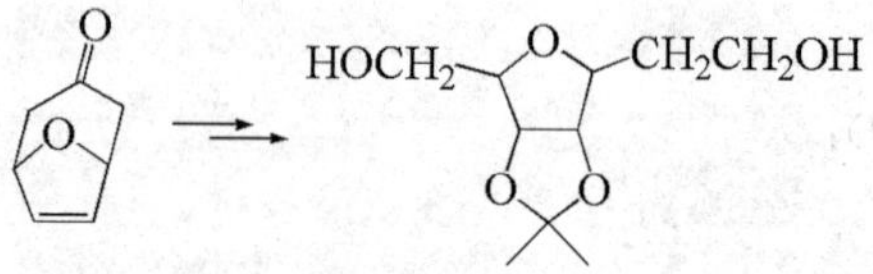

四、写出下列反应的历程。（14 分）

1.

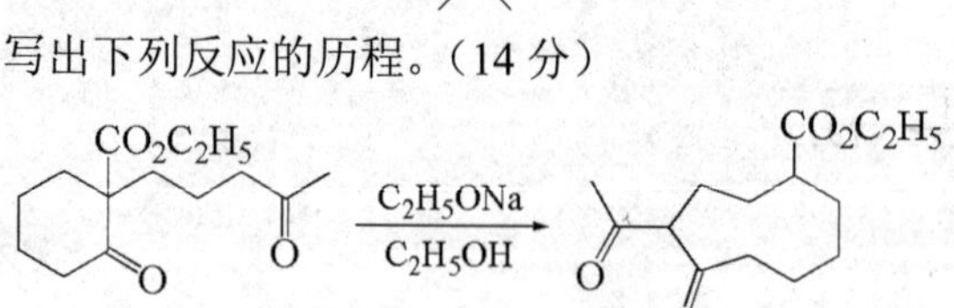

2.

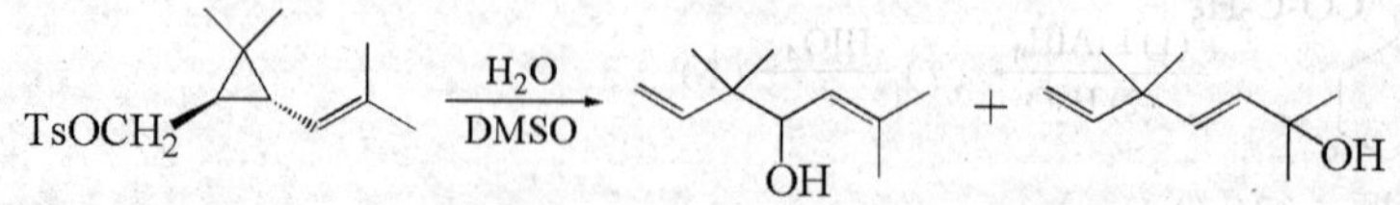

五、化合物 **M** 在加热下转变为 **N**，当用 $CF_3CO_3H$ 处理 **N** 时，得到一不稳定的化合物 **O**，它迅速转化为化合物 **P**。**P** 的 IR 谱在 3 400 $cm^{-1}$ 处有一宽而强的吸收，$^1H$ NMR 数据如下：$\delta$ 7.2～6.8（m, 4H）4.2（m, 1H），3.9（d, 2H），2.8（m, 1H），1.9（s, 1H），1.3（d, 3H）ppm。写出 **N**、

**O**、**P** 的结构，并写出由 **O** 到 **P** 的历程。（10 分）

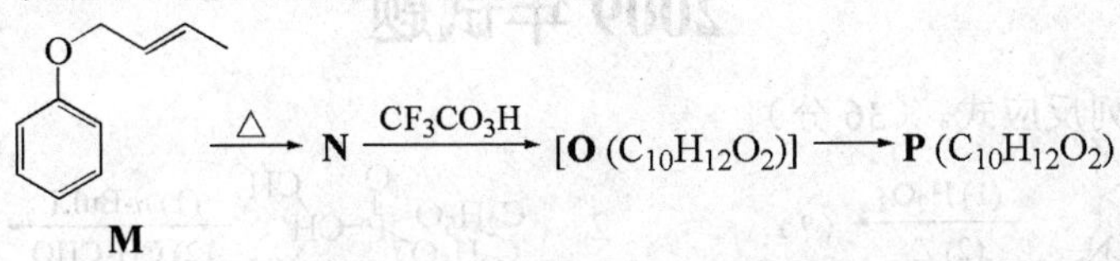

**M** $\xrightarrow{\triangle}$ **N** $\xrightarrow{CF_3CO_3H}$ [**O** ($C_{10}H_{12}O_2$)] ⟶ **P** ($C_{10}H_{12}O_2$)

六、在无水 $CaCl_2$ 存在下，用无水氨处理丙酮时可分离得到化合物 **Q**（$C_9H_{17}NO$），其 IR 光谱在 3 350（s），1 705（vs）$cm^{-1}$ 有明显的吸收；$^1H$ NMR 数据如下：$\delta$ 2.3（s, 4H），1.7（s, 1H），1.2（s, 12H）。试写出 **Q** 的结构。（6 分）

七、写出如下反应中英文字母 **R**～**V** 代表物质的结构。（10 分）

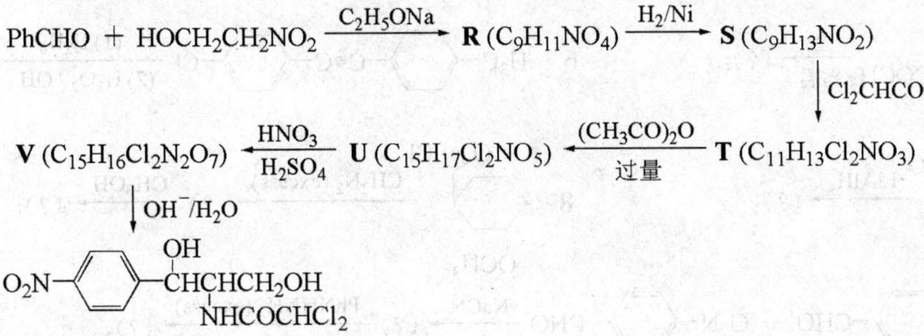

$PhCHO + HOCH_2CH_2NO_2 \xrightarrow{C_2H_5ONa}$ **R** ($C_9H_{11}NO_4$) $\xrightarrow{H_2/Ni}$ **S** ($C_9H_{13}NO_2$) $\xrightarrow{Cl_2CHCOCl}$ **T** ($C_{11}H_{13}Cl_2NO_3$) $\xrightarrow[\text{过量}]{(CH_3CO)_2O}$ **U** ($C_{15}H_{17}Cl_2NO_5$) $\xrightarrow[H_2SO_4]{HNO_3}$ **V** ($C_{15}H_{16}Cl_2N_2O_7$) $\xrightarrow{OH^-/H_2O}$

$O_2N-C_6H_4-CH(OH)CH(NHCOCHCl_2)CH_2OH$

八、合成。（24 分）

1．由苯酚及不超过 4 个碳原子的有机原料和其他必要试剂合成局部麻醉剂：

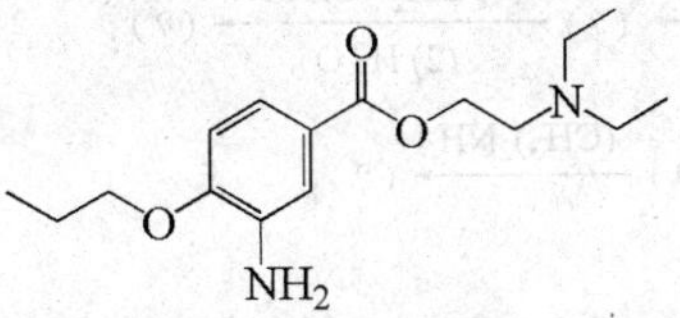

$NH_2$

2．由乙酰乙酸乙酯和不超过 3 个碳原子的有机原料及其他必要试剂合成：

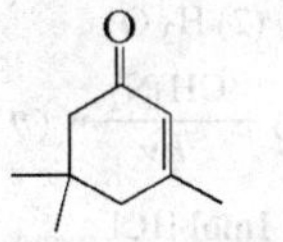

3．由苯及不超过 4 个碳原子的有机原料和其他必要试剂合成治疗风湿病的化合物：

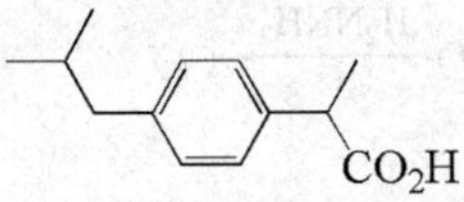

$CO_2H$

# 2009 年试题

一、完成下列反应式。（36 分）

1. 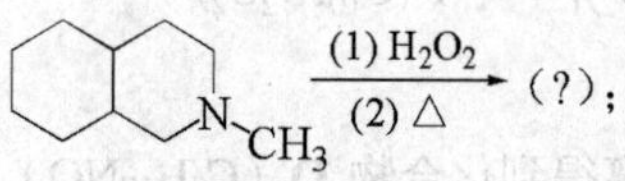 （十氢异喹啉 N-甲基化合物）$\xrightarrow[(2)\ \triangle]{(1)\ H_2O_2}$（?）；

2. $(C_2H_5O)_2P(O)CH(CH_3)_2 \xrightarrow[(2)\ CH_3CHO]{(1)\ n\text{-BuLi}}$（?）；

3. （2,6-二甲基环己酮肟）$\xrightarrow{PCl_5}$（?）；

4. $CH_3O_2C$…OSiMe$_3$ $\xrightarrow{\triangle}$（?）；

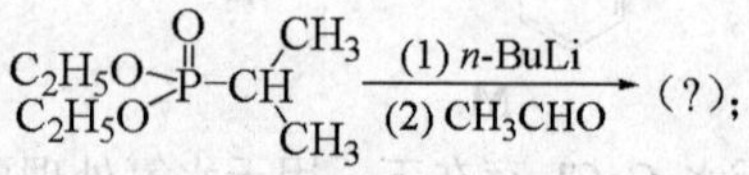

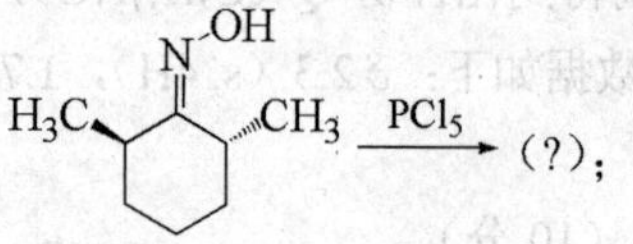

5. Ph(H)(D)C—C(H)(OCOCH$_3$)Ph $\xrightarrow[\text{高温}]{\triangle}$（?）；

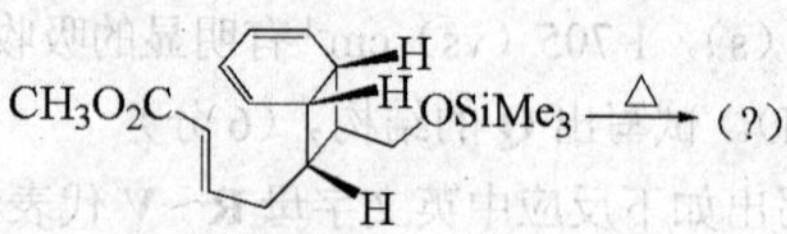

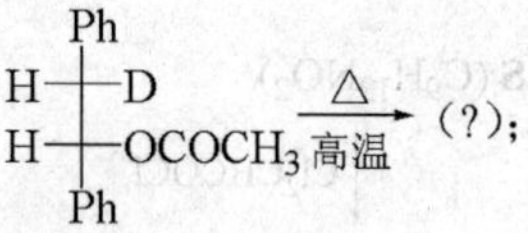

6. $H_3C-C_6H_4-C\equiv C-C_6H_4-Cl \xrightarrow[(2)\ H_2O_2\ /\ OH^-]{(1)\ B_2H_6}$（?）；

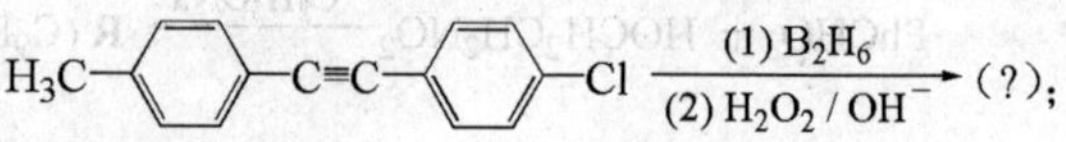

7. 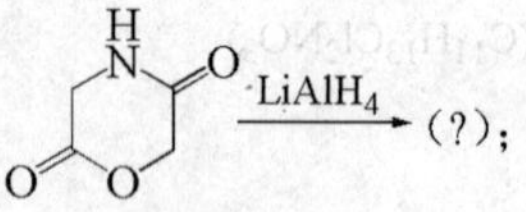 （吗啉-3,5-二酮）$\xrightarrow{LiAlH_4}$（?）；

8. 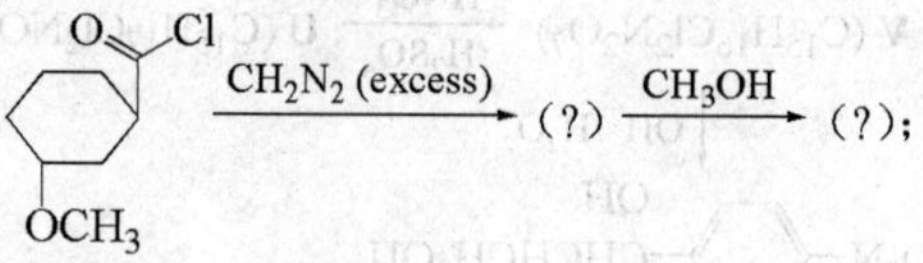 （4-甲氧基环己基甲酰氯）$\xrightarrow{CH_2N_2\ (excess)}$（?）$\xrightarrow{CH_3OH}$（?）；

9. 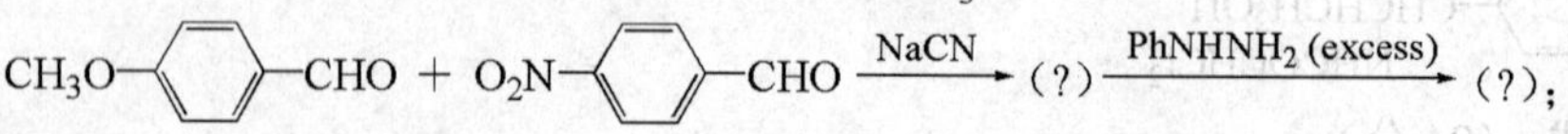 $CH_3O-C_6H_4-CHO + O_2N-C_6H_4-CHO \xrightarrow{NaCN}$（?）$\xrightarrow{PhNHNH_2\ (excess)}$（?）；

10. 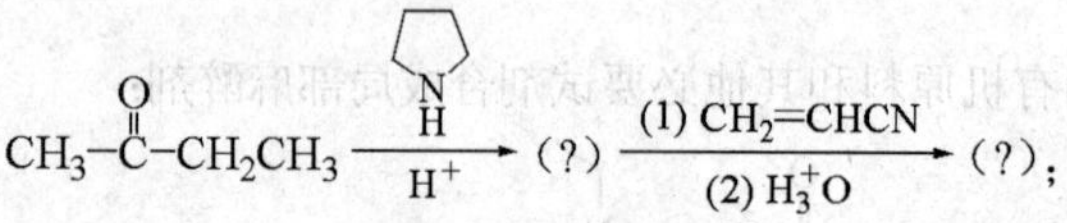 $CH_3-\overset{O}{\overset{\|}{C}}-CH_2CH_3 \xrightarrow[H^+]{\text{四氢吡咯}}$（?）$\xrightarrow[(2)\ H_3^+O]{(1)\ CH_2=CHCN}$（?）；

11. 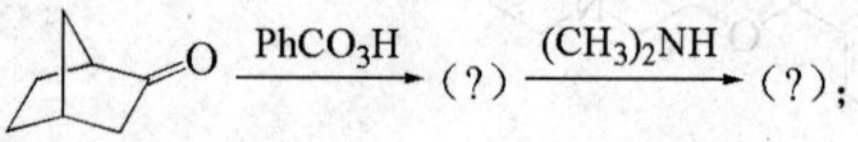 （降冰片酮）$\xrightarrow{PhCO_3H}$（?）$\xrightarrow{(CH_3)_2NH}$（?）；

12. 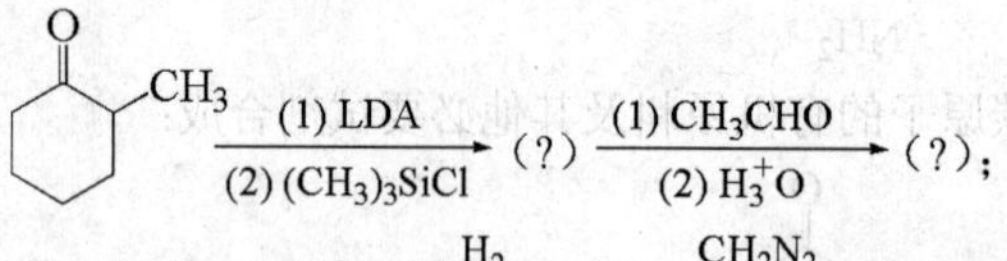 （2-甲基环己酮）$\xrightarrow[(2)\ (CH_3)_3SiCl]{(1)\ LDA}$（?）$\xrightarrow[(2)\ H_3^+O]{(1)\ CH_3CHO}$（?）；

13. 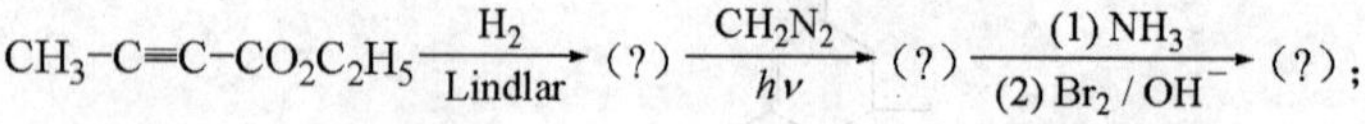 $CH_3-C\equiv C-CO_2C_2H_5 \xrightarrow[\text{Lindlar}]{H_2}$（?）$\xrightarrow[h\nu]{CH_2N_2}$（?）$\xrightarrow[(2)\ Br_2\ /\ OH^-]{(1)\ NH_3}$（?）；

14. 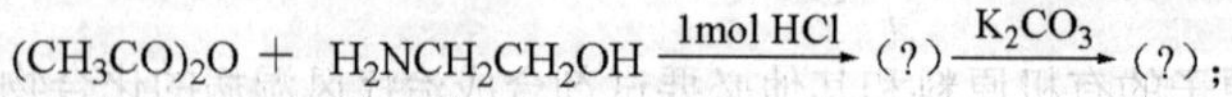 $(CH_3CO)_2O + H_2NCH_2CH_2OH \xrightarrow{1mol\ HCl}$（?）$\xrightarrow{K_2CO_3}$（?）；

15. 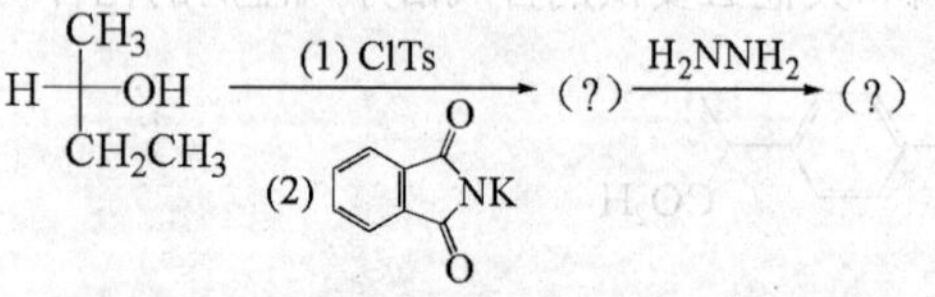 H—C(CH$_3$)(OH)—CH$_2$CH$_3$ $\xrightarrow[(2)\ \text{邻苯二甲酰亚胺钾 (NK)}]{(1)\ ClTs}$（?）$\xrightarrow{H_2NNH_2}$（?）

二、简要回答问题。（38 分）

1．比较以下两个化合物被高锰酸钾氧化成酮反应活性的高低，并用构象加以解释。（5 分）

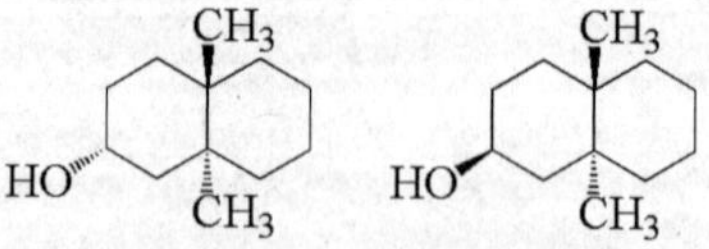

A　　B

2．比较以下两个化合物的碱性强弱，并给出合理解释。（4 分）

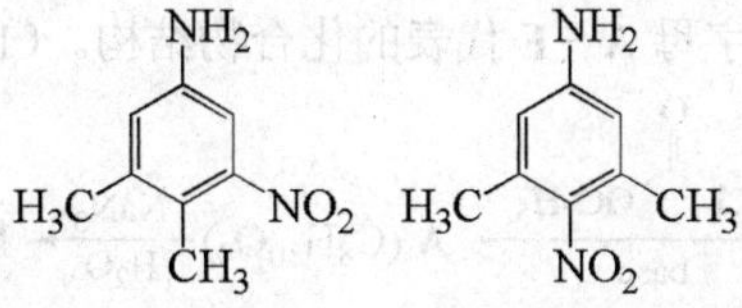

A　　　　B

3．比较如下结构的化合物中的两个羟基哪个酸性更强？解释为什么具有如上的酸性次序。（4分）

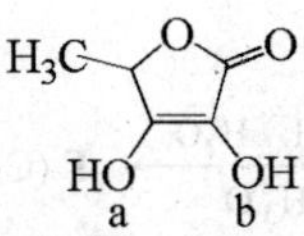

a　　b

4．以下化合物中的两个羧基，在加热条件下哪个更容易脱去？用反应历程给出合理解释。（4分）

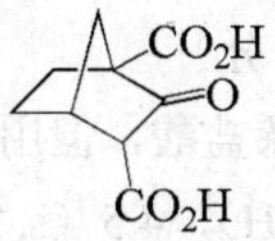

5．(*R*)-2-甲基-3-丁酮酸乙酯用 $NaBH_4$ 进行还原，产物经柱色谱分离得到 2 种产物。（1）写出此二产物的 Fischer 投影式；（2）判断哪种产物为主要产物；（3）此二异构体互为什么异构体关系？（5 分）

6．比较以下两个化合物在乙醇中的溶剂解速度，并用反应历程给出合理解释。（4 分）

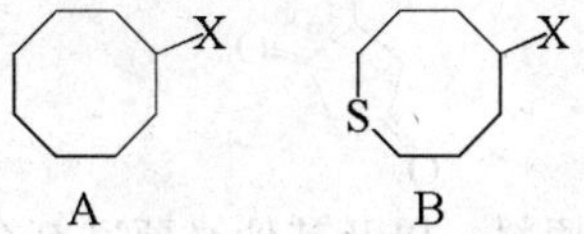

A　　B

7．以下四个化合物用 $HNO_2$ 处理分别得到什么产物？用构象解释这些产物是如何形成的。（8 分）

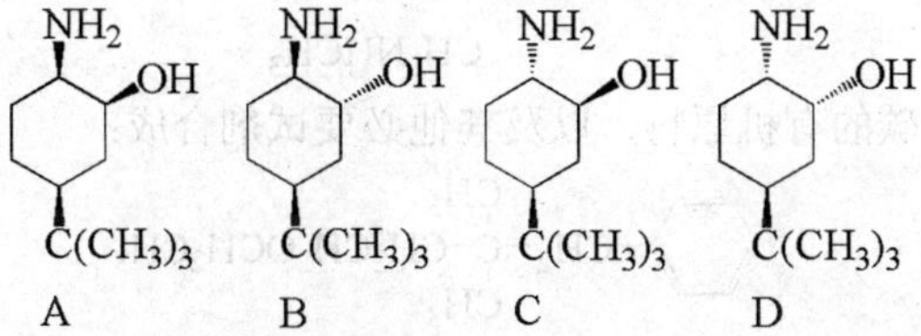

A　　B　　C　　D

8．1,3,5-三甲苯在液态 $SO_2$ 中用 HF 和 $SbF_5$ 处理，得到某化合物 **G**，化合物 **G** 的 $^1H$ NMR 数据如下，$\delta$ 2.8（s, 6H），2.9（s, 3H），4.6（s, 2H），7.7（s, 2H），写出化合物 **G** 的结构，并指出各吸收峰的归属。（4 分）

三、完成下列转化（指定原料必用，可选用 3 碳以下有机原料及其他必要试剂）。（14 分）

1. 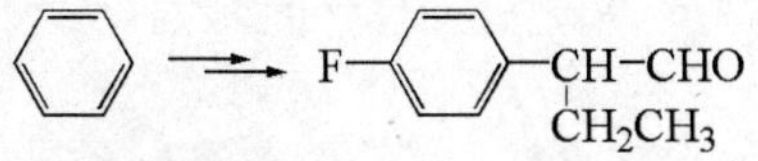 苯 ⟶ F-C₆H₄-CH(CH₂CH₃)-CHO

2. 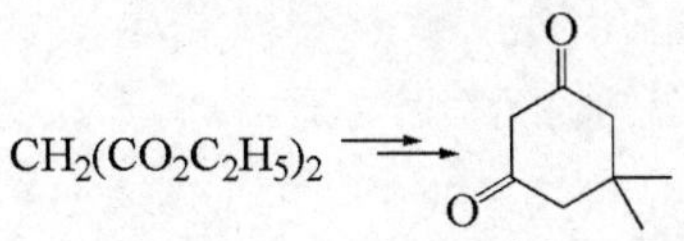 $CH_2(CO_2C_2H_5)_2$ ⟶ 5,5-二甲基-1,3-环己二酮

四、写出下列反应历程。（14 分）

1. 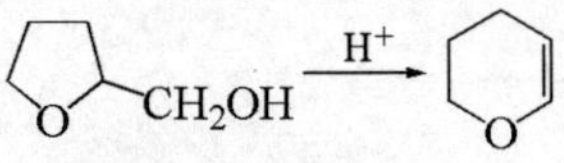 四氢糠醇（$CH_2OH$）$\xrightarrow{H^+}$ 二氢吡喃

2. 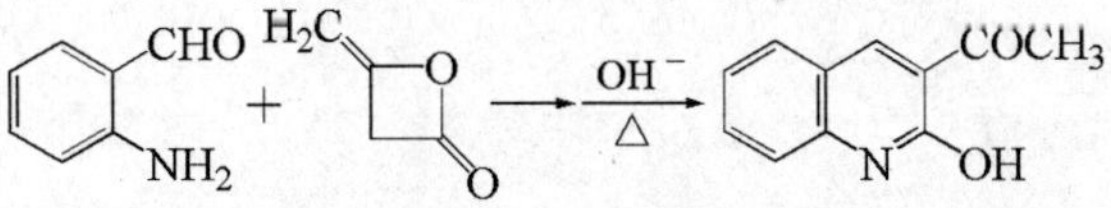 邻氨基苯甲醛 + 双乙烯酮 $\xrightarrow[\triangle]{OH^-}$ 3-乙酰基-2-羟基喹啉（$COCH_3$，OH）

五、写出如下反应中英文字母 **A**～**F** 代表的化合物结构。（12 分）

$$\text{CH}_2\text{=CH–CH=CH–COOH} \xrightarrow[\text{base}]{\text{ClC(=O)OC}_2\text{H}_5} \textbf{A}\ (C_8H_{10}O_4) \xrightarrow[H_2O]{NaN_3} \textbf{B}\ (C_5H_5N_3O)$$

$$\xrightarrow[(2)\ (CH_3)_3COH]{(1)\ \triangle} \textbf{C}\ (C_9H_{15}NO_2) \xrightarrow{O_2N\text{–CH=CH–}CO_2CH_3} \textbf{D}\ (C_{13}H_{20}N_2O_6)$$

$$\xrightarrow{\text{base}} \textbf{E}\ (C_{13}H_{19}NO_4) \xrightarrow[(2)\ H_3^+O]{(1)\ OH^-/H_2O} \textbf{F}\ (C_{12}H_{17}NO_4) \xrightarrow{HCl} \text{(3-氨基环己二烯甲酸盐酸盐: COOH, } Cl^-\ H_3\overset{+}{N}\text{)}$$

六、化合物 **M**（$C_9H_{10}O$），其 [1]H NMR 数据如下，$\delta$ 3.7（s, 3H），5.2（d, 1H），6.1（d, 1H），7.1~7.6（m, 5H）。**M** 对碱性条件稳定，在酸性条件下很容易发生水解得化合物 **N**，**N** 可与 Tollen 试剂发生反应，写出 **M** 和 **N** 的结构。（6 分）

七、化合物 **P**（$C_{15}H_{17}N$）可溶解于稀盐酸，但用对甲苯磺酰氯和 KOH 处理无现象。**P** 的 [1]H NMR 数据如下，$\delta$ 1.2（t, 3H），3.4（q, 2H），4.5（s, 2H），6.7~7.3（m, 10H）。**P** 经彻底甲基化，然后用 $Ag_2O$ 加热处理得化合物 **Q** 和 **R**，写出化合物 **P**、**Q**、**R** 的结构。（6 分）

八、合成。（24 分）

1．由丙二酸二乙酯和不超过 4 碳的有机原料，以及其他必要试剂合成：

（2-($CH_2CH_2CO_2H$)-环戊烷-1,4-二酮）

2．由苯和不超过 4 碳的有机原料，以及其他必要试剂合成：

（1-($CH_2NHCH_3$)-1,2,3,4-四氢萘）

3．由苯和不超过 3 碳的有机原料，以及其他必要试剂合成：

$$C_6H_5\text{–}CH_2\text{–}C(CH_3)_2\text{–}CH_2CH_2OCH_2CH_3$$

# 参考答案

## 2000 年试题参考答案

一、（28 分）

1. 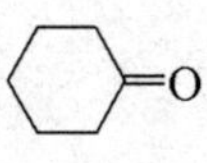 环己酮 ； 2. 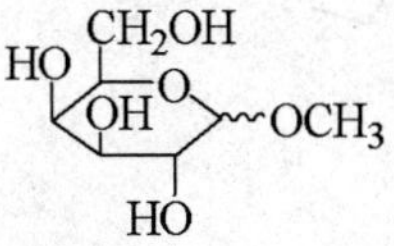 （吡喃糖苷结构，$CH_2OH$，HO，OH，$OCH_3$），（$CH_2OH$，OHC，CHO，$OCH_3$）+ $HCO_2H$ ；

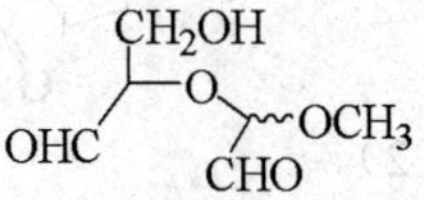

3. 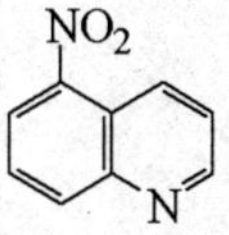 5-硝基喹啉（$NO_2$）+ 8-硝基喹啉（$NO_2$）；  4. （$N(C_2H_5)_2$，$CO_2CH_3$ 环己烯）；

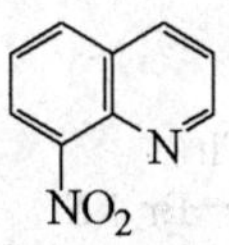

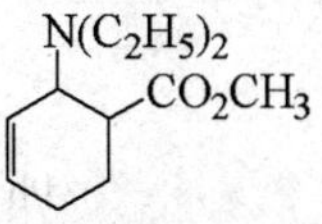

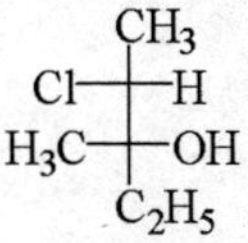

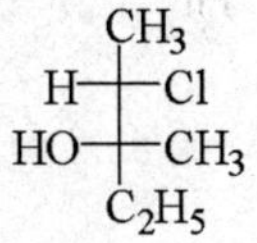

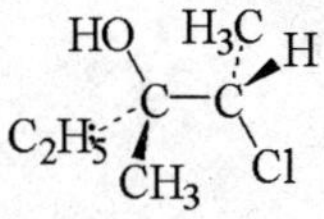

5. （Fischer 投影式：$CH_3$，Cl—H，$H_3C$—OH，$C_2H_5$）+（$CH_3$，H—Cl，HO—$CH_3$，$C_2H_5$）（HO，$H_3C$，H，$C_2H_5$，C—C，$CH_3$，Cl ┆ 对映体）；  6. 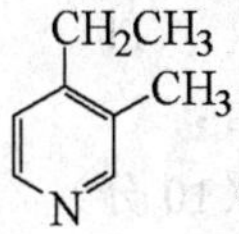 （吡啶，$CH_2CH_3$，$CH_3$）；

*R*, *R*　　*S*, *S*　　*S*, *S*

7. $CH_3-\overset{O}{\overset{\|}{C}}-CH=CH_2$ ；  8. $h\nu$ ；  9. 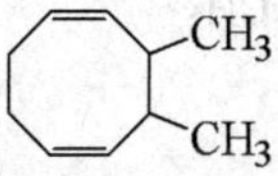 （环辛二烯，$CH_3$，$CH_3$）；

10. $H_2$ / Ni (or Pt or Pd) ；  11. 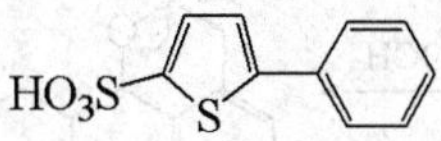 （$HO_3S$—噻吩—苯基）；

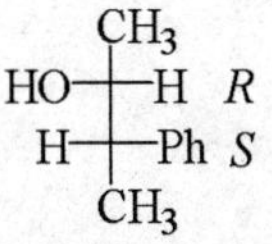

12. 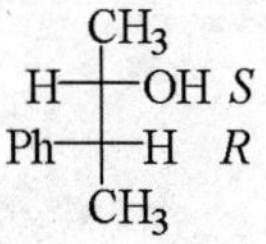 （$CH_3$，H—OH *S*，Ph—H *R*，$CH_3$）+（$CH_3$，HO—H *R*，H—Ph *S*，$CH_3$）；  13. 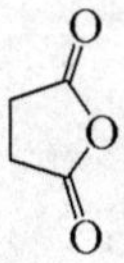 （丁二酸酐），Zn-Hg / 浓HCl ；

14. 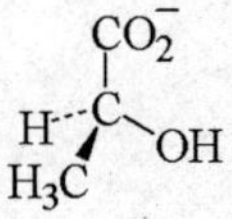 （$CO_2^-$，H，C，OH，$H_3C$）；  15. $C_6H_5-\underset{Br}{CH}-\underset{Br}{CH}-CH_3$ ，$C_6H_5-\overset{O}{\overset{\|}{C}}-CH_2CH_3$ ；

16. 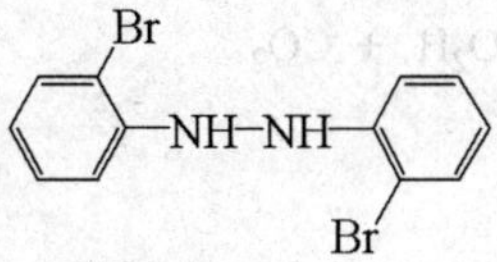 （Br 苯基—NH—NH—苯基 Br），$H_2N$—（Br 联苯 Br）—$NH_2$ ；

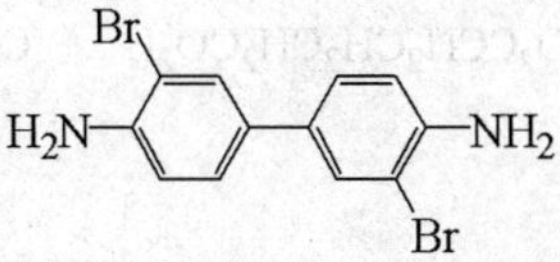

17. 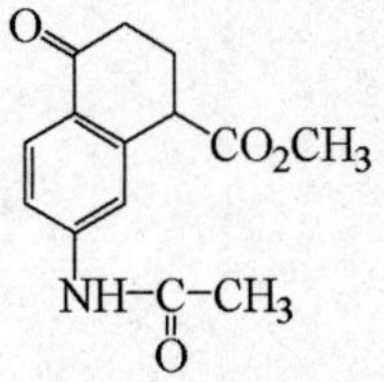 （结构式：7-乙酰氨基-4-氧代-1,2,3,4-四氢萘-1-甲酸甲酯，$CO_2CH_3$，NH—C(=O)—$CH_3$），（结构式：相应的4-羟基化合物，HO，$CO_2CH_3$，NH—C(=O)—$CH_3$）； 18. 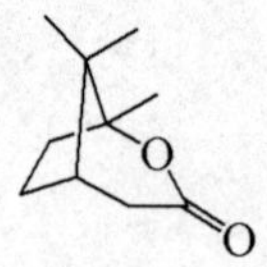 （结构式：双环内酯）；

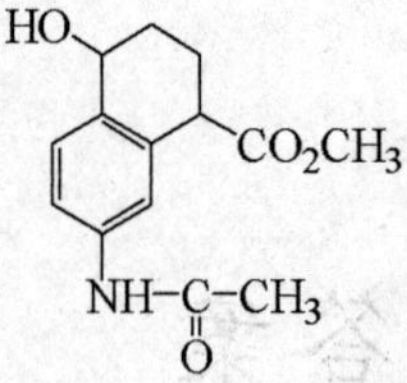

19. $CH_2{=}CH{-}CH(OH){-}CH_3$ + $CH_2(OH){-}CH_2{-}CH{=}CH{-}CH_3$； 20. 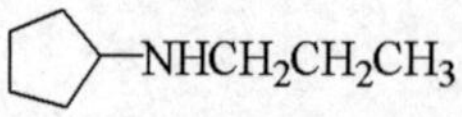 （环戊基）—$NHCH_2CH_2CH_3$

二、（23 分）

1.

**M** （1-羟基环戊烷甲酸：OH，$CO_2H$） **N** （双螺环交酯）

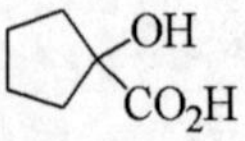

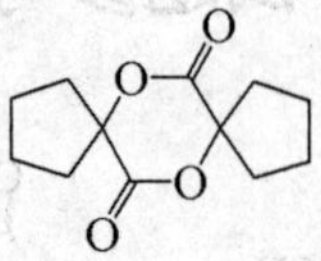

2.（3）＞（1）＞（2）。

3. A 有，B 有，C 无，D 无，E 有。

4. C＞A＞B。

5.

① （Fischer 投影式：Ph；$H_3C$—Br *R*；$H_3C$—H *S*；Ph）； 混合物 （Ph；$H_3C$—Br *S*；$H_3C$—Br *R*；Ph） + （Ph；$H_3C$—Br *S*；Br—$CH_3$ *S*；Ph）

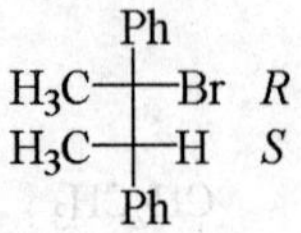

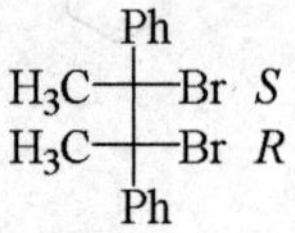

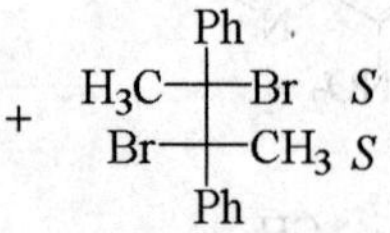

② 有。

三、（10 分）

1. 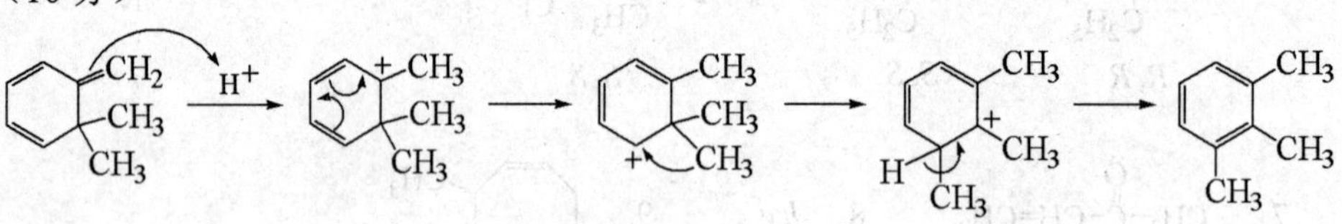 （反应机理：$=CH_2$，$CH_3$，$CH_3$ 经 $H^+$ 质子化生成碳正离子，甲基迁移，失去 H，得到 1,2,3-三甲基苯（$CH_3$，$CH_3$，$CH_3$））

2. （反应机理：内酯与 $^-OCH_3$ 加成，开环生成酚氧负离子（$OCH_3$，$O^-$），分子内取代 Br，得到含 $CO_2CH_3$、$CH_2$ 的环醚产物）

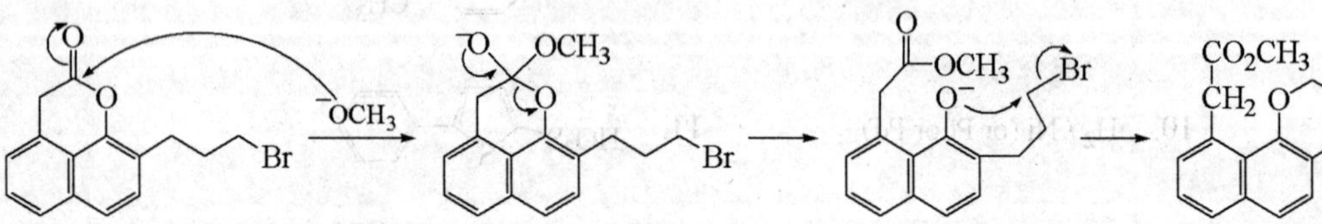

四、（7 分）

①

（结构式：N—$CH_3$ 双环胺） （结构式：$H_3C$—N—$CH_3$ 环辛烯胺） （结构式：环辛二烯，两个异构体）

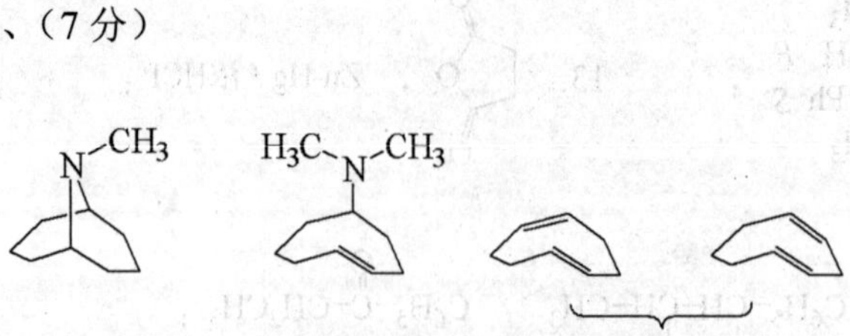

Granatine　　**A**　　**B** or **C**

②

2 $HO_2CCH_2CH_2CO_2H$ + $HO_2CCH_2CH_2CH_2CO_2H$ + $CH_3CO_2H$ + $CO_2$

五、（5 分）

**A** $H_3C-\underset{Br}{\overset{H_3C}{C}}-\overset{O}{C}-OCH_2CH_3$

六、（8 分）

1\. $CH_3-\overset{O}{C}-CH_2CH_2-\overset{O}{C}-OC_2H_5 \xrightarrow[\text{dry HCl}]{HO\quad OH}$ (ketal) $CH_3-C-CH_2CH_2-\overset{O}{C}-OC_2H_5$

$\xrightarrow{2\ CH_3MgX} \xrightarrow[\triangle]{H_3^+O} CH_3-\overset{O}{C}-CH_2CH_2-\underset{CH_3}{\overset{OH}{C}}-CH_3$

2\. furan + $\underset{H}{\overset{H}{C}}(CO_2CH_3)=C(CO_2CH_3)$ ⟶ (adduct, $CO_2CH_3$, $CO_2CH_3$) $\xrightarrow{LiAlH_4}$ (adduct, $CH_2OH$, $CH_2OH$)

七、（5 分）

**A** (3,3-dimethylcyclohexanone, $CH_3$, $CH_3$)； **B** $BrCH_2CO_2C_2H_5$ / Zn ； **C** (HO, $CO_2H$, $CH_3$, $CH_3$)；

**D** or **E** ($H$, $CO_2C_2H_5$, $CH_3$, $CH_3$) *Z* ; ($C_2H_5O_2C$, H, $CH_3$, $CH_3$) *E*

八、（14 分）

1\. toluene ($CH_3$) $\xrightarrow[AlCl_3]{CO / HCl}$ ($CH_3$, CHO) $\xrightarrow[OH^-]{CH_3COCH_3}$ $CH_3-\overset{O}{C}-CH=CH-C_6H_4-CH_3$ $\xrightarrow[NaOC_2H_5]{CH_2(CO_2C_2H_5)_2}$

$CH_3-\overset{O}{C}-CH_2-\underset{C_6H_4CH_3}{CH}-\overset{CO_2C_2H_5}{CH}-CO_2C_2H_5 \xrightarrow[(2)\ H^+/\triangle]{(1)\ OH^-/H_2O} CH_3-\overset{O}{C}-CH_2-\underset{C_6H_4CH_3}{CH}-CH_2CO_2H$

2\. toluene ($CH_3$) $\xrightarrow[Ac_2O]{HNO_3}$ ($CH_3$, $NO_2$) $\xrightarrow[\text{or Fe / HCl}]{LiAlH_4}$ ($CH_3$, $NH_2$) $\xrightarrow{CH_3COCl} \xrightarrow[H_2SO_4]{HNO_3}$

($CH_3$, $NH-\overset{O}{C}-CH_3$, $O_2N$) $\xrightarrow{OH^-/H_2O} \xrightarrow[HCl]{NaNO_2} \xrightarrow{Cu_2(CN)_2}$ ($CH_3$, CN, $O_2N$)

# 2001 年试题参考答案

一、（22 分）

1. （两个 Fischer 投影式：CHO / H—OH / H—OH / H—OH / H—OH / $CH_2OH$ ＋ CHO / HO—H / H—OH / H—OH / H—OH / $CH_2OH$）；2. $NaBH_4$；3. （间甲基苯胺），$CH_2{=}CH{-}\overset{O}{\overset{\|}{C}}{-}CH_3$；

4. （Fischer 投影式：$CH_3$ / H—Br / H—$C_2H_5$ / $CH_3$）对映体 或 （$CH_3$ / H—Br / $H_3C$—H / $C_2H_5$）对映体；5. （Ph、$C_2H_5$ 取代的嘧啶三酮）；

6. （$H_3C$、H、$C_2H_5$ 取代的 C—$NH_2$）；7. （芴酮）；8. $CH_3CH_2CH_2$、H / C=C / H、$CH_3$；

9. （OH 取代萘，$CH_2O{-}\overset{O}{\overset{\|}{C}}{-}CH_3$）；10. （$CH_3$、$H_2C{=}$、N 上连 $CH_3$ 与 $H_3C$）；11. （$H_3C$—C=O … CHO）；

12. （螺环缩酮）或 （螺环缩酮）；13. （亚甲基环戊烯，$CH_2$）；14. （$CD_3$、Ph、$CH_3$、Ph 取代烯烃）或 （Ph、$CD_3$、Ph、$CH_3$ 取代烯烃）；

15. （环己烯基—$CO_2H$）；16. （CN、Br 取代吡啶，N）；17. （$CH_2$、Cl、Cl 螺环丙烷）；

18. （螺环酮，O）；19. （O 桥环酸酐，O、O、O）；

20. $PhCH_2O{-}\overset{O}{\overset{\|}{C}}{-}NH{-}\underset{CH_3}{\underset{|}{CH}}{-}\overset{O}{\overset{\|}{C}}{-}NHCH_2{-}\overset{O}{\overset{\|}{C}}{-}OCH_2Ph$ ， $H_2N{-}\underset{CH_3}{\underset{|}{CH}}{-}\overset{O}{\overset{\|}{C}}{-}NHCH_2{-}CO_2H$

二、（20 分）

1．四种立体异构。

2．酸条件下通过烯醇化而外消旋化。

（反应式：$H_3C$、H、Ph 取代的 C（R）—CH=O $\overset{H^+}{\rightleftharpoons}$ C（R）—CH=$\overset{+}{O}H$ $\overset{-H^+}{\rightleftharpoons}$ $H_3C$(Ph)C=C(OH)H $\overset{H^+}{\rightleftharpoons}$ $CH_3$、H、Ph 取代的 C（S）—CH=$\overset{+}{O}H$ $\overset{-H^+}{\rightleftharpoons}$ C（S）—CH=O）

3．

（1）[结构式：含 $H_3C$ 的环氧双环化合物，带 OH]

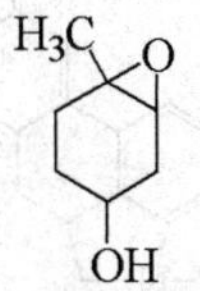

（2） 保护羟基 [结构式] $\xrightarrow[H^+]{\text{二氢吡喃}}$ $\xrightarrow{CH_3MgX}$ $\xrightarrow{H_3^+O}$ [结构式：$H_3C$、OH、$CH_3$ 取代环己醇]

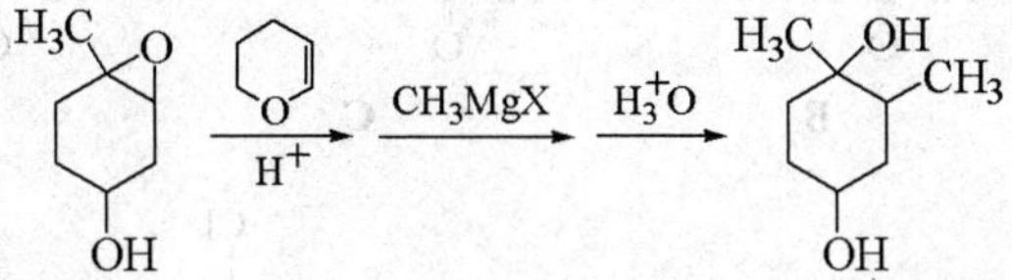

4.（1）D＞C＞A＞B；（2）B＞A＞C＞D。

5．A →（1），B →（3），C →（5），D →（2），E →（4）。

三、（10 分）

1. 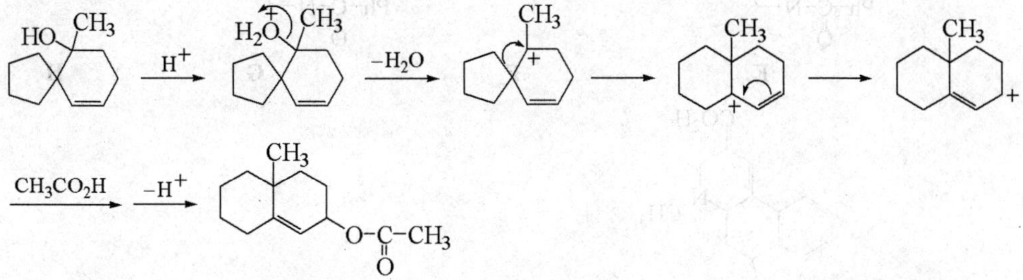 [结构式：HO、$CH_3$ 螺环烯] $\xrightarrow{H^+}$ [$H_2\overset{+}{O}$、$CH_3$] $\xrightarrow{-H_2O}$ [碳正离子] ⟶ [重排碳正离子] ⟶ [烯丙基碳正离子]

$\xrightarrow{CH_3CO_2H}$ $\xrightarrow{-H^+}$ [产物：含 $CH_3$ 的双环烯，带 $O-\overset{O}{\overset{\|}{C}}-CH_3$]

2. $CH_3-\overset{O}{\overset{\|}{C}}-CH_2CH_2-\overset{O}{\overset{\|}{C}}-OC_2H_5 \xrightarrow{CH_3MgBr}$ [$H_3C$、$CH_3$、$O^-$、$OC_2H_5$ 中间体] ⟶ [环状中间体：$H_3C$、$H_3C$、$O^-$、$OC_2H_5$]

⟶ [内酯：$H_3C$、$H_3C$ 五元环内酯]

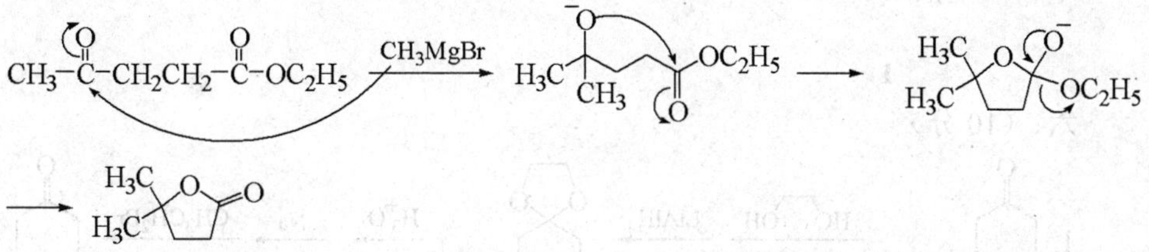

四、（6 分）

A [Fischer 投影式：CHO、$CH_2OH$]；B [Fischer 投影式：CHO、$CH_2OH$]

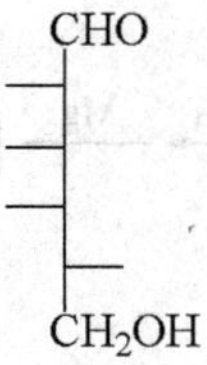

五、（13 分）

1. 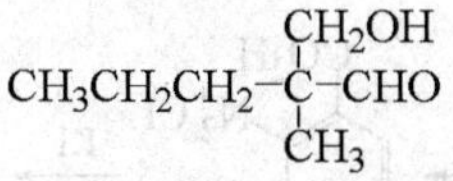 A：$CH_3CH_2CH_2-\underset{CH_3}{\overset{CH_2OH}{C}}-CHO$

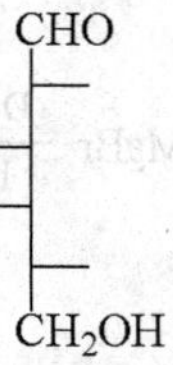

B：$CH_3CH_2CH_2-\underset{CH_3}{\overset{CH_2OH}{C}}-CH_2OH$

C：$CH_3CH_2CH_2-\underset{CH_3}{\overset{CH_2O-\overset{O}{\overset{\|}{C}}-Cl}{C}}-CH_2O-\underset{O}{\underset{\|}{C}}-Cl$

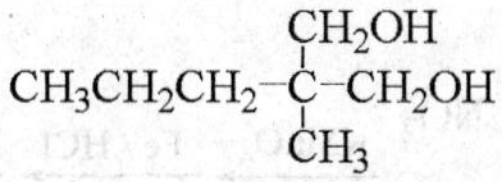

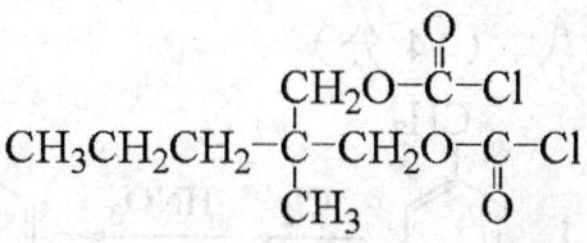

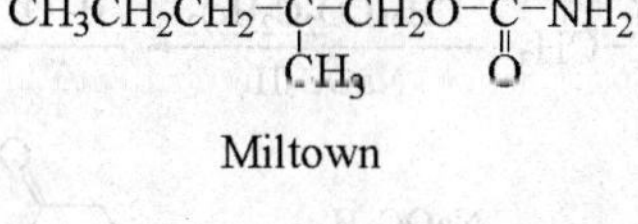

Miltown：$CH_3CH_2CH_2-\underset{CH_3}{\overset{CH_2O-\overset{O}{\overset{\|}{C}}-NH_2}{C}}-CH_2O-\underset{O}{\underset{\|}{C}}-NH_2$

2\.

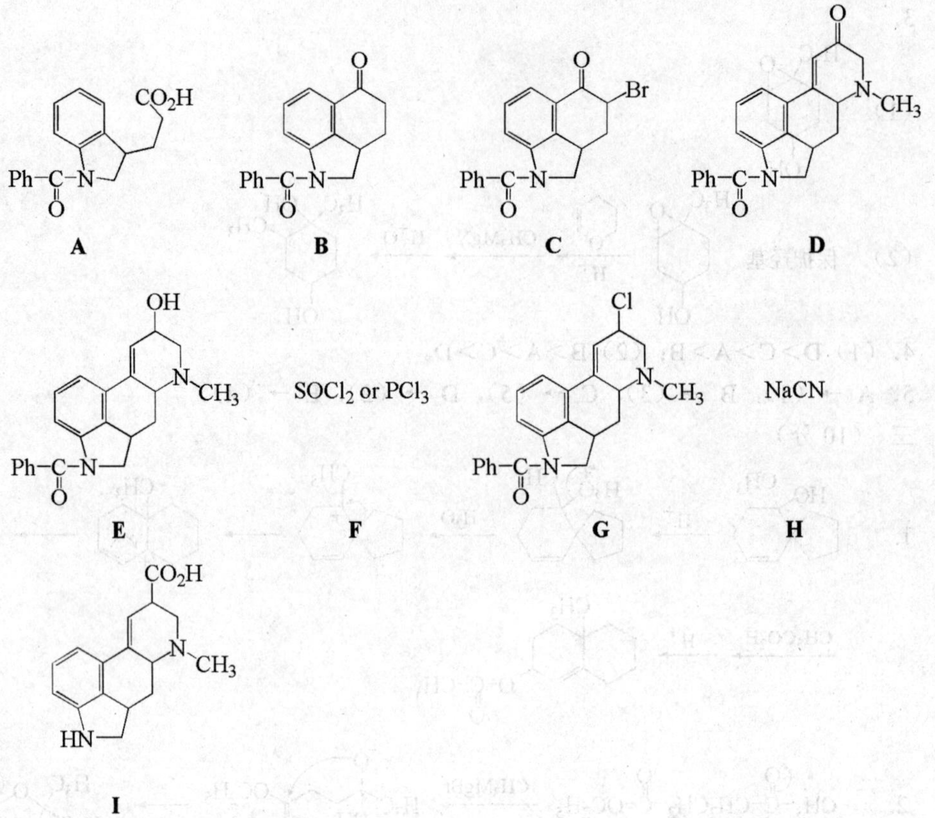

$Ph-\overset{O}{\overset{\|}{C}}-N$ ... $CO_2H$

**A** **B** **C** **D**

OH, $N-CH_3$, $SOCl_2$ or $PCl_3$, Cl, $N-CH_3$, NaCN

**E** **F** **G** **H**

$CO_2H$, $N-CH_3$, HN

**I**

六、（10 分）

1\. $CO_2CH_3$ $\xrightarrow[\text{dry HCl}]{HO\diagup\diagdown OH}$ $\xrightarrow{LiAlH_4}$ $CH_2OH$ $\xrightarrow{H_3^+O}$ $\xrightarrow{Na}$ $\xrightarrow{CH_3CH_2Br}$ $CH_2OCH_2CH_3$

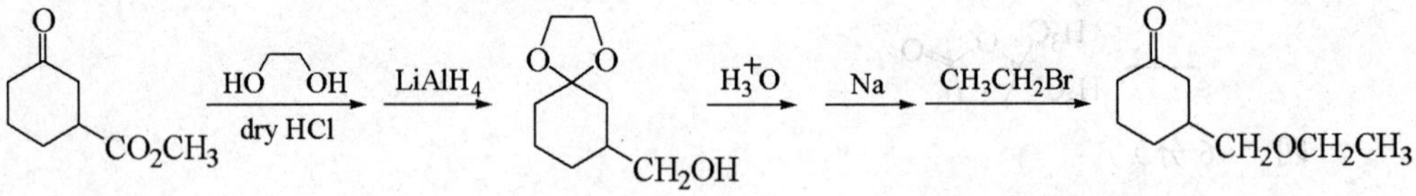

2\. $=CH_2$ $\xrightarrow[(2)\ H_2O_2\ /\ OH^-]{(1)\ B_2H_6}$ $-CH_2OH$ $\xrightarrow{PCl_3}$ $\xrightarrow{Mg}$ $-CH_2MgBr$ $\xrightarrow[D^+]{D_2O}$ $-CH_2D$

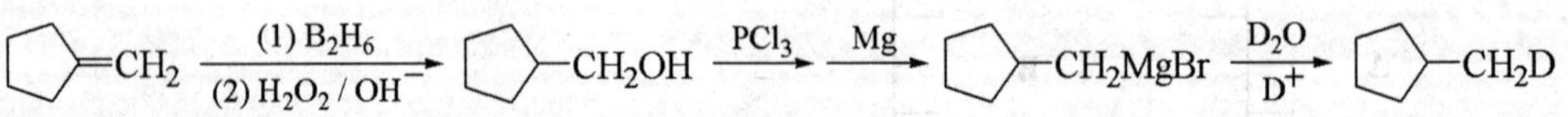

七、（5 分）

$CH_3-\underset{Cl}{\underset{|}{C}H}-\overset{O}{\overset{\|}{C}}-OCH_3$

八、（14 分）

1\. $CH_3$ $\xrightarrow[Fe]{Cl_2}$ $\xrightarrow[H_2SO_4]{HNO_3}$ $CH_3$, $NO_2$, Cl $\xrightarrow{KMnO_4}$ $\xrightarrow{Fe\ /\ HCl}$ $\xrightarrow[HCl]{NaNO_2}$ $CO_2H$, $N_2^+Cl^-$, Cl $\xrightarrow{KI}$ $CO_2H$, I, Cl

2\. $CH_3CHO + CH_3-\overset{O}{\overset{\|}{C}}-CH_3 \xrightarrow{OH^-} CH_3-CH=CH-\overset{O}{\overset{\|}{C}}-CH_3 \xrightarrow[NaOC_2H_5]{CH_2(CO_2C_2H_5)_2} \xrightarrow[\triangle]{H_3^+O}$

$CH_3-\underset{}{CH}(CH_2-\overset{O}{\overset{\|}{C}}-CH_3)-CH_2CO_2H \xrightarrow[H^+]{C_2H_5OH} CH_3-CH(CH_2-\overset{O}{\overset{\|}{C}}-CH_3)-CH_2CO_2C_2H_5 \xrightarrow{NaOC_2H_5} CH_3-$ (O, O)

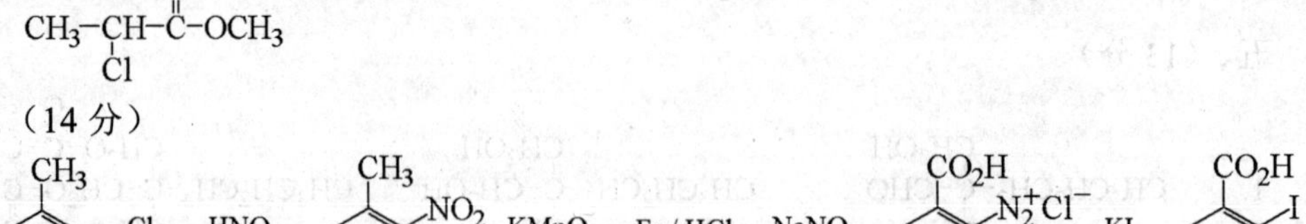

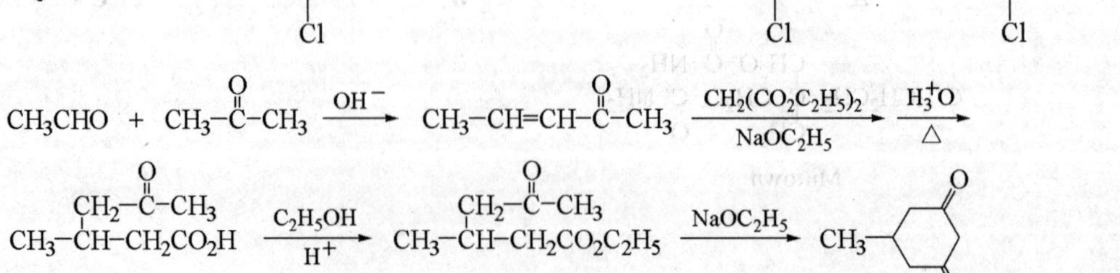

# 2002年试题参考答案

一、(24分)

1. 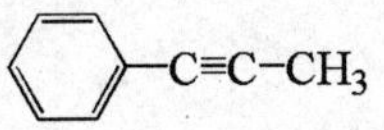 $C_6H_5-C\equiv C-CH_3$，(Z)-$PhCH=CHCH_3$；2. N-甲基吡咯烷（N—$CH_3$）；3. （结构式）；

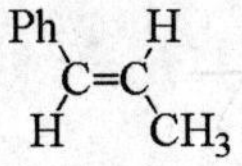

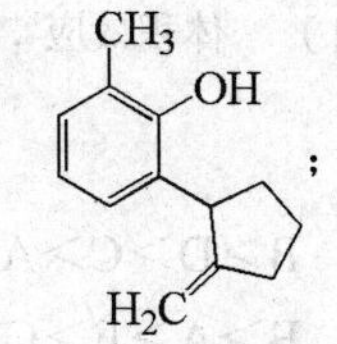

4. $ClCH_2CO_2C_2H_5$，（结构式，—$CO_2C_2H_5$）；5. （结构式），（结构式）；

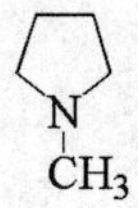

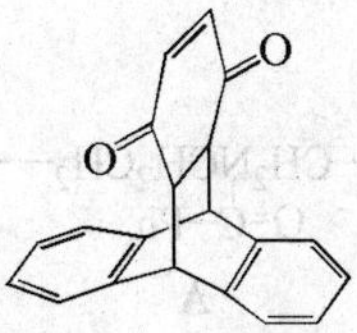

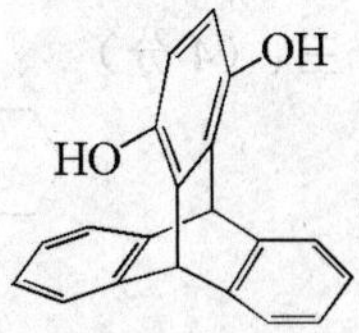

6. $Ph_3P=CHCH_2N(CH_3)_2$；7. 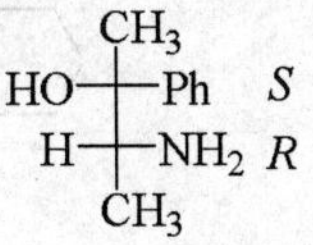 （Fischer投影式：$CH_3$，HO—C—Ph *S*，H—C—$NH_2$ *R*，$CH_3$）；

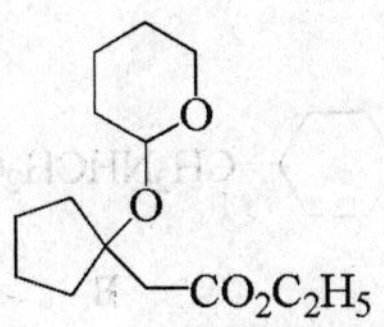

8. 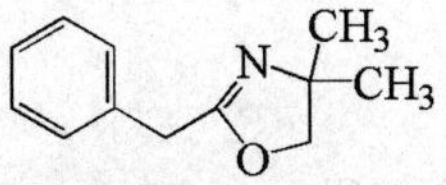 （结构式），（结构式，$C_2H_5$，$CO_2H$）；9. （结构式：$H_3C$，Ph，C—$NH_2$，H）；

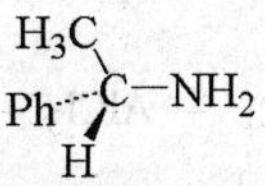

10. 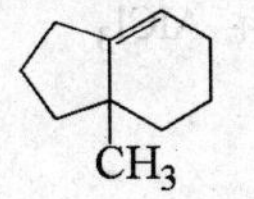 （结构式，$CH_3$）+（结构式，$CH_3$）；11. （结构式）；

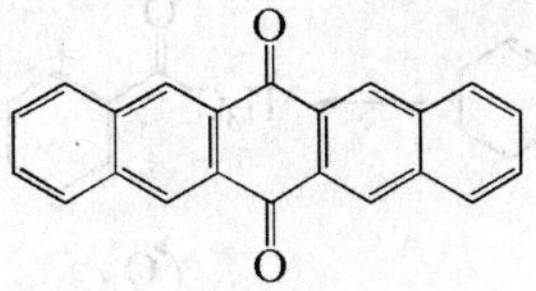

12. 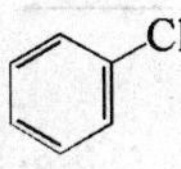 （结构式，Cl）；13. （结构式，Ph，H，HO，Ph，H）；

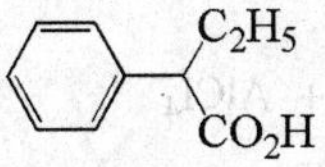

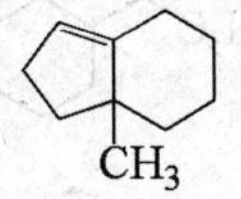

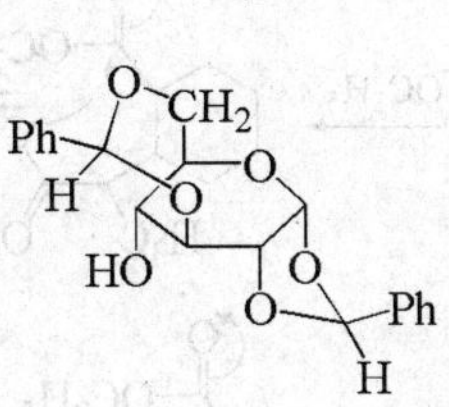

14. 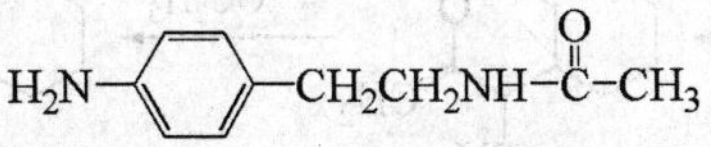 $H_2N-C_6H_4-CH_2CH_2NH-\overset{O}{\overset{\|}{C}}-CH_3$，$HO-C_6H_4-CH_2CH_2NH-\overset{O}{\overset{\|}{C}}-CH_3$；

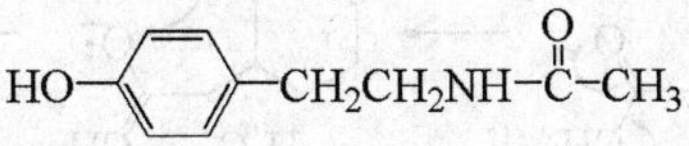

15. 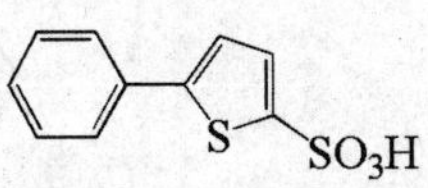 （结构式，S，$SO_3H$）；16. （结构式，$CH_3$，N，$CH_2-\overset{}{C}(=O)-Ph$）

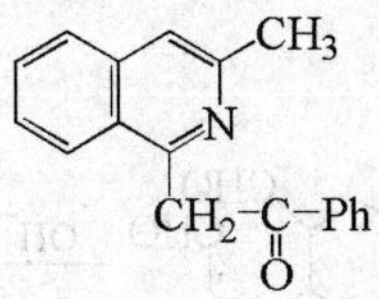

二、(20分)

1．**A**有，**B**有，**C**无。

2．**A**不能，**B**能。

3．

(1) 有 （结构式：H，$CH_3$，N，$H_3C$，H）；(2) （结构式：O，$C_2H_5$，H）

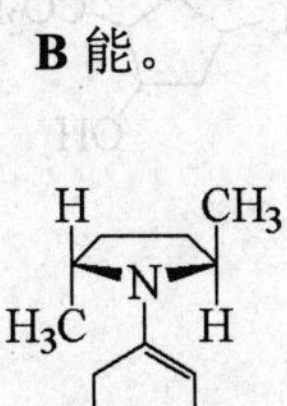

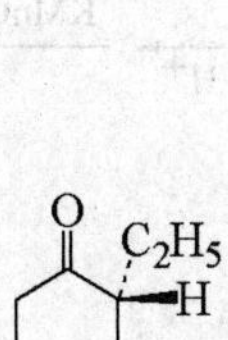

4.

（1） 体积效应；（2） 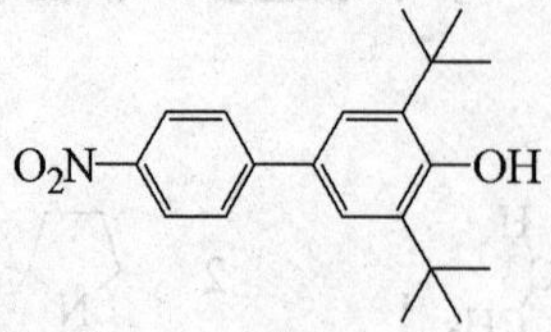 $O_2N$-C₆H₄-C₆H₂(t-Bu)₂-OH

5．B＞D＞C＞A。

6．B＞A＞E＞C＞D。

三、（4 分）

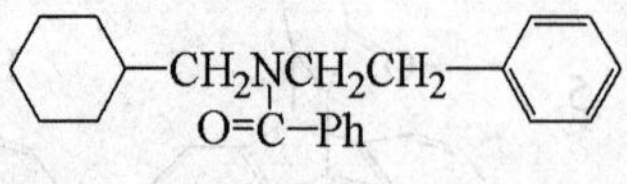

A 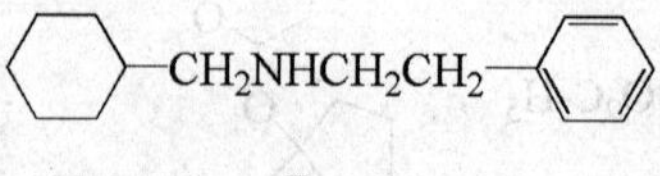 B

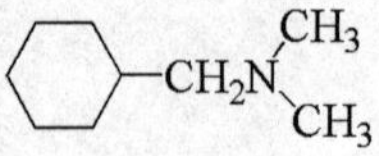

C 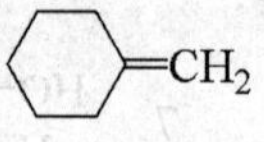 D

四、（11 分）

1. 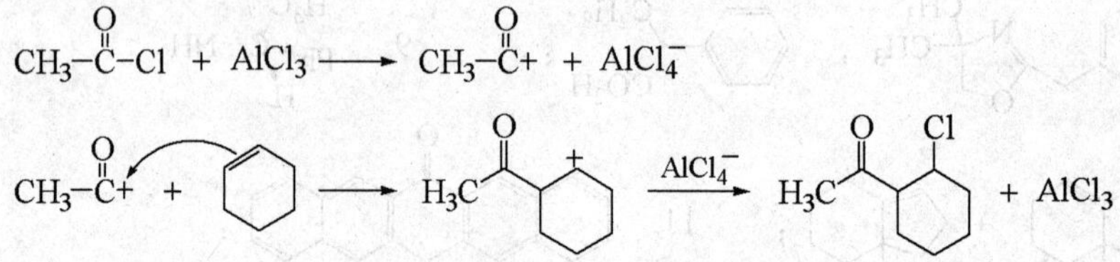 $CH_3-\overset{O}{\overset{\|}{C}}-Cl + AlCl_3 \longrightarrow CH_3-\overset{O}{\overset{\|}{C}}{+} + AlCl_4^-$

$\xrightarrow{AlCl_4^-}$ + $AlCl_3$

2. 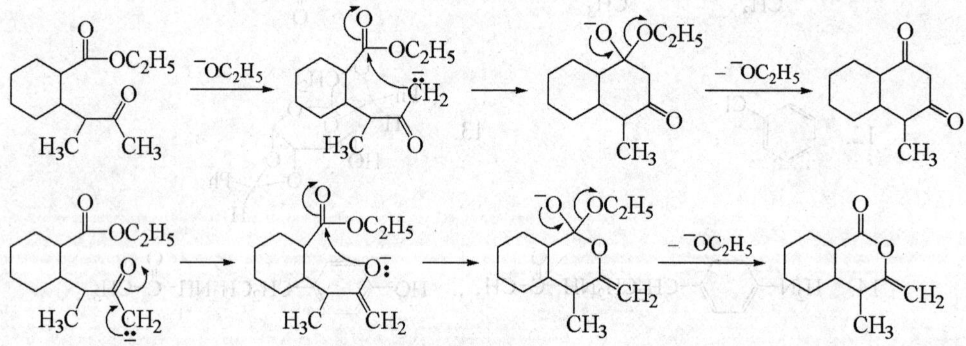 $\xrightarrow{^-OC_2H_5}$ $\xrightarrow{-^-OC_2H_5}$

$\xrightarrow{-^-OC_2H_5}$

五、（10 分）

（1） 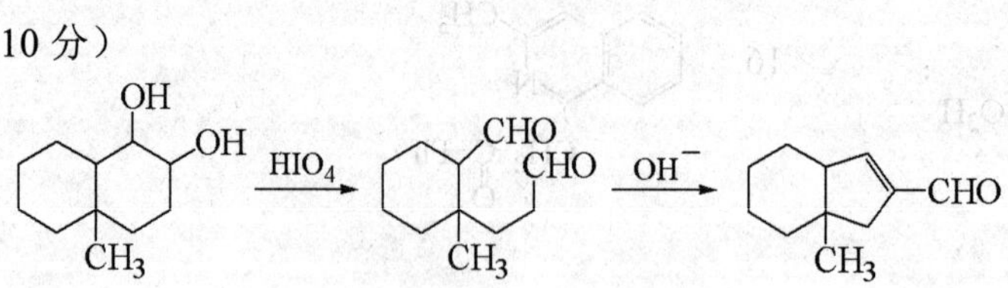 $\xrightarrow{HIO_4}$ $\xrightarrow{OH^-}$

（2） 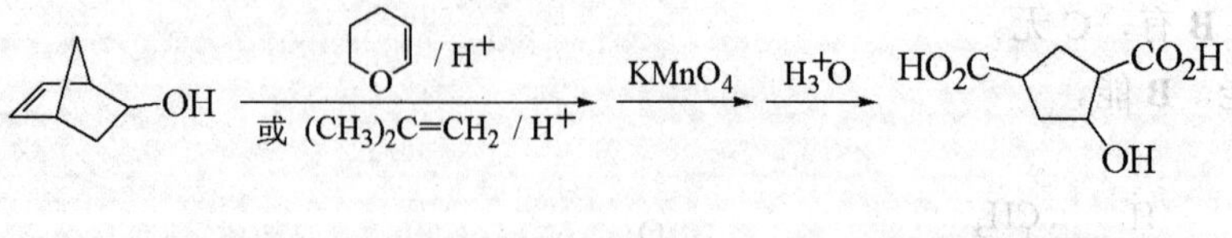 $\xrightarrow[\text{或 } (CH_3)_2C{=}CH_2\,/\,H^+]{/\,H^+}$ $\xrightarrow{KMnO_4}$ $\xrightarrow{H_3^+O}$

六、（5 分）

$CH_3-\underset{OH}{CH}-\overset{O}{\overset{\|}{C}}-CH_3$　　**K**

七、（8 分）

1. **A**：2-甲基-2-(羟甲基)戊醛（$CH_3$、CHO、$CH_2OH$）；**B**：2-甲基-2-丙基-1,3-丙二醇（$CH_3$、$CH_2OH$、$CH_2OH$）；**C**：$CH_2O-\overset{O}{\overset{\|}{C}}-Cl$、$CH_2O-\underset{O}{\underset{\|}{C}}-Cl$；**Meprobamate**：$CH_2O-\overset{O}{\overset{\|}{C}}-NH_2$、$CH_2O-\underset{O}{\underset{\|}{C}}-NH_2$

A　　B　　C　　Meprobamate

2. **M**　$CH_3CH_2COCl$ 或 $(CH_3CH_2CO)_2O$；　**N**　$C_6H_5COCH_2CH_3$；

**O**　$Br_2 / CH_3CO_2H$　；　**P**　$HN(C_2H_5)_2$

八、（18 分）

1. 苯酚 $\xrightarrow{HNO_3}$ 邻硝基苯酚（OH，$NO_2$） $\xrightarrow[\text{or } H_2/Ni]{LiAlH_4}$ 邻氨基苯酚（OH，$NH_2$）

$CH_3CHO + CH_3-\overset{O}{\overset{\|}{C}}-CH_3 \xrightarrow{OH^-} CH_3-CH{=}CH-\overset{O}{\overset{\|}{C}}-CH_3$

二者 $\xrightarrow[As_2O_5]{H_2SO_4}$ 2,4-二甲基-8-羟基喹啉（$CH_3$，N，$CH_3$，OH）

2. 甲苯（$CH_3$） $\xrightarrow[H_2SO_4]{HNO_3}$ 邻硝基甲苯（$CH_3$，$NO_2$） $\xrightarrow[(2)\ H^+]{(1)\ Zn/OH^-}$ $H_2N$–（$H_3C$）联苯–$NH_2$（$CH_3$） $\xrightarrow[HCl]{NaNO_2}$ $\xrightarrow{Cu_2(CN)_2}$

NC–（$H_3C$）联苯–CN（$CH_3$） $\xrightarrow{H_3^+O}$ $HO_2C$–（$H_3C$）联苯–$CO_2H$（$CH_3$） $\xrightarrow{KMnO_4}$ $HO_2C$（$HO_2C$）联苯 $CO_2H$（$CO_2H$）

3. $CH_2(CO_2C_2H_5)_2 \xrightarrow[ClCH_2CO_2C_2H_5]{NaOC_2H_5} C_2H_5O_2C-CH_2-CH(CO_2C_2H_5)_2 \xrightarrow[PhCH_2Cl]{NaOC_2H_5}$

$C_6H_5-CH_2-\underset{CH_2CO_2C_2H_5}{\overset{CO_2C_2H_5}{C}}-CO_2C_2H_5 \xrightarrow[(2)\ H^+/\triangle]{(1)\ OH^-/H_2O} C_6H_5-CH_2-\underset{CH_2CO_2H}{CH}-CO_2H \xrightarrow[\triangle]{H_3^+O}$ $C_6H_5-CH_2-$（琥珀酸酐环，O，O，O）

# 2003年试题（必考）参考答案

一、（8分）

1．2-乙基-4-环戊基-2-戊烯酸乙酯；　2．3-甲基-8-羟基喹啉；　3．5-甲基螺[2.4]庚烷；

4．（1*R*,3*R*）-3-甲基环己醇；　5．*β*-*D*-呋喃果糖

二、（32分）

1. 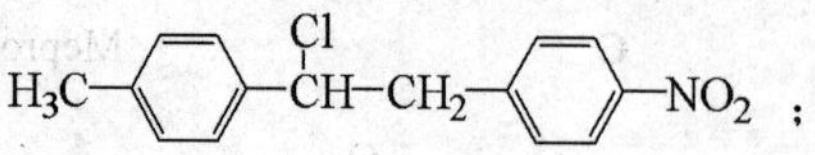 $H_3C-C_6H_4-CH(Cl)-CH_2-C_6H_4-NO_2$；　2. （结构式：$H_3C$、$CH_3$、$CH_3$、$SO_3H$ 取代苯）；

3. （结构式：H、$CH_3$、HO、$C-CH_2CH_3$）； 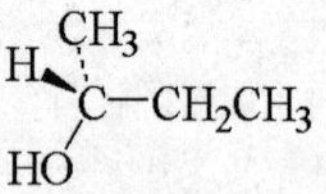　4. 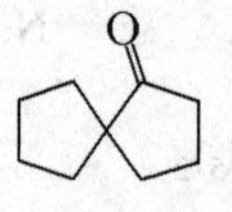 （结构式）；　5. 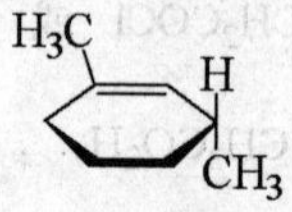 （结构式：$H_3C$、H、H、$CH_3$）；

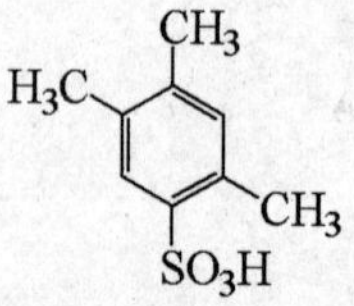

6. 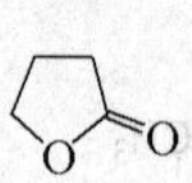 （结构式：O、O）；　7. 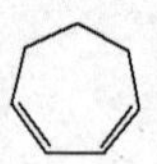 （结构式），（结构式：O、$CH_3$）；　8. 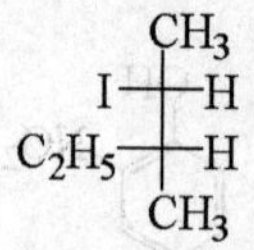 （结构式：$CH_3$、I—H—H、$C_2H_5$—H、$CH_3$）；

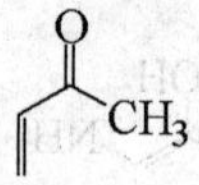

9. 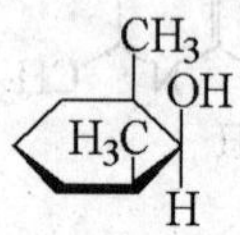 （结构式：$CH_3$、OH、$H_3C$、H）；　10. 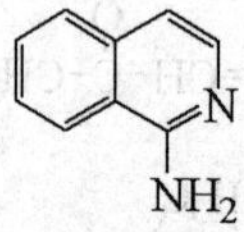 （结构式：N、$NH_2$）；　11. 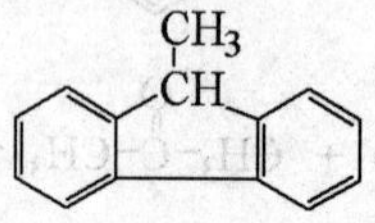 （结构式：$CH_3$、CH）；

12. 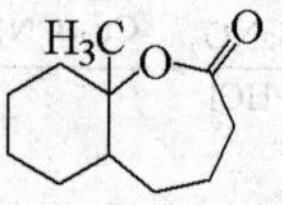 （结构式：$H_3C$、O、O）；　13. 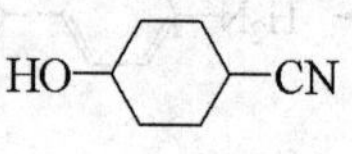 $HO-C_6H_{10}-CN$；　14. 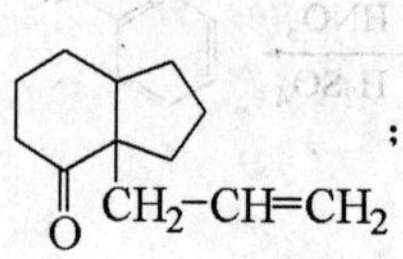 （结构式：O、$CH_2-CH=CH_2$）；

15. $(CH_3)_2SO_4\,/\,OH^-$，（结构式：$CH_2OCH_3$、$H_3CO$、O、OH、$H_3CO$、$OCH_3$）；

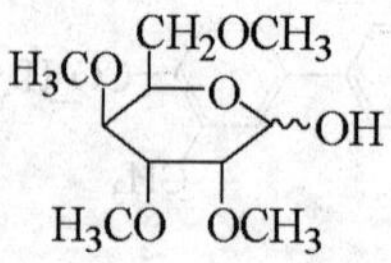

16. $PhCH_2O-\overset{O}{\overset{\|}{C}}-NH-\underset{CH_3}{\underset{|}{CH}}-CO_2CH_3$，　$H_2N-\underset{CH_3}{\underset{|}{CH}}-CO_2CH_3$；

17. $CH_3-\underset{CH_2OH}{\underset{|}{\overset{CH_2OH}{\overset{|}{C}}}}-CHO$，　$CH_3-\underset{CH_2OH}{\underset{|}{\overset{CH_2OH}{\overset{|}{C}}}}-CH=CHOCH_3$

三、（27分）

1．立体异构有四种，其中两种无光学活性。

2．

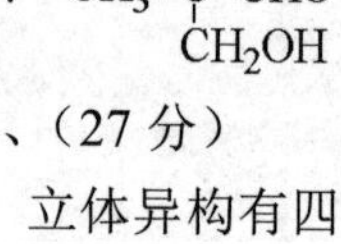

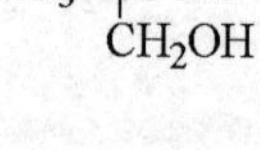

（结构式：Ph、OH、Br）；　（结构式：Ph、O）

3．① *α*-碳负离子；② 不能。

4．E＞D＞A＞C＞B。

5．D＞E＞A＞C＞B。

四、（9分）

Skytanthine 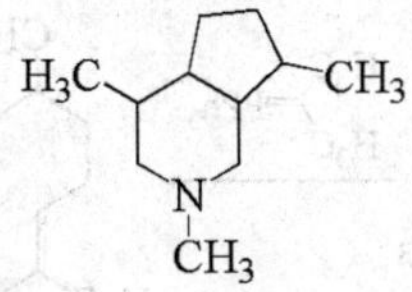 ； **A** 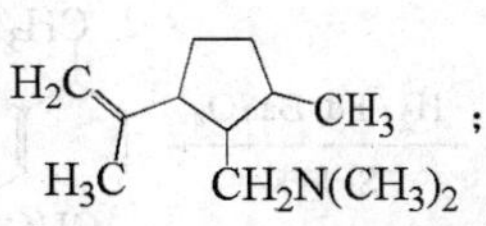 ； **B**

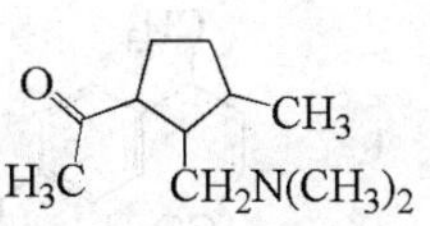

五、（10分）

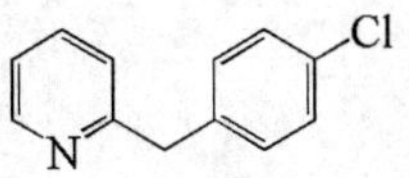

**A** 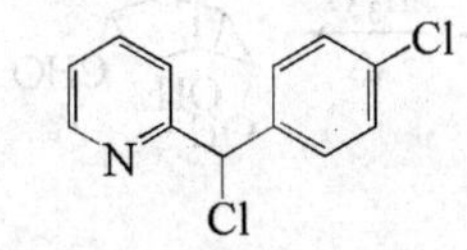 **B** 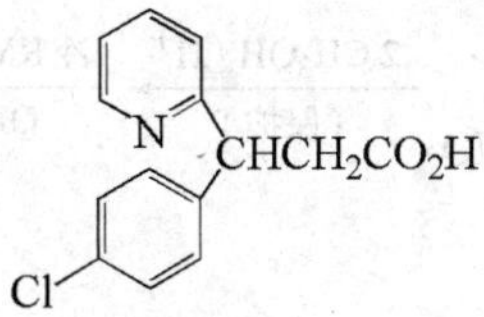 **C** **D**

$HN(CH_3)_2$

Chlorphenriamine

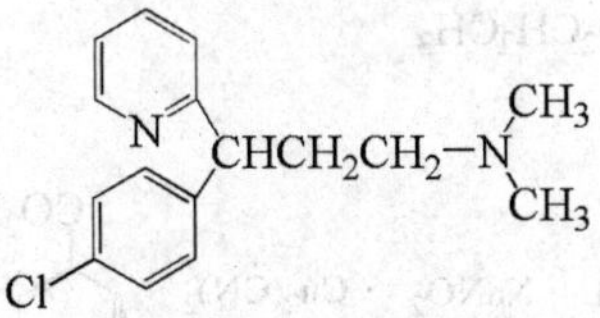

六、（15分）

1. 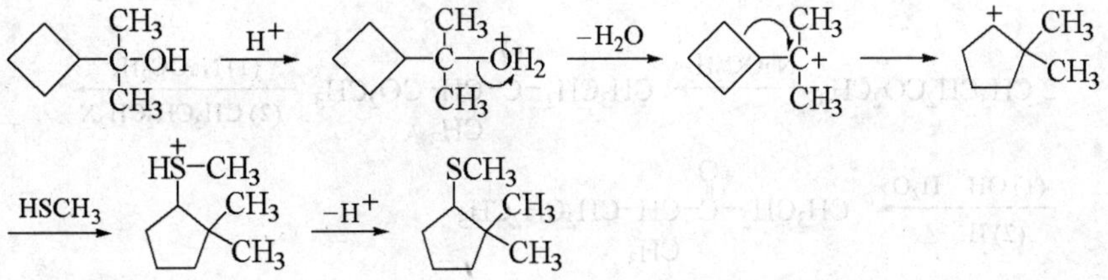 $\xrightarrow{H^+}$ $\xrightarrow{-H_2O}$ $\longrightarrow$ $\xrightarrow{HSCH_3}$ $\xrightarrow{-H^+}$

2. （1） 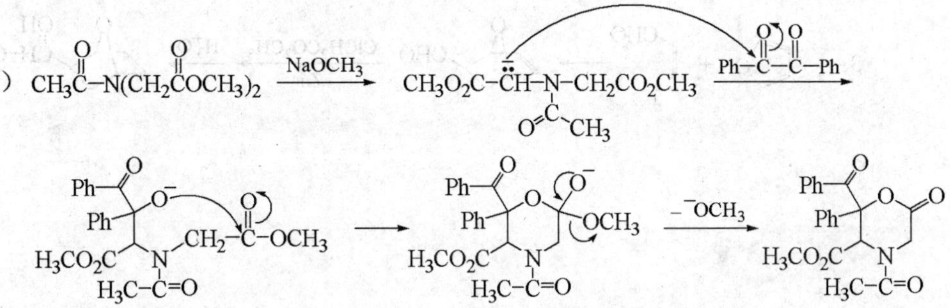 $CH_3\overset{O}{\overset{\|}{C}}-N(CH_2\overset{O}{\overset{\|}{C}}OCH_3)_2 \xrightarrow{NaOCH_3} CH_3O_2C-\ddot{C}H-N(COCH_3)-CH_2CO_2CH_3 \xrightarrow{Ph-CO-CO-Ph}$

（X） $\longrightarrow$ $\xrightarrow{-^-OCH_3}$

（2）（X） $\xrightarrow{HOCH_3}$ $\xrightarrow{-H_2O}$

$\xrightarrow{^-OCH_3}$ $\longrightarrow$

$\xrightarrow{HOCH_3}\xrightarrow{-H_2O}$

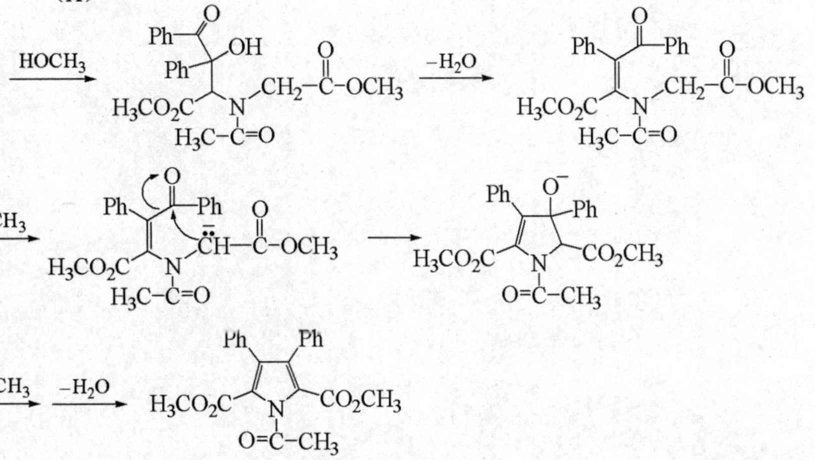

七、（14 分）

1. 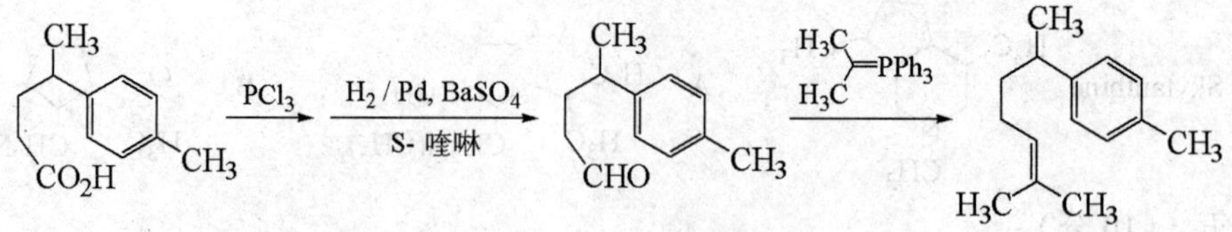 （对甲苯基取代的丁酸，$CO_2H$） $\xrightarrow{PCl_3}$ $\xrightarrow[\text{S-喹啉}]{H_2/Pd,\ BaSO_4}$ （相应的醛，CHO） $\xrightarrow{(H_3C)_2C{=}PPh_3}$ （末端为 $(H_3C)_2C{=}$ 的烯烃，对甲苯基取代）

2. （7-氧杂双环庚烯甲醛，CHO） $\xrightarrow[\text{（保护）}]{2\ CH_3OH/H^+}$ $\xrightarrow[OH^-]{\text{冷}\ KMnO_4}$ $\xrightarrow[\triangle]{H_3^+O}$ （二醇产物，OH、OH、CHO）

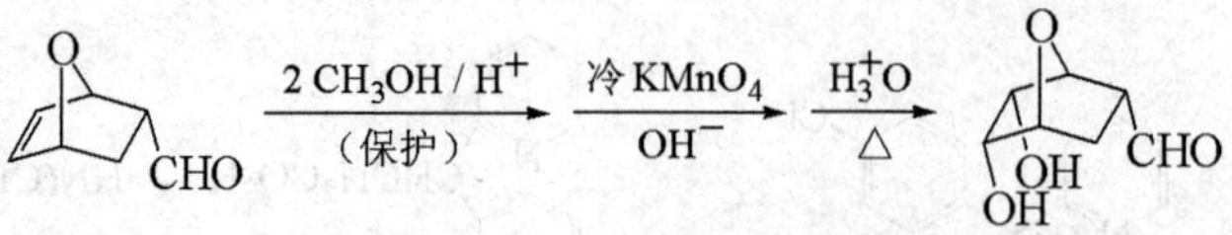

八、（8 分）

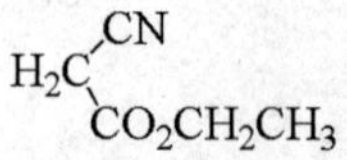

$H_2C(CN)CO_2CH_2CH_3$　　**M**

九、（27 分）

1. 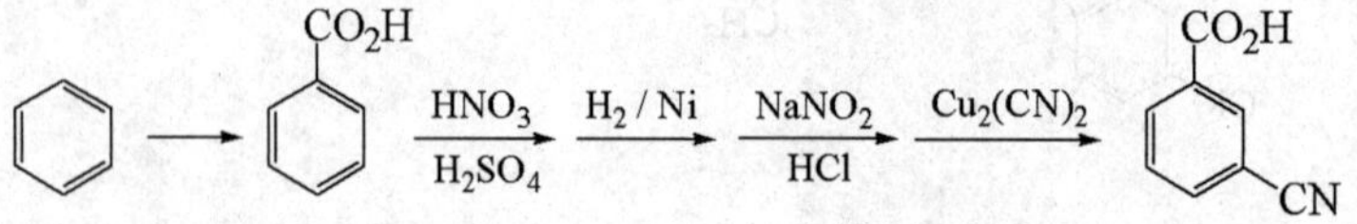 （苯） ⟶ （苯甲酸，$CO_2H$） $\xrightarrow[H_2SO_4]{HNO_3}$ $\xrightarrow{H_2/Ni}$ $\xrightarrow[HCl]{NaNO_2}$ $\xrightarrow{Cu_2(CN)_2}$ （间氰基苯甲酸，$CO_2H$、CN）

2. $2\ CH_3CH_2CO_2CH_3 \xrightarrow{NaOC_2H_5} CH_3CH_2-\overset{O}{\overset{\|}{C}}-\underset{CH_3}{\underset{|}{C}H}-CO_2CH_3 \xrightarrow[(2)\ CH_3CH_2CH_2X]{(1)\ NaOC_2H_5}$

$\xrightarrow[(2)\ H^+/\triangle]{(1)\ OH^-/H_2O} CH_3CH_2-\overset{O}{\overset{\|}{C}}-\underset{CH_3}{\underset{|}{C}H}-CH_2CH_2CH_3$

3. 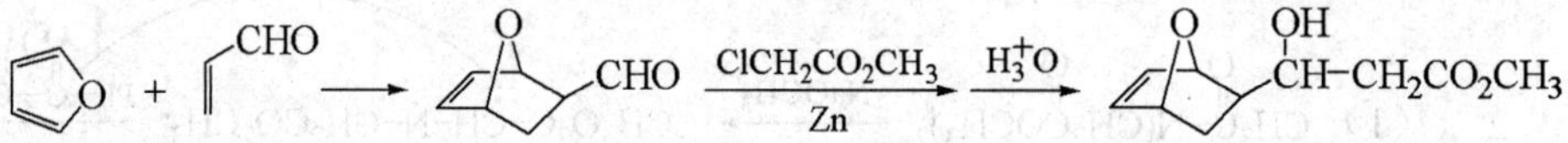 （呋喃） + （丙烯醛，CHO） ⟶ （7-氧杂双环庚烯甲醛，CHO） $\xrightarrow[Zn]{ClCH_2CO_2CH_3}$ $\xrightarrow{H_3^+O}$ （双环产物）$-\overset{OH}{\overset{|}{C}H}-CH_2CO_2CH_3$

# 2003年试题（选考）参考答案

一、（29分）

1．8种。

2．

① $Ph$-（环己烷椅式构象）-$OH$，$Br$ ； ② $Ph$-（环己酮椅式构象）=$O$

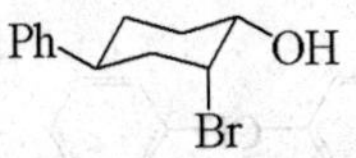

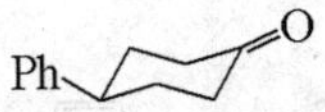

3．

$CH_3CH_2CH_2CH_2OH$ ； $H_3C$, $H$--$C$—$OH$, $C_2H_5$ 对映体 ； $CH_3$—$CH(CH_3)$—$CH_2OH$ ； $CH_3$—$C(CH_3)(OH)$—$CH_3$ ；

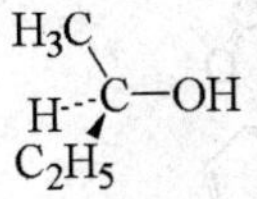

$CH_3CH_2CH_2OCH_3$ ； $CH_3$—$CH(CH_3)$—$OCH_3$ ； $CH_3CH_2OCH_2CH_3$

4．D＞A＞B＞E＞C。

5．D＞C＞A＞B＞E。

二、（8分）

1．1,7,7-三甲基二环[2,2,1]庚烷； 2．4-甲基-2-呋喃甲醛； 3．5-乙基-2-苯基-3-庚烯；

4．*β-D*-吡喃葡萄糖； 5．*R*-2-甲基丁酰胺

三、（34分）

1. 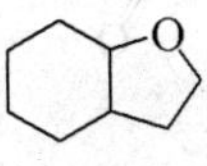 （结构式）；  2. 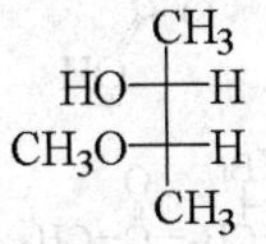 （费歇尔投影式：$CH_3$，$HO$—$H$，$CH_3O$—$H$，$CH_3$）或（$CH_3$，$H$—$OCH_3$，$H$—$OH$，$CH_3$）；  3. （结构式）；

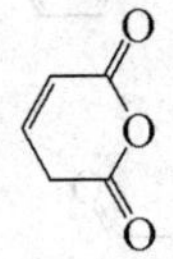

4. 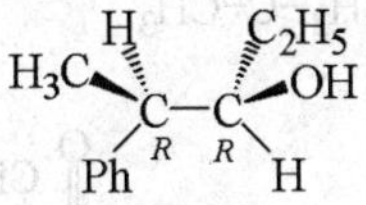 $H_3C$，$H$，$C$（$R$），$Ph$；$C_2H_5$，$OH$，$C$（$R$），$H$ ；  5. $CH_3O$，$Cl$，$O_2N$，$NO_2$ ；  6. 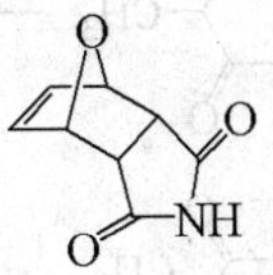 （结构式，$O$，$NH$）；

7. 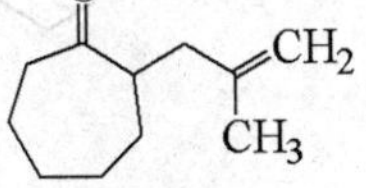 （结构式，$O$，$CH_2$，$CH_3$），（结构式，$O$，$O$，$CH_3$）；  8. 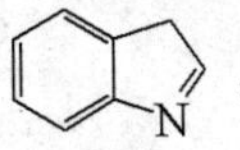 （结构式，$N$）；  9. 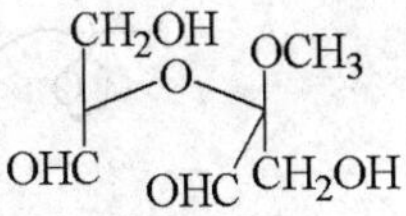 $CH_2OH$，$O$，$OCH_3$，$OHC$，$OHC$，$CH_2OH$ ；

10. 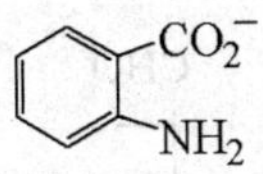 （结构式，$CO_2^-$，$NH_2$）；  11. 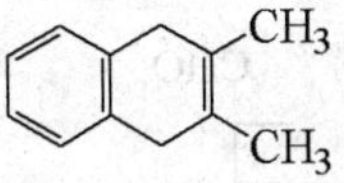 （结构式，$CH_3$，$CH_3$）；  12. 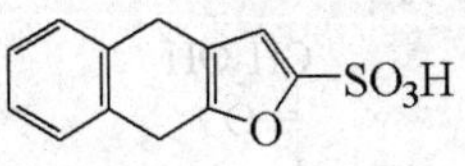 （结构式，$O$，$SO_3H$）；

13. $CH_3$—$C(=O)$—$CH_3$ ＋ （结构式，$CO_2H$，$CO_2H$）；  14. 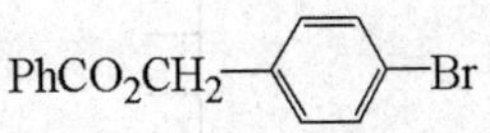 $PhCO_2CH_2$—（苯环）—$Br$ ；

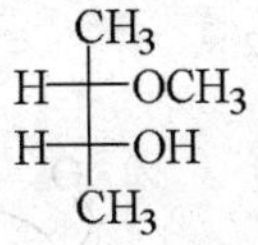

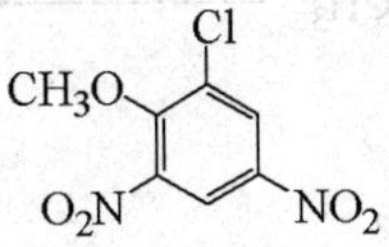

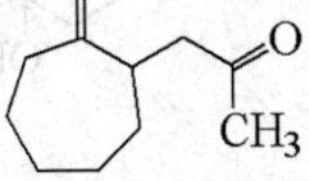

15. 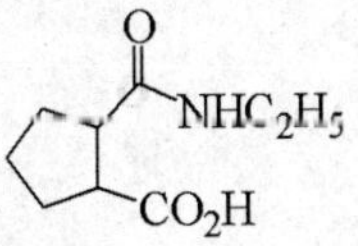 （结构式，$O$，$NHC_2H_5$，$CO_2H$）；  16. 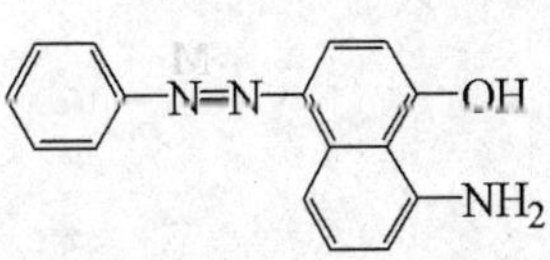 （结构式，$N$=$N$，$OH$，$NH_2$）；

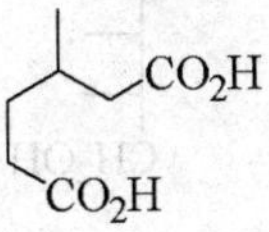

17. 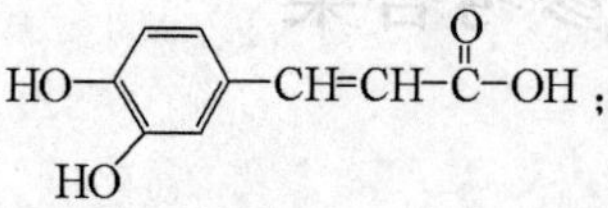 $HO$(3,4-二羟基苯基)$-CH{=}CH-\overset{O}{\overset{\|}{C}}-OH$；  18. 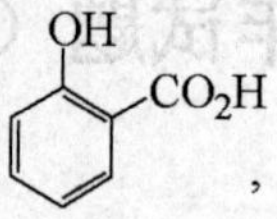 邻羟基苯甲酸（$OH$, $CO_2H$），乙酰水杨酸（$O-\overset{O}{\overset{\|}{C}}-CH_3$, $CO_2H$）；

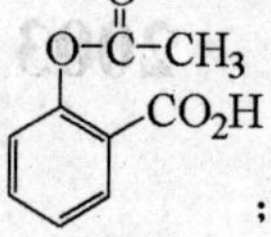

19. $OH^-/C_2H_5OH$ ， $H_3^+O$

四、（13 分）

1.（1）$\xrightarrow{H^+}$ $\xrightarrow{-H_2O}$ $\longrightarrow$ $\xrightarrow{-H^+}$

（2）$\xrightarrow{H^+}$ $\longrightarrow$ $\longrightarrow$ $\xrightarrow{-H_2O}$ $\xrightarrow{-H^+}$

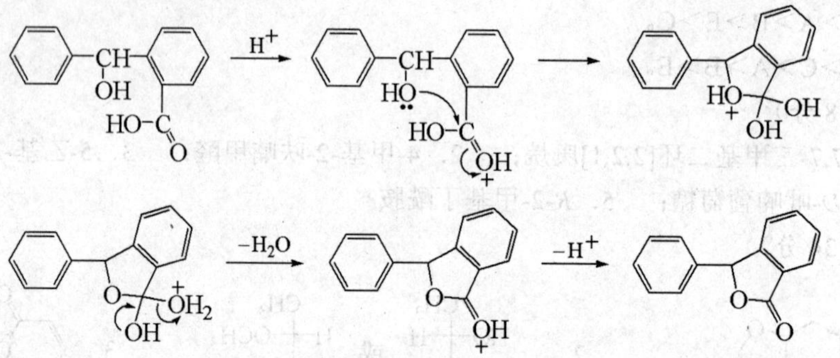

2. $\xrightarrow{NaOC_2H_5}$ $\xrightarrow{BrCH_2-\overset{O}{\overset{\|}{C}}-CH_3}$ $\xrightarrow{^-OC_2H_5}$ $\longrightarrow$ $\xrightarrow{HOC_2H_5}$ $\xrightarrow{-H_2O}$

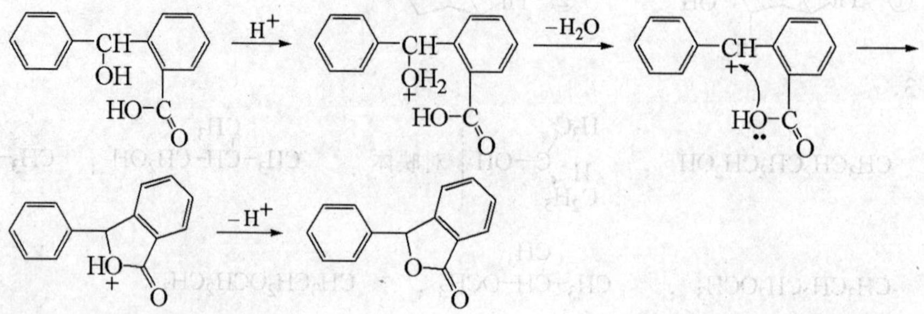

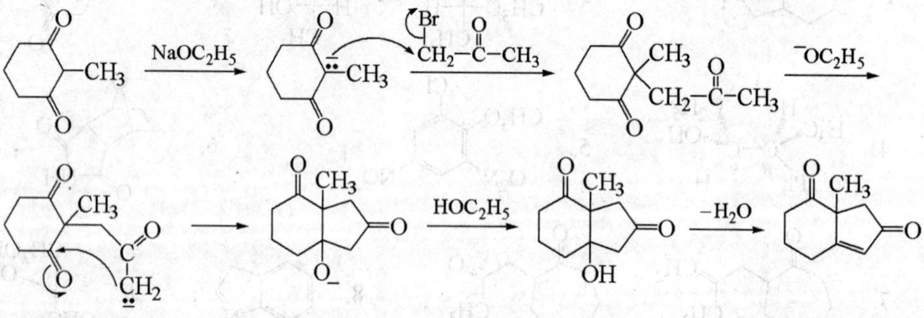

五、（8 分）

$CH_2OH$ / $=O$ / $CH_2OH$　　$CHO$ / $CH_2OH$ 或 $CHO$ / $CH_2OH$　　$CHO$ / $CH_2OH$　　$CHO$ / $CH_2OH$

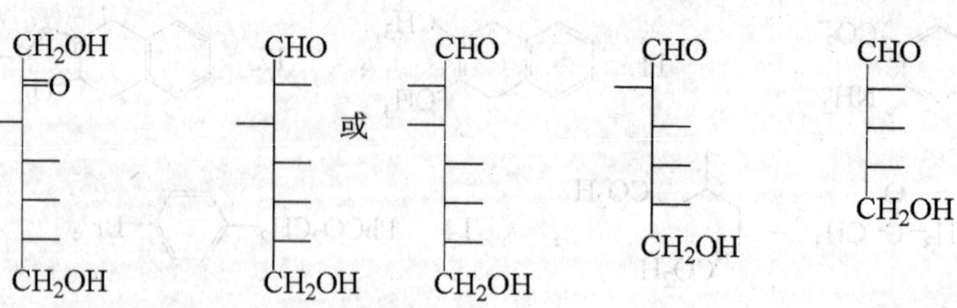

*D*- 景天庚酮糖　　**M**　　**N**　　**O**

六、（9 分）

$CO_2C_2H_5$

N−$CH_3$

Pethidine

$CO_2C_2H_5$

$CH_3$

N

$CH_3$

**A**

$CO_2C_2H_5$

**B**

七、（14 分）

1. Br （起始物）；试剂：HO⌒OH / dry HCl → $CH_3COCH_3$ → $H_3^+O$, △；产物：O，HO−C($H_3C$)($CH_3$)

2. Cl−C₆H₄−$\underset{CH_3}{CH}CH_2CH_2\overset{O}{C}$−Cl $\xrightarrow{AlCl_3}$ （O，$CH_3$） $\xrightarrow{PhCO_3H}$ $\xrightarrow[\triangle]{H_3^+O}$ Cl（OH）−$\underset{CH_3}{CH}CH_2CH_2\overset{O}{C}$−OH

八、（8 分）

$H_3C-\overset{CH_3}{\underset{OH}{C}}-CH_2CH_3$　　**Q**

九、（27 分）

1. OH $\xrightarrow{CrO_3\ /\ H^+}$ $\xrightarrow[CH_3CO_2H]{Br_2}$ O，−Br $\xrightarrow[C_2H_5OH]{OH^-}$ O $\xrightarrow[三乙]{NaOC_2H_5}$ $\xrightarrow[(2)\ H^+/\triangle]{(1)\ OH^-/H_2O}$ O，$CH_2\overset{O}{C}CH_3$

2. $CH_3$ $\xrightarrow[H_2SO_4]{HNO_3}$ $CH_3$，$NO_2$，$NO_2$ $\xrightarrow{KMnO_4/H^+}$ $\xrightarrow{H_2\ /\ Ni}$ $CO_2H$，$NH_2$，$NH_2$ $\xrightarrow[H_2SO_4]{NaNO_2}$ $\xrightarrow{H_3^+O}$

$CO_2H$，OH，OH $\xrightarrow{HNO_3}$ $CO_2H$，OH，$O_2N$，OH

3. $CH_3$ $\xrightarrow[AlCl_3]{CO\ /\ HCl}$ $CH_3$，CHO $\xrightarrow[OH^-]{CH_3COCH_3}$ $CH_3$，$CH{=}CH-\overset{O}{C}-CH_3$ $\xrightarrow[CH_3)_2CHOH]{[(CH_3)_2CHO]_3Al}$

$\xrightarrow[(2)\ CH_3CH_2CH_2X]{(1)\ NaNH_2}$ $H_3C-C_6H_4-CH{=}CH\underset{CH_3}{C}HOCH_2CH_2CH_3$

# 2004年试题（必考）参考答案

一、（30分）

1. 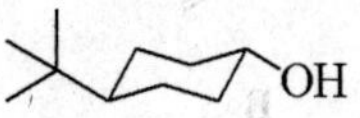 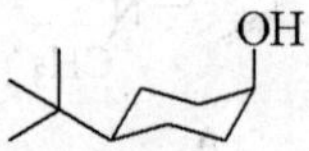 A（$OH$ 平伏键）　B（$OH$ 直立键）　A快

2. 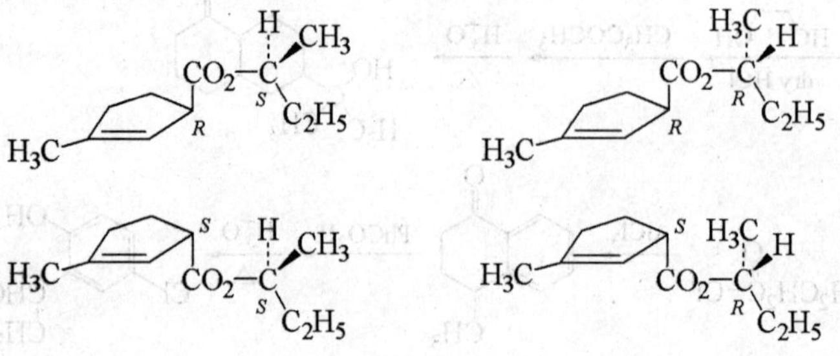 四个立体异构酯（构型标记：R,S；R,R；S,S；S,R）

3. $HO_2C-CH(NH_3^+)-CH_2CH_2CO_2H$　等电点 pH＝3.23

$pK_{a_1}=2.13$　$pK_{a_2}=9.95$　$pK_{a_3}=4.32$

4．与水合茚三酮显色为 **A**；与 $HNO_2$ 作用放 $N_2$ 为 **B**；不反应为 **C**。

二、（27分）

1. 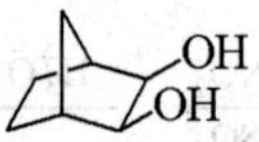 （降冰片烷顺式二醇）；2. $CH_3CH_2CH(Ph)-CH(OH)CH_3$ ＋ $CH_3CH_2CH(OH)-CH(Ph)CH_3$；

3. $(H_3C)_2C=CH-CH(OH)-CH_3$；4. $PhCH=CH-\overset{O}{C}-CH_2CH_3$；5. 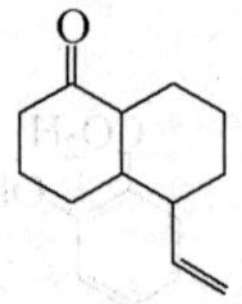 （含乙烯基的双环酮）；

6. 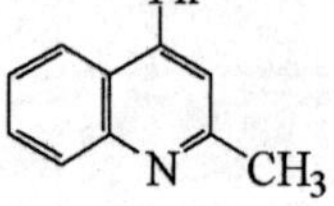 4-苯基-2-甲基喹啉，4-苯基-2-($CH_2\overset{O}{C}CH_3$)喹啉；7. $H_3C(Ph)C=C(Ph)H$；

8. 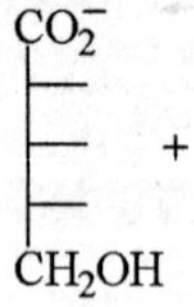 （$CO_2^-$ … $CH_2OH$ 两个 Fischer 投影式）；9. $H_3C$-γ-丁内酯；10. （1）Mg，（2）$D_2O$；

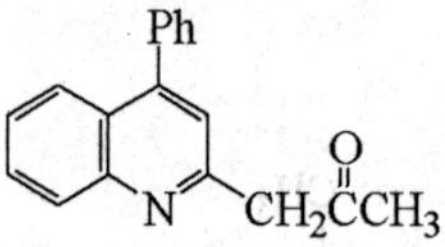

11. 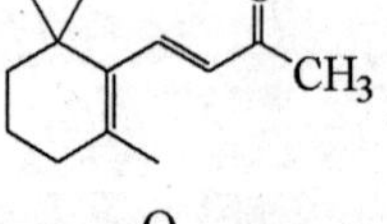 （紫罗兰酮），（环氧酯 $CO_2C_2H_5$，$CH_3$），（$CH_3$，CHO 醛）；

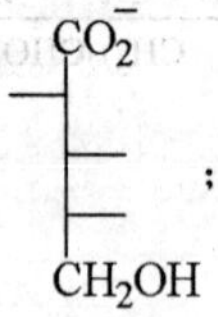

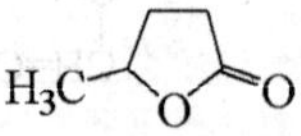

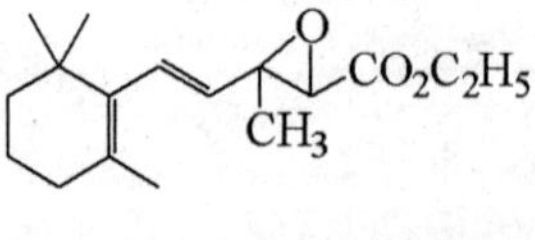

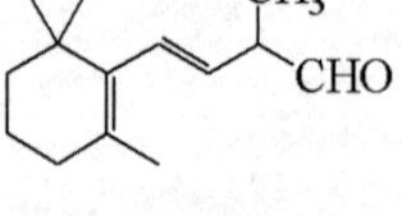

12. 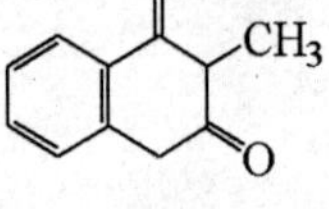 （2-甲基-1,3-四氢萘二酮）；13. $PhNH\overset{O}{C}OCH_2CH_2O\overset{O}{C}NHPh$；14. 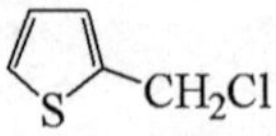 2-噻吩基-$CH_2Cl$

三、（29 分）

1. $H_3C$—(piperidine, NH)—$CH{=}CH{-}CH_3$　　$H_3C$—($\overset{+}{N}(CH_3)_2$ piperidinium)—$CH{=}CH{-}CH_3$ $I^-$　　$(H_3C)_2N$—

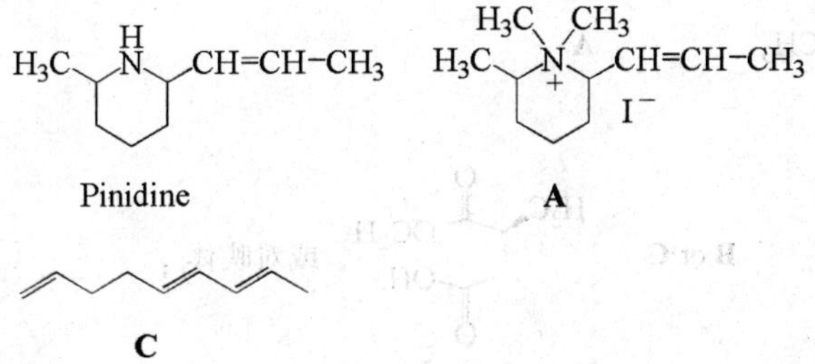

Pinidine　　**A**　　**B**

**C**

2. CN, CH₂OH　　CN, CH₂OH　　$CO_2H$, $CH_2OH$　　$HNO_3$　　$CO_2H$, OH, Br, $CO_2H$　　Zn / HCl or $H_2$ / Ni

**M**　　**N**　　**O**　　**P**　　**Q**　　**R**

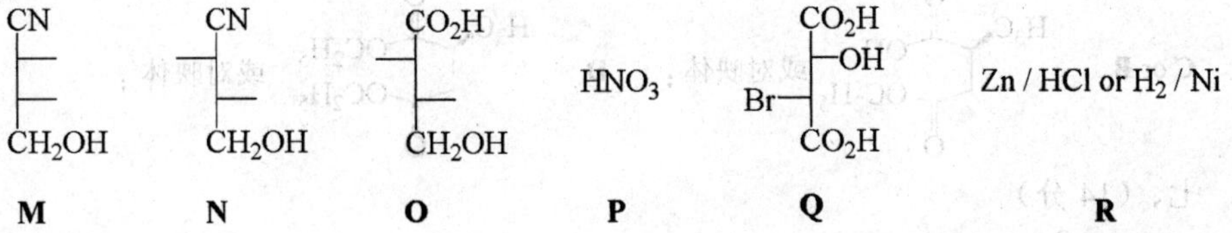

3.（1）　$HCCl_3$ ＋ $OH^-$ ⟶ :C(Cl)Cl

Cl　Cl　:$CCl_2$　N H　N H　中间体　$\overset{+}{N}$ H　Cl　$-H^+$　N　Cl

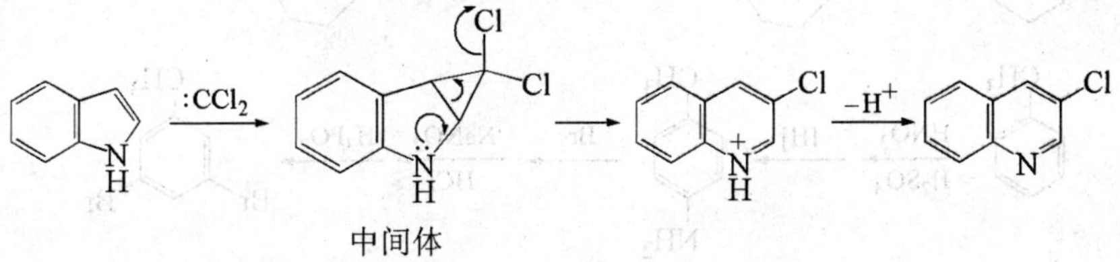

（2）　N H　:$CCl_2$（卡宾进攻邻位受阻）

β-环糊精

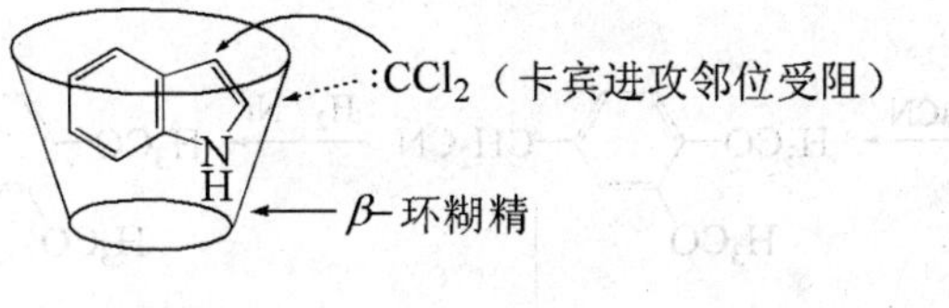

四、（14 分）

1. CHO　$H^+$　CH=$\overset{+}{O}$H　OH　H　$-H^+$　OH　$H^+$　$\ddot{O}$H　+

⟶　CH=$OH^+$　$-H^+$　CHO

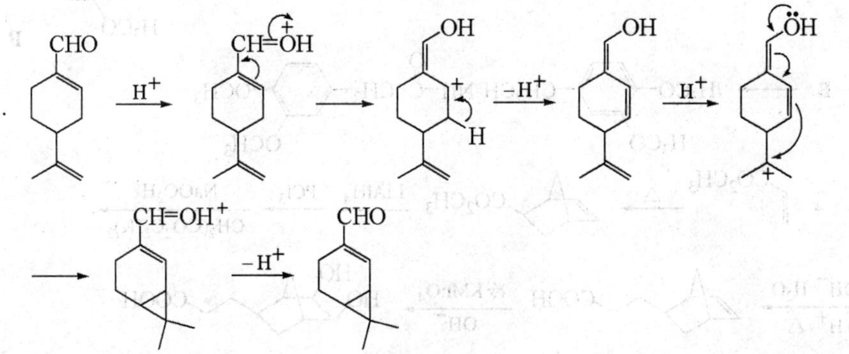

2. $HN(CH_2CH_2CH_2CHO)_2$　$H^+$　$\overset{+}{O}$H　CH　CHO　H N　⟶　OH　CHO　$\overset{+}{N}$ H　$-H_2O$　$\overset{+}{N}$　CHO

$H^+$ 烯醇化　$\overset{+}{N}$　$\ddot{O}$H　⟶　CH=$\overset{+}{O}$H　N　$-H^+$　CHO　N

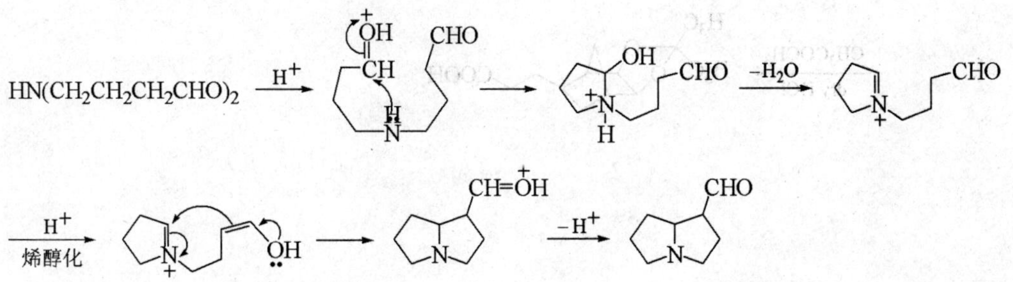

五、(8 分)

$HO-C_6H_4-CO_2CH_2CH_2CH_3$  **A**

六、(8 分)

**A** (methylsuccinic anhydride, $H_3C$) 或对映体； **B or C** $H_3C$-CH($CO_2C_2H_5$)-$CH_2$-COOH 或对映体；

**C or B** $H_3C$-CH(COOH)-$CH_2$-$CO_2C_2H_5$ 或对映体； **D** $H_3C$-CH($CO_2C_2H_5$)-$CH_2$-$CO_2C_2H_5$ 或对映体；

七、(14 分)

1. cyclohexanone $\xrightarrow{CH_2N_2}$ cycloheptanone $\xrightarrow{Ph_3P=CH-CH=CH_2}$ cycloheptylidene=CH-CH=$CH_2$

2. toluene ($CH_3$) $\xrightarrow[H_2SO_4]{HNO_3}$ $\xrightarrow{[H]}$ p-toluidine ($CH_3$, $NH_2$) $\xrightarrow{Br_2}$ $\xrightarrow[HCl]{NaNO_2}$ $\xrightarrow{H_3PO_2}$ 3,5-dibromotoluene ($CH_3$, Br, Br)

八、(20 分)

1. $H_3CO$, $H_3CO$-benzene $\xrightarrow[HCl / ZnCl_2]{CH_2O}$ $\xrightarrow{NaCN}$ ($H_3CO$)$_2C_6H_3$-$CH_2CN$ $\xrightarrow{H_2 / Ni}$ ($H_3CO$)$_2C_6H_3$-$CH_2CH_2NH_2$ **A**

($H_3CO$)$_2C_6H_3$-$CH_2CN$ $\xrightarrow{H_3^+O}$ $\xrightarrow{SOCl_2}$ ($H_3CO$)$_2C_6H_3$-$CH_2$C(=O)-Cl **B**

**A** + **B** $\longrightarrow$ ($H_3CO$)$_2C_6H_3$-$CH_2CH_2NH$-C(=O)-$CH_2$-$C_6H_3$($OCH_3$)$_2$

2. cyclopentadiene + $CH_2$=CH-$CO_2CH_3$ $\xrightarrow{\triangle}$ norbornene-$CO_2CH_3$ $\xrightarrow{LiAlH_4}$ $\xrightarrow{PCl_3}$ $\xrightarrow[CH_2(CO_2C_2H_5)_2]{NaOC_2H_5}$

$\xrightarrow[(2)\ H^+/\triangle]{(1)\ OH^-/H_2O}$ norbornene-$CH_2CH_2$-COOH $\xrightarrow[OH^-]{冷 KMnO_4}$ (HO)(HO)norbornane-$CH_2CH_2$-COOH

$\xrightarrow[dry\ HCl]{CH_3COCH_3}$ ($H_3C$)($H_3C$)C(O)(O)-norbornane-$CH_2CH_2$-COOH

# 2004年试题（选考）参考答案

一、（27分）

1. 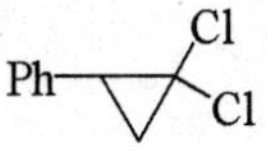 Ph—(环丙烷)(Cl)(Cl)； 2. 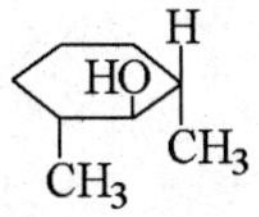 (环己醇结构，HO, H, $CH_3$, $CH_3$)； 3. ($O_2N$-苯基)$CH=CH-NO_2$；

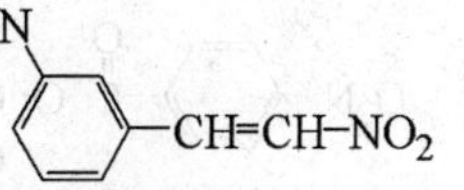

4. 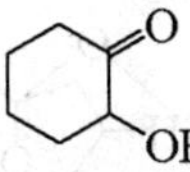 (2-羟基环己酮) + $HOCH_2CH_2OH$； 5. $CH_2=CH-\overset{O}{\overset{\|}{C}}-CH_3$， $(C_2H_5O_2C)_2CHCH_2CH_2-\overset{O}{\overset{\|}{C}}-CH_3$，

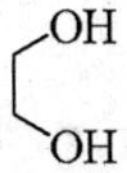

$HO_2CCH_2CH_2CH_2-\overset{O}{\overset{\|}{C}}-CH_3$， $HO_2CCH_2CH_2CH_2CO_2H$； 6. 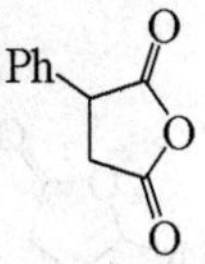 (Ph取代丁二酸酐)；

7. $CH_3-\overset{O}{\overset{\|}{C}}-Ph$， $CH_3-\overset{O}{\overset{\|}{C}}-OPh$； 8. 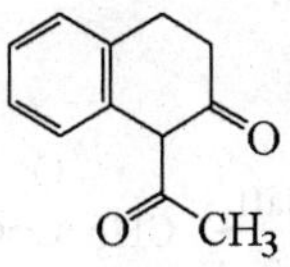 (1-乙酰基-2-四氢萘酮，$CH_3$)； 9. 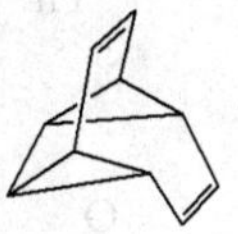 (三环结构)；

10. 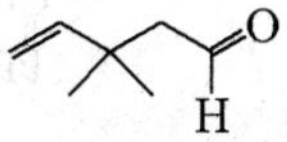 (3,3-二甲基-4-戊烯醛)， (OCH$_3$烯醚)， (4,4-二甲基-5-己烯醛 CHO)；

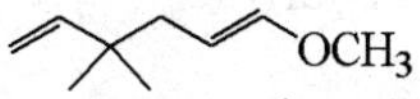

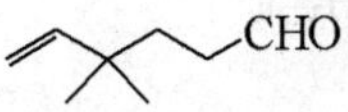

11. 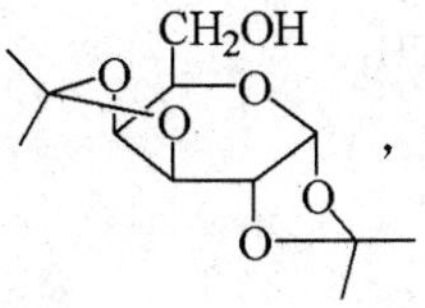 (二异丙叉保护的半乳糖，$CH_2OH$)， (半乳糖醛酸，$CO_2H$, HO, OH, OH, OH)

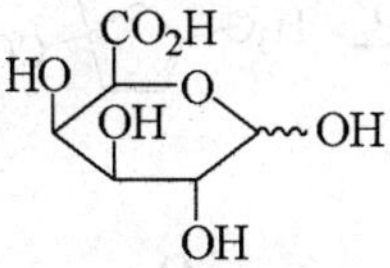

二、（31分）

1．C＞B＞A＞D＞E。

2．E＞D＞C＞A＞B。

3．螺[3.3]庚烷。

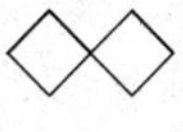

(螺[3.3]庚烷结构) **M**

4．3个手性碳。

(四个立体异构体结构，OH / HO)

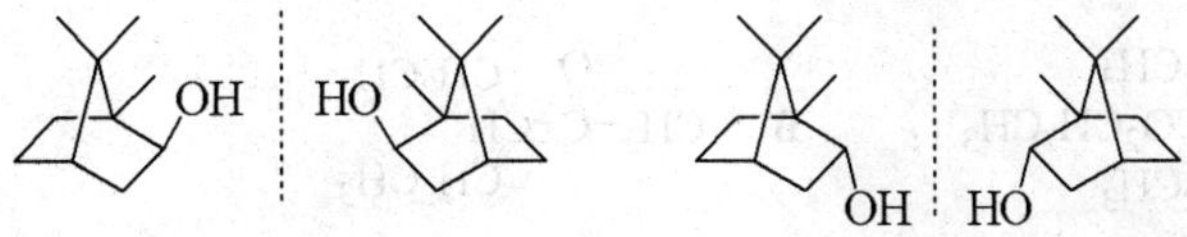

5．**P** 可通过烯醇式差向异构化为醛，可被 Tollen 试剂氧化，而 **Q** 不能通过差向异构化到醛。

三、（20分）

1. 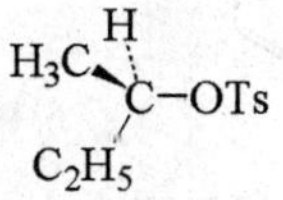 $H_3C$, H, $C-OTs$, $C_2H_5$ **A**； $N\equiv C-C(H)(CH_3)(C_2H_5)$ **B**； $HO_2C-C(H)(CH_3)(C_2H_5)$ **C**； $HOCH_2-C(H)(CH_3)(C_2H_5)$ **D**； $CH_3-\overset{O}{\overset{\|}{C}}-OCH_2-C(H)(CH_3)(C_2H_5)$ **E**

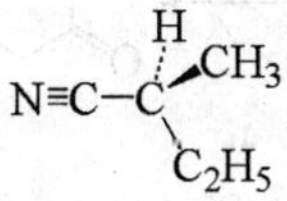

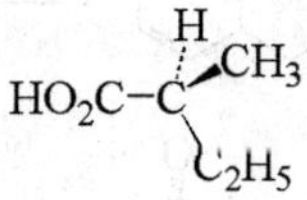

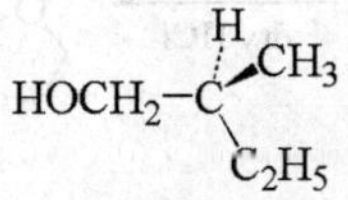

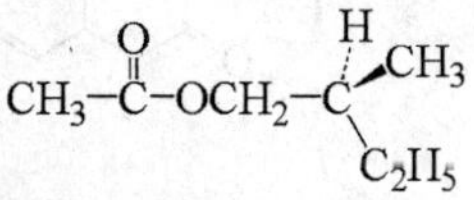

2. **F** $CH_2O$；**G** $HN(CH_3)_2$；**H** $CH_3-\overset{O}{\overset{\|}{C}}-\underset{CH_3}{\underset{|}{CH}}-CH_2-N(CH_3)_2$；**I** (4-nitrobenzoic acid, $p$-$O_2N-C_6H_4-CO_2H$)；

**J** $O_2N-C_6H_4-\overset{O}{\overset{\|}{C}}-O-\underset{CH_3}{\underset{|}{CH}}-\underset{CH_3}{\underset{|}{CH}}CH_2N(CH_3)_2$

四、（14分）

1. (succinic anhydride) $\xrightarrow{CH_2CO_2Na / CH_2CO_2Na}$ (anhydride carbanion) $\xrightarrow{Ph-CH=O}$ $Ph-\overset{O^-}{CH}-$(anhydride) $\longrightarrow$ $Ph-CH-$(bicyclic tetrahedral intermediate, $O^-$) $\longrightarrow$ (lactone, Ph, $CO_2^-$) $\xrightarrow{CH_2CO_2H / CH_2CO_2Na}$ (lactone, Ph, $CO_2H$)

2. $CH_3-\overset{O}{\overset{\|}{C}}-CH_2CH(CO_2CH_3)_2$ $\xrightarrow{NaH}$ $CH_3-\overset{O}{\overset{\|}{C}}-CH_2\ddot{C}^-(CO_2CH_3)_2$ $\xrightarrow{CH_2=CH-\overset{+}{P}Ph_3}$ $CH_3C(=O)CH_2C(CO_2CH_3)_2CH_2\bar{C}H-\overset{+}{P}Ph_3$ $\longrightarrow$ (oxaphosphetane, $H_3C$, $Ph_3P$, $(CO_2CH_3)_2$) $\xrightarrow{-Ph_3P=O}$ $H_3C$-(cyclopentene)-$(CO_2CH_3)_2$

五、（14分）

**A** (3-hydroxycyclopentanone, $O=$, OH) 或对映体；**B** (3-acetoxycyclopentanone, $O-\overset{O}{\overset{\|}{C}}-CH_3$) 或对映体；**C** (cis-1,3-cyclopentanediol, HO, OH)；

**D** (trans-1,3-cyclopentanediol, OH, HO) 或对映体；**E** (3-hydroxycyclopentanone, OH) + (enantiomer, HO)

**F** (3-hydroxycyclopentanone, OH) 或对映体；**G** $HO_2C-CH_2CH_2CH_2-CO_2H$

六、（10分）

**A** $CH_3-\overset{O}{\overset{\|}{C}}-C(CH_2CH_3)_2-CO_2CH_2CH_3$；**B** $CH_3-\overset{O}{\overset{\|}{C}}-CH(CH_2CH_3)_2$

七、（14分）

1. (keto lactone) $\xrightarrow[\text{dry HCl}]{HO\quad OH}$ (ketal lactone) $\xrightarrow{LiAlH_4}$ $\xrightarrow[\triangle]{H_3^+O}$ (OH, $CH_2OH$, keto-octahydronaphthalene)

2. (1,2-dimethylcyclohexene, $CH_3$, $CH_3$) $\xrightarrow[(2)\ Zn/H_2O]{(1)\ O_3}$ $\xrightarrow{OH^-}$ (1-acetyl-2-methylcyclopentene, $\overset{O}{\overset{\|}{C}}CH_3$, $CH_3$) $\xrightarrow{Br_2/OH^-}$ $\xrightarrow{H_3^+O}$ (2-methylcyclopentene-1-carboxylic acid, $CO_2H$, $CH_3$)

八、（20 分）

1. 萘 $\xrightarrow[160℃]{H_2SO_4}$ $\xrightarrow{NaOH}$ 2-萘磺酸钠（$SO_3Na$） $\xrightarrow[熔融]{NaOH}$ $\xrightarrow{H^+}$ 2-萘酚（OH）

$CH_3CH_2CO_2H + Br_2 \xrightarrow{P} CH_3CHBrCO_2H$

2-萘酚 $\xrightarrow[NaOH]{CH_3CHBrCO_2H}$ 2-萘基$-O-CH(CH_3)-C(=O)-O^-$ $\xrightarrow{H^+}$ $\xrightarrow{SOCl_2}$ 2-萘基$-O-CH(CH_3)-C(=O)-Cl$

$\xrightarrow{C_6H_5NH_2}$ 2-萘基$-O-CH(CH_3)-C(=O)-NH-C_6H_5$ （苯 $\xrightarrow[H_2SO_4]{HNO_3}$ $\xrightarrow[HCl]{Fe}$ $C_6H_5-NH_2$）

2. 苯 $\xrightarrow[H_2SO_4]{HNO_3}$ 间二硝基苯（$NO_2$，$NO_2$） $\xrightarrow{Na_2S}$ $\xrightarrow[H_2SO_4]{NaNO_2}$ 间硝基苯重氮硫酸氢盐（$N_2^+HSO_4^-$，$NO_2$） $\xrightarrow{H_3^+O}$ 间硝基苯酚（OH，$NO_2$）

$CH_2(CO_2C_2H_5)_2 \xrightarrow[ClCH_2CH_2CH_2CH_2Cl]{2\ NaOC_2H_5}$ 1,1-环戊烷二甲酸二乙酯（$CO_2C_2H_5$，$CO_2C_2H_5$） $\xrightarrow[(2)\ H^+/\triangle]{(1)\ OH^-/H_2O}$ 环戊基$-CO_2H$

$\xrightarrow{SOCl_2}$ 环戊基$-C(=O)-Cl$ $\xrightarrow[NaOH]{间硝基苯酚}$ 环戊基$-C(=O)-O-$（3-硝基苯基，$NO_2$）

# 2005年试题参考答案

一、（共25分，第6、8小题每空2分，其他每空1.5分）

1. 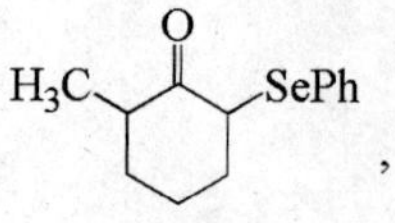 $H_3C$ SePh , $H_3C$ ；　2. 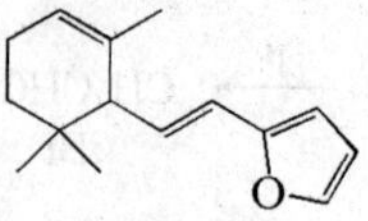 ；

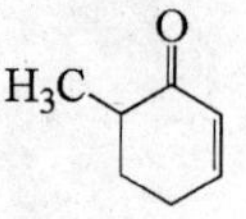

3. 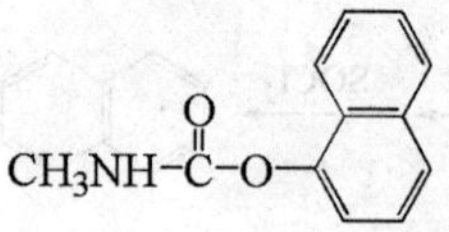 $CH_3NH-\overset{O}{\overset{\|}{C}}-O$ ；　4. 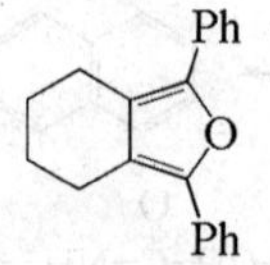 Ph O Ph ；

5. 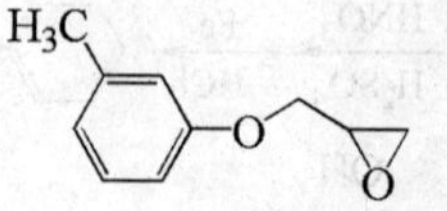 $H_3C$ O ； $H_3C$ O H N OH ；　6. 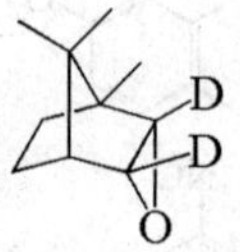 D D O ；

7. 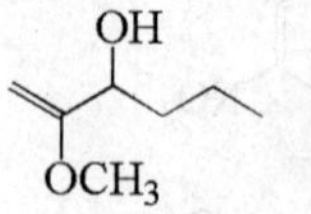 OH $OCH_3$ ， OH O ；　8. 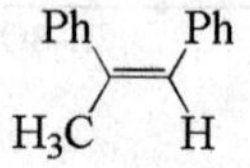 Ph Ph $H_3C$ H ；

9. 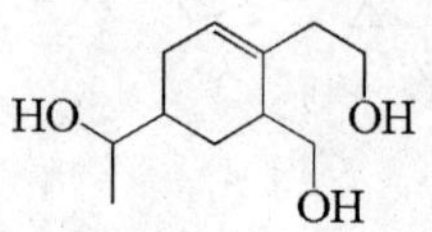 HO OH OH ；　10. 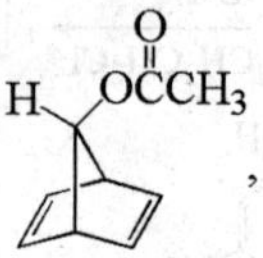 H $O\overset{O}{\overset{\|}{C}}CH_3$ ， H $O\overset{O}{\overset{\|}{C}}CH_3$ ；

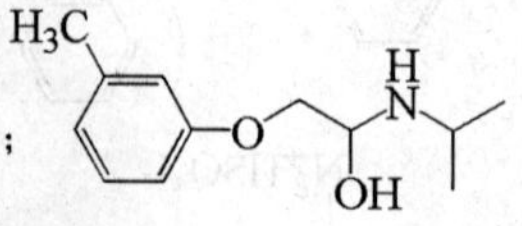

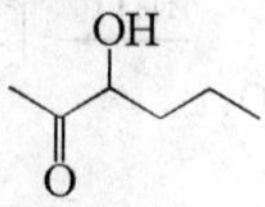

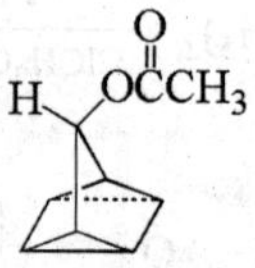

11. 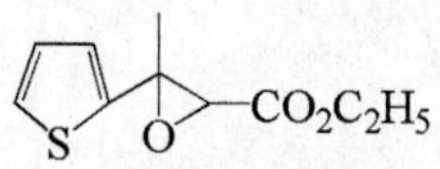 S O $CO_2C_2H_5$ ， S CHO

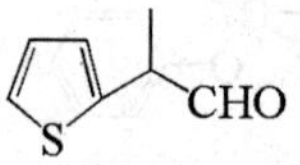

二、（共32分）

1.（6分）

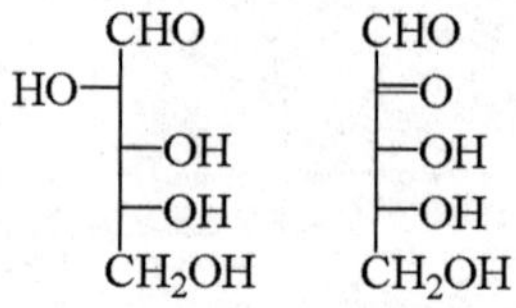

CHO, HO–, –OH, –OH, $CH_2OH$　　CHO, =O, –OH, –OH, $CH_2OH$

2.（共6分）

（1）（4分）

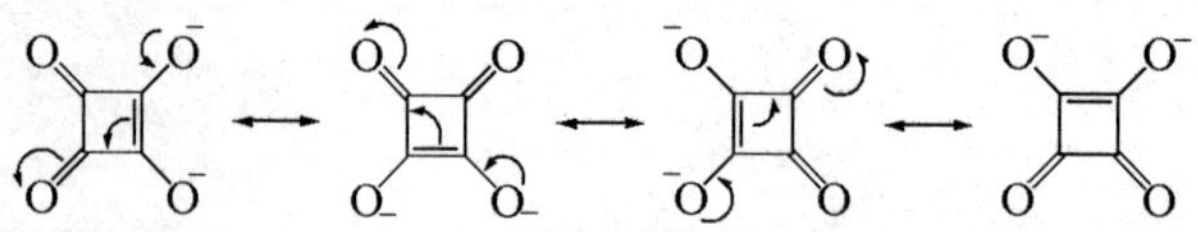

$O^-$ ⟷ $O^-$ ⟷ $O^-$ ⟷ $O^-$

（2）（2分）

C－C键和C－O键等长。

3.（6分）

**P** $PhCH_2$ C=N: H Ph $H_3C$ *S* H　　**Q** $PhCH_2$ *R* H C–NH NC Ph $H_3C$ *S* H

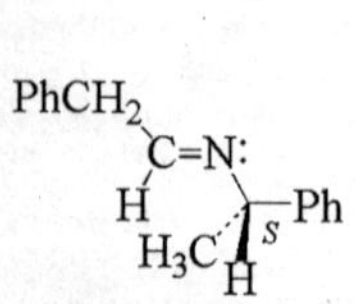

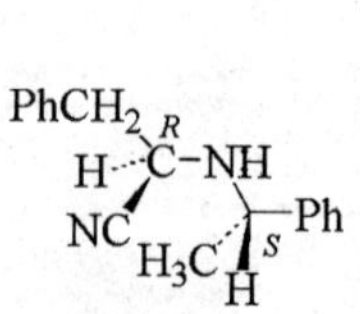

4.（共 8 分，（1）~（4）每题 1.5 分，（5）题 2 分）

（1） $HC\equiv C-(CH_2)_3-\underset{Br}{CH}-\underset{Br}{CH_2}$ （2）  NC—(CH₂)₅—Cl

（3） $CH_3OC(=O)-C_6H_4-CH_2CO_2H$ （4） 3-[(N,N-二甲氨基)甲基]吲哚啉（$CH_3$，$N$，$CH_3$）

（5） 5,5-二甲基环戊二烯；1,3-二甲基环戊二烯（$CH_3$，$CH_3$）；5,1-二甲基环戊二烯（$CH_3$，$CH_3$）

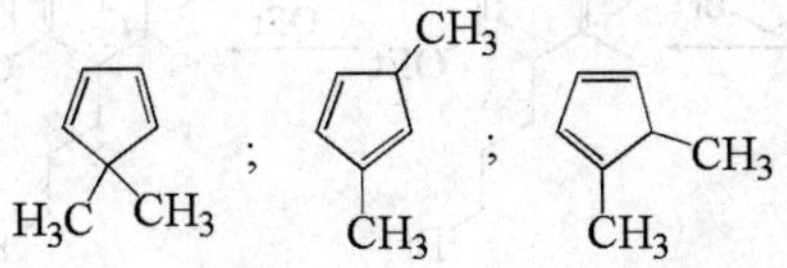

5.（6 分）

**A** 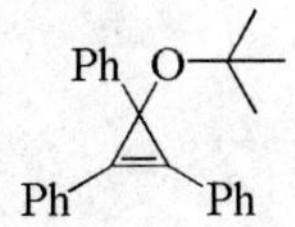 Ph, O-t-Bu, Ph, Ph（环丙烯）　**B** Ph, Ph, Ph 环丙烯正离子 $Br^{\ominus}$

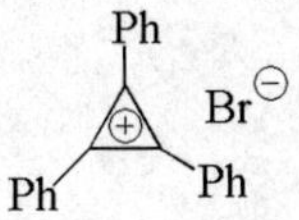

三、（共 21 分，每小题 7 分）

1. 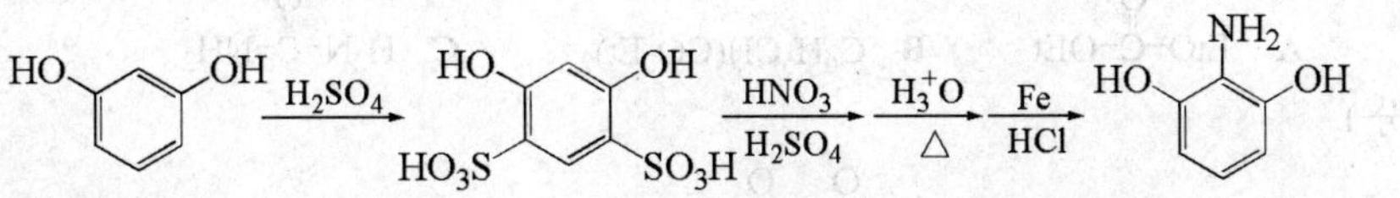 间苯二酚 $\xrightarrow{H_2SO_4}$ 4,6-二羟基-1,3-苯二磺酸 $\xrightarrow[H_2SO_4]{HNO_3}$ $\xrightarrow[\triangle]{H_3^+O}$ $\xrightarrow[HCl]{Fe}$ 2-氨基-1,3-苯二酚（HO，$NH_2$，OH）

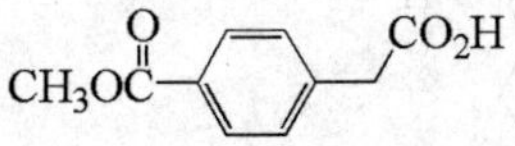

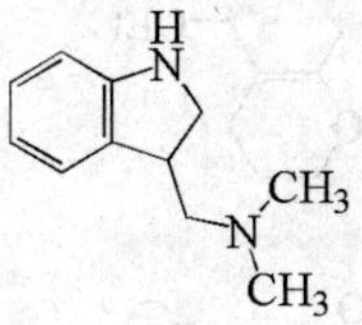

2. 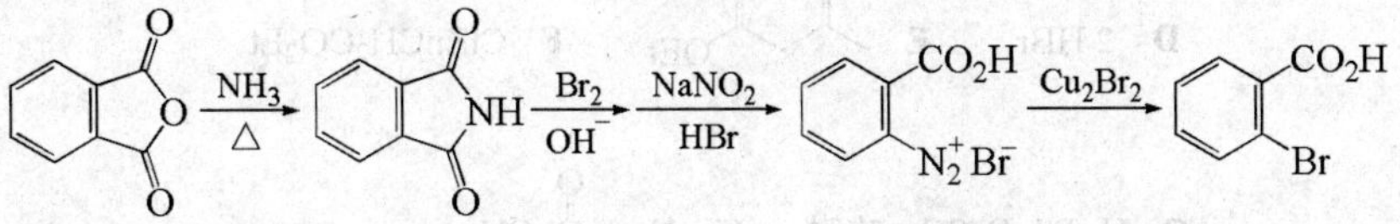 邻苯二甲酸酐 $\xrightarrow[\triangle]{NH_3}$ 邻苯二甲酰亚胺（NH）$\xrightarrow[OH^-]{Br_2}$ $\xrightarrow[HBr]{NaNO_2}$ $CO_2H$，$N_2^+Br^-$ $\xrightarrow{Cu_2Br_2}$ 邻溴苯甲酸（$CO_2H$，Br）

3. （CN，O）$\xrightarrow[H^+]{HO\quad OH}$ $\xrightarrow{HAl(CH_2CH(CH_3)_2)_2}$ （CHO，缩酮）$\xrightarrow[\text{高沸点溶剂}]{NH_2NH_2,\ KOH}$ $\xrightarrow{H_3^+O}$ （$CH_3$，O）

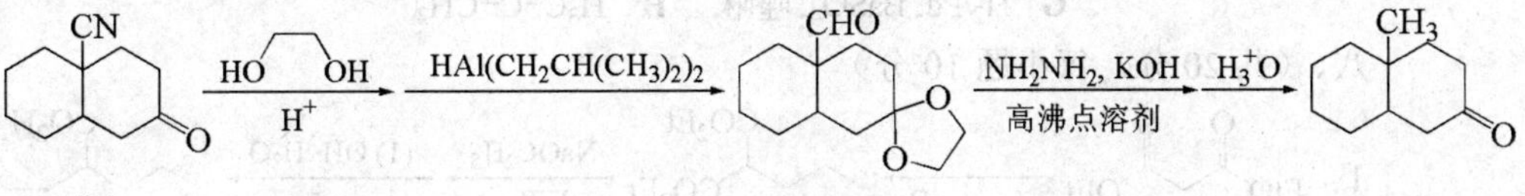

四、（8 分）

**W** $C_6H_5-CH_2-N(CH_2CH_3)-C_6H_5$

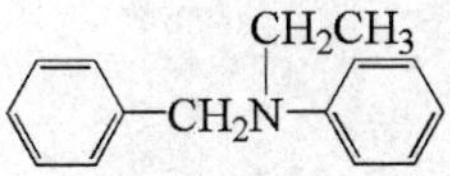

五、（共 14 分，每小题 7 分）

1. 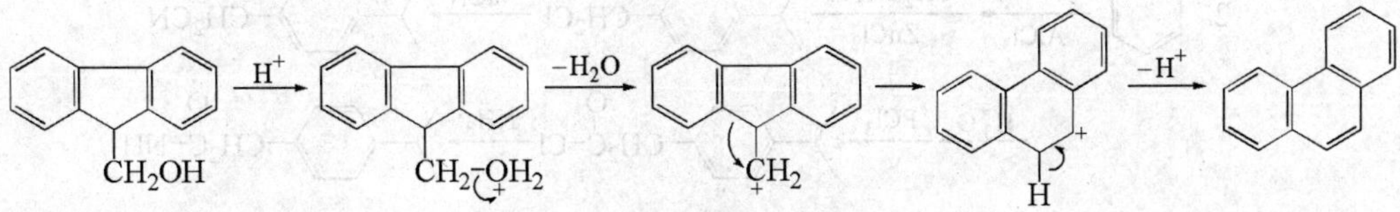 9-芴甲醇（$CH_2OH$）$\xrightarrow{H^+}$ $CH_2-\overset{+}{O}H_2$ $\xrightarrow{-H_2O}$ $\overset{+}{C}H_2$ $\longrightarrow$ （+，H）$\xrightarrow{-H^+}$ 菲

2. γ-丁内酯 $\xrightarrow{BrMg\diagup\diagup\diagup MgBr}$ （$O^-$，MgBr）$\longrightarrow$ （O，MgBr，$O^-$）

$\longrightarrow$ （$^-O$，$O^-$）$\xrightarrow{H_3^+O}$ （OH，OH）

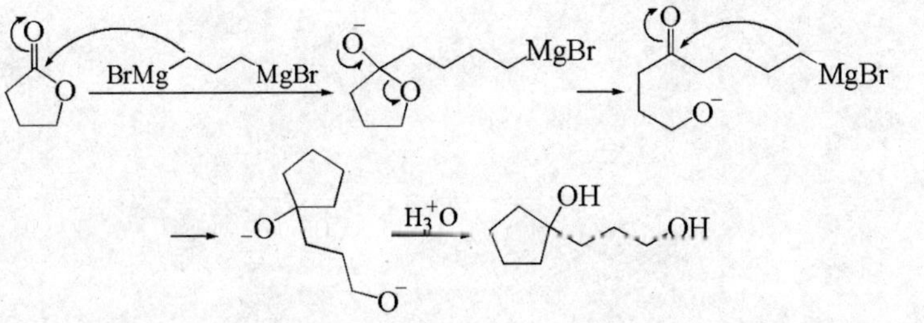

六、(共 14 分)

(1)(6 分)

M (ethyl 6-methyl-3,4-dihydro-2H-pyran-5-carboxylate: ring O, C=C with $CH_3$ and $CO_2Et$)　N (corresponding acid, $CO_2H$)

(2)(8 分)

$CH_3COCH_2CO_2Et \xrightarrow{^-OEt} CH_3CO\overset{-}{C}HCO_2Et \xrightarrow{Br(CH_2)_3Br} CH_3COCH(CO_2Et)CH_2CH_2CH_2Br \xrightarrow{^-OEt}$ enolate $\rightarrow$ intramolecular O-alkylation (loss of $Br^-$) $\rightarrow$ M

七、(共 16 分)

1.(6 分)

**A** $EtO-\overset{O}{\overset{\|}{C}}-OEt$　**B** $C_6H_5CH(CO_2Et)_2$　**C** $H_2N-\overset{O}{\overset{\|}{C}}-NH_2$

2.(10 分)

**D** 2 HBr　**E** $CH_3COCH_2CO_2Et$　**F** $ClZnCH_2CO_2Et$

**G** $H_2/Pd, BaSO_4$, 喹啉　**H** $H_3C-\overset{O}{\overset{\|}{C}}-CH_3$

八、(共 20 分,每小题 10 分)

1. $EtO_2CCH_2CO_2Et \xrightarrow{CH_3CH_2CH_2Br} CH_3CH_2CH_2CH(CO_2Et)_2 \xrightarrow[\text{环氧乙烷}]{NaOC_2H_5} \xrightarrow[(2)\ H^+/\triangle]{(1)\ OH^-/H_2O} CH_3CH_2CH_2CH(CO_2H)CH_2CH_2OH$

$\xrightarrow{H^+}$ (γ-丁内酯, 3-位 $CH_2CH_2CH_3$)

2. 苯 $\xrightarrow[AlCl_3]{(CH_3)_2CHCl} \xrightarrow[ZnCl_2]{CH_2O/HCl}$ $p$-$(CH_3)_2CHC_6H_4CH_2Cl \xrightarrow{NaCN}$ $p$-$(CH_3)_2CHC_6H_4CH_2CN$

$\xrightarrow{H_3^+O} \xrightarrow{PCl_3}$ $p$-$(CH_3)_2CHC_6H_4CH_2\overset{O}{\overset{\|}{C}}-Cl \xrightarrow{NH_3}$ $p$-$(CH_3)_2CHC_6H_4CH_2\overset{O}{\overset{\|}{C}}-NH_2$

# 2006年试题参考答案

一、（共34分）

1. 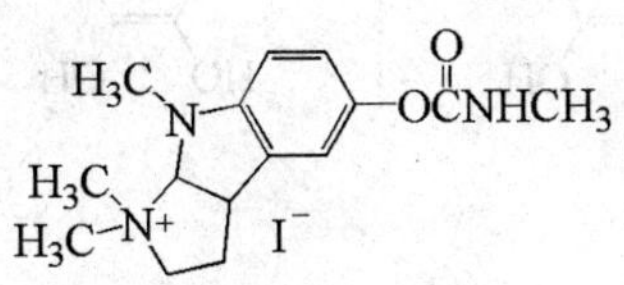 ;　2. 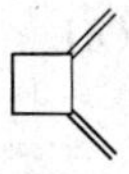 ，;

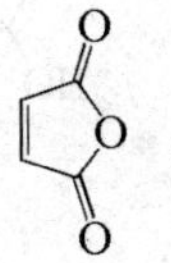

3. 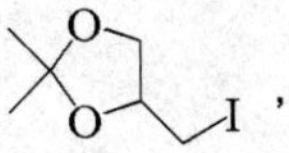 ，;　4. 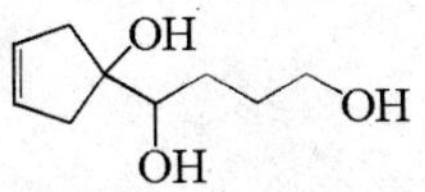 OH;

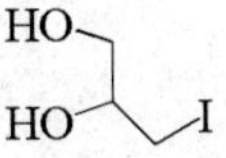

5. 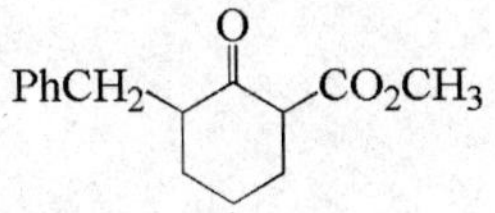 $PhCH_2$　$CO_2CH_3$ ;　6. 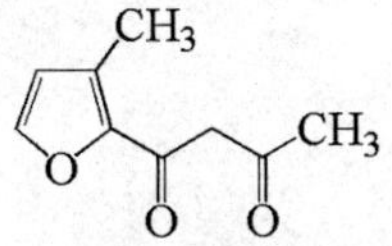 ，;

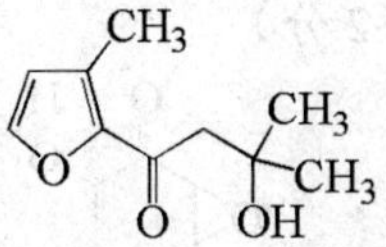

7. 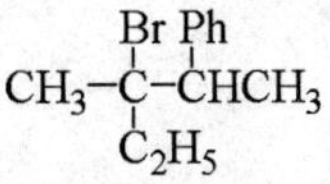 $CH_3-\underset{C_2H_5}{\overset{Br\ Ph}{C}}-CHCH_3$ ，;　8. $(CF_3CO_2)_2Hg$ / ;

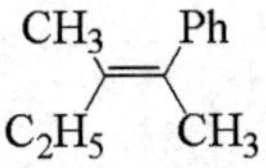

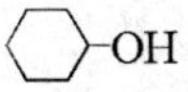

9. 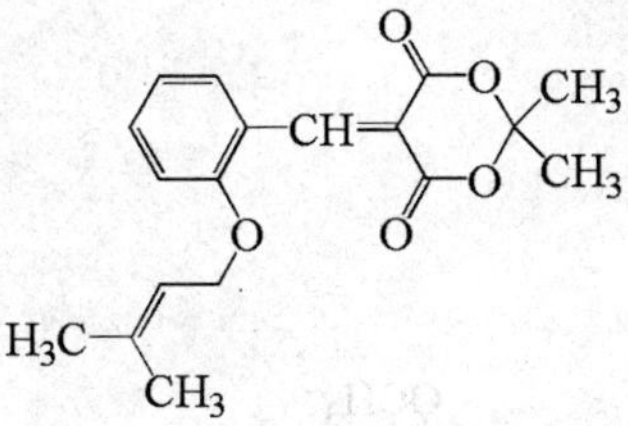 ;　10. LDA 或 $LiN[CH(CH_3)_2]_2$ ;

11. $RCO_3H$ ，$(\text{C}_5\text{H}_5\text{N})_2CrO_3$ ，$Ph_3P{=}CHOCH_3$ ;

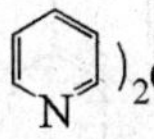

12. 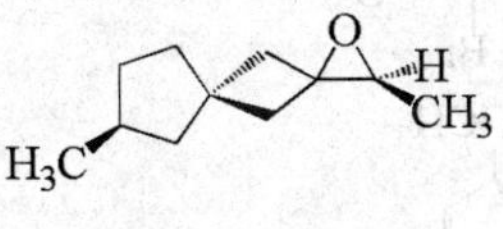 + ;　13. 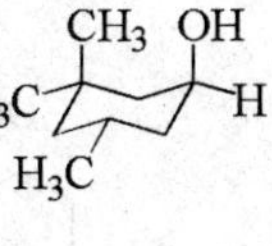 ;

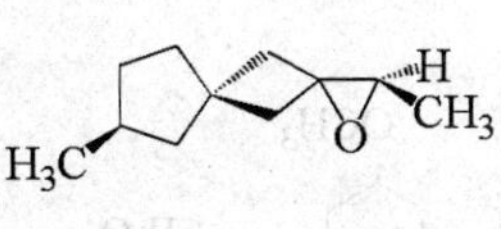

14. 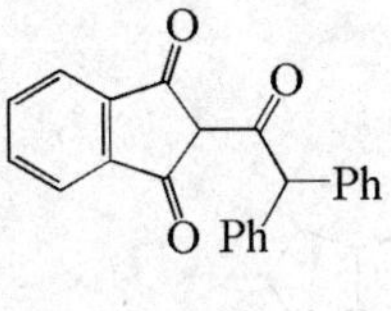 ;　15. 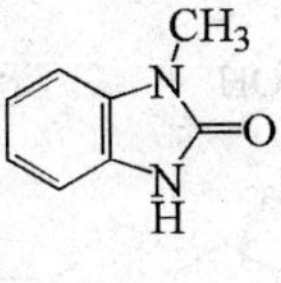 ;　16.

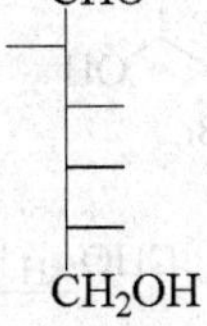

二、（共23分）

1.（共4分）

①（2分）有

②（2分）

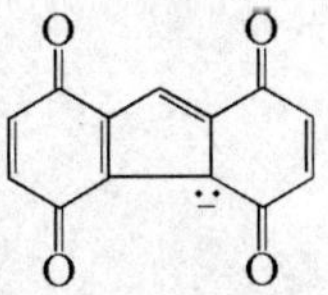

或

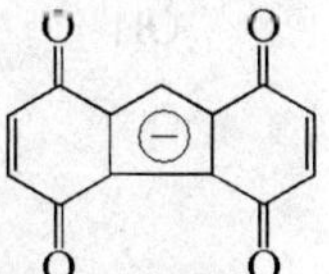

6电子

2.（共 8 分）

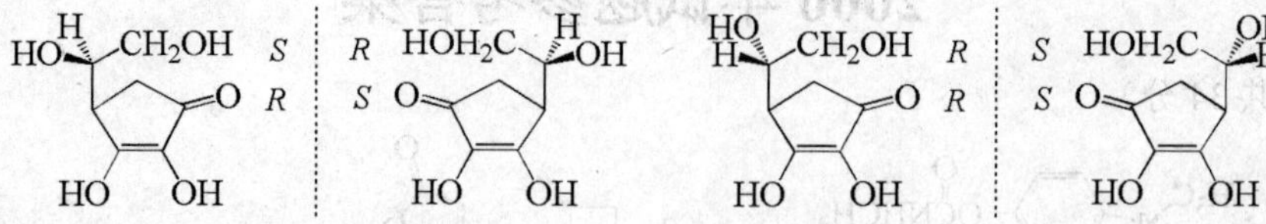

S R | R S | R R | S S

3.（共 4 分）

（2 分）A 的构象更稳定；

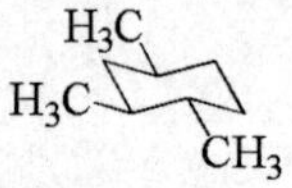

（2 分）

4.（2 分）B

5.（2 分）

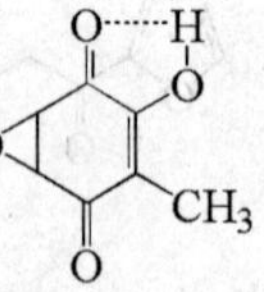

6.（共 3 分）

（1 分）协同反应中[3,3]迁移；

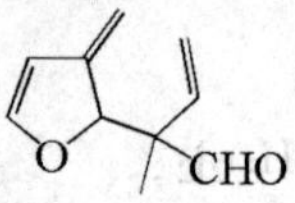

（2 分）

三、（14 分）

1. 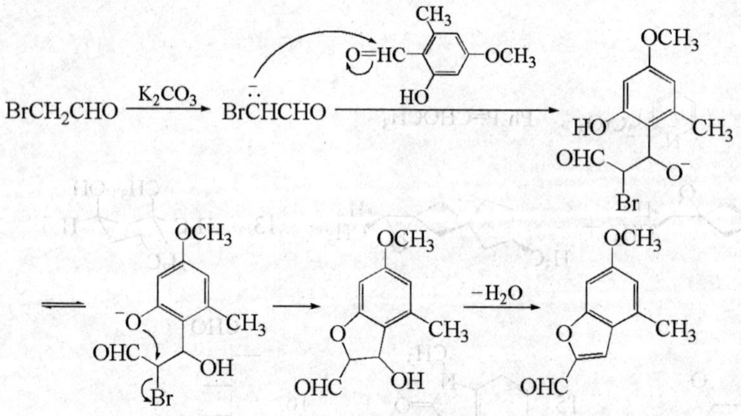 $BrCH_2CHO \xrightarrow{K_2CO_3} Br\ddot{C}HCHO$ → …

$\xrightarrow{-H_2O}$

2. 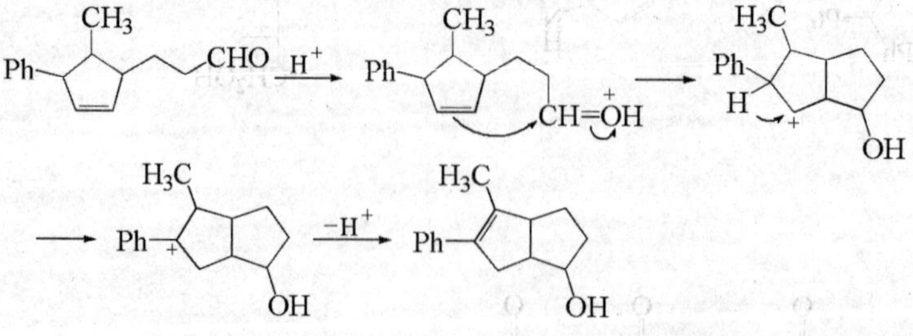 $\xrightarrow{H^+}$ → … $\xrightarrow{-H^+}$

四、（共 22 分）

1.（14 分）

**A** $PX_3$　　**B** $(CH_3)_2CH-CH=CH-CH_2CH_2CH_2-X$（E 式）　　**C** $NaCH(CO_2C_2H_5)_2$

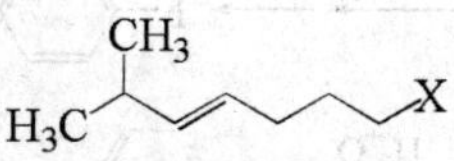

**D** $(CH_3)_2CH-CH=CH-(CH_2)_4-CH(CO_2C_2H_5)_2$　　**E** $SOCl_2$或$PX_3$

**F** $(CH_3)_2CH-CH=CH-(CH_2)_4-CH_2-C(=O)-Cl$　　辣椒素 $(CH_3)_2CH-CH=CH-(CH_2)_4-CH_2-C(=O)-NHCH_2-$（3-甲氧基-4-羟基苯基）

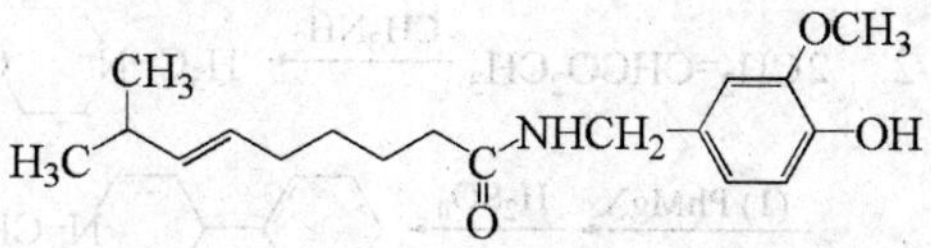

2.（8 分）

**M** $F_3C-C(=O)-NH_2$　　**N** $P_2O_5$　　**O** $F_3C-C\equiv N$　　**P** $(CH_3)_3CMgX$

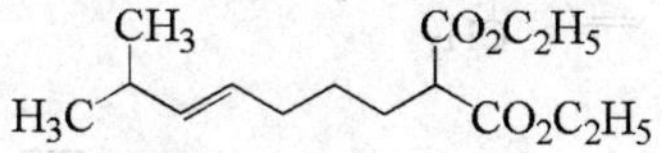

五、（16 分）

1. 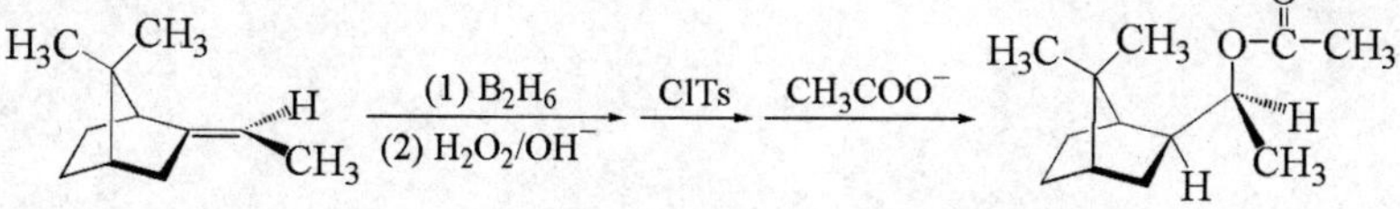 反应式：$\xrightarrow[(2)\ H_2O_2/OH^-]{(1)\ B_2H_6}$ $\xrightarrow{ClTs}$ $\xrightarrow{CH_3COO^-}$（产物：$O-C(=O)-CH_3$ 取代的双环化合物，含 $H_3C$、$CH_3$、H、$CH_3$）

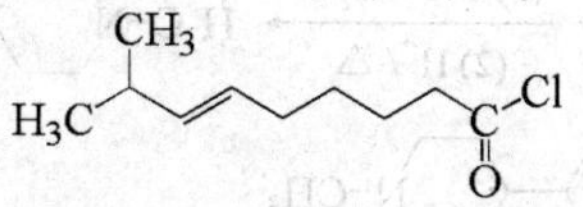

2. $\underset{OH}{CH_2}\underset{OH}{CH}CH_2CH_2\underset{OH}{CH}CH_3$ $\xrightarrow[H^+]{CH_3COCH_3}$ $\xrightarrow{(C_5H_5N)_2CrO_3}$ $CH_2CHCH_2CH_2\overset{O}{\overset{\|}{C}}CH_3$（1,2-二醇以丙酮缩酮 $O-C(CH_3)_2-O$ 保护）

$\xrightarrow{NaC\equiv C-CH_3}$ $\xrightarrow{H_3^+O}$ $\underset{OH}{CH_2}\underset{OH}{CH}CH_2CH_2\overset{CH_3}{\underset{CH_3}{C}}-C\equiv C-CH_3$

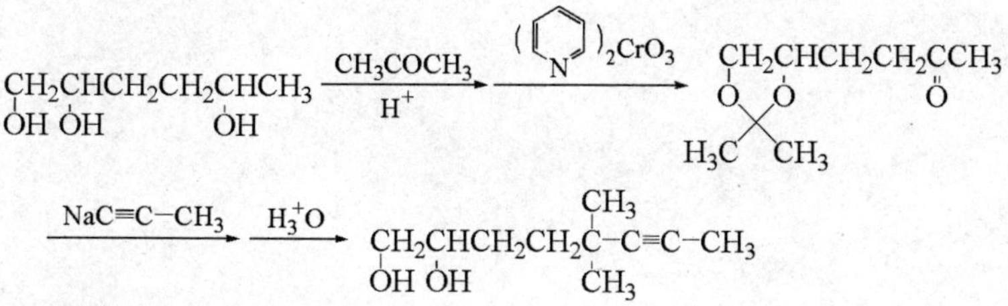

六、（10 分）

**A** $H_3C-CHCO_2H$（对位连 $NO_2$ 的苯环）

**B** $HO_2C-CH(CH_3)-C_6H_4-N=N-$（2-羟基-1-萘基）

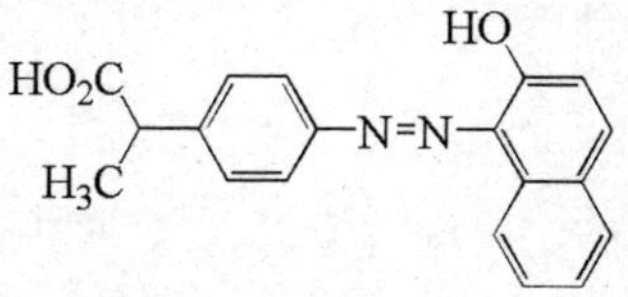

七、（9 分）

**Y** $HO-$（2,4,6-三羟基苯基）$-C(=O)-CH_2CH_2-C_6H_4-OH$

**Z** 2,3,4,6-四-O-甲基吡喃糖（$CH_2OCH_3$，$OCH_3$，$CH_3O$，$OCH_3$，～OH）或 开链式：CHO，$-OCH_3$，$H_3CO-$，$-OCH_3$，$-OCH_3$，$CH_2OCH_3$

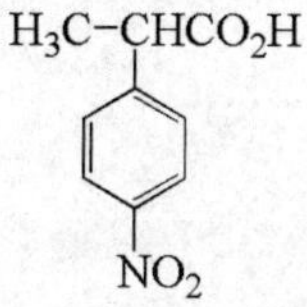

**X** $HO-$（2,4-二羟基-6-O-葡萄糖基苯基）$-C(=O)-CH_2CH_2-C_6H_4-OH$（糖基：$HOH_2C$，OH，HO，OH）

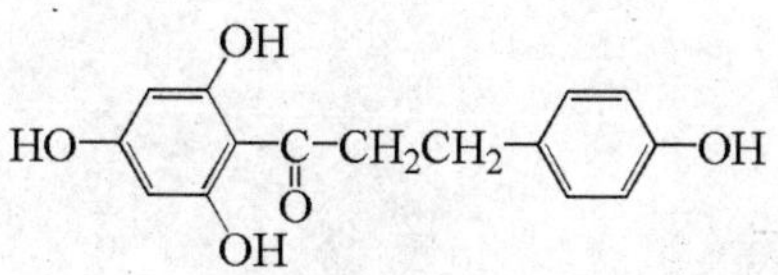

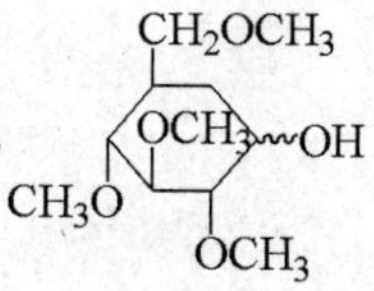

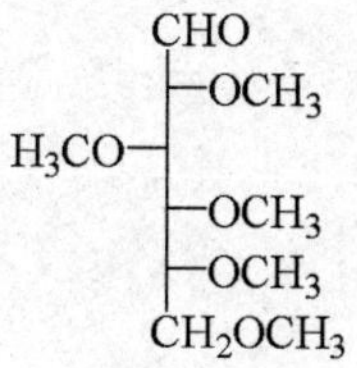

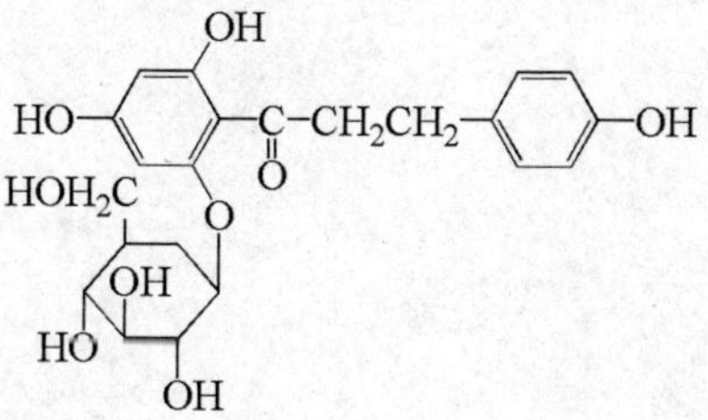

八、（22 分）

1. $C_6H_5CH_2CH_3 \xrightarrow[H_2SO_4]{HNO_3} \xrightarrow{H_2/Pt} \xrightarrow[H_2SO_4]{NaNO_2} \xrightarrow{HBF_4} \xrightarrow{\triangle} F\text{-}C_6H_4\text{-}CH_2CH_3$

$\xrightarrow[h\nu]{Cl_2} \xrightarrow{Mg} F\text{-}C_6H_4\text{-}CH(CH_3)MgCl \xrightarrow{\text{环氧乙烷}} \xrightarrow{H_3^+O} F\text{-}C_6H_4\text{-}CH(CH_3)\text{-}CH_2CH_2OH$

2. $2\,CH_2{=}CHCO_2CH_3 \xrightarrow{CH_3NH_2} H_3C\text{-}N(CH_2CH_2CO_2CH_3)_2 \xrightarrow[HOCH_3]{^-OCH_3} \xrightarrow[(2)\ H^+/\triangle]{(1)\ OH^-/H_2O} H_3C\text{-}N$（4-哌啶酮）$=O$

$\xrightarrow[(2)\ H_3^+O]{(1)\ PhMgX} \xrightarrow[\triangle]{H_2SO_4}$ 4-苯基-1-甲基-1,2,3,6-四氢吡啶（$N\text{-}CH_3$） $\xrightarrow{H_2/Ni}$ 4-苯基-1-甲基哌啶（$N\text{-}CH_3$）

# 2007 年试题参考答案

一、（共 36 分）

1. 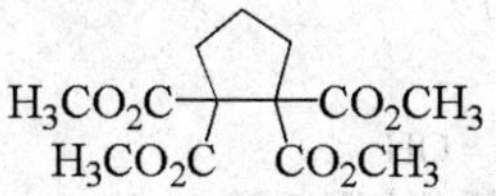 $H_3CO_2C$, $CO_2CH_3$, $H_3CO_2C$, $CO_2CH_3$ ， $HO_2C$, $CO_2H$ ；

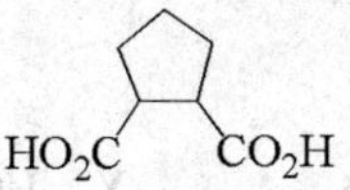

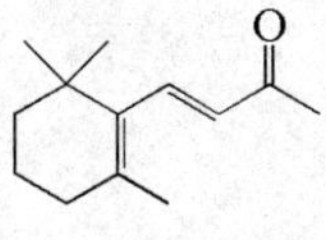

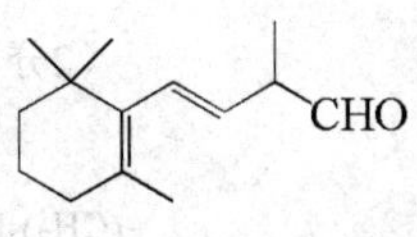

2. ， CHO ； 3. $CO_2H$, $CH_2OH$ ， O, O ；

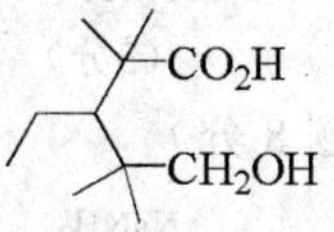

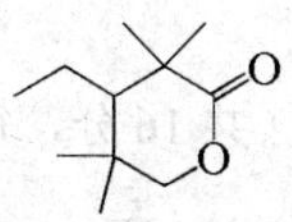

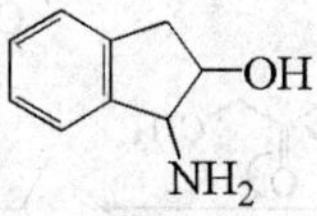

4. 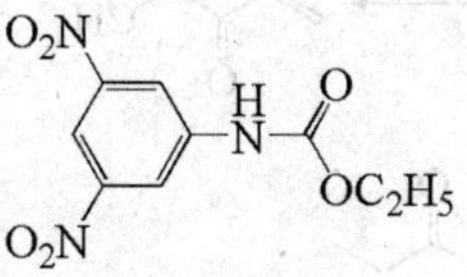 $O_2N$, H, N, O, $OC_2H_5$, $O_2N$ ； 5. OH ＋ $CH_3CO_2H$ ；$NH_2$

6. 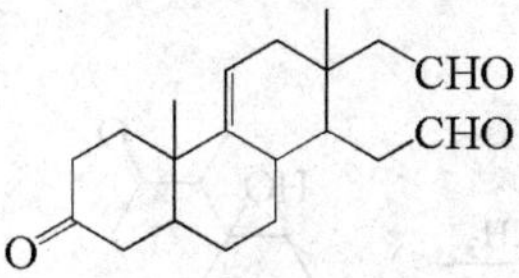 CHO, CHO, O ， (1) $OH^-$ (2) $Ag^+(NH_3)_2$ ； 7. 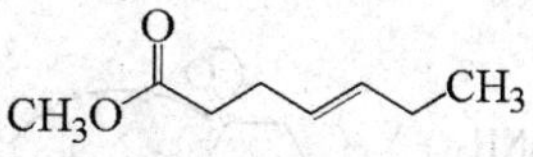 $CH_3O$, O, $CH_3$ ；

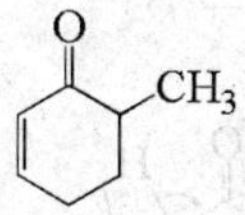

8. 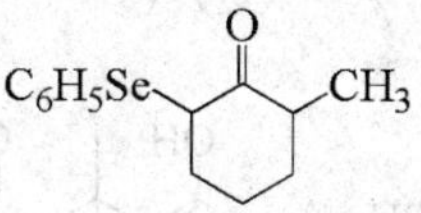 $C_6H_5Se$, O, $CH_3$ ， O, $CH_3$ ； 9. 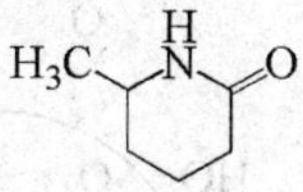 $H_3C$, H, N, O ， $LiAlH_4$ ；

10. 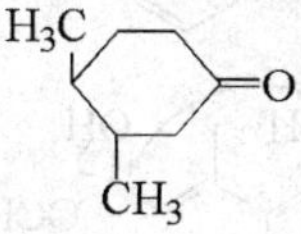 $H_3C$, O, $CH_3$ ； 11. 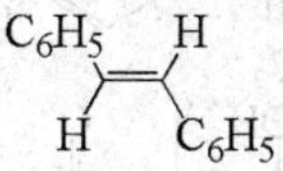 $C_6H_5$, H, H, $C_6H_5$ ， $C_6H_5$, H—Br, H—Br, $C_6H_5$ ；

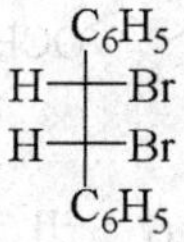

12. 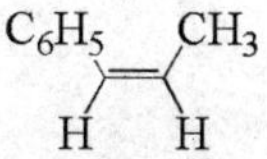 $C_6H_5$, $CH_3$, H, H ； 13. 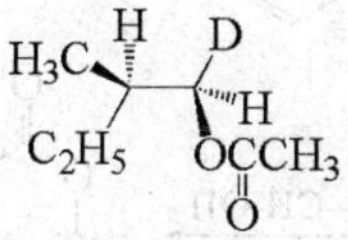 $H_3C$, H, D, H, $C_2H_5$, $OCCH_3$, O ， $C_2H_5$, D, $H_3C$, H

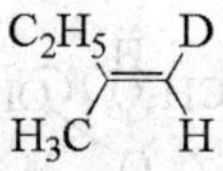

二、（共 22 分）

1．（共 5 分）

①（3 分）$(CH_3)_3C{-}OCH_2CH_3$，$(CH_3)_2C{=}CH_2$

②（2 分）$S_N1$，E1

2．（共 5 分）

①（3 分） Cl, $H_3C$, $CH_3$, $H_3C$ (1*S*,2*R*,4*S*,5*R*)-1-chloro-2,4,5-trimethylcyclohexane

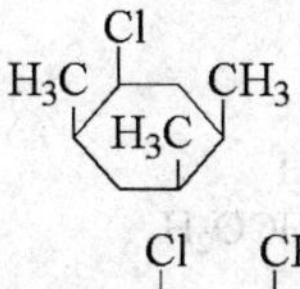

②（2 分） Cl, $CH_3$, $H_3C$, $CH_3$

3．（3 分）

$CO_2H$, $CH_2CH_2CH_2CH_2CH_3$

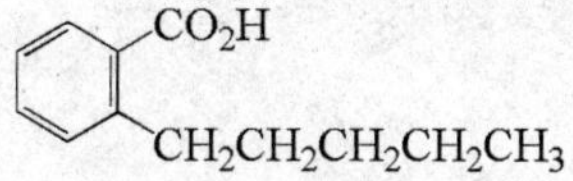

4.（共 4 分）

**B** $\overset{HO\ \ OH}{CH_3C{=}CCH_2CH_2OH}$ （2分） **C**和**D** $\overset{O\ \ \ OH}{CH_3C{-}CHCH_2CH_2OH}$ ， $\overset{OH\ \ \ O}{CH_3CH{-}CCH_2CH_2OH}$ （2分）

5.（共 5 分）

**X** $H$, $CH_2OH$ 或对映体 （3分） **Y** $\overset{OH}{HOCH_2CHCH_2OH}$ （2分）

三、（共 16 分，每题 8 分）

1. $(CH_3)_3\overset{+}{N}$ ... $CH_3$ $\xrightarrow[-NH_3]{NaNH_2}$ $(CH_3)_3\overset{+}{N}$ ... $CH_3$ $\xrightarrow{-(CH_3)_3N}$ ... $CH_3$

$\xrightarrow[-NH_3]{NaNH_2}$ ... $CH_3$ $\xrightarrow{1,4\text{-加成}}$ ...

$\xrightarrow[-NH_3]{NaNH_2}$ ... $\longrightarrow$ $O^-$ ... $\xrightarrow{NH_3}$ HO ...

2. ... $OCH_3$ $\xrightarrow{H^+}$ $H\overset{+}{O}$ ... $OCH_3$ OH $\xrightarrow{-H^+}$ H ... $OCH_3$ OH $\longrightarrow$ OH ... OH ... $OCH_3$

$\xrightarrow[-H_2O]{H^+}$ OH ... + ... $OCH_3$ H $\xrightarrow{-H^+}$ OH ... $OCH_3$ $\xrightarrow{H^+}$ OH ... $\overset{+}{O}H$ ... $OCH_3$

$\longrightarrow$ $H_3CO$ OH $H\overset{+}{O}$ ... $\longrightarrow$ H $CH_3\overset{+}{O}$ OH ... $\xrightarrow[-H^+]{-CH_3OH}$ ...

四、（共 10 分）

**P** $C_6H_5{-}CH_2NHCH_2\overset{O}{\overset{\|}{C}}OCH_2CH_3$ （8分） **Q** $C_6H_5{-}CH_2NHCH_2CO_2H$ （2分）

五、（共 14 分）

***α***－ （3分） ***β***－ （3分） **B** $CH_3\overset{O}{\overset{\|}{C}}CO_2H$ （2分） **C** $\overset{OH}{CH_3CHCO_2H}$ （1.5分）

**D** $CH_2$=$CHCO_2H$ （1.5分）

**E** $CH_3CH(Br)CO_2H$ （1.5分）

**F** （1.5分）

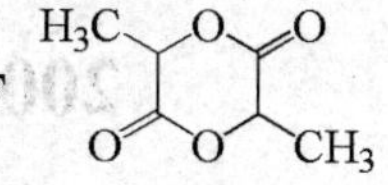

六、（共 18 分，第 1 题 7 分，第 2 题 11 分）

1. 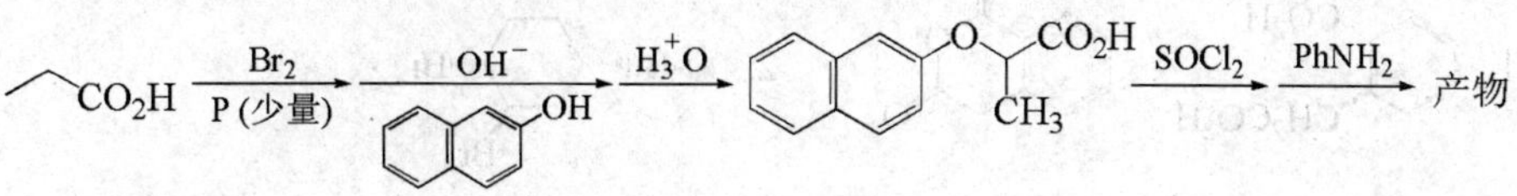 $CH_3CH_2CO_2H$ $\xrightarrow[P(少量)]{Br_2}$ $\xrightarrow{OH^-}$ $\xrightarrow{H_3^+O}$ $\xrightarrow{SOCl_2}$ $\xrightarrow{PhNH_2}$ 产物

2. $\xrightarrow[(2)\ Zn/H_2O]{(1)\ O_3}$ $\xrightarrow{OH^-}$ $\xrightarrow{HCN}$ $\xrightarrow{H^+}$ $\xrightarrow{H_2/Ni}$ $H_2NH_2C$ $\xrightarrow{H_3^+O}$ $\xrightarrow[\triangle]{OH^-}$ 产物

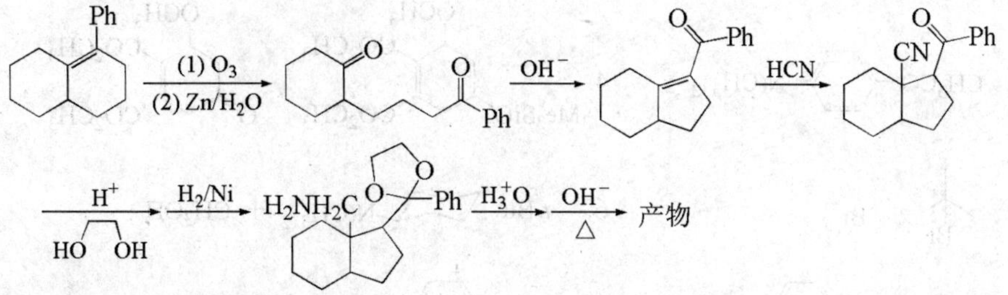

七、（共 12 分，每个结构式 1.5 分）

**A** 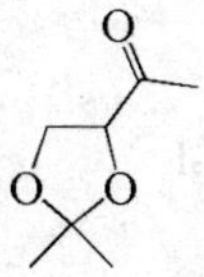 **B** $Ph_3P$=$CH_2$ **C** 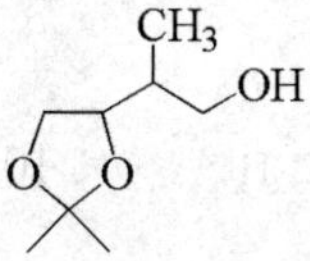 **D**

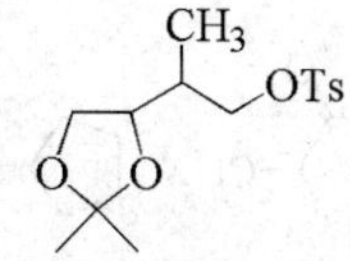

**E** 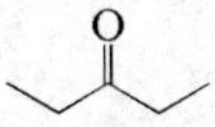 **F**  **G** 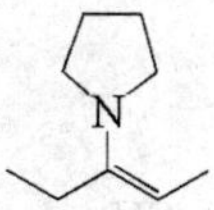 **H**

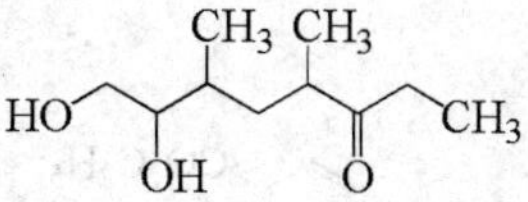

八、（共 22 分，每题 11 分）

1. 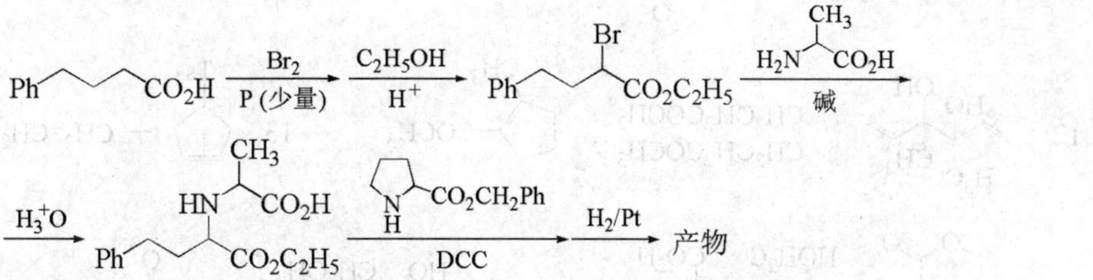 $Ph\sim\sim CO_2H$ $\xrightarrow[P(少量)]{Br_2}$ $\xrightarrow[H^+]{C_2H_5OH}$ $\xrightarrow[碱]{H_2N\,CH(CH_3)\,CO_2H}$ $\xrightarrow{H_3^+O}$ $\xrightarrow[DCC]{}$ $\xrightarrow{H_2/Pt}$ 产物

其中 $\xrightarrow[H^+]{PhCH_2OH}$ $CO_2CH_2Ph$

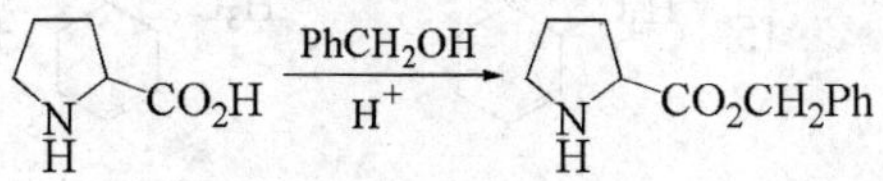

2. 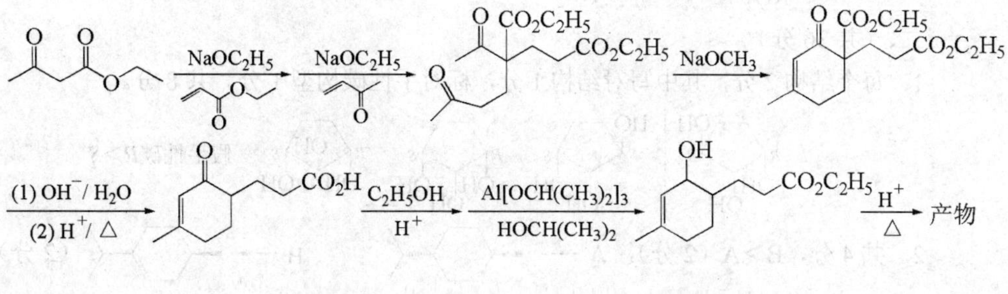 $\xrightarrow{NaOC_2H_5}$ $\xrightarrow{NaOC_2H_5}$ $\xrightarrow{NaOCH_3}$ $\xrightarrow[(2)\ H^+/\triangle]{(1)\ OH^-/H_2O}$ $\xrightarrow[H^+]{C_2H_5OH}$ $\xrightarrow[HOCH(CH_3)_2]{Al[OCH(CH_3)_2]_3}$ $\xrightarrow[\triangle]{H^+}$ 产物

# 2008年试题参考答案

一、（共36分，每空1.5分）

1. 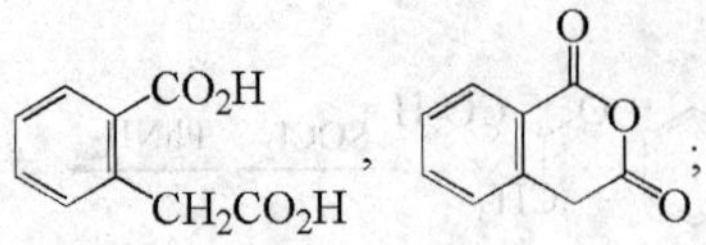 （结构式：$CO_2H$、$CH_2CO_2H$）；

2. 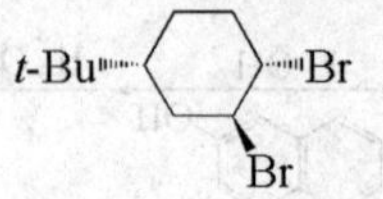 t-Bu…Br，Br；

3. 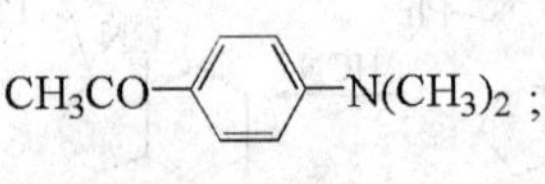 $CH_3CO$—C₆H₄—$N(CH_3)_2$；

4. 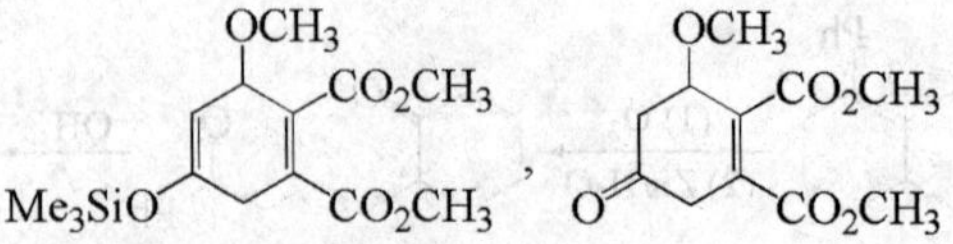 （结构式：$OCH_3$、$CO_2CH_3$、$Me_3SiO$、$CO_2CH_3$），（结构式：$OCH_3$、$CO_2CH_3$、O、$CO_2CH_3$）；

5. 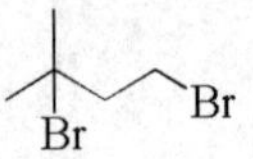 （结构式：Br、Br）；

6. 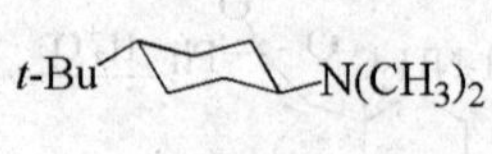 t-Bu—…—$N(CH_3)_2$ ＋ $CH_3OH$；

7. 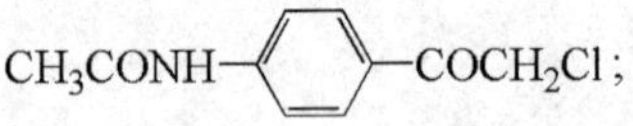 $CH_3CONH$—C₆H₄—$COCH_2Cl$；

8. 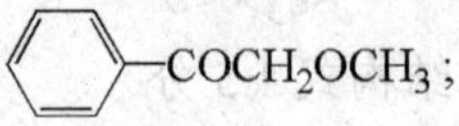 C₆H₅—$COCH_2OCH_3$；

9. 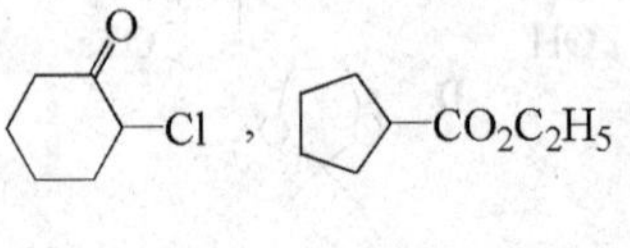 （结构式：O、Cl），（结构式：$CO_2C_2H_5$）；

10. 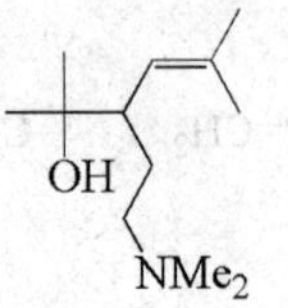 （结构式：OH、$NMe_2$），(1) 过量$CH_3I$ (2) $Ag_2O$/△；

11. 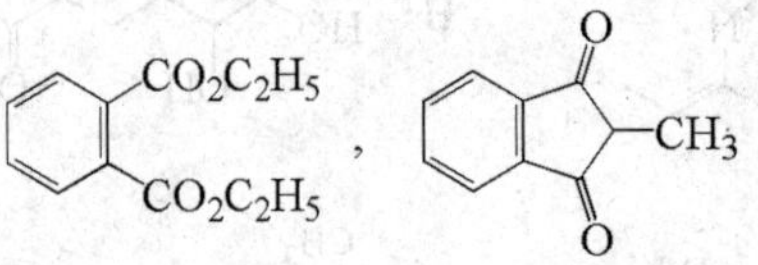 （结构式：$CO_2C_2H_5$、$CO_2C_2H_5$），（结构式：O、$CH_3$、O）；

12. 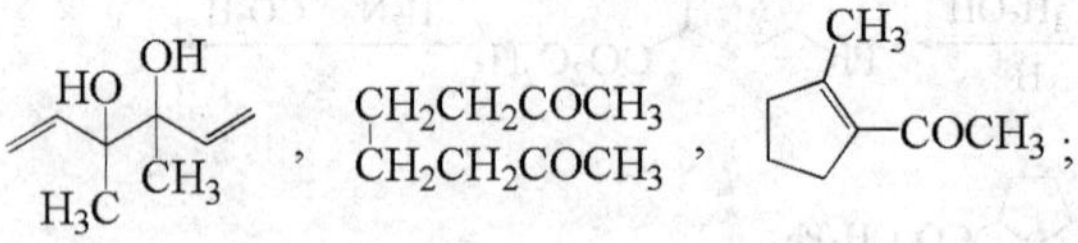 （结构式：HO、OH、$CH_3$、$H_3C$），$CH_2CH_2COCH_3$ / $CH_2CH_2COCH_3$，（结构式：$CH_3$、$COCH_3$）；

13. 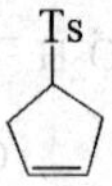 （结构式：Ts）＋ $CH_2$=$CH_2$；

14. 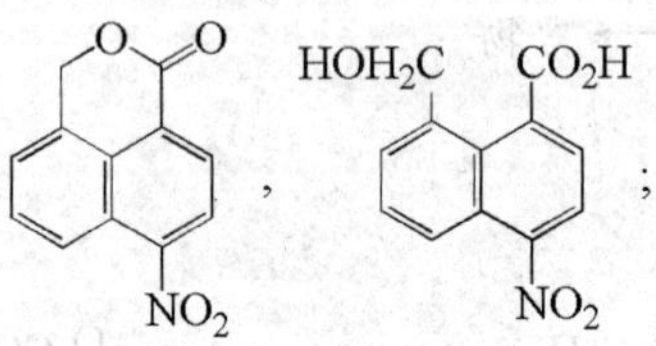 （结构式：O、O、$NO_2$），（结构式：$HOH_2C$、$CO_2H$、$NO_2$）；

15. 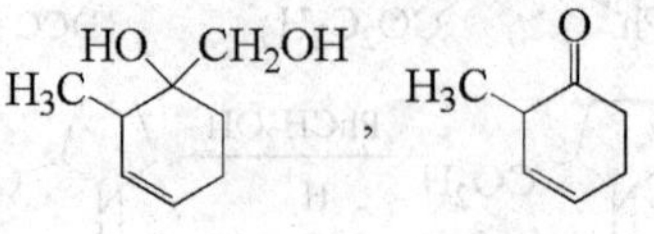 （结构式：$H_3C$、HO、$CH_2OH$），（结构式：$H_3C$、O）＋ $CH_2O$

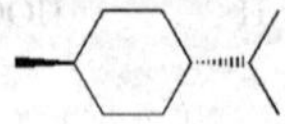

二、（共36分）

1．每个结构2分，其中写对结构1分，标对手性碳构型1分。共8分。

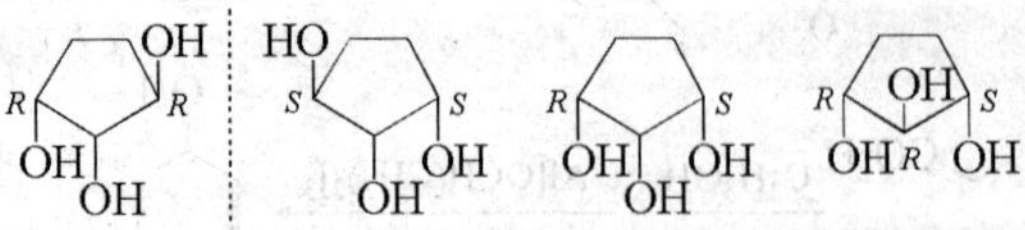

（结构式：R、R、OH、OH、OH；HO、S、S、OH、OH；R、S、OH、OH、OH；R、OH、S、OH、R、OH）假手性碳$R>S$

2．共4分，B＞A（2分），A ⟶ （结构式） B ⟶ （结构式）（2分）

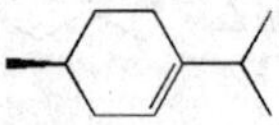

3．3分。D>E>C

4．共4分。第一类定位基（1分）；致钝苯环（1分）；氮的给电子共轭作用有利于邻对位而亚硝基的诱导效应致钝苯环（2分）

5．3 分。以半缩酮的形式存在。

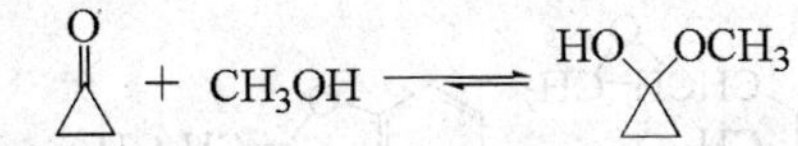

$$\text{环丙酮} + CH_3OH \rightleftharpoons \text{1-甲氧基环丙醇 (HO, OCH}_3\text{)}$$

张力大　　　　张力小

6．共 4 分。**F** 中 $^{13}C$ NMR 表现为 3 个峰（2 分）；**G** 中 $^{13}C$ NMR 表现为 6 个峰（2 分）。

7．共 4 分。写对结构 2 分；标对构型 1 分；内消旋体，无光学活性（1 分）。

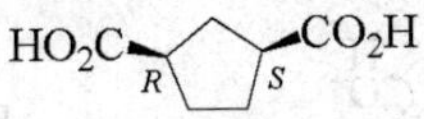

$HO_2C$—(R)环戊烷(S)—$CO_2H$

**H**

8．共 6 分。每个结构 1.5 分

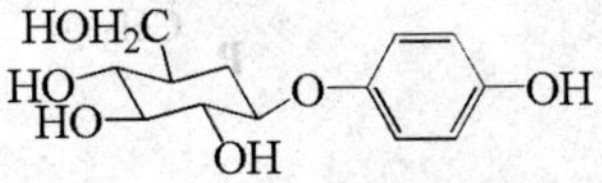

**I** 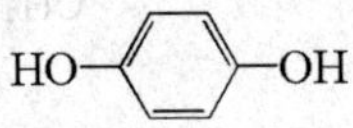　　**J** 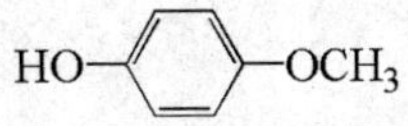　　**K** 　　**L**

J：HO—⟨苯⟩—OH　K：HO—⟨苯⟩—$OCH_3$　L：$H_3CO$—⟨苯⟩—$OCH_3$

三、（共 14 分，每个 7 分）

1. $CH_3CH_2CH_2CHO \xrightarrow{OH^-}$ 2-乙基-2-己烯醛 $\xrightarrow[(3)\ SOCl_2,\ (4)\ NH_3]{(1)\ Ag_2O,\ (2)\ H_3^+O}$ 2-乙基-2-己烯酰胺 ($NH_2$) $\xrightarrow{RCO_3H}$ 环氧酰胺 ($NH_2$)

2. $\xrightarrow{\text{冷稀}KMnO_4}$ (HO, OH) $\xrightarrow[(2)\ RCO_3H]{(1)\ CH_3COCH_3\ /\ H^+}$ $\xrightarrow[(2)\ H_2O]{(1)\ LiAlH_4}$ $HOCH_2$—…—$CH_2CH_2OH$

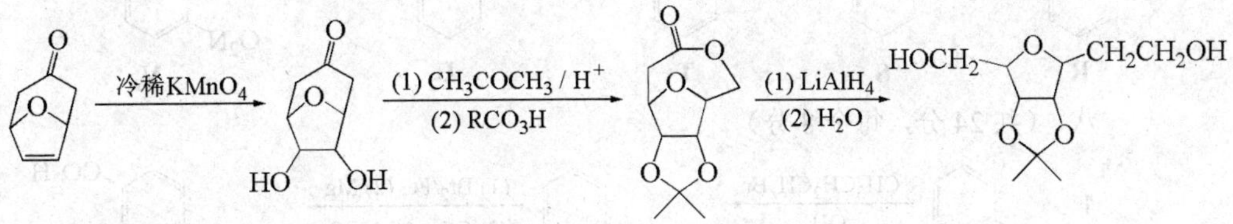

四、（共 14 分，每个 7 分）

1. ($CO_2C_2H_5$) $\xrightarrow{C_2H_5ONa}$ ($CO_2C_2H_5$) → ($CO_2C_2H_5$) → ($CO_2C_2H_5$) $\xrightarrow{C_2H_5OH}$ ($CO_2C_2H_5$) ≡ ($CO_2C_2H_5$)

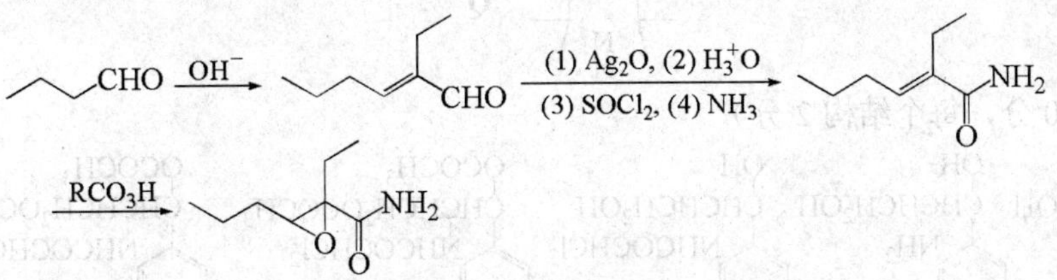

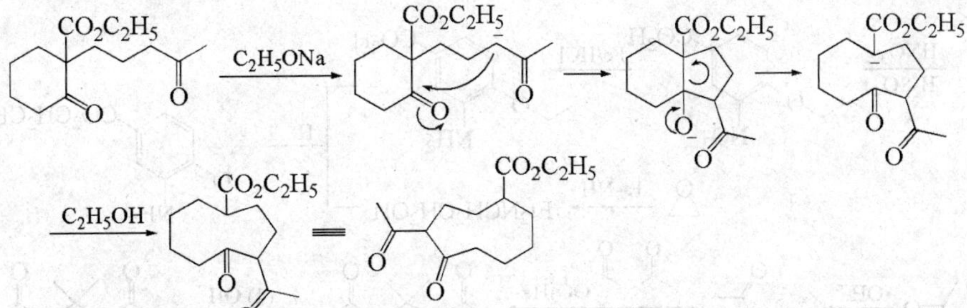

2. $TsOCH_2$— $\xrightarrow{-\ TsO^-}$ $\overset{+}{C}H_2$— → ⁺ ↔ ⁺

$-\ H^+ \downarrow H_2O$　　$-\ H^+ \downarrow H_2O$

OH　　OH

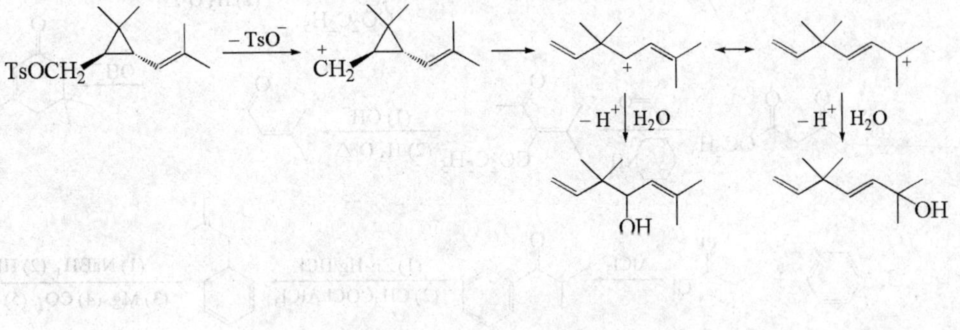

五、（共 10 分，每个结构 2 分，机理 4 分）

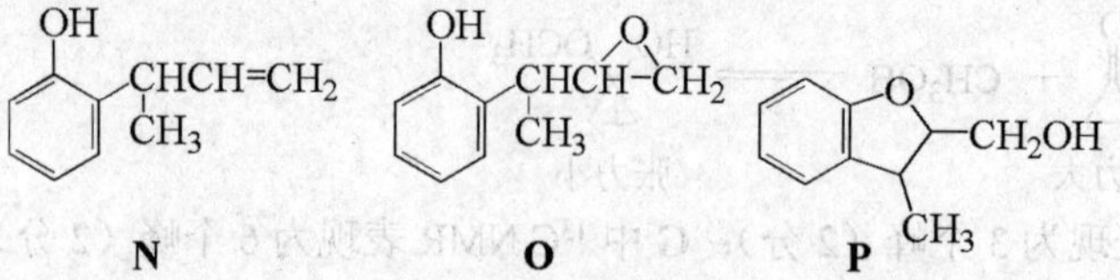

N　O　P

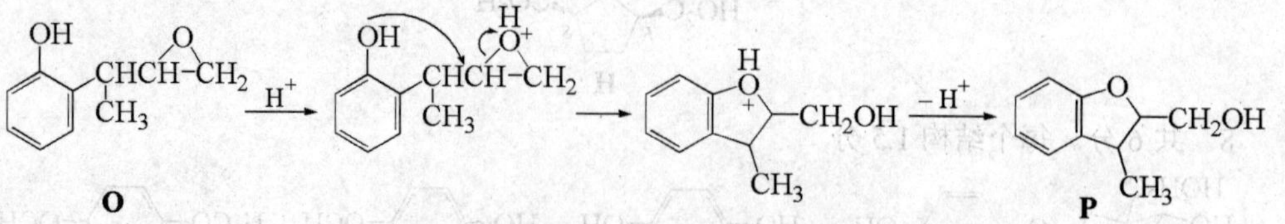

O　$\xrightarrow{H^+}$　$\xrightarrow{-H^+}$　P

六、（6 分）

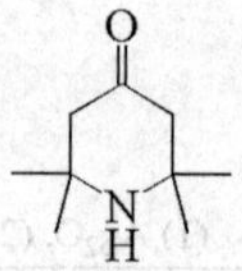

Q

七、（共 10 分，每个结构 2 分）

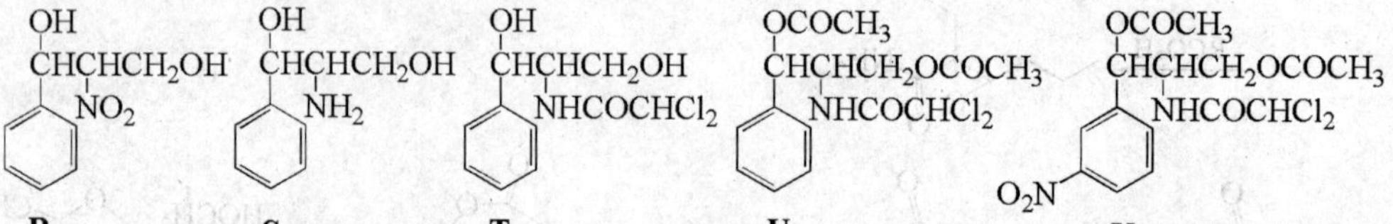

R　S　T　U　V

八、（共 24 分，每个 8 分）

1. $\xrightarrow[OH^-]{CH_3CH_2CH_2Br}$　$\xrightarrow[(3)\ CO_2,\ (4)\ H_3^+O]{(1)\ Br_2/Fe,\ (2)\ Mg}$

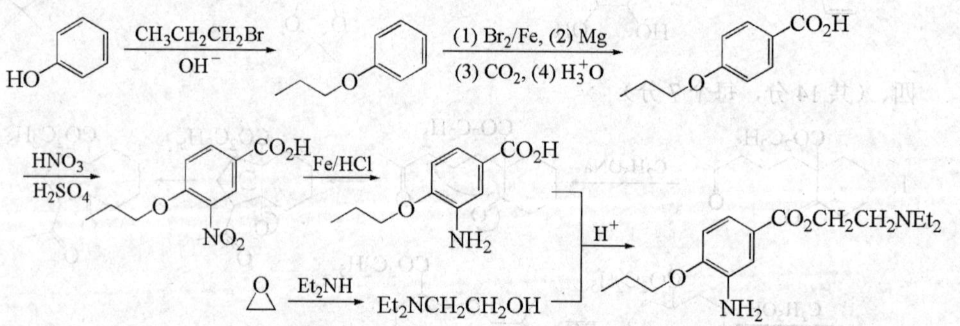

$\xrightarrow[H_2SO_4]{HNO_3}$　$\xrightarrow{Fe/HCl}$　$\xrightarrow{H^+}$　$CO_2CH_2CH_2NEt_2$

$\xrightarrow{Et_2NH}$ $Et_2NCH_2CH_2OH$

2. $\xrightarrow{OH^-}$　$\xrightarrow[EtONa]{}$　$\xrightarrow[(2)\ H_3^+O/\triangle]{(1)\ OH^-}$　$\xrightarrow{OH^-}$

或　$\xrightarrow[(2)\ H_3^+O/\triangle]{(1)\ OH^-}$

3. $\xrightarrow{AlCl_3}$　$\xrightarrow[(2)\ CH_3COCl/AlCl_3]{(1)\ Zn\text{-}Hg/HCl}$　$COCH_3$　$\xrightarrow[(3)\ Mg,\ (4)\ CO_2,\ (5)\ H_3^+O]{(1)\ NaBH_4,\ (2)\ HBr}$　$HO_2C-CHCH_3$

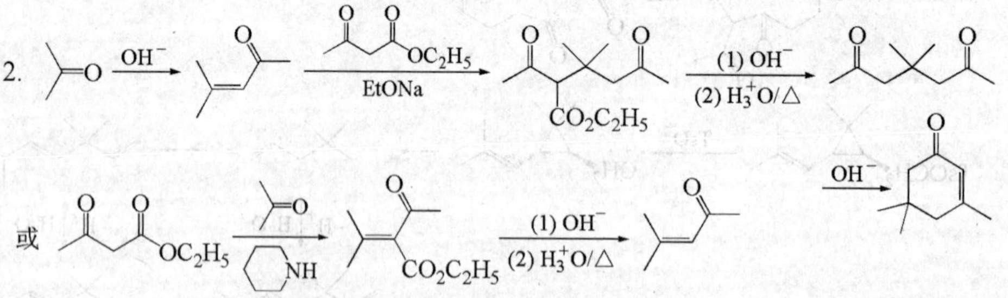

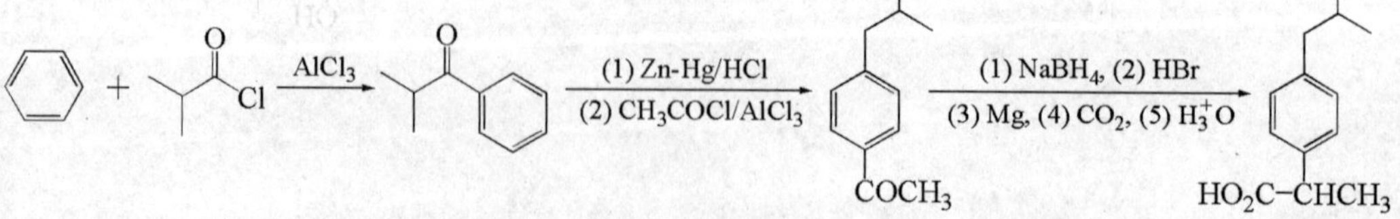

# 2009 年试题参考答案

一、（共 36 分，每空 1.5 分）

1. OH, N, $CH_3$ ；　2. $CH_3CH{=}C(CH_3)_2$ ；　3. $H_3C$, N–H, O, $CH_3$ ；

4. $CH_3O_2C$, H, H, $OSiMe_3$, H ；　5. Ph, D, H, Ph ；　6. $H_3C-C_6H_4-CH_2-\overset{O}{C}-C_6H_4-Cl$ ；

7. H, N, HO, HO ；　8. $CH{=}C{=}O$, $OCH_3$ ，$CH_2\text{-}C{=}O$, $OCH_3$, $OCH_3$ ；

9. $CH_3O-C_6H_4-\overset{O}{C}-\overset{OH}{CH}-C_6H_4-NO_2$ ，Ph–NH HN–Ph, N N, $CH_3O-C_6H_4-\overset{}{C}-\overset{}{C}-C_6H_4-NO_2$ ；

10. N, $CH_3-C{=}CHCH_3$ ，$CH_3-\overset{O}{C}-CHCH_3$, $CH_2CH_2CN$ ；　11. O, O ，OH, $N(CH_3)_2$, O ；

12. $OSi(CH_3)_3$, $CH_3$ ，$CH_3CH{=}$, O, $CH_3$ ；

13. H, H, $H_3C$, $CO_2C_2H_5$ ，H, H, $H_3C$, $CO_2C_2H_5$ + H, H, $H_3C$, $CO_2C_2H_5$ ，H, H, $H_3C$, $NH_2$ + H, H, $H_3C$, $NH_2$ ；

14. $CH_3\overset{O}{C}-OCH_2CH_2NH_2$ ，$CH_3\overset{O}{C}-NHCH_2CH_2OH$ ；

15. O, N, $CH_3$, H, $CH_2CH_3$, O ，O, NH, NH, O + $H_2N$, $CH_3$, H, $CH_2CH_3$

二、（共 38 分）

1.（5 分）高锰酸钾氧化醇到酮，涉及环上碳原子，因此反应活性 a 键大于 e 键，即 A＞B。

$CH_3$, OH, $CH_3$　　$CH_3$, HO, $CH_3$

A　　B

2.（4 分）化合物 B 由于硝基受到邻位甲基的位阻，使其不能与苯环同处一个平面，因此不再存在共轭拉电子效应，因此化合物 A 和 B 均只存在诱导拉电子效应。因 A 中硝基距氨基更近，因此 A 中硝基拉电子能力更强，碱性 A＜B。

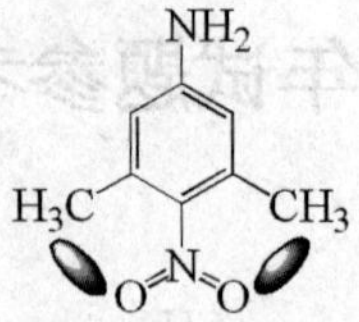

3.（4 分）如下式所示，羟基酸性 a＞b。

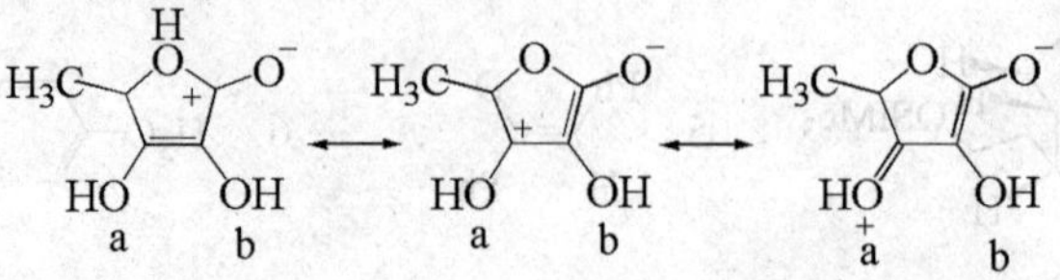

4.（4 分）下式为脱羧的中间过程，因桥头羧基不容易形成烯醇平面结构中间体，因此桥头羧基不容易脱去。

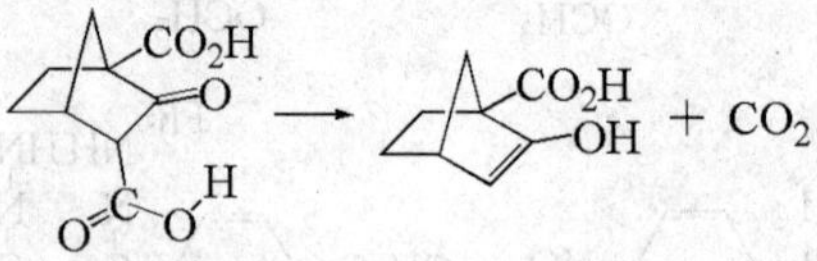

$$\rightarrow \quad + \ CO_2$$

5.（5 分）（1）写出二个 Fischer 投影式 2 分，（2）判断主要产物 2 分，（3）立体异构体关系为非对映异构体 1 分。

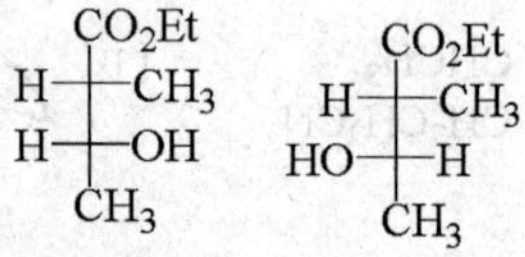

主要产物

6.（4 分）反应活性 B＞A。

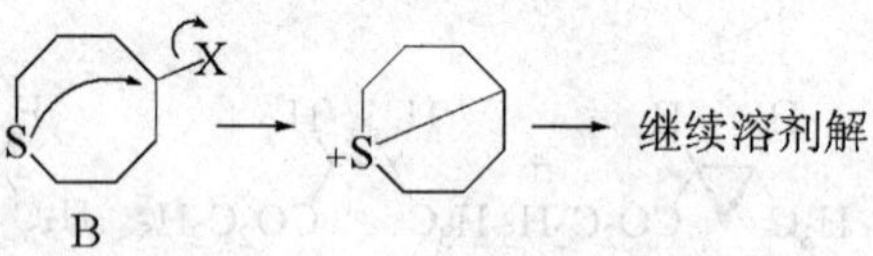

继续溶剂解

7.（8 分）

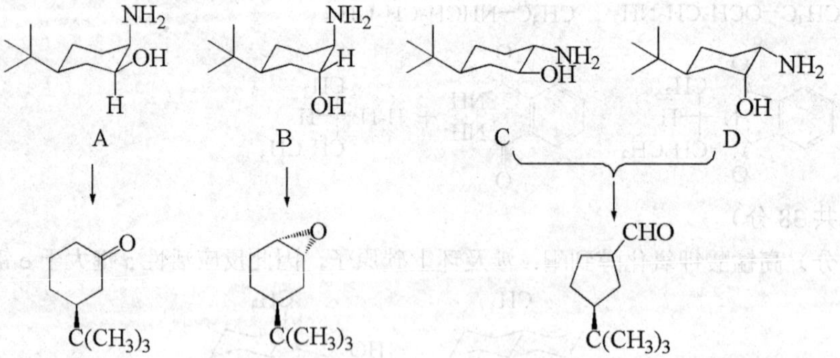

8.（4 分）

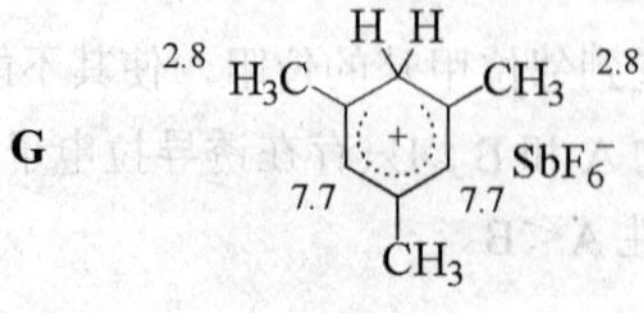

三、（14 分）

1. 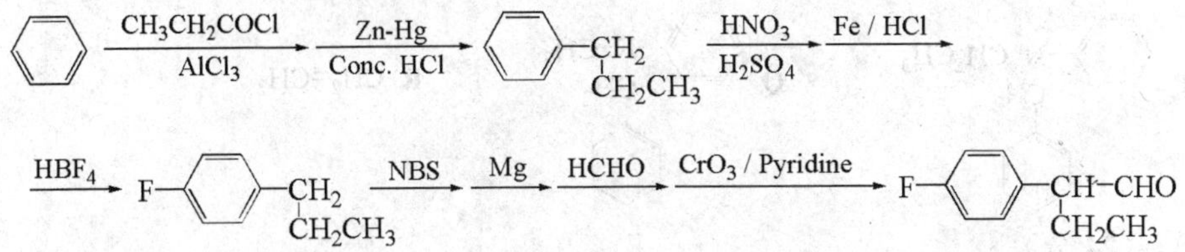 苯 $\xrightarrow[AlCl_3]{CH_3CH_2COCl}$ $\xrightarrow[Conc.\ HCl]{Zn\text{-}Hg}$ $C_6H_5CH_2CH_2CH_3$ $\xrightarrow[H_2SO_4]{HNO_3}$ $\xrightarrow{Fe/HCl}$

$\xrightarrow{HBF_4}$ $F\text{-}C_6H_4\text{-}CH_2CH_2CH_3$ $\xrightarrow{NBS}$ $\xrightarrow{Mg}$ $\xrightarrow{HCHO}$ $\xrightarrow{CrO_3/Pyridine}$ $F\text{-}C_6H_4\text{-}CH(CH_2CH_3)\text{-}CHO$

2. 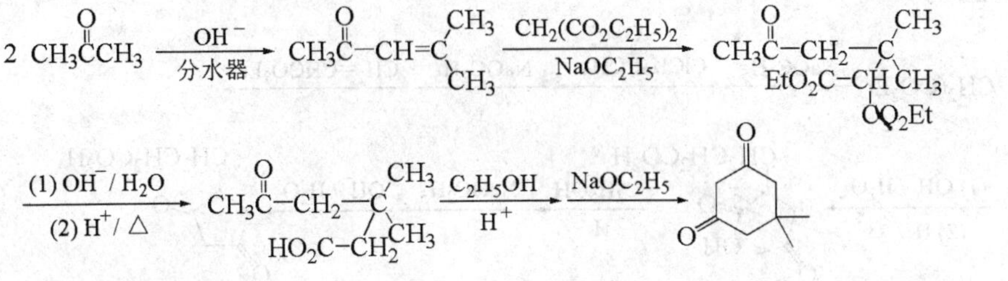 $2\ CH_3COCH_3$ $\xrightarrow[分水器]{OH^-}$ $CH_3COCH=C(CH_3)_2$ $\xrightarrow[NaOC_2H_5]{CH_2(CO_2C_2H_5)_2}$ $CH_3COCH_2C(CH_3)_2CH(CO_2Et)_2$

$\xrightarrow[(2)\ H^+/\triangle]{(1)\ OH^-/H_2O}$ $CH_3COCH_2C(CH_3)_2CH_2CO_2H$ $\xrightarrow[H^+]{C_2H_5OH}$ $\xrightarrow{NaOC_2H_5}$ 5,5-二甲基-1,3-环己二酮

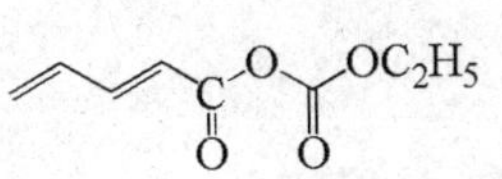

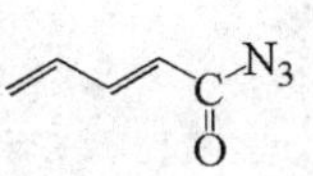

四、（14 分）

1. 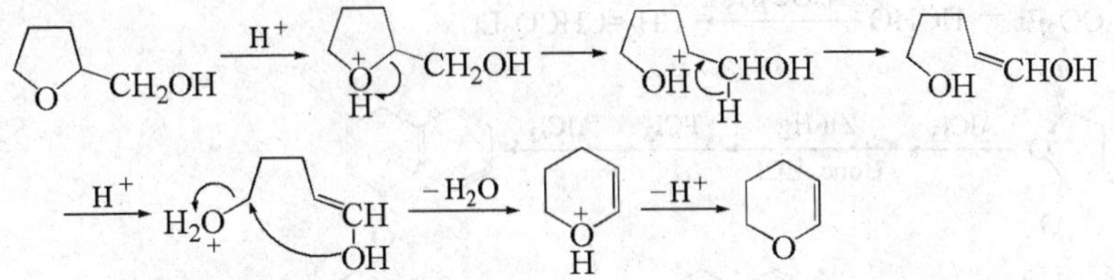 （反应机理）$H^+$；$-H_2O$；$-H^+$

2. 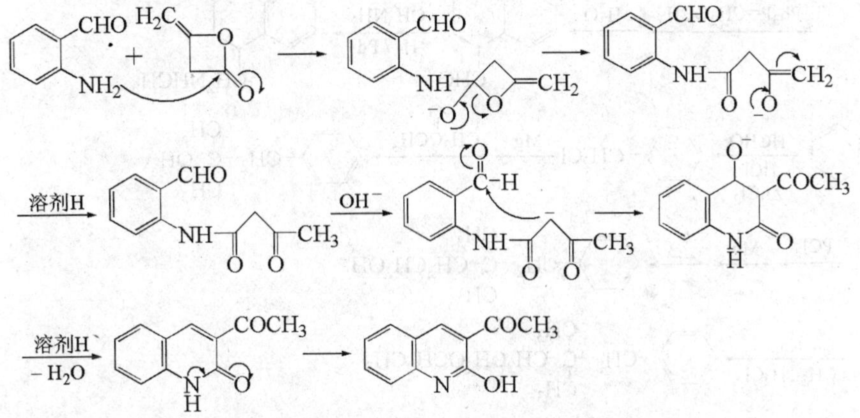 （反应机理）溶剂H；$OH^-$；溶剂H，$-H_2O$

五、（共 12 分，每个字母 2 分）

A　B　C

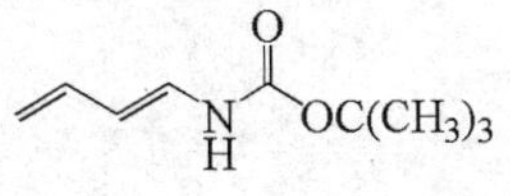

D 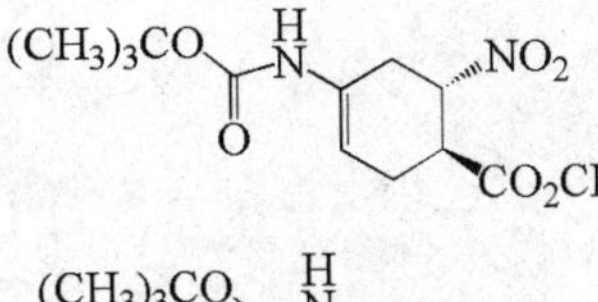　+ 对映体　E

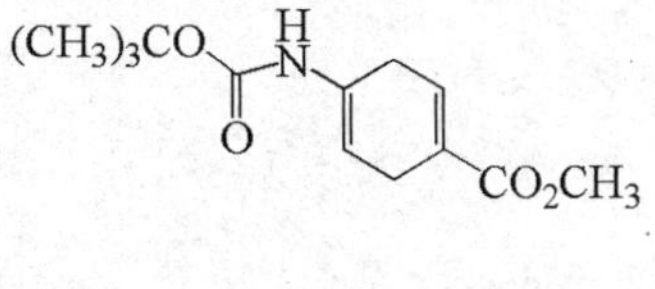

F

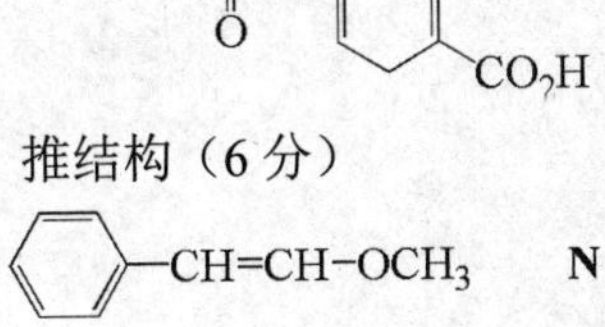

六、推结构（6 分）

**M** $C_6H_5\text{-}CH=CH\text{-}OCH_3$　**N** $C_6H_5\text{-}CH_2CHO$

七、（6 分）

**P** $C_6H_5-N(CH_2CH_3)-CH_2-C_6H_5$　**Q** $C_6H_5-N(CH_3)-CH_2-C_6H_5$　**R** $CH_2{=}CH_2$

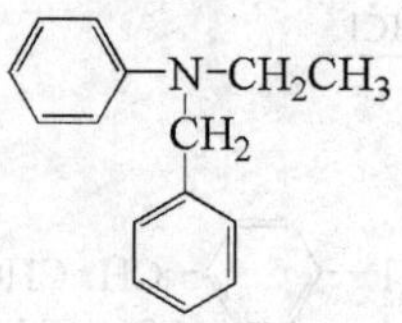

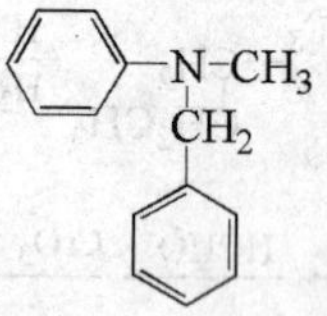

八、（24 分）

1. 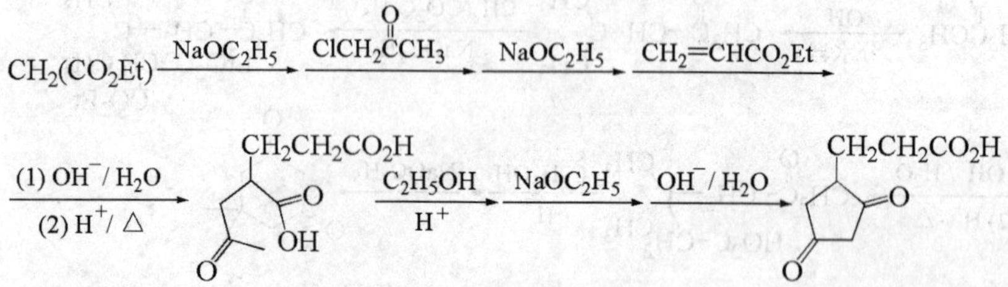 $CH_2(CO_2Et)_2 \xrightarrow{NaOC_2H_5} \xrightarrow{ClCH_2COCH_3} \xrightarrow{NaOC_2H_5} \xrightarrow{CH_2{=}CHCO_2Et} \xrightarrow[(2)\ H^+/\triangle]{(1)\ OH^-/H_2O} CH_3COCH_2CH(CH_2CH_2CO_2H)CO_2H \xrightarrow[H^+]{C_2H_5OH} \xrightarrow{NaOC_2H_5} \xrightarrow{OH^-/H_2O}$ 2-($CH_2CH_2CO_2H$)-1,4-环戊二酮

其中 $CH_3CO_2Et + HCHO \xrightarrow{NaOC_2H_5} CH_2{=}CHCO_2Et$

2. 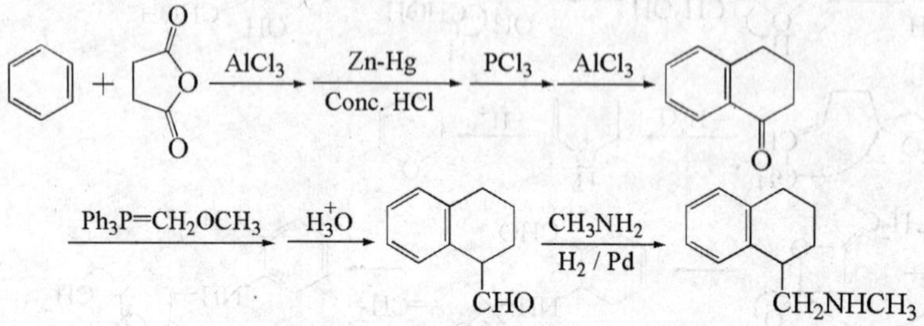 苯 + 丁二酸酐 $\xrightarrow{AlCl_3} \xrightarrow[Conc.\ HCl]{Zn\text{-}Hg} \xrightarrow{PCl_3} \xrightarrow{AlCl_3}$ α-四氢萘酮 $\xrightarrow{Ph_3P{=}CH_2OCH_3} \xrightarrow{H_3O^+}$ 1-CHO-四氢萘 $\xrightarrow[H_2/Pd]{CH_3NH_2}$ 1-($CH_2NHCH_3$)-四氢萘

3. 苯 $\xrightarrow[HCl,\ ZnCl_2]{HCHO} C_6H_5CH_2Cl \xrightarrow{Mg} \xrightarrow{CH_3COCH_3} C_6H_5CH_2C(CH_3)_2OH$

$\xrightarrow{PCl_3} \xrightarrow{Mg} \xrightarrow{环氧乙烷} C_6H_5CH_2C(CH_3)_2CH_2CH_2OH$

$\xrightarrow[CH_3CH_2Cl]{Na} C_6H_5CH_2C(CH_3)_2CH_2CH_2OCH_2CH_3$

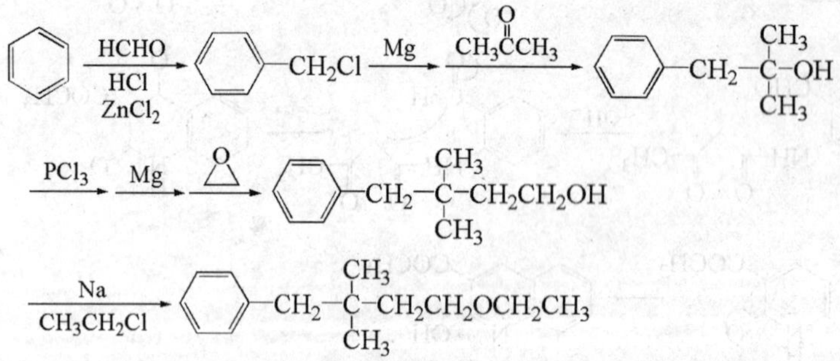